高等院校电子信息类规划教材

# 电工电子学

## 第二版

主编　王硕禾　魏英静

主审　高　蒙

参编　王小平　石彦丛　马月辉

中国铁道出版社有限公司
CHINA RAILWAY PUBLISHING HOUSE CO., LTD.

## 内容提要

本书是河北省精品课程“电工电子学”的主教材，全面系统地阐述了电工电子技术理论。全书共分12章，其中第一～十章为电工技术部分，内容包括电路的基本概念与电路定理、动态电路分析、正弦交流电路与三相交流电路分析、变压器及三相交流异步电动机的工作原理与应用介绍、低压电器与继电接触控制电路分析、可编程控制器的原理及应用、建筑施工供电和安全用电及建筑防雷知识等。第十一章和第十二章为电子技术部分，内容包括半导体电子元件工作原理和特性、基本放大电路分析、集成运算放大电路分析、直流稳压电源的设计以及基本逻辑门电路分析、组合逻辑与时序逻辑电路的分析、555集成定时器的工作原理等。每章的后面都配有一定数量的习题。

本书适合作为所有非电类各专业少学时“电工学”、“电工电子技术”等课程的本科教材，也可作为上述专业的专科教材或教学参考书。特别是对于大土木各专业的学生，本书在加强现场知识配合讲授的同时，注重了与结构工程师、安装工程师等职称考试内容的接轨，故也可以作为相关复习考试的自学参考书和工程技术人员的现场施工参考资料。

**图书在版编目(CIP)数据**

电工电子学/王硕禾，魏英静主编．—2版．—北京：中国铁道出版社，2007.8（2024.7重印）

高等院校电子信息类规划教材

ISBN 978-7-113-08037-2

Ⅰ.电…　Ⅱ.①王…②魏…　Ⅲ.①电工学-高等学校-教材②电子学-高等学校-教材　Ⅳ.TM1　TN01

中国版本图书馆CIP数据核字(2007)第125276号

**书　　名：** 电工电子学

**作　　者：** 王硕禾　魏英静

---

**策　　划：** 李小军

**责任编辑：** 李小军　　　　**编辑部电话：** (010)63549501

**封面制作：** 白　雪

---

**出版发行：** 中国铁道出版社有限公司(100054，北京市西城区右安门西街8号)

**印　　刷：** 北京铭成印刷有限公司

**版　　次：** 2004年8月第1版　2007年8月第2版　2024年7月第9次印刷

**开　　本：** 710×1000　1/16　　**印张：** 18.75　　**字数：** 377千

**书　　号：** ISBN 978-7-113-08037-2

**定　　价：** 39.80元

---

# 第二版前言

本书系《电工电子学》教材的修订本。修订本的内容基本符合教育部电工课程指导小组关于“面向21世纪电工课程内容要求”。2002年，石家庄铁道学院的“电工电子技术”课程经过专家评估被列为**河北省首批精品课程**，在进行精品课程的建设中，编者总结多年的教学与实践经验，力求将教材的内容与学时设置更为合理，以求更广泛地适用于不同教学要求的各类工科专业学生学习。全书共分12章。

**第二版保持了第一版教材内容设置的特点，对各章的内容和习题进行了部分调整和增减。**为方便同学们学习，**增加了各章习题的参考答案。**考虑到教师授课的要求，专门制作了**与教材相配套的多媒体教学软件**，由中国铁道出版社免费提供或访问石家庄铁道学院精品课建设网站免费下载。

本书建议授课60～80学时，其中实验学时所占比例不少于25%。

参加修订工作的有：王硕禾、魏英静、王小平、马月辉、石彦丛等。薛强、蔡承才、高静巧、刘宁宁等以及实验中心的老师们都对本书的修订给予了很大帮助。此外，采用第一版教材的院校老师提出了很多宝贵意见，在此致以衷心的谢意。

本书由高蒙教授主审，天津大学万健如教授、西安电子科技大学樊来耀教授参与修订，并提出宝贵的修改意见。编者在此表示真挚的感谢！

本书虽然在原版本的基础上，根据各方面读者提出的建设性意见进行了一些改进，但不足之处在所难免，诚望广大读者予以批评指正。意见请寄石家庄铁道学院电工基础教研室或发送电子邮件到 wangshuohe@yahoo.com.cn。

编　者

2007年7月

# 第一版前言

“电工电子技术”是工科类大学生一门重要的技术基础课。当前随着科学技术的不断发展，电子电工学已经深入渗透到国民经济生产和生活的各个领域之中。毋庸置疑，掌握一定深度和广度的电工电子学知识不仅仅是单纯的技能学习，更是现代工科大学生综合素质的培养和体现。

本书的内容以国家教育部电工课程指导小组关于面向21世纪电工课程教学内容改革的要求为基础，是编者多年进行电工电子技术教学内容和教学体系改革的结果。教材总结了编者多年的教学与实践经验，特别是注意到与工程现场的实际工况相结合，其内容与学时设置较为合理，适用于不同教学要求的各类工科专业学生学习。编写中除了**强调基础理论**之外，还注意了以下特色：首先**针对大土木类各专业全国结构工程师考试中的电工电子学部分，给予了相应的教学要求和练习，**不仅便于在校学生的学习，而且**适合于职称考试的要求**。其次，结合现场施工技术的应用，**突出了现场建筑施工用电组织管理、设计、施工以及安全用电等技术的介绍**，以满足今后**工程类同学现场施工的实际要求**。与此同时，增加了**可编程控制器、变频器等新技术、新器件的原理和使用介绍**。

本书建议授课70～90学时，其中实验学时所占比例不少于25%，考虑到学时压缩的情况，部分内容授课教师可以选讲。

本书共分十二章，由王硕禾编写第一、二、八、十章，魏英静编写第四、五、六、七章，马月辉编写第三章和第九章，王小平编写第十一章，石彦丛编写第十二章和第八章的部分例题；王硕禾和王小平编写附录。最后由王硕禾和魏英静对全书内容进行统稿。蔡成才、薛强和王延忠负责部分插图的绘制工作。全书由高蒙教授担任主审。高教授对全书进行了严格的审阅，提出了许多宝贵的意见。在此，编者特表示诚挚的感谢！

在本书编写过程中得到了西安电子科技大学樊来耀教授、中国人民解放军军械工程学院孙履师教授、河北科技大学庄庆德教授、石家庄铁道学院教务处、电气分院领导以及电子工程实验中心诸位老师的大力支持和帮助。在此表示衷心的感谢。

由于编者水平有限，加之时间仓促，书中难免有错误和疏漏，恳请各位读者批评指正。

编　者

2004年7月

# 目　录 ★★★


**第一章　电路的基本概念与基本定律**

第一节　电路的作用与组成……………………………………………………………… 1
第二节　电路模型与电压电流的参考方向………………………………………… 2
第三节　理想电路元件…………………………………………………………………… 3
第四节　电压源与电流源……………………………………………………………… 7
第五节　基尔霍夫电流定律和电压定律 ……………………………………………… 13
第六节　电位的概念与计算 …………………………………………………………… 17
习　题 …………………………………………………………………………………… 18

**第二章　电路的分析方法及电路定理**

第一节　等效变换法分析电路 ………………………………………………………… 20
第二节　支路电流法 …………………………………………………………………… 23
第三节　结点电压法 …………………………………………………………………… 25
第四节　叠加定理 ……………………………………………………………………… 27
第五节　戴维南定理 …………………………………………………………………… 30
习　题…………………………………………………………………………………… 33

**第三章　动态电路分析**

第一节　电路的初始状态 ……………………………………………………………… 36
第二节　一阶电路的零输入响应 ……………………………………………………… 39
第三节　一阶电路的零状态响应 ……………………………………………………… 42
第四节　一阶电路的全响应 …………………………………………………………… 45
第五节　一阶线性电路暂态分析的三要素法 ………………………………………… 46
习　题…………………………………………………………………………………… 48

**第四章　正弦交流电路**

第一节　正弦交流电路的基本概念 …………………………………………………… 50
第二节　正弦量的表示方法 …………………………………………………………… 53
第三节　单一参数的交流电路 ………………………………………………………… 58
第四节　电阻、电感与电容元件串联的交流电路…………………………………… 65
第五节　复杂正弦交流电路的分析方法 ……………………………………………… 72
第六节　并联谐振及功率因数的提高 ………………………………………………… 77
习　题 …………………………………………………………………………………… 81

第五章　三相交流电路
第一节　三相电源……83
第二节　负载星形联接的三相电路……86
第三节　负载三角形联接的三相电路……91
第四节　三相功率……92
习　题……94
第六章　变压器
第一节　变压器的分类、结构与额定值……96
第二节　变压器的工作原理……98
第三节　变压器的外特性及效率……103
第四节　三相变压器……104
第五节　特殊用途变压器……106
习　题……108
第七章　三相交流异步电动机
第一节　三相异步电动机的基本结构……110
第二节　三相异步电动机的工作原理……112
第三节　三相异步电动机的电路分析……116
第四节　三相异步电动机的电磁转矩与机械特性……119
第五节　三相异步电动机的起动、制动与调速……123
第六节　三相异步电动机的铭牌数据……128
第七节　三相异步电动机的选择……131
习　题……133
第八章　低压电器与继电接触控制
第一节　常用低压控制电器……135
第二节　异步电动机继电接触控制电路……144
第三节　异步电动机正反转控制电路……148
第四节　行程控制……150
第五节　典型建筑施工机械控制电路分析……151
习　题……159
第九章　可编程控制器原理及应用
第一节　概述……160
第二节　可编程控制器程序的编制方法……164
第三节　可编程控制器的应用示例……168
习　题……171
第十章　建筑施工供电与安全用电
第一节　电力系统概述……172

第二节　电力负荷的分类和计算……174
第三节　小型变电所的设计与施工……179
第四节　施工供电低压配电系统及配电线路……185
第五节　导线截面与熔断器的选择……189
第六节　建筑施工供电系统设计实例分析……194
第七节　安全用电技术……201
第八节　建筑工程防雷系统……207
习　题……212
第十一章　模拟电子技术基础
第一节　半导体二极管……213
第二节　半导体三极管……219
第三节　基本放大电路……223
第四节　集成运算放大器及其应用……239
第五节　直流电源……248
习　题……253
第十二章　数字电子技术基础
第一节　逻辑门电路……257
第二节　组合逻辑电路分析与设计……262
第三节　双稳态触发器……266
第四节　时序逻辑电路……270
第五节　555 集成定时器……273
习　题……275
习题参考答案……278
参考文献……281
附录 A……282

# 第一章

# 电路基本概念与基本定律

**【内容提要】** 本章主要介绍电路的基本概念,包括:电路模型的建立;电压、电流的实际方向与参考方向;基本电路元件;基尔霍夫定律以及电位的概念。

从18世纪末19世纪初电磁现象的启蒙研究到现在,人类已经掌握了大量的电工电子学知识,而且还在不断探索着。进入21世纪后,电能及电子技术应用已成为与人类生产生活关系最紧密、应用最普及、发展最迅速的学科之一,它的应用包含了从通信、能源、计算机到交通、机械、农业现代化乃至航天技术等多个领域。总之,电工电子技术已经深入到现代社会生活的方方面面。

电工电子技术的应用需要通过各种各样的电气设备来实现。电气设备的种类及功能虽然繁多,但是它们之间有着共同的原理和规律。要掌握这些规律和原理就需要掌握基本的电路概念以及电路计算分析方法。

## 第一节　电路的作用与组成

电路是电流流经的通路,它是为了某种实际需要由一些电气元件和电气设备按照一定方式组合连接而成的。实际电路所能完成的任务是多种多样的,包括电能的传输与转换、信号的处理与传输、测量、控制、计算等功能。

不论电路的结构有多么庞杂、功能如何复杂,就其基本作用而言,都可以概括为三个基本部分:电源、负载和连接电源与负载的中间环节。图1-1是普通的手电筒照明电路,其中电池是电源,灯泡是负载,中间环节包括开关和连接导线。电路中的电流和电压是在电源的作用下产生的,因此电源又称为**激励**,而由激励在电路中产生的电压和电流称为**响应**。

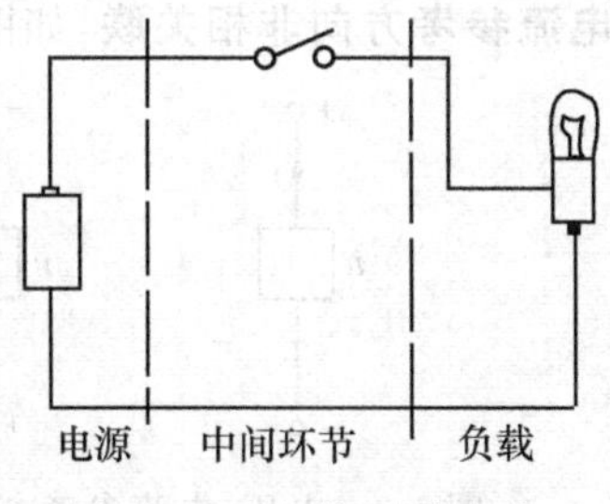

图1-1　手电筒照明电路

对于电源而言,由负载和中间环节组成的电路称为**外电路**,电源内部的电流通路则称为**内电路**。

## 第二节 电路模型与电压电流的参考方向

在日常工作和生活中，会用到很多电器设备，这些设备都是由实现各种功能的电路、集成电路和电子元器件等组合而成的。当分析和计算这些实际电路时，需要把组成电路的元件抽象为具有某种特性的理想化电路元件模型，进而将实际电路抽象为由理想电路元件模型构成的电路模型，它是对实际电路电磁性质的科学抽象与概括。理想电路元件包括电阻、电感、电容和电源等。

图 1-1 所描述的手电筒照明电路的电路模型如图 1-2 所示，灯泡是电阻元件，其模型参数是 $R$；电池是电源元件，其模型参数是电动势 $E$ 和电源内阻 $R_0$；中间环节电阻忽略不计，认为是无电阻的理想导体。

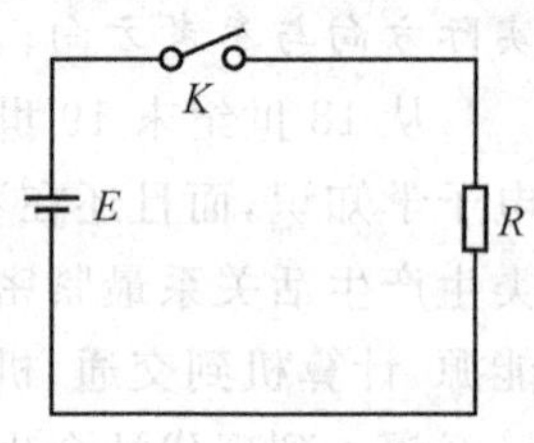

图 1-2 手电筒电路模型

在电场中，带正电的粒子(正电荷)在电场的作用下从高电位向低电位移动，而带负电的粒子(负电荷)在电场的作用下从低电位向高电位移动，这些带电粒子的定向移动就形成了电流。正电荷的移动方向就是电流的实际方向，或者说电流的实际方向与负电荷的移动方向相反。当已知电路中各点的电位时，就可以确定电流的实际方向。但在实际计算中，往往无法预先确定电路中各点的电位，因此，也就无法预先确定电流的实际方向。所以，可以先假设一个电流的方向，这个方向是人为设定的方向，称为**电流的参考方向**。而所谓**电压的参考方向**是指电路中设定的高电位端指向低电位端的方向，如假定电路中 $a$ 点的电位高于 $b$ 点的电位，参考方向可记做 $u_{ab}$。

任意二端元件当电压与电流的参考方向一致(电流由高电位指向低电位)时，称**电压与电流参考方向相关联**，如图 1-3 所示。当电压与电流的参考方向相反时，称**电压与电流参考方向非相关联**，如图 1-4 所示。

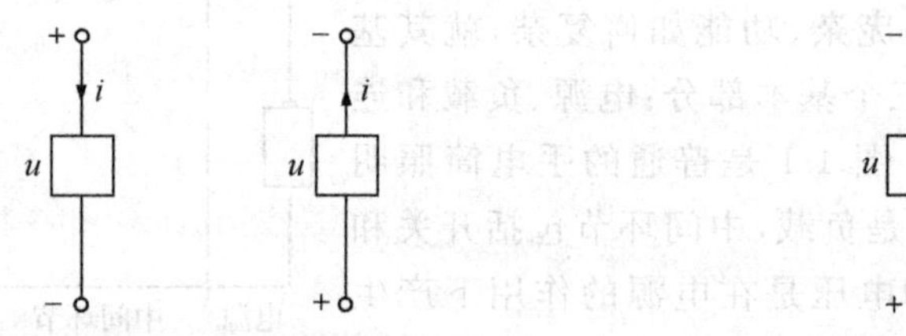

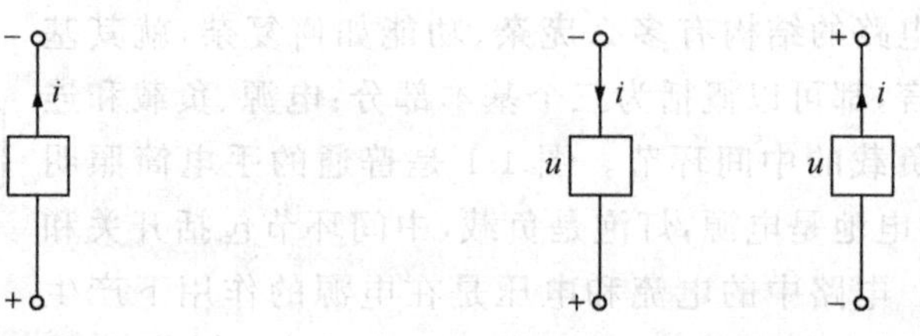

图 1-3 电压、电流参考方向相关联　　图 1-4 电压、电流参考方向非相关联

设定电流和电压的参考方向后进行电路分析的计算，如计算的电压或电流值大于零，则说明参考方向与实际方向一致；如计算的电压或电流值小于零，则说明参考方向与实际方向相反。

## 第三节　理想电路元件

### 一、电阻元件

一个电器元件能够将电能转化为热能消耗掉，那么它的理想电路模型就可抽象为电阻元件，如白炽灯、电炉等的基本特性都可抽象为电阻元件。

（一）电阻元件上的电压电流关系

电路元件上电压与电流的关系式也称为**伏安特性**，电阻元件上的电压和电流满足欧姆定律

$$u = R\,i \tag{1-1}$$

其中，电压 $u$ 与电流 $i$ 的参考方向相关联，电路模型如图 1-5 所示。如果 $u$ 与 $i$ 的参考方向非相关联，电路模型如图 1-6 所示，则欧姆定律形式为

$$u = -R\,i \tag{1-2}$$

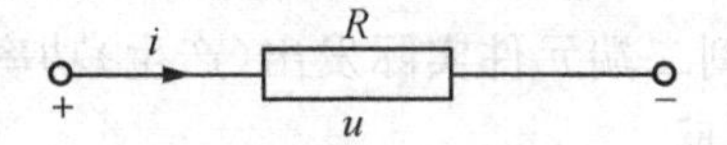

图 1-5　电阻的电路模型

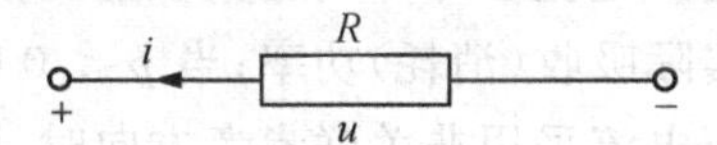

图 1-6　电阻非关联参考方向

由此可见，电压与电流的参考方向是否关联决定了欧姆定律的形式不同。电阻的伏安特性（元件两端电压与电流关系）曲线如图 1-7 所示。

当电压 $u$ 的单位为伏特(V)，电流 $i$ 的单位为安培(A)时，电阻 $R$ 的单位为欧姆(Ω)。

$$1\ \text{k}\Omega = 10^3\ \Omega \qquad\qquad 1\ \text{M}\Omega = 10^6\ \Omega$$

令电阻的倒数为电导，用 $G$ 表示电导，电导的单位为西门子(S)。

$$G = \frac{1}{R}$$

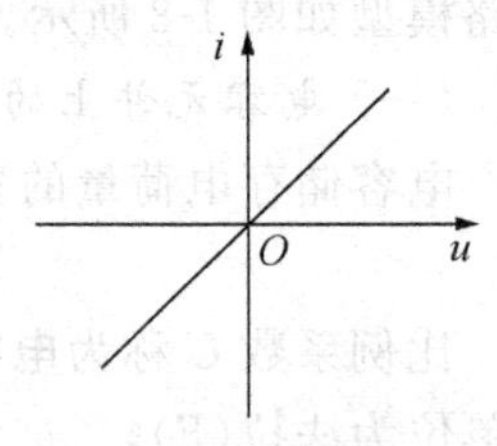

图 1-7　电阻的伏安特性曲线

（二）电阻消耗的能量与功率

在关联参考方向下，电阻元件上消耗的功率为

$$p = u\,i = R\,i^2 = \frac{u^2}{R} \tag{1-3}$$

电阻元件在 $[t_0, t]$ 时间段内消耗的能量为

$$W = \int_{t_0}^{t} p\mathrm{d}\xi = \int_{t_0}^{t} u(\xi)i(\xi)\mathrm{d}\xi = \int_{t_0}^{t} R\,i^2(\xi)\mathrm{d}\xi = \int_{t_0}^{t} \frac{u^2(\xi)}{R}\mathrm{d}\xi \tag{1-4}$$

在非关联参考方向下，电阻元件上消耗的功率为

$$p = u\,i = \frac{-u^2}{R} = -Ri^2 \tag{1-5}$$

**【例 1-1】** 已知：$u=-2\text{V}, R=2\Omega$，试分别求出图 1-5 中和图 1-6 中电流 $i$ 和功率 $p$，并指出电压和电流的实际方向。

**【解】** (1)在图 1-5 中，电压与电流为关联参考方向，由欧姆定律

$$i=\frac{u}{R}=\frac{-2}{2}=-1\text{A}$$

由于 $u<0, i<0$，故电压与电流的实际方向与图中标出的参考方向相反。

在关联参考方向下，功率 $p=ui=(-2)(-1)=2\text{W}$，$p>0$，说明电阻消耗能量。

(2) 在图 1-6 中，电压与电流为非关联参考方向，由欧姆定律

$$i=-\frac{u}{R}=-\frac{-2}{2}=1\text{A}$$

由于 $u<0, i>0$，所以电压的实际方向与图中标出的参考方向相反，电流的实际方向与图中标出的参考方向相同。

在非关联参考方向下，$p=ui=(-2)\times 1=-2\text{W}$；$p<0$，说明电阻消耗功率。

可以进一步导出一个具有普遍意义的结论：由线性元件组成的任意二端网络，当其端口电压电流参考方向相关联情况下，电路功率 $p=ui$，当 $p>0$ 时，表明该时刻二端元件实际吸收(消耗)功率；当 $p<0$ 时，表明该时刻二端元件实际发出(产生)功率。当其电压电流采用非关联参考方向时，则与此结论相反。

## 二、电容元件

电容是能够储存电荷及电场能量的元件，理想电容元件的电路模型如图 1-8 所示。

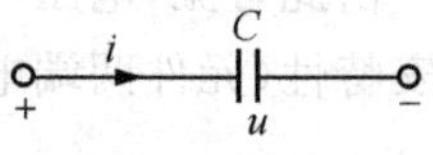

图 1-8 理想电容元件的电路模型

### (一) 电容元件上的电压、电流关系

电容储存电荷量的多少与电容上所加电压的大小成正比，即

$$q=Cu \tag{1-6}$$

比例系数 $C$ 称为**电容**。当电压的单位为伏特(V)，电荷的单位为库仑(C)时，电容的单位为法拉(F)。

$$1\text{F}=10^{6}\mu\text{F}=10^{12}\text{pF}$$

电容上的电流是电容上的电荷在单位时间内的变化率，即

$$i=\frac{\mathrm{d}q}{\mathrm{d}t}=C\frac{\mathrm{d}u}{\mathrm{d}t} \tag{1-7}$$

式(1-7)即为理想电容元件上的电压电流关系表达式，该式说明只有当电容两端的电压随时间变化时，与电容相连的电路中才有电流通过；当电容两端的电压不变时(如直流)，则通过电容两端的电流为零，电容相当于开路。电容的这种性质，称为**动态性质**，电容元件又被称为**动态元件**。

由式(1-7)得到电容上的电压为

$$u(t)=\frac{1}{C}\int_{-\infty}^{t}i\mathrm{d}\xi=\frac{1}{C}\int_{-\infty}^{t_0}i\mathrm{d}\xi+\frac{1}{C}\int_{t_0}^{t}i\,\mathrm{d}\xi \tag{1-8}$$

式中，$t_0$ 为计时起点时刻。令 $u(t_0)=\frac{1}{C}\int_{-\infty}^{t_0} i\mathrm{d}\xi$ 为计时起点之前电容上已存在的电压，称为**电压的初始值**。若在计时起点之前电容上存有电荷，则电压的初始值不为零，$u(t_0)\neq 0$；若在计时起点之前电容未被充电，则电压的初始值为零 $u(t_0)=0$。这样，电容上的电压在 $t$ 时刻为

$$u(t)=u(t_0)+\frac{1}{C}\int_{t_0}^{t} i\mathrm{d}\xi \tag{1-9}$$

由此可见，电容上的电压不仅与计时起点之后电容上储存的电荷有关，而且与计时起点之前电容上的电荷有关。由于电容具有这种"记忆"过去状态的特性，电容又被称为**"记忆"元件**。

（二）电容的功率与能量

在关联参考方向下，电容上的功率为 $p=u\,i$，能量为

$$W_C=\int_{t_0}^{t} u(\xi)i(\xi)\mathrm{d}\xi=\frac{1}{2}Cu^2(t)-\frac{1}{2}Cu^2(t_0) \tag{1-10}$$

当电容在被使用前没有被充电，即 $u(t_0)=0$，则电容上的能量

$$W_C=\frac{1}{2}Cu^2(t) \tag{1-11}$$

在 $[t_1,t_2]$ 时间段内，电容上的能量为

$$W_C=\frac{1}{2}Cu^2(t_2)-\frac{1}{2}Cu^2(t_1)=W_C(t_2)-W_C(t_1) \tag{1-12}$$

当电容被充电时总有 $|u_2|>|u_1|$，即 $W_C(t_2)>W_C(t_1)$，$W_C(t)>0$，电容吸收能量。反之，电容放电时，总有 $|u_2|<|u_1|$，即 $W_C(t_2)<W_C(t_1)$，$W_C(t)<0$，说明电容在释放能量。可见，电容具有储存和释放电场能量的功能，在这个过程中电容并不消耗能量，所以，电容只是储能元件而不是耗能元件。

**【例 1-2】** 图 1-8 所示电容元件的电容 $C=200\mu\text{F}$，电容上所加电压的波形如图 1-9 所示，求：流过电容的电流和电容的功率。

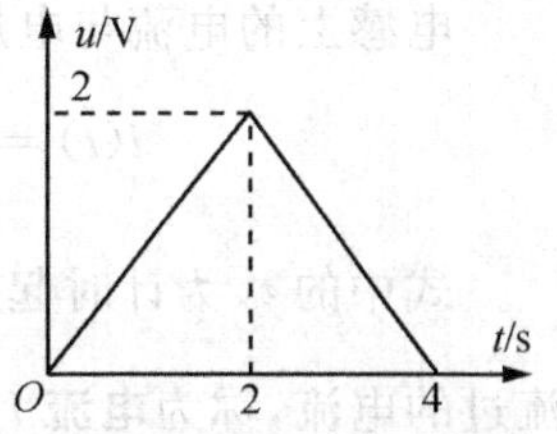

u/V
2
t/s
O　2　4

图 1-9　例 1-2 图

**【解】** 电容上电压的表示式为

$$u=\begin{cases} t & \text{当 } 0\leqslant t<2\text{s} \\ 4-t & \text{当 } 2\text{s}\leqslant t\leqslant 4\text{s} \end{cases}$$

电容上电流为

$$i=C\frac{\mathrm{d}u}{\mathrm{d}t}=\begin{cases} 2\times 10^{-4}A & \text{当 } 0\leqslant t<2\text{s} \\ -2\times 10^{-4}A & \text{当 } 2\text{s}\leqslant t\leqslant 4\text{s} \end{cases}$$

电容上功率的变化为

$$p=u\,i=\begin{cases} 2\times 10^{-4}tW & \text{当 } 0\leqslant t<2\text{s} \\ -2\times 10^{-4}(4-t)W & \text{当 } 2\text{s}\leqslant t\leqslant 4\text{s} \end{cases}$$

由上式可见，在时间段[0,2s]内电容吸收能量，在时间段[2s,4s]内电容释放能量，而且，释放的能量与吸收的能量相等。

## 三、电感元件

日常生活中常会遇到带有线圈的电路元件，这些线圈内部有些是有铁心的，有些是空心的。把线圈的电阻忽略不计用理想导线绕制而成的线圈定义为理想电感元件。

当一个线圈中流过随时间变化的电流时，就会在这个线圈中产生一个随时间变化的磁场，这个磁场的大小由它的磁通 $\Phi$ 的多少来定义，磁通 $\Phi$ 越大磁场越强。由磁通 $\Phi$ 和线圈匝数 $N$ 可以定义与该线圈相交链的**磁通链** $\Psi$ 的大小

$$\Psi = N\Phi \tag{1-13}$$

该磁通和磁通链是由流过线圈本身的电流产生的，所以称为**自感磁通**和**自感磁通链**。线性电感元件的自感磁通链与产生它的电流的大小成正比

$$\Psi = L\,i \tag{1-14}$$

比例系数 $L$ 称为**电感**，电感的单位为亨利(H)，电感的电路模型如图 1-10 所示。

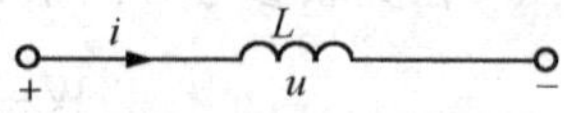

$$1\text{H} = 10^3\,\text{mH} = 10^6\,\mu\text{H}$$



图 1-10 电感的电路模型

### （一）电感元件上的电压电流关系

在关联参考方向下，电感上的电压

$$u = \frac{\mathrm{d}\Psi}{\mathrm{d}t} = L\,\frac{\mathrm{d}i}{\mathrm{d}t} \tag{1-15}$$

式(1-15)即为理想电感元件上的电压电流关系表达式，该式说明只有当流过电感的电流变化时，才能在电感的两端感应出电压，当电流不变时(如直流)，电感两端的电压为零，此时，电感相当于短路。电感这种只有当电流变化才有电压出现的性质，称为**电感的动态性质**，所以电感也是一种动态元件。

电感上的电流与电压的关系式为

$$i(t) = \frac{1}{L}\int_{-\infty}^{t} u(\xi)\,\mathrm{d}\xi = \frac{1}{L}\int_{-\infty}^{t_0} u(\xi)\,\mathrm{d}\xi + \frac{1}{L}\int_{t_0}^{t} u(\xi)\,\mathrm{d}\xi \tag{1-16}$$

式中的 $t_0$ 为计时起点的时刻，令 $i(t_0) = \frac{1}{L}\int_{-\infty}^{t_0} u(\xi)\,\mathrm{d}\xi$ 为计时起点时刻之前电感上流过的电流，称为**电流 $i(t)$ 的初始值**。电流的初始值反映了电感在计时起点之前的储能状态。这样，电感上的电流也同样由两部分组成，即

$$i(t) = i(t_0) + \frac{1}{L}\int_{t_0}^{t} u(\xi)\,\mathrm{d}\xi \tag{1-17}$$

由于电感上的电流具有“记忆”计时起点之前的状态的性质，电感元件也被称为“记忆”元件。

### （二）电感的功率与能量

在关联参考方向下，电感上的功率为

$$p = u\,i = L\,i\,\frac{\mathrm{d}i}{\mathrm{d}t} \tag{1-18}$$

电感在时刻 $t$ 储存的能量为

$$W_L(t)=\int_{t_0}^{t} L\,i\,\mathrm{d}i=\frac{1}{2}L\,i^2(t)-\frac{1}{2}L\,i^2(t_0) \tag{1-19}$$

当 $i(t_0)=0$，则电感在 $t$ 时刻的能量为

$$W_L(t)=\frac{1}{2}Li^2(t) \tag{1-20}$$

在时间段 $[t_1,t_2]$ 内，电感吸收的能量为

$$W_L(t)=\frac{1}{2}L\,i^2(t_2)-\frac{1}{2}L\,i^2(t_1)=W_L(t_2)-W_L(t_1) \tag{1-21}$$

当 $W_L(t_2)>W_L(t_1)$ 时，$W_L(t)>0$，电感吸收能量，电感将电能转化为磁场能量储存起来；当 $W_L(t_2)<W_L(t_1)$ 时，$W_L(t)<0$，电感将磁场能量转化成电能释放给电路。由此可见，理想电感元件并不消耗能量，只是把吸收的电能转化为磁场能量储存起来，或者将磁场能量转化为电能释放出来。所以，电感元件是一种储能元件，而不是耗能元件。

# 第四节　电压源与电流源

## 一、独立电压源与独立电流源

工程实际中的电源有发电机、电池、信号源等，它们的特点是能够不断地提供能量给电路，称之为**独立源**。独立源的电路模型有两种：独立电压源和独立电流源。

### （一）独立电压源模型

独立电压源有两种电路模型：理想电压源和实际电压源模型。

1. 理想电压源

理想电压源的电路模型如图 1-11 所示。理想电压源的端电压 $u(t)$ 为一个给定的时间函数，不随流过电压源的电流的大小而变化，即

$$u(t)=u_s(t) \tag{1-22}$$

当 $u(t)=u_s(t)=U_s$，$U_s$ 为恒定值时，称为**恒压源**。恒压源的伏安特性曲线如图 1-12 所示。

2. 实际电压源

实际电压源的电路模型是理想电压源和它的内阻串联组成的，如图 1-13 所示。

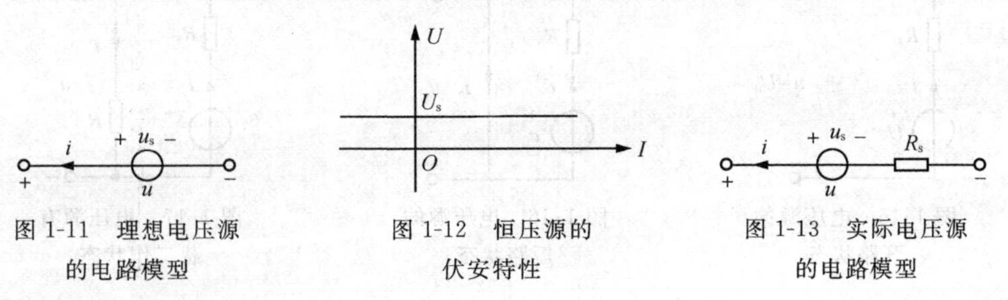


图 1-11　理想电压源的电路模型　　图 1-12　恒压源的伏安特性　　图 1-13　实际电压源的电路模型

实际电压源的伏安特性为

$$u(t) = u_s(t) - R_s\, i(t) \tag{1-23}$$

当 $u_s = U_s$（$U_s$ 为常数）且电路中只有直流量时，伏安特性为

$$U = U_s - R_s I \tag{1-24}$$

式(1-24)的伏安特性曲线如图 1-14 所示。

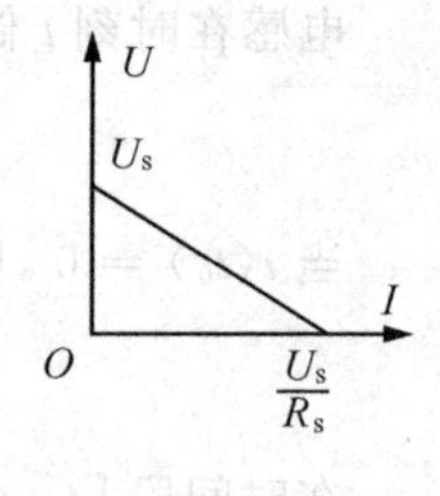


图 1-14 实际电压源的直流伏安特性

在非关联参考方向下，电压源发出的功率为

$$p = u(t)\, i(t) \tag{1-25}$$

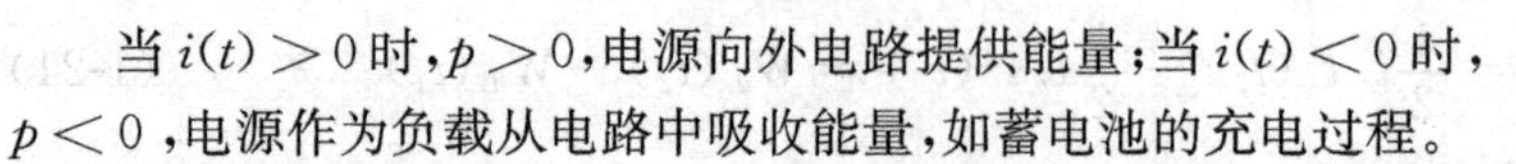

当 $i(t) > 0$ 时，$p > 0$，电源向外电路提供能量；当 $i(t) < 0$ 时，$p < 0$，电源作为负载从电路中吸收能量，如蓄电池的充电过程。

当电路中的电压和电流都为直流量时，由式(1-24)可得功率平衡方程式为

$$p = p_s - p_0 \tag{1-26}$$

$p_s$ 为电压源产生的功率，$p$ 为电压源的输出功率，$p_0$ 为电压源内阻上消耗的功率。

3. 电压源的工作状态

电压源有开路、短路和有载三种状态。

(1) 电压源的开路状态

如图 1-15 所示，电压源的开路状态又称为**空载状态**。电压源处于开路状态时其端电压 $u$ 又称为**开路电压**，记做 $U_0$。开路电压等于理想电压源的端电压，此时电压源的输出电流为零，输出功率也为零。

(2) 电压源的短路状态

如图 1-16 所示，实际电压源处于短路状态，电压源的电压全部加在内阻上，端电压为零。由于电压源的内阻较小，将产生很大的短路电流 $I_s$。电压源发出的功率全部消耗在内阻上，有可能对电压源造成损坏。

**【例 1-3】** 某干电池的开路电压 $U_0 = 3\text{ V}$，短路电流 $I_s = 10\text{ A}$，则内电阻为多少？

**【解】** 电池的电源电压为

$$U_s = U_0 = 3\text{ V}$$

电池的内电阻为

$$R_s = \frac{U_0}{I_s} = 0.3\ \Omega$$

(3) 电压源的有载工作状态

电压源接有负载时的状态称为有载工作状态，如图 1-17 所示。图中负载电阻 $R$ 的

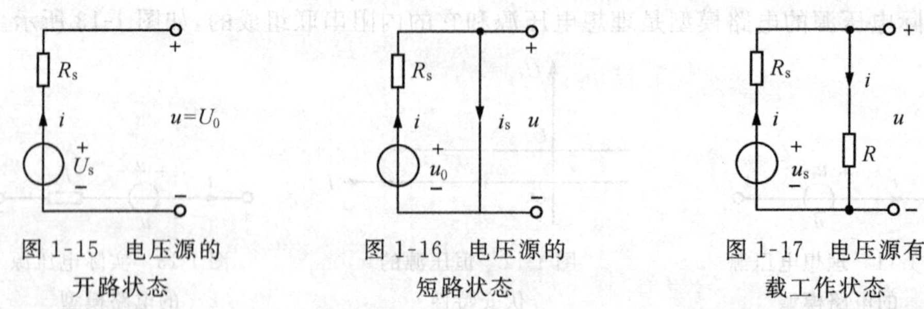


图 1-15 电压源的开路状态

图 1-16 电压源的短路状态

图 1-17 电压源有载工作状态

大小直接影响到电压源输出电流 $i$ 的大小。由欧姆定律得

$$i = \frac{u_s}{R_s + R} \tag{1-27}$$

电压源的输出电压称为**端电压**。

$$u = u_s - R_s i = Ri \tag{1-28}$$

电压源的输出功率

$$p = u\,i = R\,i^2 = u_s\,i - R_s i^2 \tag{1-29}$$

独立电压源的输出电流 $i$ 的大小决定了输出功率的大小。当输出电流大时，独立电压源的输出功率也大，称电压源**带负载较重**；反之，当输出电流小时，独立电压源的输出功率也小，称**带负载较轻**。不同的电气设备在正常工作时对电压、电流和功率的要求不同，这些要求反映在它的额定值上。额定值是电气设备长期正常运行时的容许值。如果电气设备在高于额定值的环境下运行，它的耐热和绝缘性能都要受到损坏，从而使电气设备的运行寿命缩短。如果电气设备在低于额定值的环境下运行，它的工作效率很低，有些设备将无法正常运行。

**【例 1-4】** 将标有 40W、220V 和 100W、220V 的两个电灯并联接入 220V 的电源上，它们的电阻各为多少？电流各为多少？若将它们串联接入 220V 的电路中，哪个灯更亮？并分别计算并联和串联两种情况下电源的输出功率。

**【解】** (1)并联时，由式(1-3)和欧姆定律

$$P = U\,I = \frac{U^2}{R}$$

$$R_1 = \frac{U^2}{P_1} = \frac{220^2}{40} = 1210\ \Omega \quad I_1 = \frac{U}{R_1} = \frac{P_1}{U} = \frac{40}{220} = 0.18\ \text{A}$$

$$R_2 = \frac{U^2}{P_2} = \frac{220^2}{100} = 484\ \Omega \quad I_2 = \frac{U}{R_2} = \frac{P_2}{U} = \frac{100}{220} = 0.45\ \text{A}$$

由于并联时电路中的电压满足电灯的额定电压，所以电灯消耗额定功率，100W 的灯亮于 40W 的灯。

并联时，电源的输出功率为

$$P = P_1 + P_2 = 140\ \text{W}$$

当 40W 和 100W 的灯串联时，总电阻为

$$R = R_1 + R_2 = 1210 + 484 = 1694\ \Omega$$

电路中的总电流为

$$I = \frac{U}{R} = \frac{220}{1694} = 0.13\ \text{A}$$

两个电灯上的电压分别为

$$U_1 = R_1 I = 1210 \times 0.13 = 157.3\ \text{V}$$

$$U_2 = R_2 I = 484 \times 0.13 = 62.92\ \text{V}$$

显然，40W 电灯上的电压大于 100W 电灯上的电压，它们的功率分别为

$$P_1 = R_1 I^2 = U_1 I = 20.5\ \text{W}$$
$$P_2 = R_2 I^2 = U_2 I = 8.2\ \text{W}$$

由于 40W 电灯上的电压大于 100W 电灯上的电压，使 40W 电灯消耗的功率大于 100W 电灯，所以 40W 电灯比 100W 电灯更亮。

串联时电源的输出功率为

$$P = P_1 + P_2 = 28.7\ \text{W}$$

（二）独立电流源

独立电源的另一种电路模型是独立电流源。独立电流源也分为理想电流源和实际电流源两种。

1. 理想电流源

理想电流源的输出电流为一个给定的时间函数，不随它两端电压的变化而变化，理想电流源的电路模型如图 1-18 所示。电流源的电压和电流的参考方向通常取为非关联参考方向。

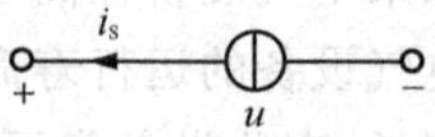

当 $i_s(t) = I_s$（$I_s$ 为常数）时，理想电流源为直流电流源，称为**恒流源**。恒流源的伏安特性如图 1-19 所示。

图 1-18 理想电流源电路模型

2. 实际电流源

考虑到电流源的内阻，用理想电流源等效的实际电流源的电路模型如图 1-20 所示。它是由理想电流源与实际电流源内阻并联而成。

实际电流源的伏安特性为

$$i(t) = i_s(t) - \frac{u(t)}{R_s} \tag{1-30}$$

当 $i_s(t) = I_s$，且电路中的电压和电流都为直流量时，实际电流源的直流伏安特性为

$$I = I_s - \frac{U}{R_s} \tag{1-31}$$

其伏安特性曲线如图 1-21 所示。由伏安特性曲线可知，实际电流源的内阻越大，输出电流受到电压的影响越小，输出电流越稳定。

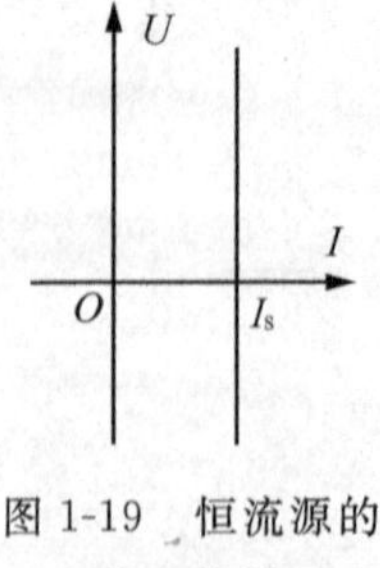

图 1-19 恒流源的伏安特性

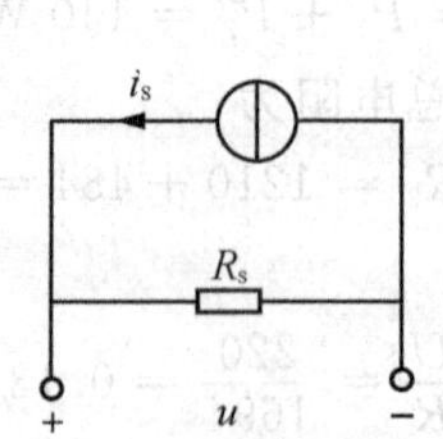

图 1-20 实际电流源模型

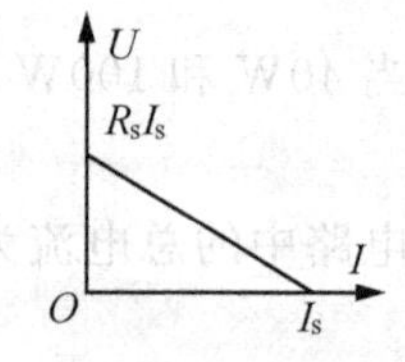

图 1-21 实际电流源的直流伏安特性

非关联参考方向下，电流源发出的功率为

$$p = u(t)i(t) \tag{1-32}$$

在非关联参考方向下，当 $p>0$ 时，电流源向外电路提供功率，电流源起到电源的作用。反之，电流源从外电路吸收功率，电流源是作为负载用。

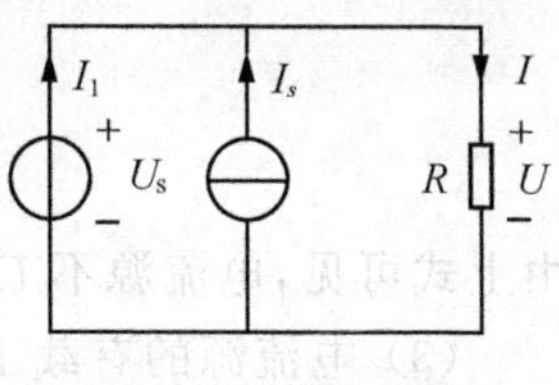

图 1-22　例 1-5 图

【例 1-5】　在图 1-22 中，$U_s=4\text{V}$，$I_s=2\text{ A}$，试求当 $R=1\Omega$，$R=2\Omega$，$R=4\Omega$ 时，输出电流 $I$，并分析理想电压源和理想电流源的工作状态。

【解】　(1) 当 $R=1\Omega$ 时，由欧姆定律

$$I=\frac{U_s}{R}=4\text{ A}$$

电阻吸收的功率为：$P=UI=16\text{ W}$

理想电流源发出的功率为：$P=U_sI_s=8\text{ W}$

由　$I=I_1+I_s$

理想电压源的电流为：$I_1=2\text{ A}$

理想电压源发出的功率为：$P=U_sI_1=8\text{ W}$

电源发出的功率等于电阻吸收的功率，电路中的功率平衡。

(2)当 $R=2\Omega$ 时，$I=\dfrac{U_s}{R}=2\text{ A}$

电阻吸收的功率为：$P=U_sI=8\text{ W}$

电流源发出的功率为：$P=U_sI_s=8\text{ W}$

由于电压源的电流为：$I_1=0$，所以电压源不发出功率。

(3)当 $R=4\Omega$ 时，$I=\dfrac{U_s}{R}=1\text{ A}$

电阻吸收的功率为：$P=U_sI=4\text{ W}$

电流源的电流 $I_s=2\text{ A}$，所以电流源发出的功率 $P=U_sI_s=8\text{ W}$

电压源的电流 $I_1=I-I_s=-1\text{ A}$，所以电压源发出功率 $P=U_sI_1=-4\text{ W}$

3. 电流源的工作状态

电流源也有三种工作状态：开路、短路和有载状态。

(1) 电流源的开路状态

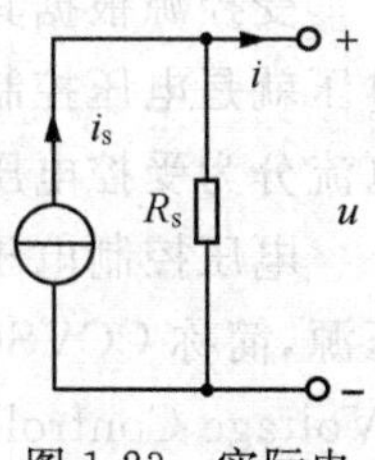

图 1-23　实际电流源的开路状态

由于理想电流源的输出电流不为零，所以理想电流源的开路状态是没有意义的。实际电流源的开路状态如图 1-23 所示，实际电流源处于开路状态时，电流源的电流全部流过电流源内阻，由于电流源的内阻较大，将在内阻上产生过高电压，而损坏电流源。

可见，当电流源开路时，电流源产生的功率全部消耗在内阻上。

(2) 电流源的短路状态

如图 1-24 所示，短路状态时电流源的端电压、短路电流、产生功率及输出功率为

$$\begin{cases} i = i_s \\ u = 0 \\ p_s = P = 0 \end{cases} \tag{1-33}$$

由上式可见，电流源不工作时应短路。

(3) 电流源的有载工作状态

电流源的有载工作状态如图 1-25 所示。此时，电流源的输出电流、输出电压、输出功率为

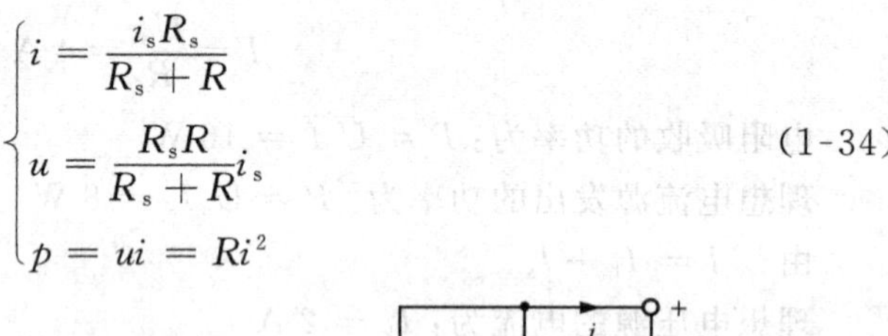

$$\begin{cases} i = \dfrac{i_s R_s}{R_s + R} \\ u = \dfrac{R_s R}{R_s + R} i_s \\ p = ui = Ri^2 \end{cases} \tag{1-34}$$

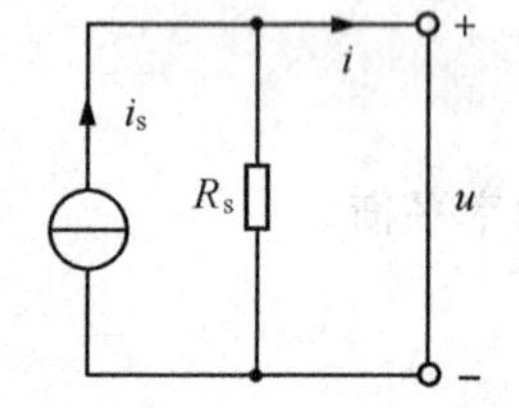


图 1-24　电流源的短路状态

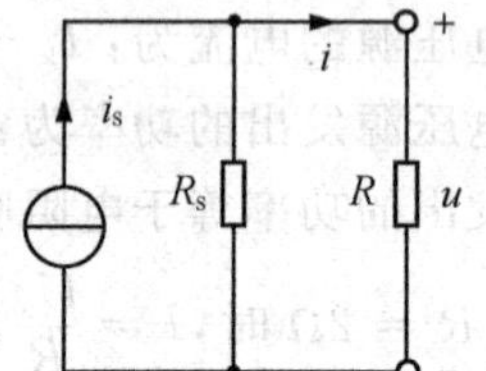


图 1-25　电流源的有载工作状态

## 二、受　控　源

受控源不同于独立电源，首先，受控源的输出电压或输出电流受到其他元件上的电流或电压的控制。其次，受控源的输出电压或输出电流的大小，只随控制量的大小而变化，与其他电量的变化无关。所以，受控源虽然具有电源的性质，但它是一种受控的电源，它既不同于电源又不同于负载，是一种特殊的有源元件，受控源在电路中是否存在取决于控制量。

受控源根据其控制量的不同可分为电压控制型和电流控制型两种，如果控制量是电压就是电压控制型，如果控制量是电流就是电流控制型。又根据输出量是电压还是电流分为受控电压源和受控电流源两种。这样，受控源共可以分为四种类型：

电压控制电压源，简称 VCVS(Voltage Controlled Voltage Sources)；电流控制电压源，简称 CCVS(Current Controlled Voltage Sources)；电压控制电流源，简称 VCCS (Voltage Controlled Current Sources)；电流控制电流源，简称 CCCS(Current Controlled Current Sources)。

1. 电压控制电压源 VCVS

它的电路模型如图 1-26 所示，图中 $AB$ 为控制支路，$CD$ 为受控支路，控制量是 $AB$ 支路电压 $u_k$，受控源的输出电压为

$$u = \mu u_k \tag{1-35}$$

比例系数 $\mu$ 为无量纲常数，输出电压 $u$ 与流过它的电流 $i$ 无关。

2. 电流控制电压源 CCVS

它的电路模型如图 1-27 所示，图中 $i_k$ 为控制支路电流，受控源的输出电压为

$$u = ri_k \tag{1-36}$$

比例系数 $r$ 是常数，为电阻的量纲。输出电压 $u$ 只与控制量 $i_k$ 有关，与流过受控源本身的电流无关。

图 1-26　电压控制电压源　　图 1-27　电流控制电压源

3. 电压控制电流源 VCCS

VCCS 的电路模型如图 1-28 所示。图中 $u_k$ 为控制支路的支路电压，受控电流源的输出电流为

$$i = gu_k \tag{1-37}$$

比例系数 $g$ 是常数，为电导的量纲。$i$ 只与控制电压 $u_k$ 有关，而与受控电流源两端的电压无关。

4. 电流控制电流源 CCCS

CCCS 的电路模型如图 1-29 所示。图中 $i_k$ 为控制支路电流，受控电流源的输出电流为

$$i = \beta i_k \tag{1-38}$$

式中，比例系数 $\beta$ 为无量纲常数。输出电流只与控制电流有关，而与受控电流源两端的电压无关。

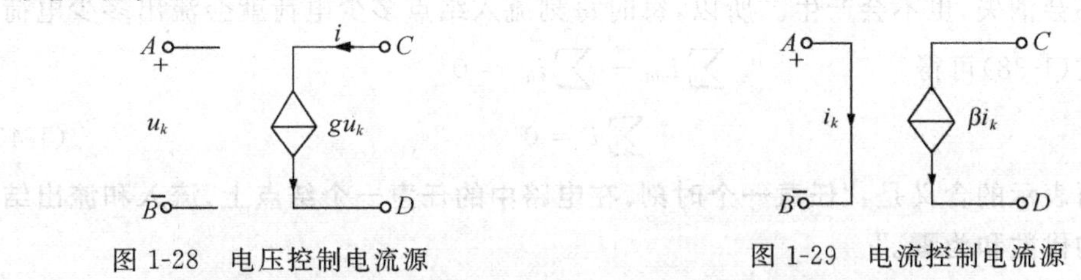


图 1-28　电压控制电流源　　图 1-29　电流控制电流源

## 第五节　基尔霍夫电流定律和电压定律

生产实践中经常会遇到一些利用欧姆定律无法解决的情况，这就需要利用基尔霍夫电流定律和电压定律来进行分析，它是所有电路分析方法的基础。

## 一、基本概念

1. 支路

电路中流过同一电流的电路分支称为电路的一条**支路**，流过支路的电流称为**支路电流**，一条支路两端的电压称为**支路电压**。如图 1-30 所示电路中有 3 条支路 $dab$、$bd$ 和 $dcb$。

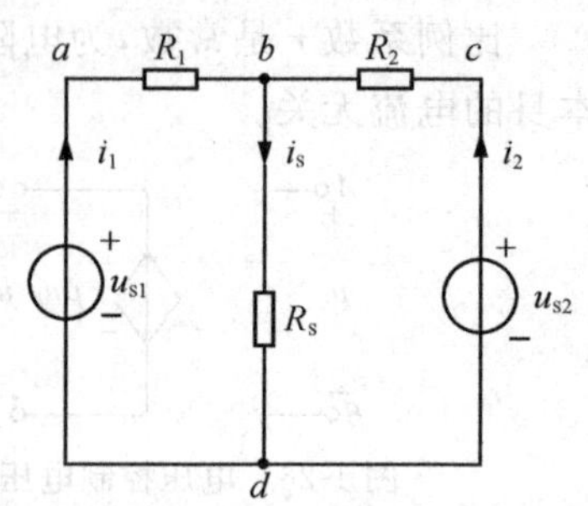

图 1-30 结点、支路和回路

2. 结点

会聚三条或三条以上支路的连接点称为电路的**结点**。如图 1-30 所示电路中有两个结点 $b$ 和 $d$。

3. 回路

电路中由支路组成的任何一个闭合路径都称为**回路**。如图 1-30 中共有三个回路，回路 $abda$、回路 $bcdb$ 和回路 $abcda$。

回路中不再包含其他回路的称为**独立回路**，如回路 $abda$ 和回路 $bcdb$，平面电路中独立回路也被形象的称为**网孔**。

## 二、基尔霍夫电流定律(Kirchhoff's Current Law)

基尔霍夫电流定律是关于电路中各支路电流间相互约束关系的定律。基尔霍夫电流定律(KCL)指出："在任意一个时刻，对电路中的任意一个结点，流入该结点的电流恒等于流出这个结点的电流。"即

$$\sum i_{\text{in}} = \sum i_{\text{out}} \tag{1-39}$$

基尔霍夫电流定律是电荷守恒的体现。由于结点是理想导线的连接点，在结点上电荷既不会消失，也不会产生。所以，每时每刻流入结点多少电荷就会流出多少电荷。

由式(1-38)可得

$$\sum i_{\text{out}} - \sum i_{\text{in}} = 0$$

即

$$\sum i = 0 \tag{1-40}$$

它所表示的含义是：**"任意一个时刻，在电路中的任意一个结点上，流入和流出结点的电流的代数和为零。"**

需要特别注意的是：电流流入或流出结点的方向是指电流的参考方向。

在图 1-30 中，对结点 $b$ 列 KCL 方程为 $i_1 + i_2 = i_S$

对结点 $d$ 列 KCL 方程为 $i_S = i_1 + i_2$

从以上两个方程可以看出，在这两个方程中只有一个是独立的。由于支路电流必然是从一个结点流出而后流入另一个结点，因此，对于有 $n$ 个结点的电路，只有$(n-1)$个 KCL 方程是独立的。

如果把几个结点以及与这些结点相联的支路，用一个假想的闭和面包起来，可以把这个闭和面包围的电路看成是一个"大"结点，称为**"广义结点"**。

将基尔霍夫电流定律应用于广义结点即可得到广义基尔霍夫电流定律，即："在任意一个时刻，对于电路中的任意一个广义结点，流入或流出这个广义结点的电流的代数和为零。"

【例 1-6】　在图 1-31 中，若已知 $I_1=5\text{A}, I_s=10\text{A}, I_2=-2\text{A}$，试求 $I_3$、$I_4$ 和 $I_5$ 的值。

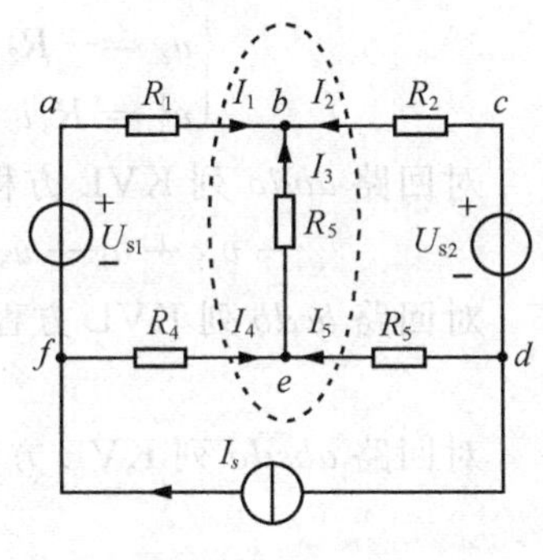


图 1-31　例 1-6 图

【解】　对结点 $b$ 列 KCL 方程为

$$I_1+I_2+I_3=0$$

$$I_3=-(I_1+I_2)=-[5+(-2)]=-3\ \text{A}$$

$I_3<0$，说明实际方向与参考方向相反。

对结点 $f$ 列 KCL 方程为

$$I_1+I_4-I_s=0$$

$$I_4=I_s-I_1=5\text{A}$$

$I_4>0$，说明实际方向与参考方向相同。

对结点 $e$ 列 KCL 方程为

$$I_4+I_5=I_3$$

$$I_5=I_3-I_4=-3-5=-8\text{A}$$

$I_5<0$，说明实际方向与参考方向相反。

下面用广义结点的概念再进行一下计算，过结点 $b$、$e$ 及其相联支路做一个封闭面，应用广义基尔霍夫电流定律列出 KCL 方程为

$$I_1+I_2+I_4+I_5=0$$

$$I_5=-I_1-I_2-I_4=-5-(-2)-5=-8\text{A}$$

本例说明：首先，电流的正负表明电流的参考方向与实际参考方向是否一致；其次，合理利用广义结点的概念可以有效的简化电路的分析运算过程。

### 三、基尔霍夫电压定律

基尔霍夫电压定律（Kirchoff's Voltage Law）描述的是构成同一个回路的不同支路的支路电压之间的约束关系。基尔霍夫电压定律（KVL）指出：**"在任意一个时刻，对于电路中的任意一个回路，沿该回路的各支路电压的代数和为零。"**即

$$\sum u=0 \tag{1-41}$$

在上式中 $\sum u$ 为代数和，即每一个支路电压的前面都有"+"号或"−"号，该正负号是由支路电压的参考方向是否与回路方向一致来确定的。

回路方向是人为指定的回路的绕行方向，它是回路的参考方向。它只有两个方向：顺时针方向和逆时针方向。当构成这个回路的支路电压的参考方向与回路方向一致时，该支路电压前取"+"号；当支路电压的参考方向与回路方向相反时，该支路电压前取"−"号。

如图 1-32 设所有的回路方向都为顺时针方向，则支路电压与支路电流的关系为

$$\begin{cases} u_1 = R_1 i_1 \\ u_2 = -R_2 i_2 \\ u_3 = R_3 i_3 \end{cases} \tag{1-42}$$

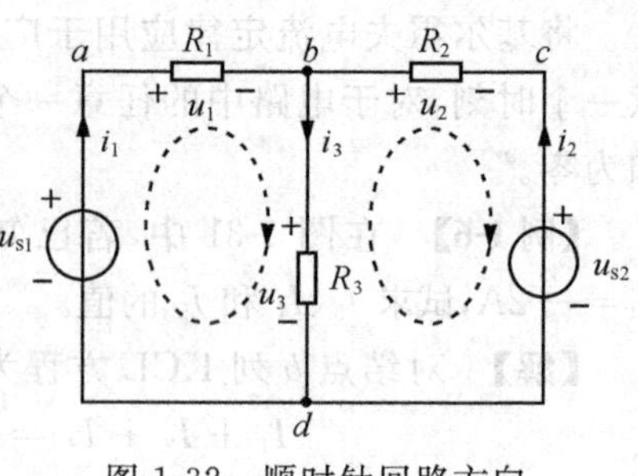


图 1-32 顺时针回路方向

对回路 $abda$ 列 KVL 方程为

$$-u_{s1} + u_1 + u_3 = 0 \tag{1-43}$$

对回路 $bcdb$ 列 KVL 方程为

$$u_2 + u_{s2} - u_3 = 0 \tag{1-44}$$

对回路 $abcda$ 列 KVL 方程为

$$-u_{s1} + u_1 + u_2 + u_{s2} = 0 \tag{1-45}$$

由式(1-43)～(1-45)可知，在三个 KVL 方程中只有两个是独立的。在具有 $n$ 个结点 $b$ 条支路的电路中，独立的 KVL 方程数为 $b-(n-1)$ 个。沿独立回路（即网孔）列出的 KVL 方程都是独立的。

基尔霍夫电压定律不仅适合于闭合回路而且也适合于不闭合的回路，称为跨越空间的 KVL。如图 1-33 所示电路，将开路电压 $u$ 当作闭合回路的支路电压看待，对回路 $bcdeb$ 列出 KVL 方程

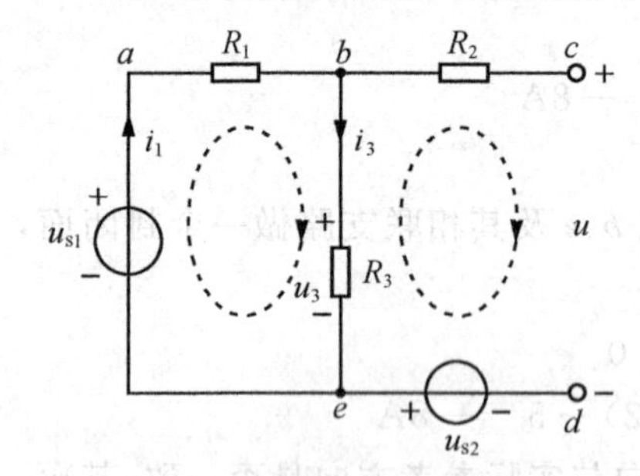


图 1-33 跨越空间 KVL

$$u - u_{s2} - u_3 = 0$$

可得到开路电压

$$u = u_{s2} + u_3$$

跨越空间的基尔霍夫电压定律特别适用于电位和电子电路分析的计算。

基尔霍夫电压定律方程的另一种常用形式是欧姆定律形式的 KVL 方程。如图 1-32 中，将式(1-42)代入式(1-43)和(1-44)得到

$$\begin{cases} -u_{s1} + R_1 i_1 + R_3 i_3 = 0 \\ -R_2 i_2 + u_{s2} - R_3 i_3 = 0 \end{cases}$$

将上式中电压源电压移至等式右端，得到

$$\begin{cases} R_1 i_1 + R_3 i_3 = u_{s1} \\ -R_2 i_2 - R_3 i_3 = -u_{s2} \end{cases}$$

一般，当电路中只含有电阻元件和电压源时，电阻元件的支路电流和支路电压之间满足欧姆定律，即

$$u_k = R\, i_k \tag{1-46}$$

将欧姆定律和电压源的电压代入基尔霍夫电压定律方程中，可以得到欧姆定律形式的基尔霍夫电压定律

$$\sum Ri = \sum u_s \tag{1-47}$$

在上式中，方程左边电阻元件上的支路电流的参考方向与回路方向一致时取“+”号，相反时取“−”号；方程右边，回路绕行方向从电压源的参考方向“+”指向电压源的参考方向时取“−”号，反之取“+”号。

当电路中的电压和电流都是直流量时，基尔霍夫电压定律方程为

$$\sum RI = \sum U_s \tag{1-48}$$

**【例 1-7】** 如图 1-34 所示电路，以支路电流为变量列出欧姆定律形式的 KVL 方程。

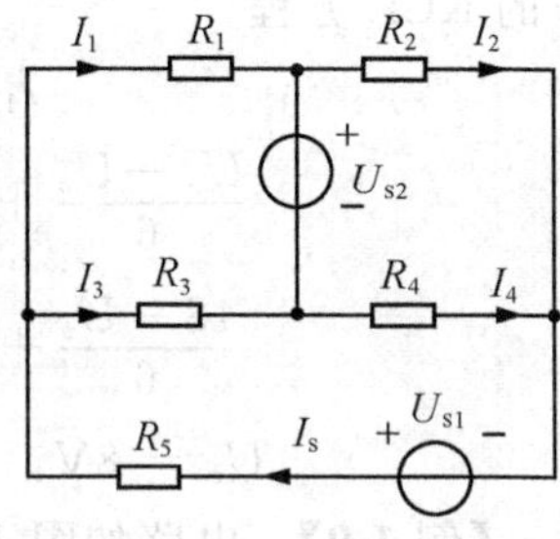

图 1-34　例 1-7 图

**【解】** 设所有的回路方向均为顺时针方向，对三个网孔列 KVL 方程

$$\begin{cases} R_1 I_1 - R_3 I_3 = -U_{s2} \\ R_2 I_2 - R_4 I_4 = U_{s2} \\ R_3 I_3 + R_4 I_4 + R_5 I_5 = U_{s1} \end{cases}$$

## 第六节　电位的概念与计算

电位在电路计算中是一个很重要的概念。电路中某结点的**电位**是该点相对于参考结点的电压，因此，要计算某结点的电位时，首先要确定参考结点，令参考结点的电位为零，则电路中某结点的电位即为该点对参考结点的电压。

对于由多个元件构成的复杂多结点电路，用电压来讨论一般十分繁琐，改用电位来讨论就简单的多。如某电路有四个结点，用电压来讨论就需要研究六个独立的电压变量，而改用电位讨论，在指定参考结点以后仅需要讨论三个独立变量就可以了；如果电路有五个独立结点，则有十个支路电压变量，电位变量仅有四个。可见越复杂的电路利用电位来研究就越简便。在分析电子线路的时候经常用到电位来进行讨论和研究。

**【例 1-8】** 在图 1-35(a)中，设参考结点为 $e$ 点，并设参考结点的电位为零，试分析电路中各点的电位。

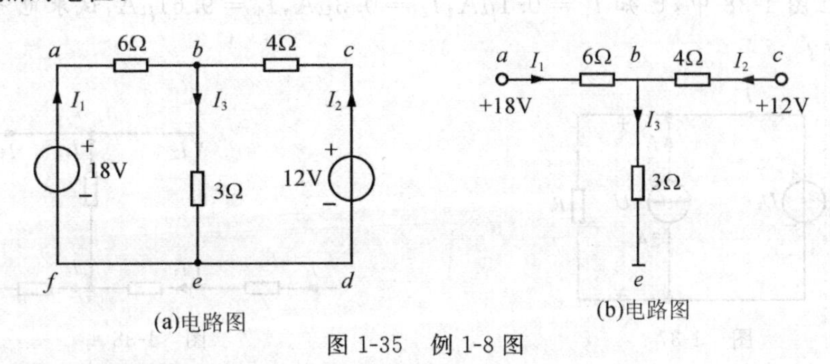

图 1-35　例 1-8 图

**【解】** 如果将图 1-35(a)中的电压源用电位来表示，如图 1-35(b)所示，则电路更

为简洁。在电子电路中常用这种用电位表示的电路图，此时结点 $e$ 作为参考结点，电位为零。则 $a$ 点的电位就是 18V，$c$ 点的电位就是 12V，列写 $b$ 点的 KCL 方程

$$I_1 + I_2 = I_3$$

$$\frac{U_a - U_b}{6} + \frac{U_c - U_b}{4} = \frac{U_b - 0}{3}$$

$$\frac{18 - U_b}{6} + \frac{12 - U_b}{4} = \frac{U_b - 0}{3}$$

即 $\quad U_b = 8\text{V} \quad U_a = 18\text{V} \quad U_c = 12\text{V}$

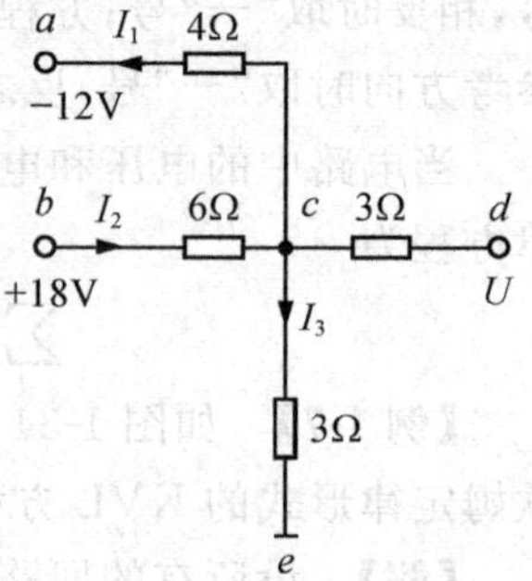

图 1-36 例 1-9 图

**【例 1-9】** 电路如图 1-36 所示，求 $d$ 点的电位 $U$。

**【解】** 列出结点 $c$ 的 KCL 方程

$$-I_1 + I_2 - I_3 = 0$$

因为 $cd$ 之间没有电流，所以 $d$ 点的电位就等于 $c$ 的电位。

$$I_1 = \frac{U-(-12)}{4}, I_2 = \frac{18-U}{6}, I_3 = \frac{U}{3}$$

由以上两式列出结点电压方程

$$-\frac{U+12}{4} + \frac{18-U}{6} - \frac{U}{3} = 0$$

解出

$$U = 7\text{V}$$

必须注意的是：当选取的参考结点不同时，同一个结点所得到的电位是不同的，但两个结点之间的电压是不会改变的。

## 习 题

1-1 图 1-37 所示电路中，$U_s = 2\text{V}$，$I_s = 2\text{A}$，试求：当 $R = 0.5\Omega$，$R = 1\Omega$ 和 $R = 2\Omega$ 时，理想电压源的电流 $I$ 和理想电流源的电压 $U$，以及电阻上消耗的功率，并验证功率平衡。并说明哪些元件是电源？哪些元件是负载？（注意参考方向关联的概念）

1-2 在图 1-38 中，已知 $I_1 = 0.1\mu\text{A}$，$I_2 = 0.3\mu\text{A}$，$I_5 = 9.61\mu\text{A}$，试求电流 $I_3$、$I_4$ 和 $I_6$ 各为多少？

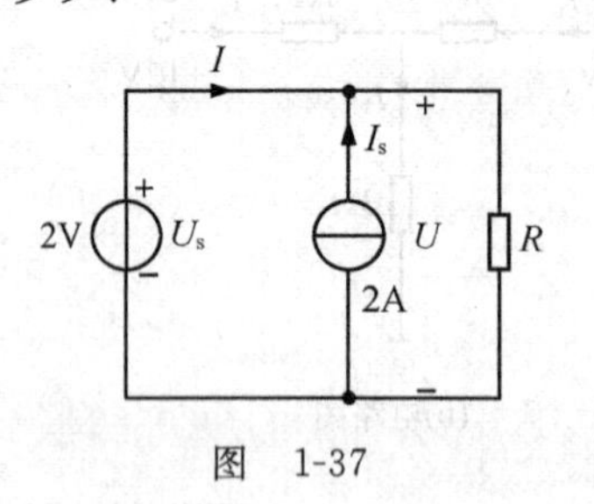

图 1-37

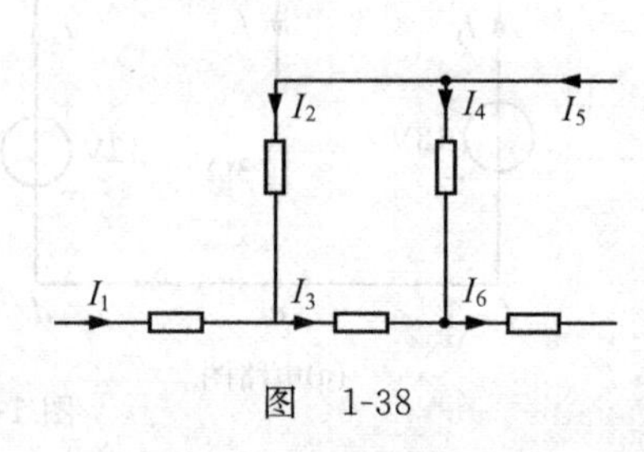

图 1-38

1-3 请分别写出理想电阻、理想电感和理想电容元件上的电压电流关系（VCR）。

1-4　为什么说电感和电容是记忆元件，而电阻不是记忆元件？

1-5　在图 1-39 所示电路中，试计算开路电压 $U_2$。

1-6　试求图 1-40 中电阻 $R$ 及 $B$ 点的电位 $U_B$。

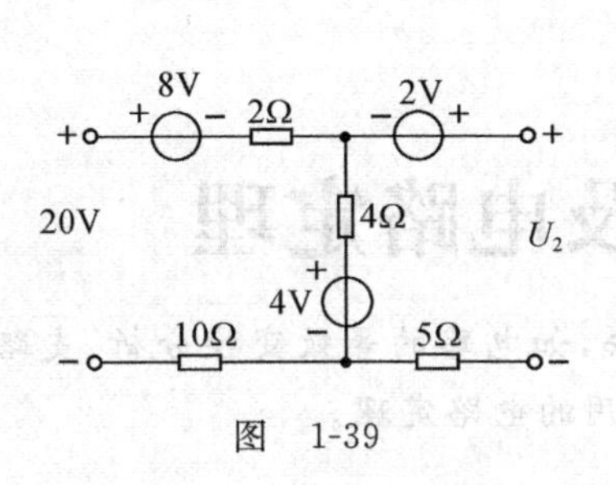


图　1-39

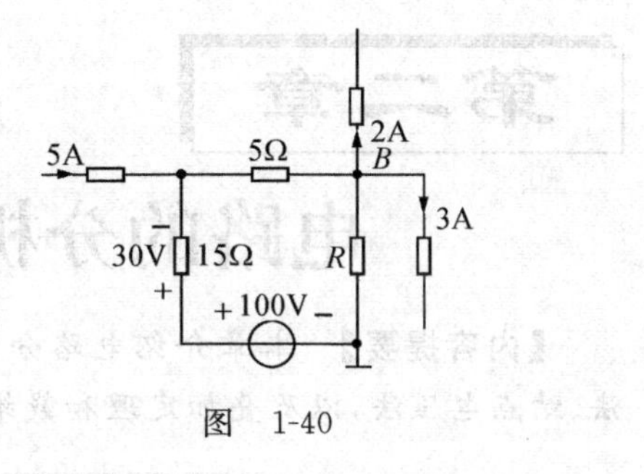


图　1-40

# 第二章

# 电路的分析方法及电路定理

**【内容提要】** 本章介绍电路分析的一般方法，如电路的等效变换分析、支路电流法、结点电压法，以及叠加定理和戴维南定理等常用的电路定理。

## 第一节　等效变换法分析电路

电路的形式多种多样，利用等效变换的方法，把难于分析的复杂电路形式变为易于分析的简单电路形式是经常采用的一种电路分析方法。这种变换的条件是变换前后电路的端口电压和电流保持不变。

### 一、电阻的串联和并联等效

1. 电阻的串联

如图 2-1 所示，流过串联电阻的电流相同，串联电阻的支路电压等于各串联电阻上的电压之和

$$u = u_1 + u_2 = u_s \tag{2-1}$$

所以，两个串联电阻对电源电压的分压公式为

$$\begin{cases} u_1 = \dfrac{R_1 u_s}{R_1 + R_2} \\ u_2 = \dfrac{R_2 u_s}{R_1 + R_2} \end{cases} \tag{2-2}$$

如图 2-2 所示，可以用一个等效电阻代替两个串联电阻，等效电阻为

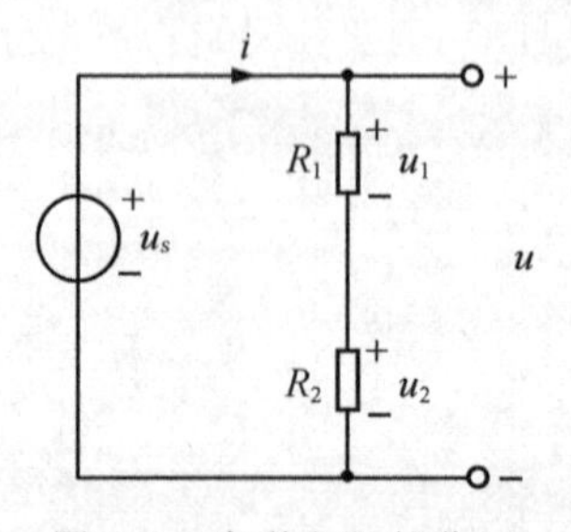


图 2-1　串联电阻的分压

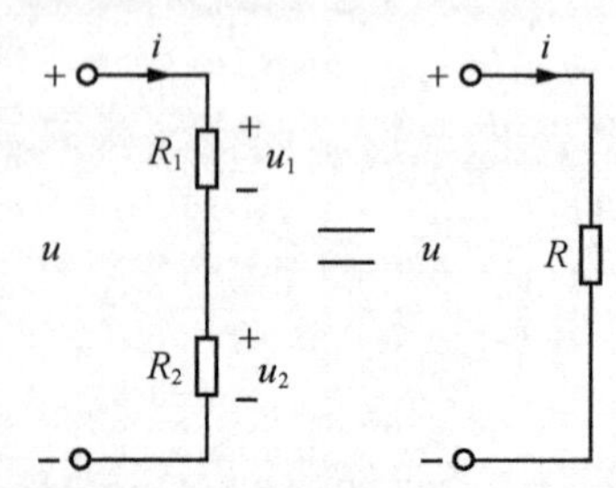


图 2-2　串联电阻的等效电阻

$$R = \frac{u}{i} = R_1 + R_2 \tag{2-3}$$

2. 电阻的并联

如图 2-3 所示，电路中总电流等于各并联电阻上的支路电流之和

$$i = i_1 + i_2 = i_s \tag{2-4}$$

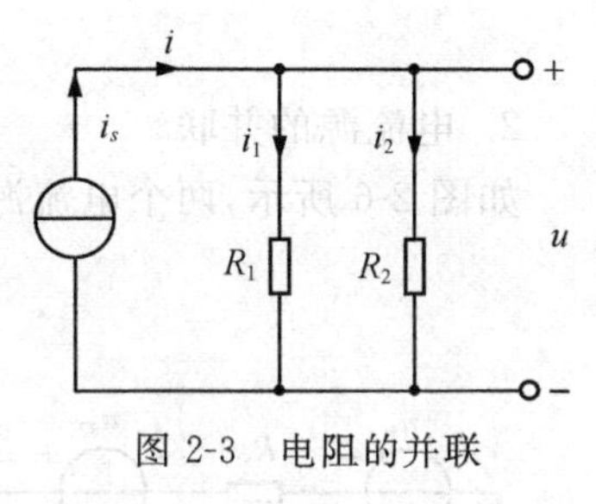

图 2-3 电阻的并联

并联电阻对理想电流源的分流公式为

$$\begin{cases} i_1 = \dfrac{R_2 i_s}{R_1 + R_2} \\ i_2 = \dfrac{R_1 i_s}{R_1 + R_2} \end{cases} \tag{2-5}$$

各并联电阻的电压相等，总电流等于各支路电流之和

$$i = \frac{u}{R_1} + \frac{u}{R_2} = \left(\frac{1}{R_1} + \frac{1}{R_2}\right)u \tag{2-6}$$

并联电阻的等效电阻为

$$R = \frac{R_1 R_2}{R_1 + R_2} \tag{2-7}$$

**【例 2-1】** 如图 2-4 所示电路，已知 $U_s = 6\text{V}$，求电路中的 $I$ 和 $U$。

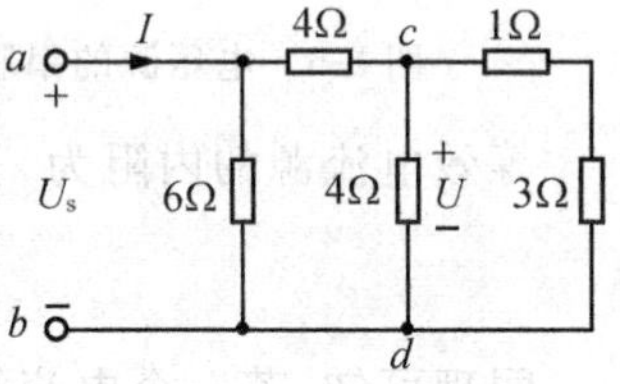

图 2-4 例 2-1 图

**【解】**

$$R_{cd} = \frac{4 \times (1+3)}{4 + (1+3)}\Omega = 2\Omega$$

$$R_{ab} = \frac{6 \times (2+4)}{6 + (2+4)}\Omega = 3\Omega$$

$$I = \frac{U_s}{R_{ab}} = \frac{6}{3}\text{A} = 2\text{A} \qquad U = 4 \times \frac{1}{4}I = 2\text{V}$$

## 二、电源的等效变换

1. 电压源的串联

如图 2-5 所示，两个电压源串联后的等效电压源电压为

$$u_s = u_{s1} - u_{s2} \tag{2-8}$$

等效电压源的内阻为

$$R_s = R_{s1} + R_{s2} \tag{2-9}$$

以此类推，$n$ 个实际电压源串联后的等效电压源的电压为

$$u_s = \sum_{k=1}^{n} u_{sk} \tag{2-10}$$

需要注意的是式(2-10)为代数和，若 $u_{sk}$ 的参考方向与 $u_s$ 的参考方向一致时取“+”

号，相反时取“－”号。

等效电压源的内阻为

$$R = \sum_{k=1}^{n} R_k \tag{2-11}$$

2. 电流源的并联

如图 2-6 所示，两个电流源并联后的等效电流源的电流为

$$i_s = i_{s1} - i_{s2} \tag{2-12}$$

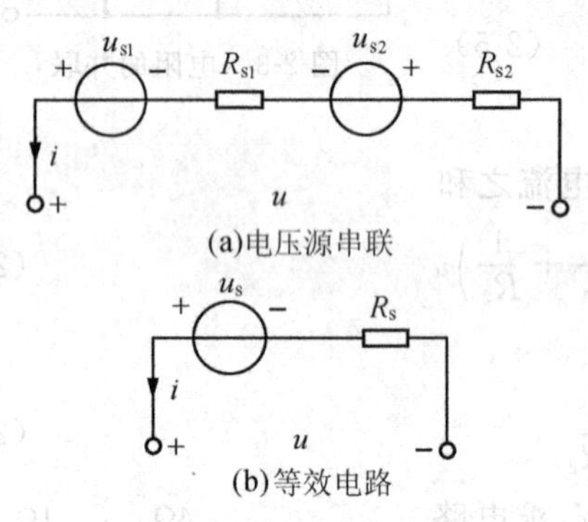


图 2-5 电压源的串联电路

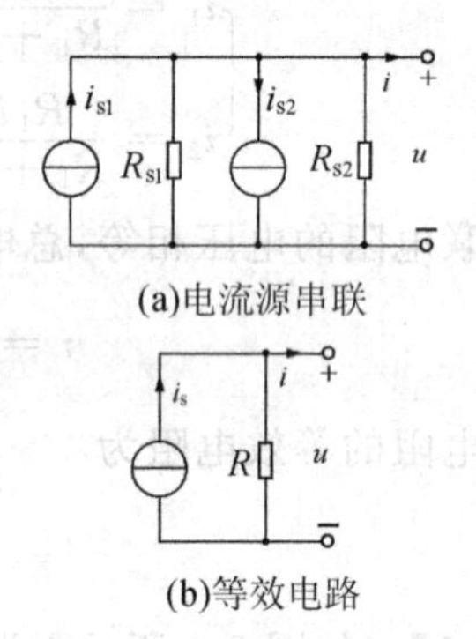


图 2-6 电流源的并联电路

等效电流源的内阻为

$$R = \frac{R_{s1} R_{s2}}{R_{s1} + R_{s2}} \tag{2-13}$$

同理可知，若 $n$ 个电流源并联则等效电流源的电流为

$$i_s = \sum_{k=1}^{n} i_{sk} \tag{2-14}$$

此时等效电流源的内阻为

$$\frac{1}{R} = \sum_{k=1}^{n} \frac{1}{R_{sk}} \tag{2-15}$$

在上式的代数和中，若 $i_{sk}$ 的参考方向与 $i_s$ 的参考方向相同就取“＋”号，若相反就取“－”号。

3. 电压源与电流源的互换

实际电压源和实际电流源对外可以进行等效互换，等效前后电源的输出电压和输出电流相同。实际电压源的直流伏安特性方程式和实际电流源的直流伏安特性方程式为

$$\begin{cases} U = U_s - R_s I \\ I = I_s - \dfrac{U}{R_s} \end{cases} \tag{2-16}$$

令 $I_s = \dfrac{U_s}{R_s}$，则电压源与电流源的伏安特性相同，电压源与电流源的输出电压 $U$ 和

输出电流 $I$ 相同，电压源与电流源可以等效互换。如图 2-7 所示，注意在等效过程中电流源电流与电压源电压 $U_s$ 的参考方向的关系。

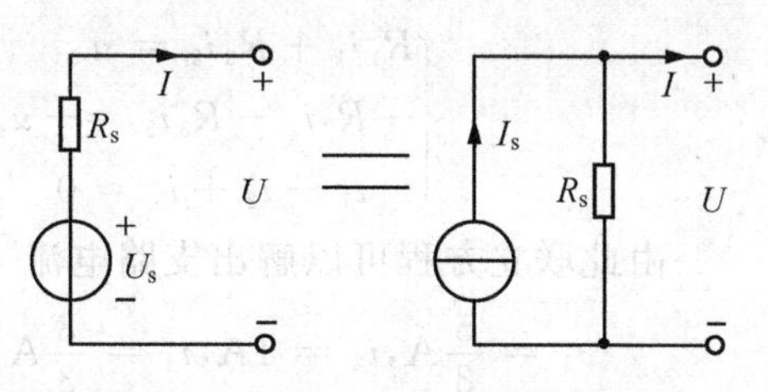

图 2-7　电压源与电流源的等效变换

**【例 2-2】**　如图 2-8(a)所示电路，求电流 $I$。

**【解】**　将两个并联的电压源等效成两个并联的电流源，如图 2-8(b)所示，再进一步化简如图 2-8(c)、(d)所示，由化简后的电路可求出电流

$$I=\frac{6+2}{2+2+4}=1\text{A}$$

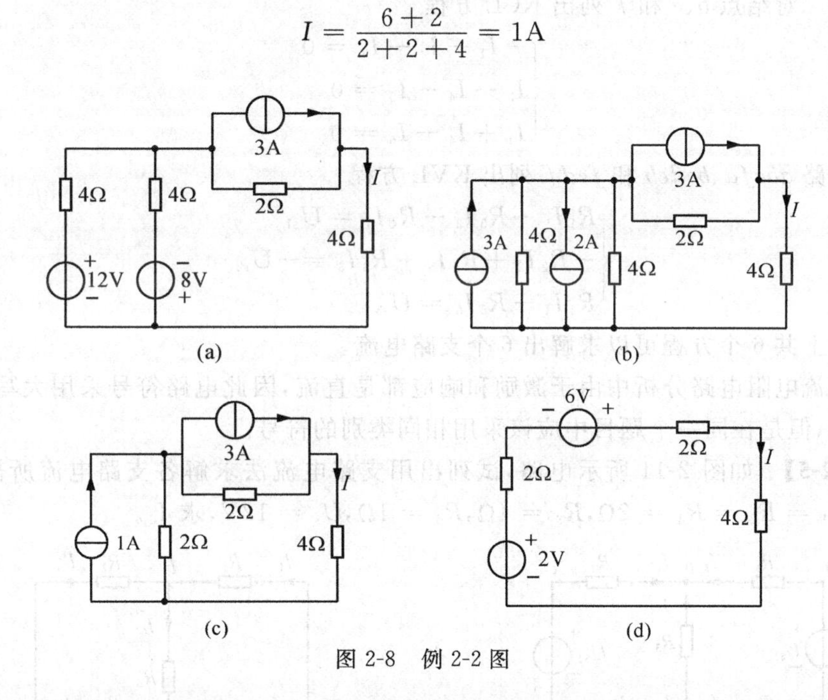

图 2-8　例 2-2 图

需要注意的是，电压源与电流源的等效互换是对电源以外的电路的计算等效，对于电源内部的电路这种互换是不能等效的。

## 第二节　支路电流法

支路电流法是以支路电流为变量，利用基尔霍夫电压定律和基尔霍夫电流定律进行求解的方法。下面先以实例说明支路电流法的计算方法，而后进行归纳总结。

**【例 2-3】**　在图 2-9 中，若已知 $R_1=6\Omega$，$R_2=4\Omega$，$R_3=3\Omega$，$u_{s1}=18\text{V}$，$u_{s2}=12\text{V}$，求电压 $u$。

**【解】**　以支路电流 $i_1$、$i_2$、$i_3$ 为变量，列出欧姆定律形式的基尔霍夫电压定律方程及基尔霍夫电流定律方程

$$\begin{cases} R_1 i_1 + R_3 i_3 = u_{s1} \\ -R_2 i_2 - R_3 i_3 = -u_{s2} \\ -i_1 - i_2 + i_3 = 0 \end{cases} \quad (2\text{-}17)$$

由此联立方程可以解出支路电流

$$i_1 = \frac{5}{3}\text{A}, i_2 = 1\text{A}, i_3 = \frac{8}{3}\text{A}, u = 8\text{V}$$

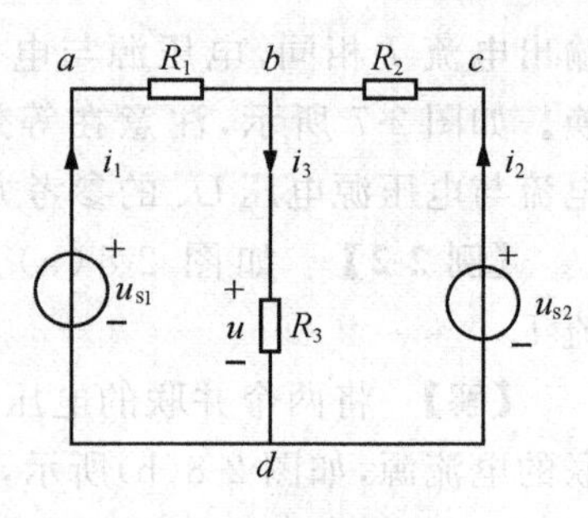


图 2-9 例 2-3 图

【例 2-4】 如图 2-10 中，设各回路方向都为顺时针方向，列出求解各支路电流所需方程。

【解】 对结点 $b$、$e$ 和 $f$ 列出 KCL 方程

$$\begin{cases} -I_1 - I_2 - I_3 = 0 \\ I_3 - I_4 - I_5 = 0 \\ I_1 + I_4 - I_6 = 0 \end{cases}$$

对回路 $abefa$、$bcdeb$ 和 $fedf$ 列出 KVL 方程

$$\begin{cases} R_1 I_1 - R_3 I_3 - R_4 I_4 = U_{s1} \\ -R_2 I_2 + R_5 I_5 + R_3 I_3 = -U_{s2} \\ R_4 I_4 - R_5 I_5 = U_{s3} \end{cases}$$

用以上共 6 个方程可以求解出 6 个支路电流。

在直流电阻电路分析中由于激励和响应都是直流，因此电路符号采用大写和小写是一样的，但是在同一个题目中应该采用相同类别的符号。

【例 2-5】 如图 2-11 所示电路，试列出用支路电流法求解各支路电流所需方程。若已知 $R_1 = R_2 = R_4 = 2\Omega$，$R_3 = 4\Omega$，$R_6 = 1\Omega$，$U_s = 12\text{V}$，求 $I_6$。

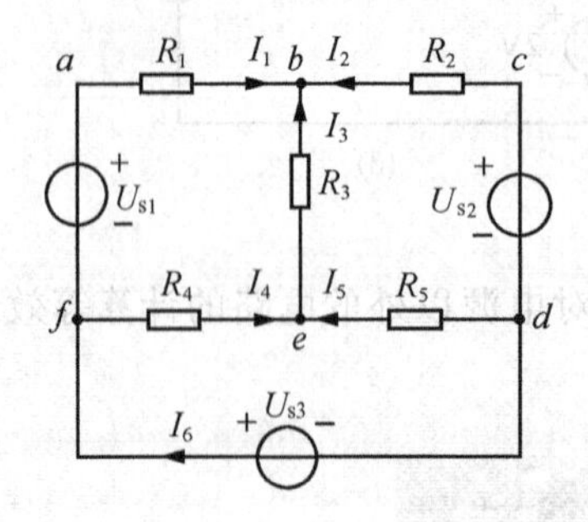


图 2-10 例 2-4 图

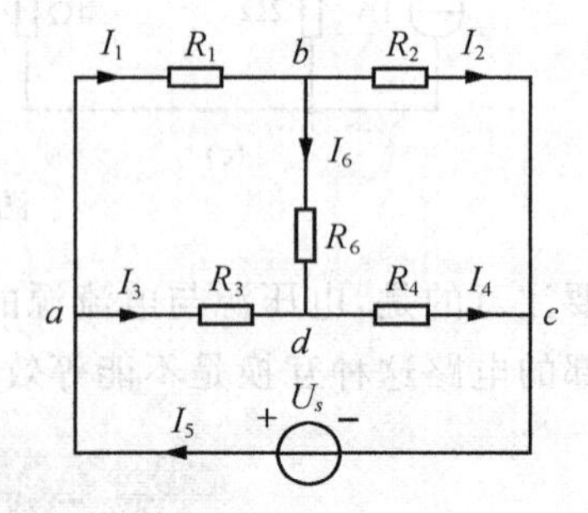


图 2-11 例 2-5 图

【解】 对结点 $a$、$b$、$c$ 列出 KCL 方程

$$\begin{cases} I_1 + I_3 - I_5 = 0 \\ -I_1 + I_2 + I_6 = 0 \\ -I_2 - I_4 + I_5 = 0 \end{cases}$$

设所有网孔的回路方向均为顺时针方向，对网孔 $abda$、$bcdb$、$adca$ 列出 KVL 方程

$$\begin{cases} R_1 I_1 + R_6 I_6 - R_3 I_3 = 0 \\ R_2 I_2 - R_4 I_4 - R_6 I_6 = 0 \\ R_3 I_3 + R_4 I_4 = U_s \end{cases}$$

从以上的六个方程中代入电阻值和电压源电压可以解出支路电流

$$I_6 = 0.6\text{A}$$

在具有 $n$ 个结点、$b$ 条支路的电路中，选用支路电流作为独立变量则有 $b$ 个独立变量。可以证明：根据基尔霍夫电流定律可以列出 $(n-1)$ 个独立的 KCL 方程，根据基尔霍夫电压定律可以列出 $b-(n-1)$ 个独立的 KVL 方程，共可以列出 $b$ 个独立的方程。因此，由 $b$ 个独立的 KCL 和 KVL 方程，就可以求解支路电流变量了。在利用支路电流法求解电路时必须注意：求得的电流前的符号表明的是所假设的参考电流与实际电流方向的关系，当参考方向与实际电流方向一致时是正号，否则是负号。

由以上例题可见，当用支路电流法求解某一支路电流时，需要将所有支路电流的方程都列出，求解过程较为繁琐。

## 第三节　结点电压法

在电路中任选一个结点作为参考结点，则其余各结点相对于参考结点的电压就是该结点的结点电压。结点电压的参考方向是从各结点指向参考结点，即参考结点为各结点电压的负极性点，其余各结点是结点电压的正极性点。用 $u_n$ 表示某个结点的结点电压。

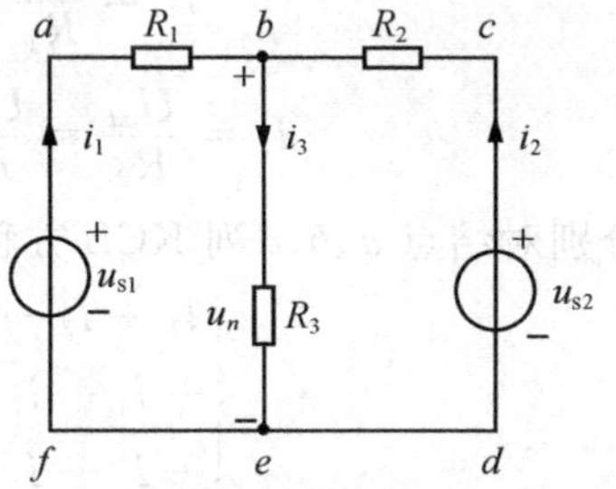

图 2-12　结点电压法

在图 2-12 中，只有两个结点，因此只有一个结点电压 $u_n$，以结点电压为变量各支路电压可以表示为

$$\begin{cases} u_{ab} = u_{s1} - u_n \\ u_{cb} = u_{s2} - u_n \\ u_b = u_n \end{cases} \tag{2-18}$$

各支路电流可以表示为

$$\begin{cases} i_1 = \dfrac{u_{ab}}{R_1} = \dfrac{u_{s1} - u_n}{R_1} \\ i_2 = \dfrac{u_{cb}}{R_2} = \dfrac{u_{s2} - u_n}{R_2} \\ i_3 = \dfrac{u_b}{R_3} = \dfrac{u_n}{R_3} \end{cases} \tag{2-19}$$

对结点 $b$ 列出基尔霍夫电流定律方程

$$-i_1 - i_2 + i_3 = 0 \tag{2-20}$$

将式(2-19)代入式(2-20)得到结点电压方程

$$u_n = \frac{\frac{u_{s1}}{R_1}+\frac{u_{s2}}{R_2}}{\frac{1}{R_1}+\frac{1}{R_2}+\frac{1}{R_3}} = \frac{\sum \frac{u_s}{R}}{\sum \frac{1}{R}} \tag{2-21}$$

在式(2-21)中,分母中求和的各项总为正;分子中求和的各项有正有负,为其代数和。$u_s$ 中流过的电流的参考方向:流入结点的取"+"号,流出结点的取"−"号。

**【例 2-6】** 在图 2-12 中,已知:$R_1=6\Omega, R_2=4\Omega, R_3=3\Omega, U_{s1}=18\text{V}, U_{s2}=12\text{V}$。求结点电压。

**【解】** 由式(2-21)可知

$$U_n = \frac{\frac{U_{s1}}{R_1}+\frac{U_{s2}}{R_2}}{\frac{1}{R_1}+\frac{1}{R_2}+\frac{1}{R_3}} = \frac{\frac{18}{6}+\frac{12}{4}}{\frac{1}{6}+\frac{1}{4}+\frac{1}{3}}\text{V} = 8\text{V}$$

**【例 2-7】** 用结点电压法重新计算例 2-5。

**【解】** 将图 2-11 重画于图 2-13 中,在此电路中,有四个结点,三个结点电压,取 $d$ 为参考结点,则

$$U_{n1}=U_{ad}, U_{n2}=U_{bd}, U_{n3}=U_{cd}, U_s=U_{ad}-U_{cd}$$

各支路电流与结点电压的关系为

$$I_1=\frac{U_{ab}}{R_1}=\frac{U_{n1}-U_{n2}}{R_1}, I_2=\frac{U_{bc}}{R_2}=\frac{U_{n2}-U_{n3}}{R_2}$$

$$I_3=\frac{U_{ad}}{R_3}=\frac{U_{n1}}{R_3}, I_4=-\frac{U_{cd}}{R_4}=-\frac{U_{n3}}{R_4}, I_6=\frac{U_{bd}}{R_6}=\frac{U_{n2}}{R_6}$$

分别对结点 $a$、$b$、$c$ 列 KCL 方程

$$\begin{cases} I_1+I_3-I_5=0 \\ -I_1+I_2+I_6=0 \\ -I_2-I_4+I_5=0 \end{cases}$$

从上式中消去 $I_5$,得

$$\begin{cases} I_1+I_3-I_2-I_4=0 \\ -I_1+I_2+I_6=0 \end{cases}$$

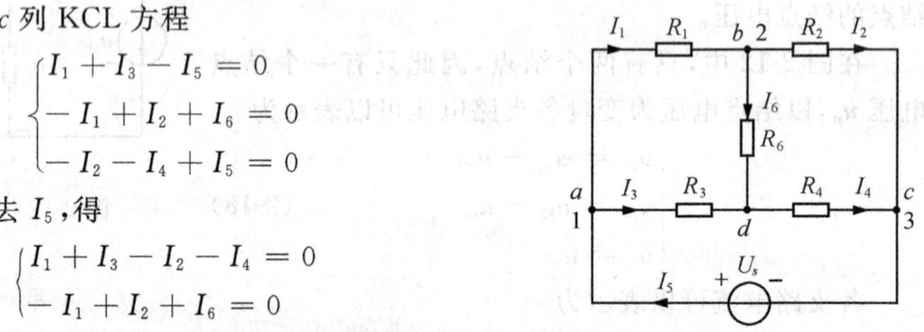


图 2-13 例 2-7 图

将用结点电压表示的各支路电流代入上式中,得到结点电压方程整理后,得

$$\begin{cases} \left(\frac{1}{R_1}+\frac{1}{R_2}+\frac{1}{R_3}+\frac{1}{R_4}\right)U_{n1}-\left(\frac{1}{R_1}+\frac{1}{R_2}\right)U_{n2}=\left(\frac{1}{R_2}+\frac{1}{R_4}\right)U_s \\ -\left(\frac{1}{R_1}+\frac{1}{R_2}\right)U_{n1}+\left(\frac{1}{R_1}+\frac{1}{R_2}+\frac{1}{R_6}\right)U_{n2}=-\frac{U_s}{R_2} \end{cases}$$

由此解出结点电压

$$U_{n2}=0.6\text{V}$$

求得支路电流

$$I_6 = \frac{U_{n2}}{R_6} = 0.6\text{A}$$

这一结果与支路电流法的计算结果相同。

## 第四节 叠加定理

如图 2-14 所示，电路中有两个各自独立的电压源，电路中的电流都是在两个独立电压源共同作用下所引起的，线性电路中用叠加定理来描述这种关系。内容为：在线性电路中，多个独立电源同时作用于电路所产生的支路电流和支路电压等于每一个独立电源单独作用时所产生的支路电流和支路电压的叠加。

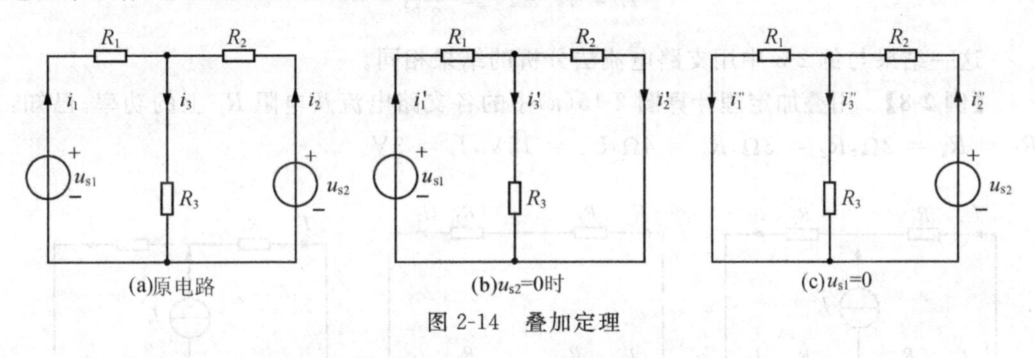


图 2-14 叠加定理

在图 2-14(a)中，若已知 $R_1 = 6\Omega, R_2 = 4\Omega, R_3 = 3\Omega, u_{s1} = 18\text{V}, u_{s2} = 12\text{V}$，利用叠加定理计算各个支路电流。

当 $u_{s1}$ 单独作用时，$u_{s2} = 0$（相当于该电压源短路），电路如图 2-14 (b)所示，由此图求出此时各支路电流为

$$\begin{cases} i_1' = \dfrac{u_{s1}}{R_1 + \dfrac{R_2R_3}{R_2 + R_3}} = \dfrac{(R_2 + R_3)u_{s1}}{R_1R_2 + R_2R_3 + R_3R_1} \\ i_2' = \dfrac{R_3}{R_2 + R_3} i_1' = \dfrac{R_3 u_{s1}}{R_1R_2 + R_2R_3 + R_3R_1} \\ i_3' = \dfrac{R_2}{R_2 + R_3} i_1' = \dfrac{R_2 u_{s1}}{R_1R_2 + R_2R_3 + R_3R_1} \end{cases} \tag{2-22}$$

当 $u_{s2}$ 单独作用时，$u_{s1} = 0$（相当于该电压源短路），电路如图 2-14(c)所示，由此图求出此时各支路电流为

$$\begin{cases} i''_2 = \dfrac{u_{s2}}{R_2 + \dfrac{R_1R_3}{R_1+R_3}} = \dfrac{(R_1+R_3)u_{s2}}{R_1R_2+R_2R_3+R_3R_1} \\ i''_1 = \dfrac{R_3}{R_1+R_3}i''_2 = \dfrac{R_3u_{s2}}{R_1R_2+R_2R_3+R_3R_1} \\ i''_3 = \dfrac{R_1}{R_1+R_3}i''_2 = \dfrac{R_1u_{s2}}{R_1R_2+R_2R_3+R_3R_1} \end{cases} \tag{2-23}$$

如图 2-14(a)所示电路中的各支路电流为图(b)和(c)中各支路电流的叠加,代入数据得

$$\begin{cases} i_1 = i'_1 - i''_1 = \dfrac{5}{3}\text{A} \\ i_2 = -i'_2 + i''_2 = 1\text{A} \\ i_3 = i'_3 + i''_3 = \dfrac{8}{3}\text{A} \end{cases} \tag{2-24}$$

这一结果与例 2-3 中用支路电流法分析的结果相同。

**【例 2-8】** 用叠加定理计算图 2-15(a)中的各支路电流及电阻 $R_1$ 上的功率。已知:$R_1 = R_4 = 2\Omega, R_2 = 3\Omega, R_3 = 4\Omega, U_s = 15\text{V}, I_s = 3\text{V}$。

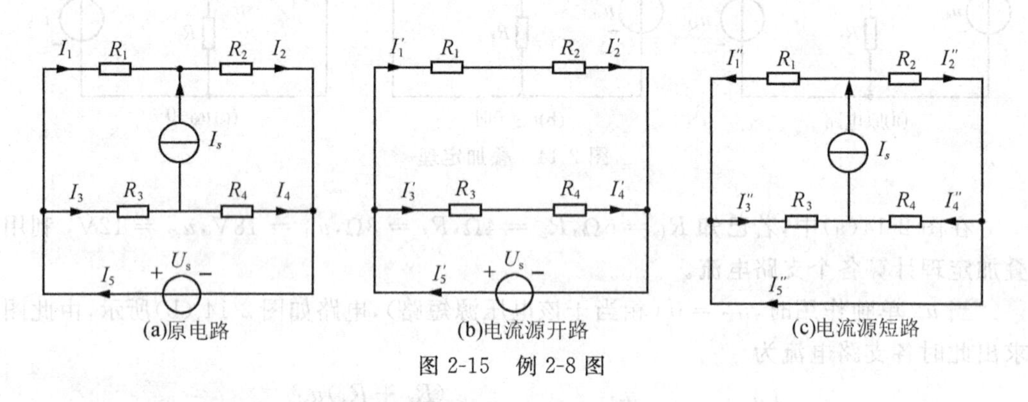


图 2-15　例 2-8 图

**【解】** 当电压源单独作用时,电流源不作用,$I_s = 0$,电流源被开路,如图 2-15(b)所示,此时各支路电流为

$$\begin{cases} I'_1 = I'_2 = \dfrac{U_s}{R_1+R_2} \\ I'_3 = I'_4 = \dfrac{U_s}{R_3+R_4} \\ I'_5 = I'_1 + I'_3 = \dfrac{(R_1+R_2+R_3+R_4)U_s}{(R_1+R_2)(R_3+R_4)} \end{cases}$$

将已知条件代入得

$$I'_1 = I'_2 = 3\text{A}, I'_3 = I'_4 = 2.5\text{A}, I'_5 = 5.5\text{A}$$

当电流源单独作用时电压源被短路,如图 2-15(c)所示,此时各支路电流为

$$\begin{cases} I''_1 = \dfrac{R_2 I_s}{R_1 + R_2}, I''_2 = \dfrac{R_1 I_s}{R_1 + R_2} \\ I''_3 = \dfrac{R_4 I_s}{R_3 + R_4}, I'_4 = \dfrac{R_3 I_s}{R_3 + R_4} \\ I'_5 = -I'_1 + I'_3 = \dfrac{(R_4 R_1 - R_2 R_3) I_s}{(R_1 + R_2)(R_3 + R_4)} \end{cases}$$

将已知条件代入，得

$$I''_1 = 1.8\text{A}, I''_1 = 1.2\text{A}, I''_3 = 1\text{A}, I''_4 = 2\text{A}, I''_5 = -0.8\text{A}$$

由电压源与电流源共同作用所产生的各支路电流，等于电压源单独作用时和电流源单独作用时所产生的各支路电流的叠加，叠加后的各支路电流为

$$\begin{cases} I_1 = I'_1 - I''_1 = \dfrac{U_s - R_2 I_s}{R_1 + R_2} \\ I_2 = I'_2 + I''_2 = \dfrac{U_s + R_1 I_s}{R_1 + R_2} \\ I_3 = I'_3 + I''_3 = \dfrac{U_s + R_4 I_s}{R_3 + R_4} \\ I_4 = I'_4 - I''_4 = \dfrac{U_s - R_3 I_s}{R_3 + R_4} \\ I_5 = I'_5 + I''_5 = \dfrac{(R_1 + R_2 + R_3 + R_4) U_s + (R_1 R_4 - R_2 R_3) I_s}{(R_1 + R_2)(R_3 + R_4)} \end{cases}$$

$$I_1 = 1.2\text{A}, I_2 = 4.2\text{A}, I_3 = 3.5\text{A}, I_4 = 0.5\text{A}, I_5 = 4.7\text{A}$$

电阻 $R_1$ 上的功率为

$$P_1 = R_1 I_1^2 = 2.88\text{W}$$

特别应该指出的是电阻 $R_1$ 上的功率

$$P_1 = R_1 I_1^2 = R_1 (I'_1 - I''_1)^2 \neq R_1 I'^2_1 + R_1 I''^2_1$$

显然，由于功率是二次函数，不满足线性因此不能用叠加定理来计算功率。

应用叠加定理来分析计算线性电路的步骤和必须注意的事项如下：

①叠加定理是线性电路的根本定理，仅适用于分析线性电路。

②将多个电源共同作用的电路，分解为每个独立的电源单独作用的若干个电路。当电压源不作用时被短路，当电流源不作用时被开路，电源的内阻必须保留。

③在每个独立电源单独作用的电路中，求出各支路电压或各支路电流。

④将各独立电源单独作用求出的各支路电压和各支路电流进行叠加，即求各支路电压和各支路电流的代数和。在代数和中，与原支路电压和原支路电流参考方向相同的取“＋”号，相反的取“－”号。

⑤由于功率是二次函数，不满足线性关系，因此功率不能叠加。

**【例 2-9】**　如图 2-16 所示电路，求当 $U_s = 6\text{V}$ 和 $U_s = 12\text{V}$ 时，求 $I$ 和 $U$。

**【解】**　由电阻串并联等效变换可以求得

$$R_{ab} = 3\Omega$$

当 $U_s = 6V$ 时，$I = \frac{U_s}{R_{ab}} = 2A, U = 4 \times \frac{1}{4} I = 2V$

当 $U_s = 12V$ 时，$I = \frac{12}{3} = 4A, U = 4V$

可见，当电压源电压增大一倍时，支路电流和支路电压也相应地增大一倍。由此可以推出一个具有普遍意义的结论：线性电路中独立电源同时增大或缩小 $k$ 倍时，电路中的各支路电压和各支路电流也同时增大或减小 $k$ 倍。该结论被称为齐次性定理，经常用于梯形电路的分析计算。

**【例 2-10】** 梯形电路如图 2-17 所示，已知：$I_s = 12A$，用齐次性定理计算 $I$ 和 $U$。

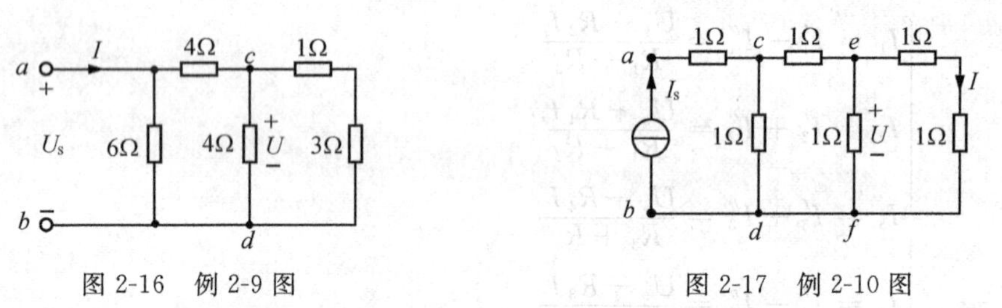


图 2-16　例 2-9 图　　　　图 2-17　例 2-10 图

**【解】** 应用齐次性定理计算，先假设 $I = 1A$，得到

$$U_{ef} = 2V, I_{ef} = 2A, I_{ce} = 3A, U_{cd} = 5V, I_{ac} = 8A$$

而实际 $I_{ac} = I_s = 12A$，所以

$$I = \frac{12}{8} \times 1 = 1.5A, U = 2 \times 1.5 = 3V$$

## 第五节　戴维南定理

在实际应用中，有时只需要计算电路中一条支路的电压或电流，但以上所讲的分析方法需要列出所有支路电流、支路电压或所有结点电压的电路方程才能求解，求解过程会很繁琐。如果利用等效的概念，将所求支路以外电路的其余部分简化等效成一个最简单的电路，就可以使所求支路的计算大为简便，这就是戴维南定理(Thevenin's Theorem)的出发点。

将一个复杂电路或复杂电路的一部分等效化简，用较为简单的电路代替原复杂电路，这种等效替代的原则是等效前后与外电路相联部分的电流和电压相同，这种等效称为"对外等效"，如电压源与电流源的等效变换以及串、并联电阻的等效变换等都属于"对外等效"。

### 一、二端网络与输入电阻

如图 2-18 所示，如果一个电路或电路的一部分仅有两个端子与外电路相联，而且从一个端子上流入的电流等于从另一个端子上流出的电流，这个网络就称为**“二端网络”**或**“一端口网络”**，端口处的电流称为**“端口电流”**，端口处的电压称为**“端口电压”**。

二端网络中含有电源叫**有源二端网络**，内部没有电源就称其为**无源二端网络**。如果一个二端网络中只含有电阻元件，那么，经过电阻的串、并联该二端网络的最简单的等效电路就是一个等效电阻，如图 2-19 所示。等效电阻 $R_0$ 称为二端网络的**输入电阻**，定义二端网络的输入电阻等于端口电压与端口电流的比值

$$R_0 = \frac{u}{i} \tag{2-25}$$

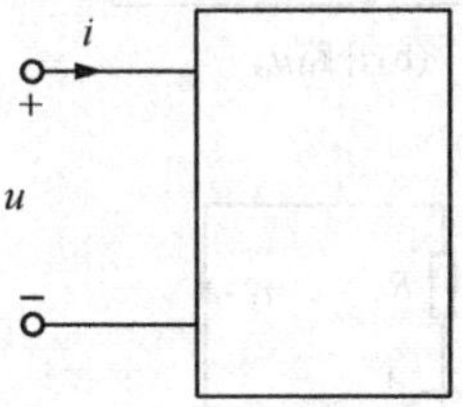

图 2-18　一端口网络

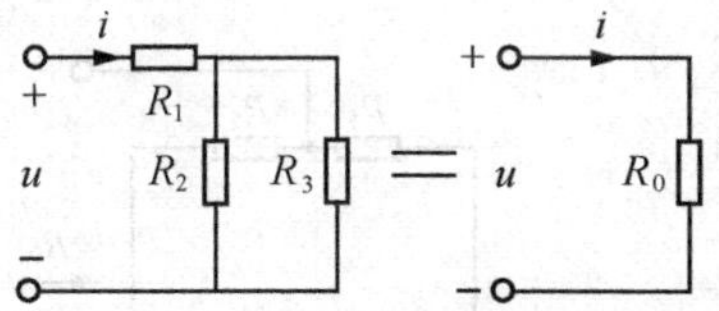

图 2-19　电阻网络的等效

对于含有独立源的有源二端网络，其输入电阻等于将原二端网络中的理想电压源短路、理想电流源开路、电压源和电流源的内电阻保持不动后得到的二端网络的等效电阻。

对于既含有独立电源又含有受控源的有源二端网络，其输入电阻等于将原二端网络中的理想电压源短路、理想电流源开路、受控源和电源内阻保持不动后得到的二端网络的输入电阻。

**【例 2-11】**　如图 2-20(a)所示电路，求其输入电阻 $R_0$。

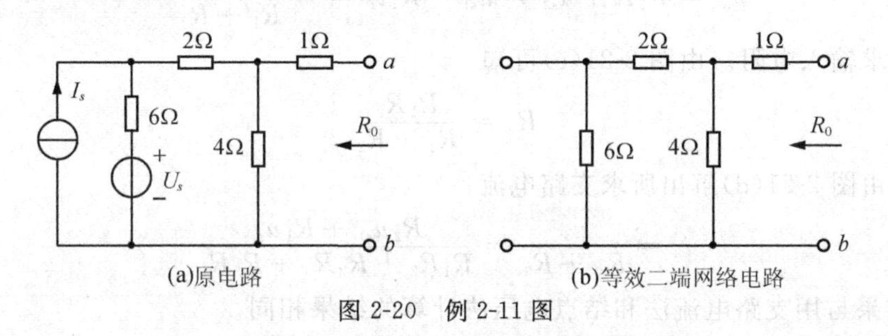


(a)原电路　(b)等效二端网络电路

图 2-20　例 2-11 图

**【解】**　将电压源短路，电流源开路后得到的二端网络如图 2-20(b)所示，由此求得

$$R_0 = 1 + \frac{8 \times 4}{8 + 4} = \frac{11}{3}\Omega$$

## 二、戴维南定理及其应用

戴维南定理指出：对于任意线性有源二端网络都可以用一个理想电压源和电阻的串联形式来等效。其中，理想电压源的电压等于该有源二端网络的开路电压，电阻等于该有源二端网络的输入电阻。由于戴维南定理是将一个线性有源二端网络用一个实际

电压源来等效，所以戴维南定理又被称为**等效电压源定理**。

**【例 2-12】** 如图 2-21(a)所示电路，用戴维南定理求 $i_3$。

**【解】** (1) 将所求支路开路，求其开路电压 $u_{oc}$，如图 2-21(b)所示。

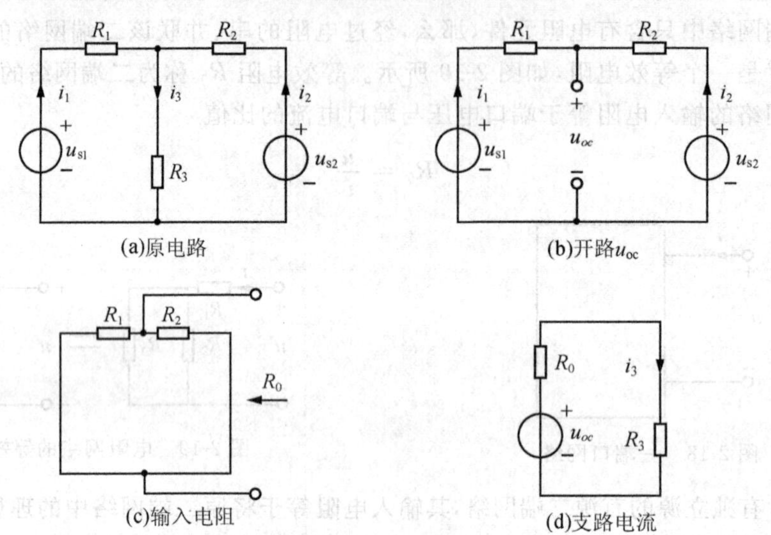


图 2-21 例 2-12 图

$$i_1 = \frac{u_{s1} - u_{s2}}{R_1 + R_2}$$

可求出开路电压

$$u_{oc} = R_2 i_1 + u_{s2} = u_{s1} - R_1 i_1 = \frac{R_2 u_{s1} + R_1 u_{s2}}{R_1 + R_2}$$

(2) 求输入电阻。由图 2-21(c)可知

$$R_0 = \frac{R_1 R_2}{R_1 + R_2}$$

(3) 由图 2-21(d)解出所求支路电流

$$i_3 = \frac{u_{oc}}{R_0 + R_3} = \frac{R_2 u_{s1} + R_1 u_{s2}}{R_1 R_2 + R_2 R_3 + R_3 R_1}$$

此结果与用支路电流法和结点电压法计算的结果相同。

**【例 2-13】** 如图 2-22(a)所示电路，用戴维南定理求电流 $I_5$。

**【解】** (1) 由图 2-22(b)求开路电压。由

$$I_1 = I_2 = \frac{U_s}{R_1 + R_2}, I_3 = I_4 = \frac{U_s}{R_3 + R_4},$$

$$U_{oc} = R_2 I_2 - R_4 I_4 = - R_1 I_1 + R_3 I_3 = \frac{(R_2 R_3 - R_1 R_4) U_s}{(R_1 + R_2)(R_3 + R_4)}$$

(2) 由图 2-22(c)求输入电阻

$$R_0 = \frac{R_1 R_2}{R_1 + R_2} + \frac{R_3 R_4}{R_3 + R_4}$$

(3) 由图 2-22(d)等效电压源与所求电阻串联后，得

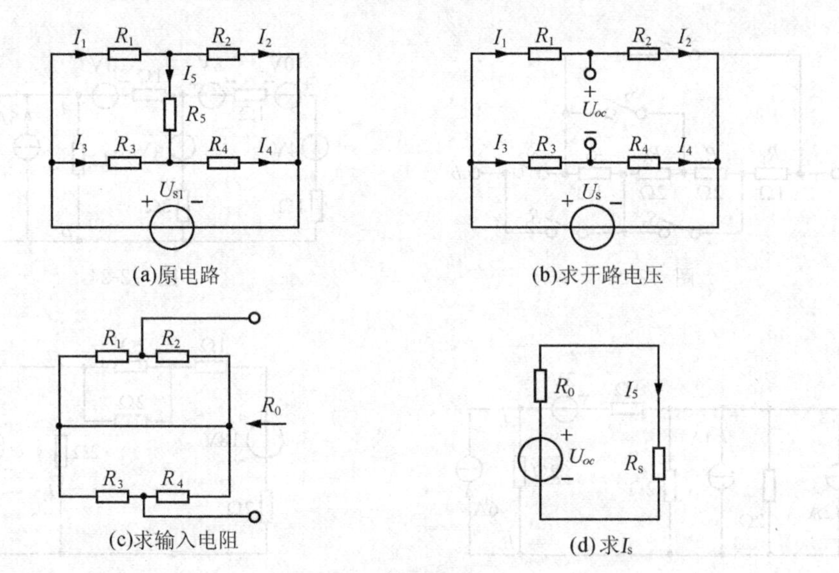


(a)原电路　(b)求开路电压　(c)求输入电阻　(d)求$I_5$

图 2-22　例 2-13 图

$$I_5 = \frac{U_{oc}}{R_0 + R_5}$$

将例 2-8 的已知条件代入上式，可得

$$I_5 = 0.6\text{A}$$

该结果与支路电流法和结点电压法的结果相同，但经过等效变换使计算过程简化。

戴维南定理的计算步骤：

(1) 将所求支路开路，造成一个二端网络；

(2) 求出二端网络端口处的开路电压，此电压即为等效电压源支路的理想电压源电压；

(3) 求出二端网络端口处的输入电阻，此电阻即为等效电压源支路的理想电压源内阻；

(4) 将理想电压源和内阻串联，构成等效电压源支路；

(5) 将等效电压源与所求支路连接，即可求出所求支路的支路电压或支路电流。

## 习　题

2-1　图 2-23 所示电路中，若开关 $S_2$、$S_3$ 和 $S_5$ 闭合，其他开关打开，求 $a$、$b$ 两点间的等效电阻 $R_{ab}$。

2-2　用电源的等效变换法求图 2-24 中的电压 $U_{AB}$。

2-3　用电源的等效变换法求图 2-25 中的电压 $U_{AB}$。

2-4 求图 2-26 所示电路中支路电流 $I_1$、$I_2$，并计算理想电流源的电压 $U$。

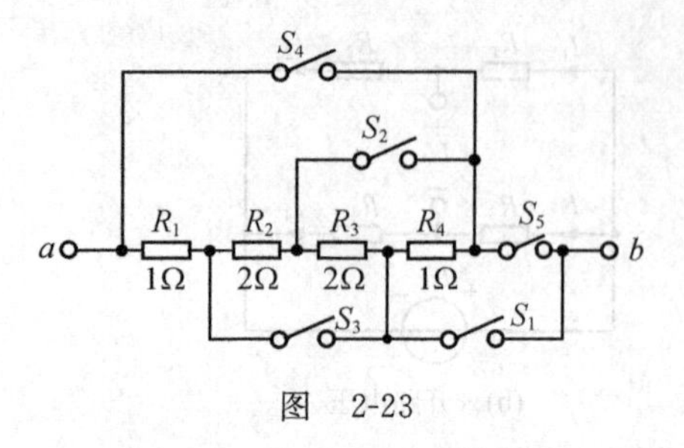


图 2-23

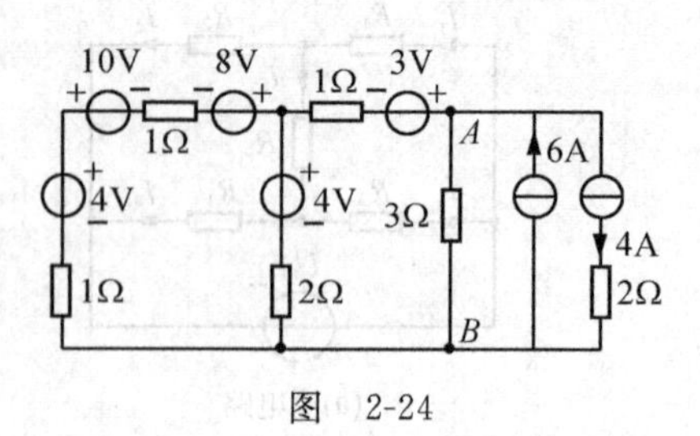


图 2-24

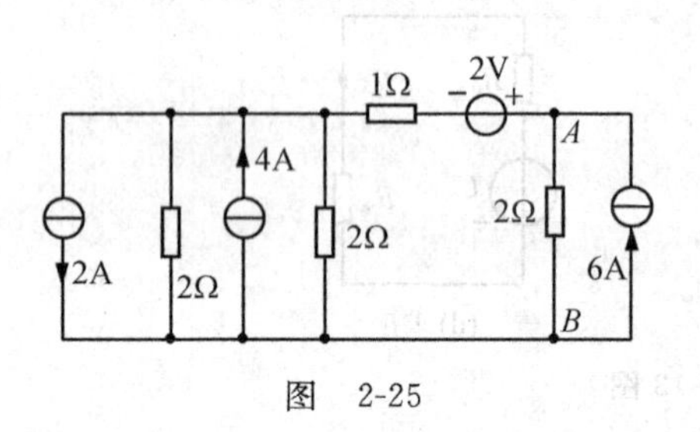


图 2-25

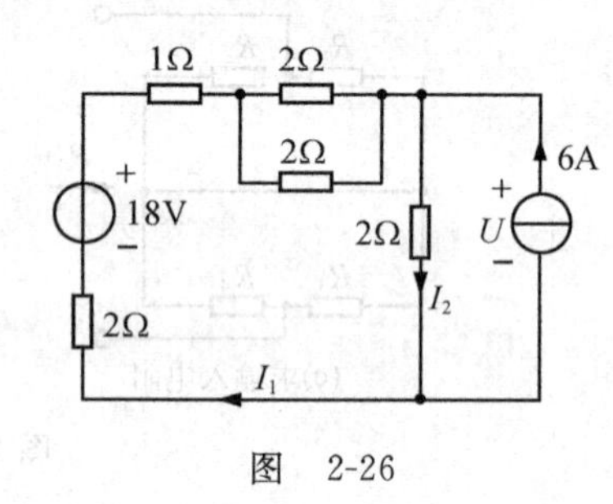


图 2-26

2-5 用支路电流法求图 2-27 中电流 $I_1$、$I_2$、$I_3$ 和电压 $U$，并说明电压源和电流源是发出功率还是吸收功率。

2-6 用结点电压法求图 2-28 中的电压 $U$。

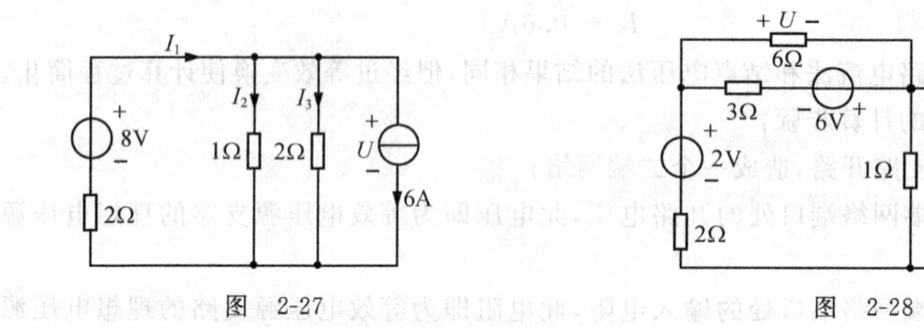


图 2-27

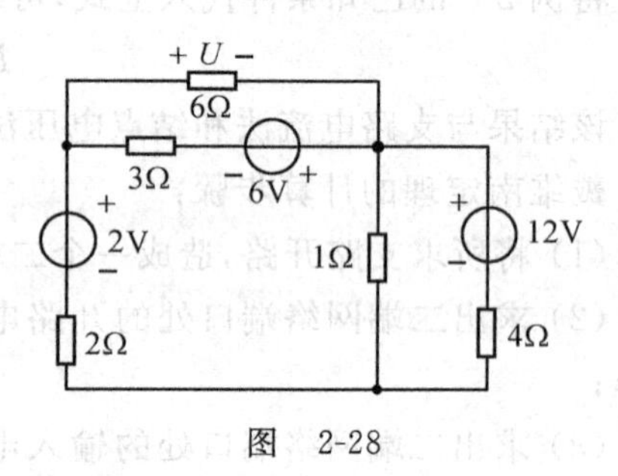


图 2-28

2-7 电路如图 2-29，用结点电压法求电压 $U$。

2-8 用叠加定理求图 2-30 中电路中的 $I$。

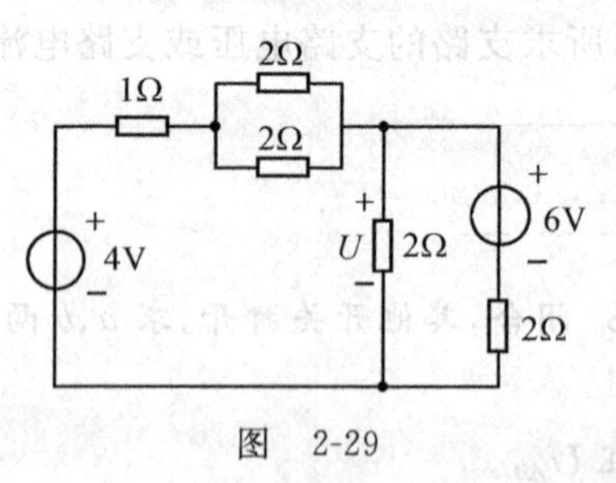


图 2-29

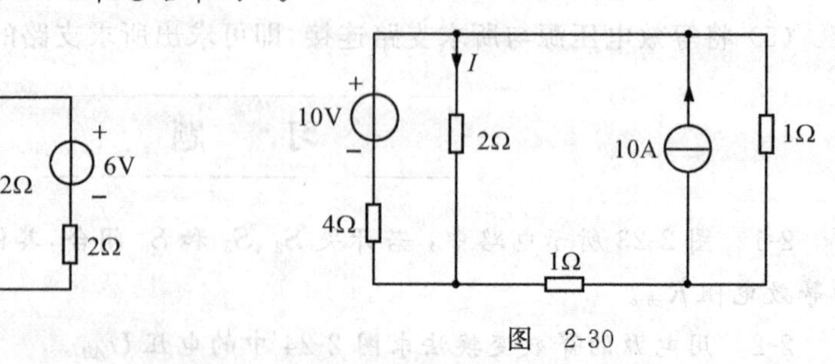


图 2-30

2-9　用叠加定理计算图 2-31 中各支路的电流。

2-10　如图 2-32 所示电路，当 $U_s = 4\text{V}$ 和 $U_s = 12\text{V}$ 时，求 $I$ 和 $U$。

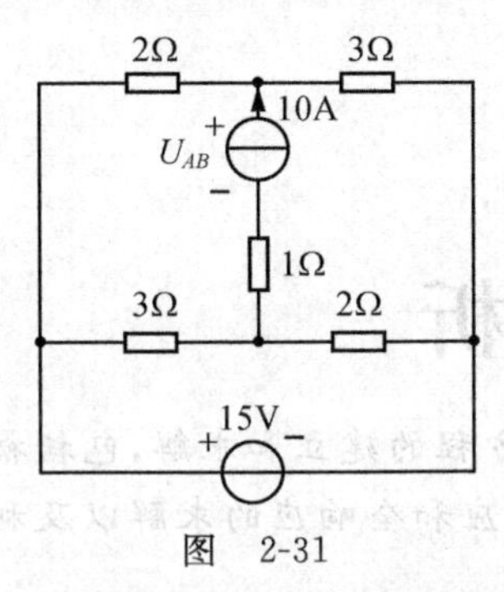


图　2-31

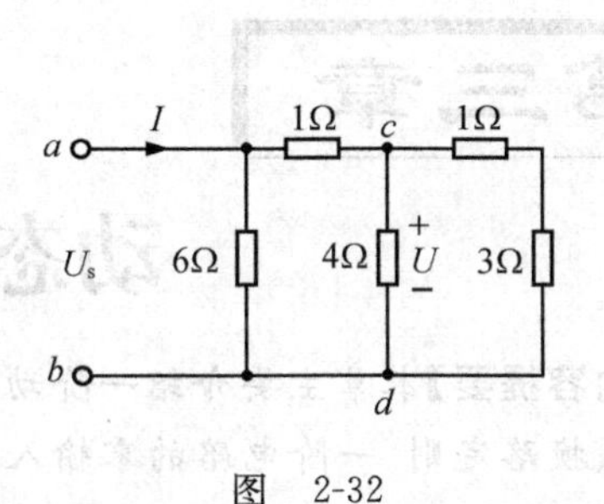


图　2-32

2-11　在图 2-33 所示电路中，试计算开路电压 $U_2$。

2-12　应用戴维南定理计算图 2-34 中的电流 $I$。

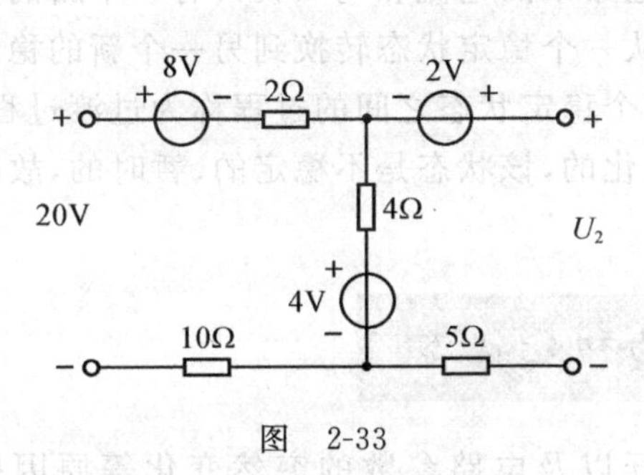


图　2-33

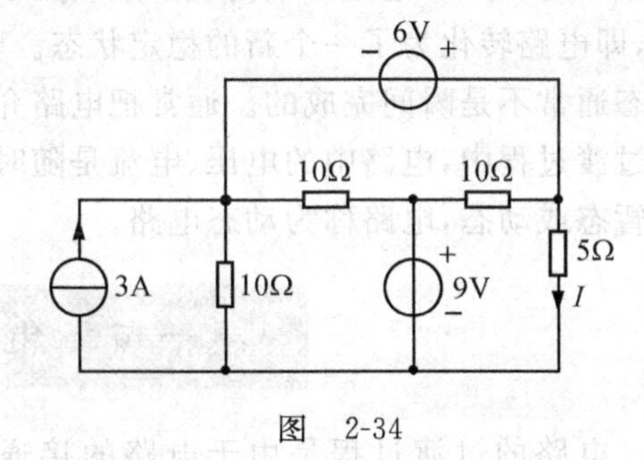


图　2-34

2-13　试用戴维南定理计算图 2-35 电流 $I$。

2-14　应用戴维南定理求图 2-36 所示电路中支路电压 $U$。

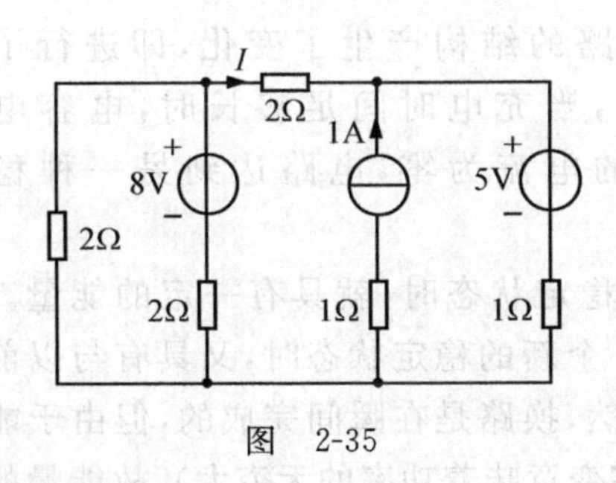


图　2-35

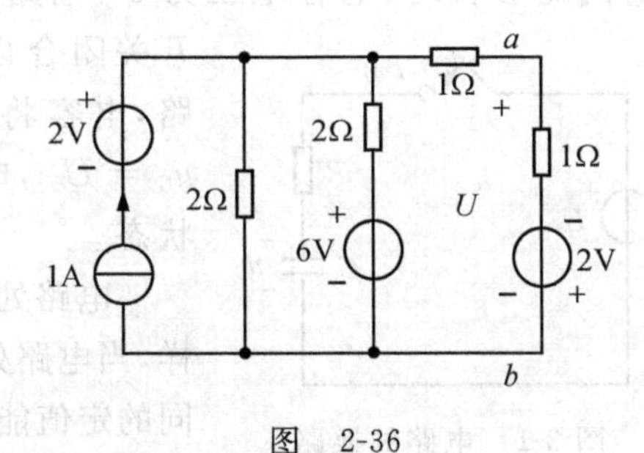


图　2-36

# 第三章

# 动态电路分析

【内容提要】本章主要介绍一阶动态电路的微分方程的建立和求解，包括初始条件的确定、换路定则、一阶电路的零输入响应、零状态响应和全响应的求解以及利用三要素法求解一阶电路。

电路在参数和电源一定的情况下，各支路的电流和电压具有一定的数值，处在一个稳定状态。如果电路的结构或参数改变了，则电路中的电流和电压就具有一个新的数值，即电路转化为了一个新的稳定状态。电路从一个稳定状态转换到另一个新的稳定状态通常不是瞬间完成的。通常把电路介于两个稳定状态之间的过程称为过渡过程。在过渡过程中，电路中的电压、电流是随时间变化的，该状态是不稳定的、暂时的，故称为暂态或动态，电路称为动态电路。

## 第一节　电路的初始状态

电路的过渡过程是由于电路的接通、断开以及电路参数的突然变化等原因引起的。通常把引起过渡过程的电路变化统称为**“换路”**。如图 3-1 中，当开关断开的时间足够长时，电容电压为零，电路中的电流为零，电路处于一种稳定状态；当开关闭合以后，电路的结构产生了变化，即进行了换路，电容将被充电，当充电时间足够长时，电容电压 $u_C = U_s$，电路中的电流为零，电路达到另一种稳定状态。

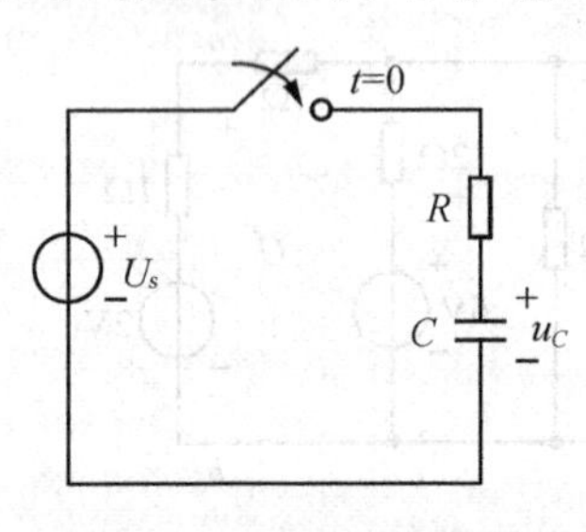

图 3-1　电路的换路

电路处在一个稳定状态时，就具有一定的能量。同样，当电路处在另一个新的稳定状态时，又具有与以前不同的定值能量。虽然，换路是在瞬间完成的，但由于能量不能突变（能量的突变意味着功率的无穷大），故能量的积累和衰减需要一定的时间，这样就引起了过渡过程。在电路中，电感储存着一定的磁场能量，电容储存着一定的电场能。由于能量不能突变，因此，含有电感、电容元件的电路在换路后产生了过渡过程。

电路换路时，电路中的能量产生了变化，但这种变化是不能跃变的。在电感元件中，储有磁场能$\frac{1}{2}Li_L^2$，当换路时，磁场能不能跃变，这反映在电感元件中的电流 $i_L$ 不能跃变。在电容元件中，储有电场能$\frac{1}{2}Cu_C^2$，换路时，电场能不能跃变，这反映在电容元件上的电压 $u_C$ 不能跃变。可见，电路的暂态过程是由于储能元件的能量不能突变而产生的。

这个问题也可以从另外的角度来分析。设有 $RC$ 串联电路，当接上直流电源（其电压为 $U$）对电容器充电时，假若电容器两端电压 $u_C$ 跃变，则在此瞬间充电电流 $i = C\frac{\mathrm{d}u_C}{\mathrm{d}t}$ 将趋于无限大。除非在电阻 $R$ 等于零的理想情况下，否则充电电流不可能趋于无限大。因此，电容电压不能跃变。类此可以分析 $RL$ 串联电路，电感元件中的电流 $i_L$ 也不能跃变，否则在此瞬间电感电压 $u_L = L\frac{\mathrm{d}i_L}{\mathrm{d}t}$ 将趋于无限大。

设 $t = 0$ 为换路瞬间，则 $t = 0_-$ 为换路前的最终时刻，$t = 0_+$ 为换路后的最初时刻。换路发生在$[0_-, 0_+]$时间段内，$0_-$ 和 $0_+$ 在数值上都等于0，但前者是指 $t$ 从负值趋近于零，后者是指 $t$ 从正值趋近于零。从 $t = 0_-$ 到 $t = 0_+$ 瞬间，电感元件中的电流和电容元件上的电压不能跃变，这称为**换路定则**。用公式表示，则为

$$\left.\begin{aligned} i_L(0_-) &= i_L(0_+) \\ u_C(0_-) &= u_C(0_+) \end{aligned}\right\} \tag{3-1}$$

电路中电压和电流在 $t = 0_+$ 时刻的值称为初始值，换路定则仅适用于换路瞬间，可根据它来进一步确定 $t = 0_+$ 时电路中待求电压和电流之值，即暂态过程的初始值。确定待求电压和电流的初始值时，先由 $t = 0_-$ 的电路求出 $i_L(0_-)$ 或 $u_C(0_-)$，而后根据换路定则求出 $i_L(0_+)$ 或 $u_C(0_+)$。在直流激励下，稳态电路中电容元件可视作开路，电感元件可视作短路。

**【例 3-1】** 图 3-2(a)所示电路，在 $u_C(0_-) = 0$ 和 $u_C(0_-) = U_0$ 两种情况下，分别求开关闭合后 $t = 0_+$ 时刻电路中的电流 $i(0_+)$。

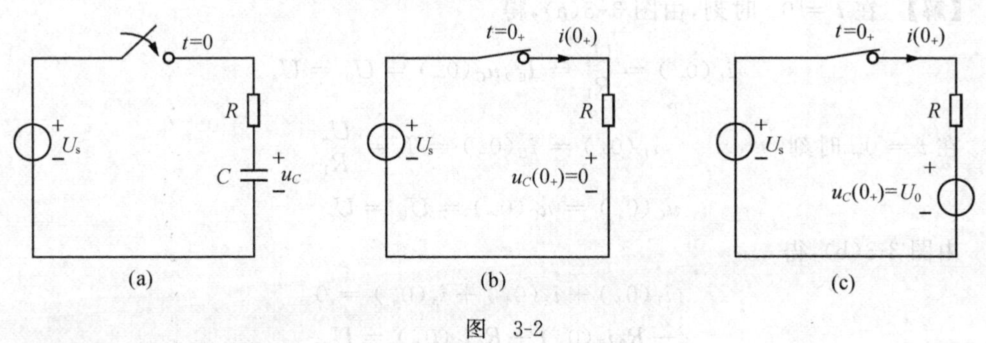


图 3-2

**【解】** (1) 由换路定则：$u_C(0_+) = u_C(0_-) = 0$，

$t = 0_+$ 时刻的电路如图 3-2(b)所示，得 $u_R(0_+) = U_s$

$$i(0_+)=\frac{u_R(0_+)}{R}=\frac{U_s}{R}$$

（2）由换路定则：$u_C(0_+)=u_C(0_-)=U_0$

$t=0_+$ 时刻的电路如图 3-2(c)所示，得

$$u_R(0_+)=U_s-U_0$$

$$i(0_+)=\frac{u_R(0_+)}{R}=\frac{U_s-U_0}{R}$$

如果在换路前电容没有储能，即 $u_C(0_-)=0$，根据换路定则电容电压的初始值为 $u_C(0_+)=u_C(0_-)=0$，即在 $t=0_+$ 时刻电容相当于短路。如果在换路前电容电压不为零 $u_C(0_-)=U_0$，在 $t=0_+$ 时刻 $u_C(0_+)=u_C(0_-)=U_0$，电容相当于一个理想电压源。同样，如果在换路前电感没有储能，即 $i_L(0_-)=0$，根据换路定则，电感电流的初始值为 $i_L(0_+)=i_L(0_-)=0$，即在 $t=0_+$ 时刻电感相当于开路。如果在换路前电感有储能，电感电流不为零 $i_L(0_-)=I_0$，在 $t=0_+$ 时刻 $i_L(0_+)=i_L(0_-)=I_0$，电感相当于一个理想电流源。因此，计算 $t=0_+$ 时电压和电流的初始值，只需计算 $t=0_-$ 时的 $i_L(0_-)$ 和 $u_C(0_-)$，因为它们不能跃变，即为初始值。

**【例 3-2】** 图 3-3 所示电路，分别求开关打开后 $t=0_+$ 瞬间电路中各支路电流。

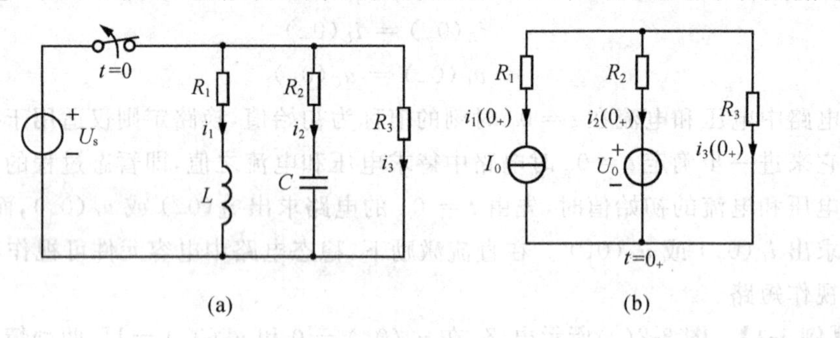


图 3-3

**【解】** 在 $t=0_-$ 时刻，由图 3-3(a)，得

$$i_L(0_-)=\frac{U_s}{R_1}=I_0,u_C(0_-)=U_0=U_s$$

在 $t=0_+$ 时刻

$$i_L(0_+)=i_L(0_-)=I_0=\frac{U_s}{R_1}$$

$$u_C(0_+)=u_C(0_-)=U_0=U_s$$

由图 3-3(b)，得

$$\begin{cases}i_1(0_+)+i_2(0_+)+i_3(0_+)=0\\-R_2i_2(0_+)+R_3i_3(0_+)=U_0\\i_1(0_+)=I_0\end{cases}$$

得到

$$\begin{cases} i_1(0_+) = I_0 = \dfrac{U_s}{R_1} \\ i_2(0_+) = -\dfrac{R_1 + R_3}{R_1(R_2 + R_3)} U_s \\ i_3(0_+) = -\dfrac{R_1 - R_3}{R_1(R_2 + R_3)} U_s \end{cases}$$

## 第二节　一阶电路的零输入响应

当线性电路中仅含有一个独立的动态元件 $L$ 或 $C$ 时，该电路的暂态过程可用一个一阶微分方程来描述，因此该电路称为**一阶电路**。用经典法分析一阶动态电路的暂态过程，就是根据激励（电源电压或电流），通过求解电路的微分方程得出电路的响应（电压或电流）。由于电路的激励和响应都是时间的函数，所以这种分析也被称为**时域分析**。

### 一、*RC* 电路的零输入响应

所谓**电路的零输入**，是指无电源激励，即输入信号为零。按此定义，在 $RC$ 电路中，由电容元件的初始状态 $u_C(0_+)$ 所产生的电路的响应，称为 $RC$ 电路的零输入响应。

分析 $RC$ 电路的零输入响应，实际上就是分析它的放电过程。图 3-4 是 $RC$ 串联电路，在换路前，开关 $S$ 是合在位置 $A$ 上的，电源对电容元件充电而且已经达到稳态；在 $t=0$ 时将开关从位置 $A$ 合到位置 $B$，使电路脱离电源，输入信号为零。此时，电容元件已储有能量，其上电压的初始值 $u_C(0_+) = U_0$。于是电容元件经过电阻 $R$ 开始放电。

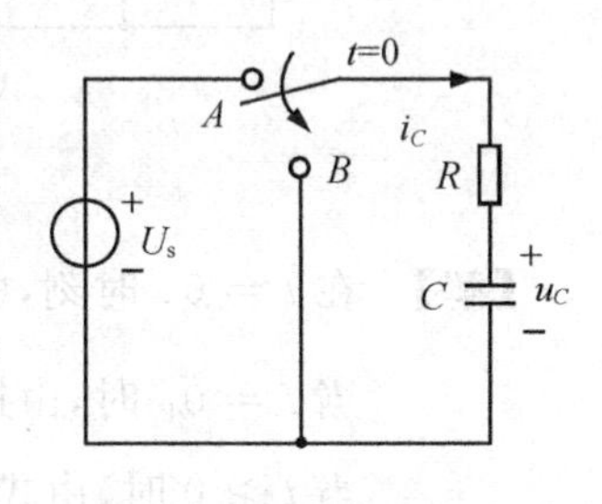

图 3-4　$RC$ 电路的零输入响应

根据基尔霍夫电压定律，列出 $t \geqslant 0$ 时的电路微分方程

$$RC\frac{\mathrm{d}u_C}{\mathrm{d}t} + u_C = 0 \tag{3-2}$$

此式为一阶齐次常系数微分方程，令其通解为

$$u_C = A\mathrm{e}^{pt} \tag{3-3}$$

将式(3-3)代入式(3-2)中，得到

$$u_C = A\mathrm{e}^{-\frac{t}{RC}} \tag{3-4}$$

由换路定则 $u_C(0_+) = u_C(0_-) = U_0$，得出 $A = U_0$，电容电压为

$$u_C = U_0\mathrm{e}^{-\frac{t}{RC}} \tag{3-5}$$

在式(3-5)中，令

$$\tau = RC \tag{3-6}$$

$\tau$ 具有时间量纲，称为时间常数，它反映了电容电压按指数规律衰减的快慢。当 $R=1\Omega$、$C=1\mathrm{F}$ 时，$\tau = 1\mathrm{s}$。当 $t=\tau$ 时，$u_C = U_0\mathrm{e}^{-1} = (36.8\%)U_0$，可见时间常数 $\tau$ 等

于电压 $u_C$ 衰减到初始值的 36.8%所需的时间，时间常数 $\tau$ 愈大，$u_C$ 衰减（电容器放电）愈慢。因为在一定初始电压 $U_0$ 下，电容 $C$ 愈大，则储存的电荷愈多；而电阻 $R$ 愈大，则放电电流愈小，这都促使放电变慢。因此，改变 $R$ 或 $C$ 的数值，也就是改变电路的时间常数，就可以改变电容器放电的快慢。

至于 $t \geqslant 0$ 时电容器的放电电流和电阻元件 $R$ 上的电压，也可求出，即

$$i = C\frac{\mathrm{d}u_C}{\mathrm{d}t} = -\frac{U_0}{R}\mathrm{e}^{-\frac{t}{\tau}} \tag{3-7}$$

$$u_R = Ri = -U_0\mathrm{e}^{-\frac{t}{\tau}} \tag{3-8}$$

上两式中的负号表示放电电流的实际方向与图 3-4 中所选定的参考方向相反。

**【例 3-3】** 如图 3-5(a)所示电路，在换路前电路已处于稳态，在 $t=0$ 时，开关 $S$ 从 $A$ 合向 $B$，已知：$R_1 = 1\Omega, R_2 = 2\Omega, R_3 = 3\Omega, I_s = 8/3\,\mathrm{A}, C = 1\mathrm{F}$。求 $t \geqslant 0$ 时电路的零输入响应。

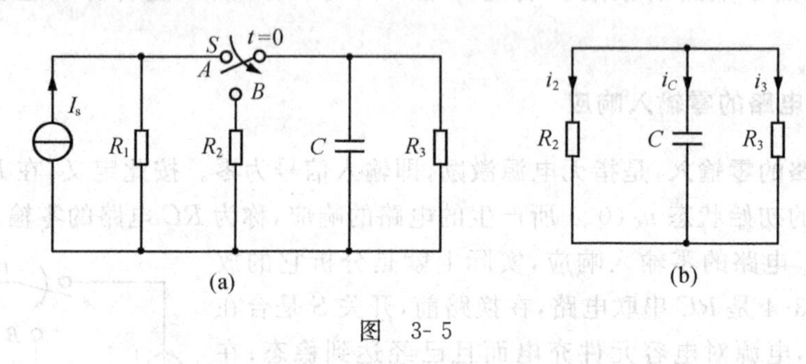


图 3-5

**【解】** 在 $t=0_-$ 时刻，由图 3-5(a) 可得：$u_C(0_-) = \dfrac{R_1R_3}{R_1+R_3}I_s = 2\mathrm{V}$

当 $t=0_+$ 时，由换路定则：$u_C(0_+) = u_C(0_-) = 2\mathrm{V}$

当 $t \geqslant 0$ 时，由式(3-5)可知：$u_C(t) = U_0\mathrm{e}^{-\frac{t}{\tau}}$

上式中，$U_0 = u_C(0_+) = 2\mathrm{V}, \tau = \dfrac{R_2R_3}{R_2+R_3}C = \dfrac{6}{5}\mathrm{s}$

$$u_C(t) = 2\mathrm{e}^{-\frac{5}{6}t}\mathrm{V}$$

$$i_C(t) = C\frac{\mathrm{d}u_C}{\mathrm{d}t} = -\frac{5}{3}\mathrm{e}^{-\frac{5}{6}t}\mathrm{A}$$

$$i_2(t) = -\frac{R_3}{R_2+R_3}i_C(t) = \mathrm{e}^{-\frac{5}{6}t}\mathrm{A}$$

$$i_3(t) = -\frac{R_2}{R_2+R_3}i_C(t) = \frac{2}{3}\mathrm{e}^{-\frac{5}{6}t}\mathrm{A}$$

## 二、*RL* 电路的零输入响应

图 3-6 是 $RL$ 串联电路。在换路前，开关 $S$ 是合在位置 $A$ 上，且已达到稳态，电感

元件中通有电流。在 $t=0$ 时将开关从位置 $A$ 合到位置 $B$，使电路脱离电源，$RL$ 电路被短路。此时，电感元件已储有能量，其中电流的初始值 $i(0_+)=I_0$。

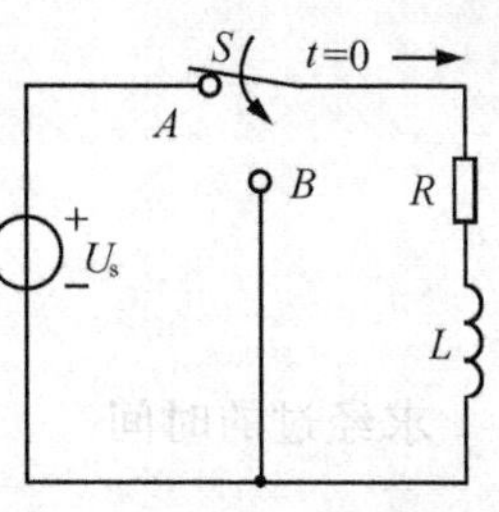

图 3-6　$RL$ 电路的零输入响应

根据基尔霍夫电压定律，列出 $t\geqslant 0$ 时的电路的微分方程

$$Ri+L\frac{\mathrm{d}i}{\mathrm{d}t}=0 \tag{3-9}$$

此一阶齐次常微分方程的通解为

$$i=A\mathrm{e}^{-\frac{R}{L}t}$$

由初始条件 $i(0_+)=i(0_-)=I_0=\dfrac{U_s}{R}$，得出积分常数 $A=I_0=\dfrac{U_s}{R}$，则

$$i=I_0\mathrm{e}^{-\frac{R}{L}t}=I_0\mathrm{e}^{-\frac{t}{\tau}} \tag{3-10}$$

上式中，$\tau=\dfrac{L}{R}$ 为 $RL$ 电路的时间常数。

由式(3-10)得出电感和电阻的电压为

$$u_L=L\frac{\mathrm{d}i}{\mathrm{d}t}=-RI_0\mathrm{e}^{-\frac{R}{L}t}=-RI_0\mathrm{e}^{-\frac{t}{\tau}} \tag{3-11}$$

$$u_R=Ri=RI_0\mathrm{e}^{-\frac{R}{L}t}=RI_0\mathrm{e}^{-\frac{t}{\tau}} \tag{3-12}$$

**【例 3-4】** 在图 3-7 中，$RL$ 是发电机的励磁线圈，其电感较大。$R_f$ 是调节励磁电流用的可调电阻。当将电源开关断开时，为了不至由于励磁线圈所储的磁能消失过快而烧坏开关触点，往往用一个泄放电阻 $R'$ 与线圈联接。开关接通 $R'$ 的同时将电源断开。经过一定时间后，再将开关扳到 3 的位置，使电路完全断开。已知 $U_s=220\text{V}, L=10\text{H}, R=80\Omega, R_f=30\Omega$。如在电路已到达稳定状态时，断开电源使开关与 $R'$ 接通。(1) 设 $R'=1000\Omega$，试求当开关接通 $R'$ 的瞬间线圈两端的电压 $u_{RL}$。(2)在(1)中如果不使电压 $u_{RL}$ 超过 220V，则泄放电阻 $R'$ 应选多少欧姆？(3)根据(2)中所选用的电阻 $R'$，试求开关接通 $R'$ 后经过多长时间，线圈才能将所储的磁能放出 95%？(4)写出(3)中 $u_{RL}$ 随时间变化的表示式。

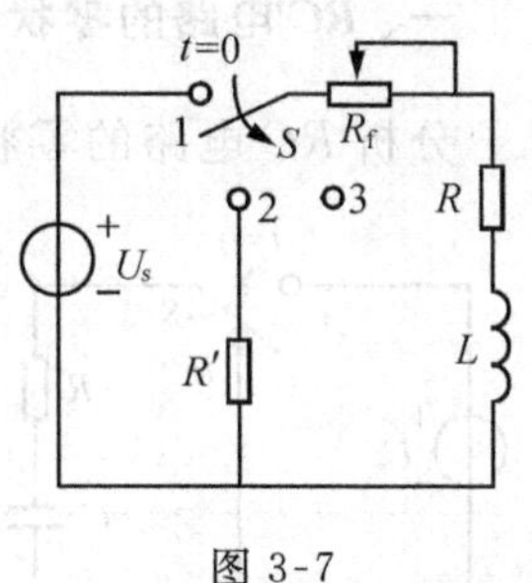

图 3-7

**【解】** 在换路前，线圈中电流为

$$I=\frac{U_s}{R+R_f}=\frac{220}{80+30}=2\text{A}$$

(1) 在 $t=0$ 时线圈两端的电压即为电阻 $R_f$ 和 $R'$ 上电压降之和，其绝对值为

$$u_{RL}(0)=(R_f+R')I=(30+1000)\times 2=2060\text{V}$$

(2) 如果不使 $u_{RL}(0)$ 超过 220V，则

$$(30+R')\times 2\leqslant 220$$

$$\text{即}\quad R'\leqslant 80\Omega$$

(3) 求当磁能已放出 95% 时的电流

$$\frac{1}{2}Li^2 = (1-0.95)\frac{1}{2}Li^2$$

$$\frac{1}{2}\times 10i^2 = 0.05\times\frac{1}{2}\times 10\times 2^2$$

$$i = 0.446\text{A}$$

求经过的时间

$$i(t) = I\text{e}^{-\frac{R+R_f+R'}{L}t} = 2\text{e}^{-19t}$$

$$0.446 = 2\text{e}^{-19t}$$

$$t = 0.078\text{s}$$

(4) $u_{RL} = -i(R_f + R')$

若按 $R' = 80\Omega$ 计算

$$u_{RL} = -(30+80)\times 2\text{e}^{-19t} = -220\text{e}^{-19t}\text{V}$$

## 第三节 一阶电路的零状态响应

所谓**电路的零状态**，是指换路前储能元件 $L$ 或 $C$ 未储有能量，在此条件下，由电源激励所产生的电路的响应，称为**零状态响应**。

### 一、*RC* 电路的零状态响应

分析 $RC$ 电路的零状态响应，实际上就是分析它的充电过程。图 3-8 是 $RC$ 串联电路，$t=0$ 时将开关 $S$ 由 $B$ 合到 $A$，电路与电压为 $U_s$ 的电压源接通。根据基尔霍夫电压定律，列出 $t\geqslant 0$ 时电路中电压和电流的微分方程

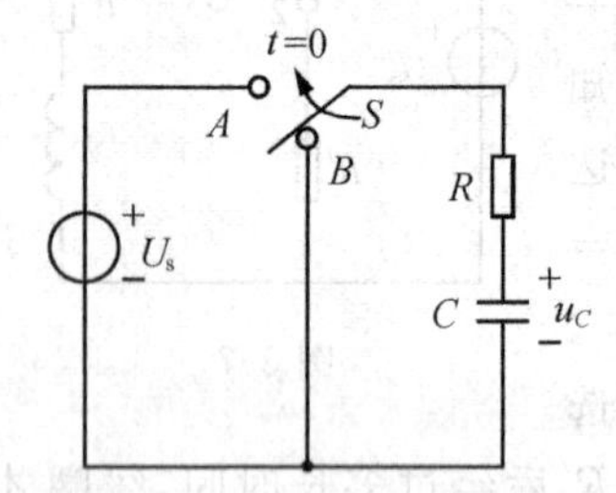

图 3-8 *RC* 电路的零状态

$$U_s = Ri + u_C = RC\frac{\text{d}u_C}{\text{d}t} + u_C \quad (3\text{-}13)$$

式中

$$i = C\frac{\text{d}u_C}{\text{d}t}$$

式(3-13)为一阶非齐次微分方程，该方程的解由两部分组成

$$u_C = u_C' + u_C''$$

其中，$u_C'$ 为非齐次方程的特解，$u_C''$ 为对应齐次方程的通解。

$u_C'$ 为满足以下非齐次方程的特解

$$RC\frac{\text{d}u_C'}{\text{d}t} + u_C' = U_s$$

显然，特解为 $u_C' = U_s$。

$u_C''$ 为满足以下齐次方程的通解

$$RC\frac{du''_C}{dt}+u''_C=0$$

因此可得

$$u_C=u'_C+u''_C=U_s+Ae^{-\frac{t}{RC}} \tag{3-14}$$

由初始条件 $u_C(0_+)=u_C(0_-)=0$，得 $A=-U_s$，代入上式得

$$u_C=U_s(1-e^{-\frac{t}{RC}})=U_s(1-e^{-\frac{t}{\tau}}) \tag{3-15}$$

在上式中，$\tau=RC$ 为 $RC$ 电路的时间常数。由式(3-15)可知，此时暂态过程中电容元件两端的电压 $u_C$ 可视为由两个分量相加而得：其一是 $u'_C=U_s$，即到达稳定状态时的电压，称为稳态分量，它的变化规律和大小都与电源电压 $U$ 有关；其二是 $u''_C=-U_s e^{-\frac{t}{\tau}}$，仅存在于暂态过程中，称为暂态分量，它的变化规律与电源电压无关，总是按指数规律衰减，但是它的大小与电源电压有关。当电路中储能元件的能量增长到某一稳态值或衰减到某一稳态值或零值时，电路的暂态过程随即终止，暂态分量也趋于零。

至于 $t\geqslant 0$ 时电容器充电电路中的电流，也可求出，即

$$i=C\frac{du_C}{dt}=\frac{U_s}{R}e^{-\frac{t}{\tau}} \tag{3-16}$$

由此可得出电阻元件 $R$ 上的电压

$$u_R=Ri=U_s e^{-\frac{t}{\tau}} \tag{3-17}$$

## 二、RL 电路的零状态响应

图 3-9 是 $RL$ 串联电路，$t=0$ 时将开关 $S$ 由 $B$ 合到 $A$，电路与电压为 $U_s$ 的电压源接通。在换路前电感元件未储有能量，$i(0_-)=i(0_+)=0$，即电路处于零状态。

根据基尔霍夫电压定律，列出 $t\geqslant 0$ 时的电路的微分方程

$$u_R+u_L=U_s$$

将 $u_R=Ri=Ri_L$ 和 $u_L=L\frac{di_L}{dt}$ 代入上式，得

$$\frac{L}{R}\frac{di_L}{dt}+i_L=\frac{U_s}{R} \tag{3-18}$$

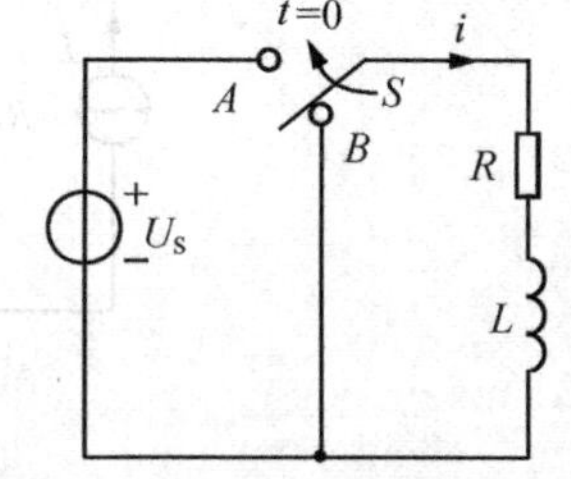

图 3-9 $RL$ 电路的零状态响应

上式为一阶非齐次微分方程，该方程的解由两部分组成

$$i_L=i'_L+i''_L$$

其中，$i'_L$ 为非齐次方程的特解，$i''_L$ 为对应齐次方程的通解。

$i'_L$ 为满足以下非齐次方程的特解

$$\frac{L}{R}\frac{di'_L}{dt}+i'_L=\frac{U_s}{R}$$

显然，特解为 $i'_L=\frac{U_s}{R}$。

$i''_L$ 为满足以下齐次方程的通解

$$\frac{L}{R}\frac{\mathrm{d}i''_L}{\mathrm{d}t}+i''_L=0$$

因此可得

$$i_L=i'_L+i''_L=\frac{U_s}{R}+A\mathrm{e}^{-\frac{R}{L}t} \tag{3-19}$$

由初始条件 $i_L(0_+)=i_L(0_-)=0$，得 $A=-\dfrac{U_s}{R}$，代入上式得

$$i_L=\frac{U_s}{R}(1-\mathrm{e}^{-\frac{R}{L}t})=\frac{U_s}{R}(1-\mathrm{e}^{-\frac{t}{\tau}}) \tag{3-20}$$

在上式中，$\tau=\dfrac{L}{R}$ 为 $RL$ 电路的时间常数。由式(3-20)可知，电感电流是以指数规律增长的，其中，$i'_L=\dfrac{U_s}{R}$ 是电感电流最终达到的稳态值称为稳态分量，$i''_L=-\dfrac{U_s}{R}\mathrm{e}^{-\frac{t}{\tau}}$ 是随时间变化的暂态值称为暂态分量，$i_L=i'_L+i''_L$ 是稳态分量与暂态分量的叠加。

由式(3-20)可得出 $t\geqslant 0$ 时电阻元件和电感元件上的电压

$$u_R=Ri=U_s(1-\mathrm{e}^{-\frac{t}{\tau}}) \tag{3-21}$$

$$u_L=L\frac{\mathrm{d}i}{\mathrm{d}t}=U_s\mathrm{e}^{-\frac{t}{\tau}} \tag{3-22}$$

**【例 3-5】** 在图 3-10(a)中 $R_1=R_2=1\mathrm{k\Omega}$，$L=20\mathrm{mH}$，电流源 $I_s=10\mathrm{mA}$。当开关闭合后($t\geqslant 0$)求电流 $i$。

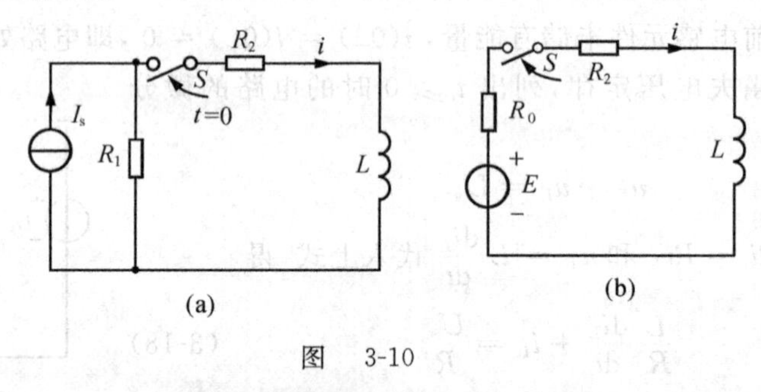


图 3-10

**【解】** 应用戴维南定理将理想电流源 $I_s$ 与电阻 $R_1$ 并联的电源化为电动势为 $E$ 的理想电压源与内阻 $R_0$ 串联的等效电源，其中

$$E=R_1I_s=1\times10^3\times10\times10^{-3}=10\mathrm{V}$$

$$R_0=R_1=1000\Omega=1\mathrm{k\Omega}$$

等效电路如图 3-10(b)所示。由等效电路可得出电路的时间常数

$$\tau=\frac{L}{R_0+R_2}=\frac{20\times10^{-3}}{2\times10^3}=10\times10^{-6}\mathrm{s}=10\mu\mathrm{s}$$

于是

$$i=\frac{E}{R_0+R_2}(1-e^{-\frac{t}{\tau}})=\frac{10}{(1+1)\times10^3}(1-e^{-\frac{t}{10\times10^{-6}}})=5(1-e^{-10^5t})\text{mA}$$

## 第四节　一阶电路的全响应

所谓电路的全响应，是指电源激励和储能元件的初始状态均不为零时电路的响应，也就是零输入响应与零状态响应两者的叠加。

### 一、*RC* 电路的全响应

在图 3-11 的电路中，阶跃激励的幅值为 $U_s$，$u_C(0)=U_0$ 时的电路的微分方程和式(3-13)相同，也由此得出

$$u_C=U_s+Ae^{-\frac{1}{RC}t}$$

但常数 $A$ 与零状态不同。在 $t=0_+$ 时，$u_C(0_+)=U_0$，则 $A=U_0-U_s$。所以

$$u_C=U_s+(U_0-U_s)e^{-\frac{1}{RC}t} \qquad (3\text{-}23)$$

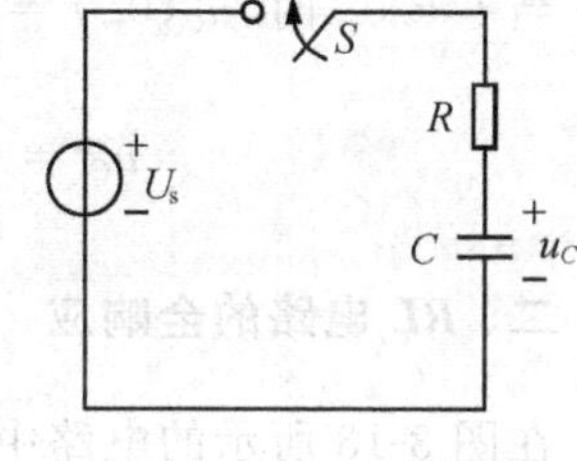

图 3-11　*RC* 电路全响应

经改写后得出

$$u_C=U_0e^{-\frac{t}{\tau}}+U_s(1-e)^{-\frac{t}{\tau}} \qquad (3\text{-}24)$$

显然，右边第一项即为式(3-5)，是零输入响应；第二项即为式(3-15)，是零状态响应。于是：

全响应=零输入响应+零状态响应

这是叠加定理在电路暂态分析中的体现。在求全响应时，可把电容元件的初始状态 $u_C(0)$看作为一种电压源。$u_C(0)$和电源激励分别单独作用时所得出的零输入响应和零状态响应叠加，即为全响应。

如果来看式(3-23)，它的右边也有两项：$U_s$ 为稳态分量；$(U_0-U_s)e^{-\frac{1}{RC}t}$ 为暂态分量。于是全响应也可表示为

全响应 = 稳态分量 + 暂态分量

求出 $u_C$ 后就可得出　$i_C=C\dfrac{du_C}{dt}$，　$u_R=Ri_C$

**【例 3-6】**　图 3-12 中，开关长期合在位置 1 上，如在 $t=0$ 时把它合到位置 2 后，试求电容元件上的电压 $u_C$。

已知 $R_1=1k\Omega$，$R_2=2k\Omega$，$C=3\mu F$，电压源 $U_1=3V$ 和 $U_2=5V$。

**【解】**　在 $t=0_-$ 时

$$u_C(0_-)=\frac{U_1R_2}{R_1+R_2}=\frac{3\times(2\times10^3)}{(1+2)\times10^3}=2V$$

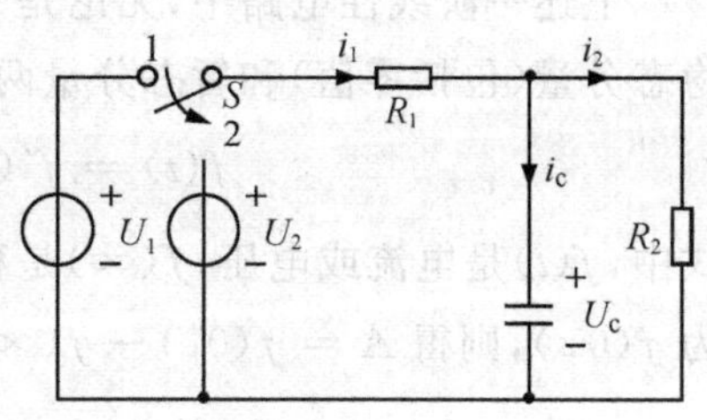

图　3-12

在 $t\geqslant0$ 时，根据基尔霍夫电流定律列出

$$i_1 - i_2 - i_C = 0$$

$$\frac{U_2 - u_C}{R_1} - \frac{u_C}{R_2} - C\frac{\mathrm{d}u_C}{\mathrm{d}t} = 0$$

整理后得

$$R_1 C\frac{\mathrm{d}u_C}{\mathrm{d}t} + \left(1 + \frac{R_1}{R_2}\right)u_C = U_2$$

或
$$(3\times 10^{-3})\frac{\mathrm{d}u_C}{\mathrm{d}t} + \frac{3}{2}u_C = 5$$

解之，得

$$u_C = u_C' + u_C'' = \left(\frac{10}{3} + A\mathrm{e}^{-\frac{1}{2\times 10^{-3}}t}\right)\mathrm{V}$$

当 $t = 0_+$ 时，$u_C(0_+) = 2\mathrm{V}$，则 $A = -\frac{4}{3}$，所以

$$u_C = \frac{10}{3} - \frac{4}{3}\mathrm{e}^{-\frac{1}{2\times 10^{-3}}t} = \left(\frac{10}{3} - \frac{4}{3}\mathrm{e}^{-500t}\right)\mathrm{V}$$

## 二、RL 电路的全响应

在图 3-13 所示的电路中，电源电压为 $U_s$，$i(0_-) = I_0$。当将开关闭合时，是一 RL 串联电路。$t \geqslant 0$ 时的电路的微分方程与式(3-18)相同。故电路的解为

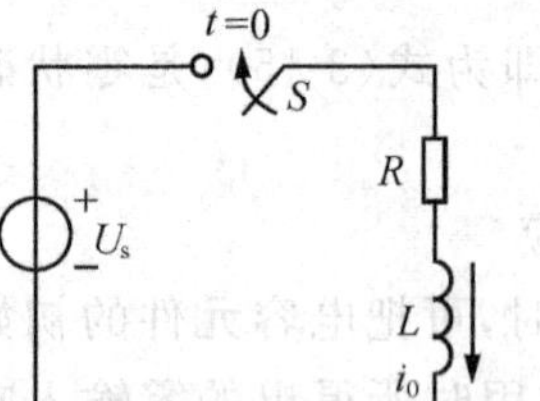

图 3-13 RL 电路的全响

$$i = A\mathrm{e}^{-\frac{t}{\tau}} + \frac{U_s}{R}$$

但积分常数 A 与零状态时不同。在 $t = 0_+$ 时，$i = I_0$，则 $A = I_0 - \frac{U}{R}$。所以

$$i = \frac{U_s}{R} + \left(I_0 - \frac{U_s}{R}\right)\mathrm{e}^{-\frac{R}{L}t} \tag{3-25}$$

式中，右边第一项为稳态分量，第二项为暂态分量，两者相加即为全响应 $i$。

# 第五节 一阶线性电路暂态分析的三要素法

上述一阶线性电路中，无论是一阶 RC 电路，还是一阶 RL 电路，电路的响应是由稳态分量(包括零值)和暂态分量两部分相加而得，如写成一般式子，则为

$$f(t) = f'(t) + f''(t) = f(\infty) + A\mathrm{e}^{-\frac{t}{\tau}}$$

式中，$f(t)$是电流或电压，$f(\infty)$是稳态分量(即稳态值)，$A\mathrm{e}^{-\frac{t}{\tau}}$是暂态分量。若初始值为 $f(0_+)$，则得 $A = f(0_+) - f(\infty)$，于是

$$f(t) = f(\infty) + [f(0_+) - f(\infty)]\mathrm{e}^{-\frac{t}{\tau}} \tag{3-26}$$

这就是分析一阶线性电路暂态过程中任意变量的一般公式。只要求得 $f(0_+)$、$f(\infty)$、$\tau$ 这三个要素，就能直接写出电路的响应(电流或电压)，称之为**三要素法**。下面举例说明三要素法的应用。

**【例 3-7】** 应用三要素法求例 6-6，图 3-12 中的 $u_C$。

**【解】** (1) 确定 $u_C$ 的初始值

$$u_C(0_+) = \frac{U_1 R_2}{R_1 + R_2} = \frac{3 \times (2 \times 10^3)}{(1+2) \times 10^3} = 2\text{V}$$

(2) 确定 $u_C$ 的稳定值

$$u_C(\infty) = \frac{U_2 R_2}{R_1 + R_2} = \frac{5 \times (2 \times 10^3)}{(1+2) \times 10^3} = \frac{10}{3}\text{V}$$

(3) 确定电路的时间常数

$$\tau = \frac{R_1 R_2}{R_1 + R_2} C = \frac{1 \times 2}{1+2} \times 10^3 \times 3 \times 10^{-6} = 2 \times 10^{-3}\text{s}$$

于是根据式(3-26)可写出

$$u_C = \frac{10}{3} + \left(2 - \frac{10}{3}\right) e^{-\frac{t}{2\times 10^{-3}}} = \left(\frac{10}{3} - \frac{4}{3} e^{-500t}\right)\text{V}$$

**【例 3-8】** 如图 3-14(a)所示电路，在 $t=0$ 时开关 $S_1$ 闭合，在 $t=1\text{s}$ 时开关 $S_2$ 闭合，求 $S_2$ 闭合后的电流 $i_L(t)$。已知：电感的初始储能为零，$R_1 = 1\Omega$，$R_2 = 2\Omega$，$R_3 = 3\Omega$，$I_s = 10\text{A}$，$U_s = 1\text{V}$，$L = 5\text{H}$。

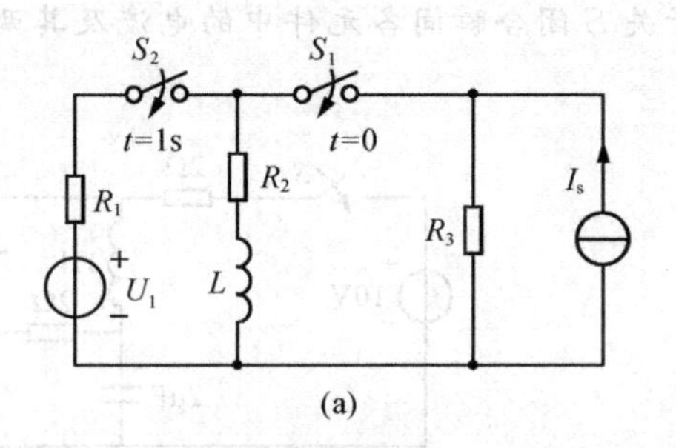


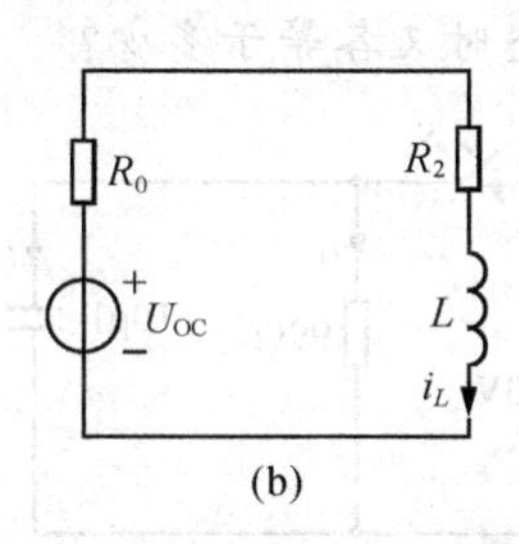


图 3-14

**【解】** 在 $t = 0_+$ 时，$i_L(0_+) = i_L(0_-) = 0$

在 $0 \leqslant t \leqslant 1\text{s}$ 时，开关 $S_1$ 闭合，根据三要素法

$$i_L(0_+) = i_L(0_-) = 0$$

$$i_L(\infty) = \frac{R_3 I_s}{R_2 + R_3} = 6\text{A}$$

$$\tau = \frac{L}{R_2 + R_3} = 1\text{s}$$

电路的零状态响应为

$$i_L(t) = \frac{R_3 I_s}{R_2 + R_3}(1 - e^{-\frac{t}{\tau}}) = 6(1 - e^{-t})\text{A}$$

当 $t=1\text{s}$ 时，$i_L(1)=6(1-e^{-1})=3.8\text{A}$

当 $t\geqslant 1\text{s}$ 时，$S_2$ 闭合，将 $R_2$ 和 $L$ 串联支路以外的电路用戴维南定理等效，如图 3-14(b)所示，其中，

$$U_{OC}=\frac{R_3(U_s+R_1I_s)}{R_1+R_3}=8.25\text{V}$$

$$R_0=\frac{R_1R_3}{R_1+R_3}=0.75\Omega$$

由三要素法

$$i_L(1)=6(1-e^{-1})=3.8\text{A}$$

$$i_L(\infty)=\frac{U_{OC}}{R_0+R_2}=3\text{A}$$

$$\tau=\frac{L}{R_0+R_2}=\frac{20}{11}\text{s}$$

全响应为

$$i_L(t)=(3+0.8e^{-0.55t})\text{A}$$

## 习　题

3-1　如图 3-15 所示电路，试求：(1)$S$ 闭合瞬间（$t=0_+$），各支路电流和各元件两端电压的数值；(2)$S$ 闭合后到达稳定状态时(1)中各电流和电压的数值；(3)当用电感元件替换电容元件后(1)、(2)两种情况下的各支路电流和各元件两端电压的数值。

3-2　如图 3-16 所示电路，求在开关 $S$ 闭合瞬间各元件中的电流及其两端电压；当电路达到稳态时又各等于多少？

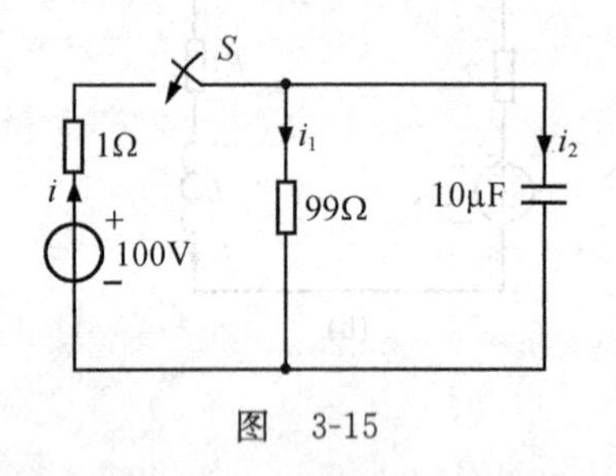

图　3-15

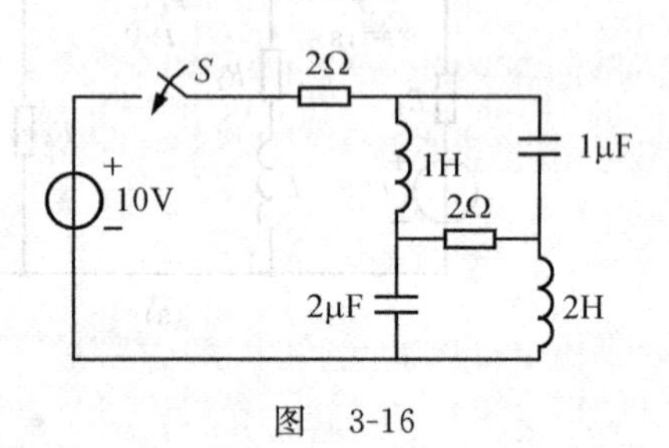

图　3-16

3-3　图 3-17 中开关闭合前电路已处于稳态，已知：$I=1\text{mA}$，$R_3=6\text{k}\Omega$，$R_1=R_2=3\text{k}\Omega$。求开关闭合后的电压 $u_C$，$i_C$。

3-4　在图 3-18 中，已知：$R_1=2\Omega$，$R_2=1\Omega$，$L_1=0.01\text{H}$，$L_2=0.02\text{H}$，$U_s=6\text{V}$。(1)$S_1$ 闭合后电路中的电流 $i_1$ 和 $i_2$ 的变化规律；(2)当 $S_1$ 闭合后电路达到稳定状态时再闭合 $S_2$，试求电流 $i_1$ 和 $i_2$ 的变化规律。

3-5　如图 3-19 所示电路，在换路前已处于稳态。当将开关从 1 的位置合到 2 的位置后，试求 $i_L$ 和 $i$。

3-6　如图 3-20 所示电路，试用三要素法求 $t\geqslant 0$ 时的 $i_1$、$i_2$ 及 $i_L$（设换路前电路处于稳态）。

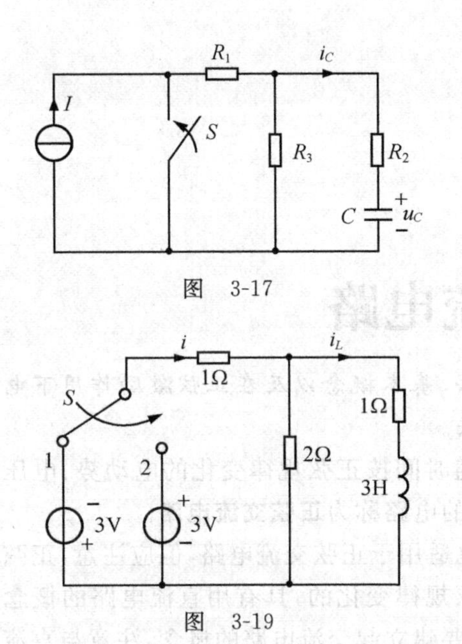


图　3-17

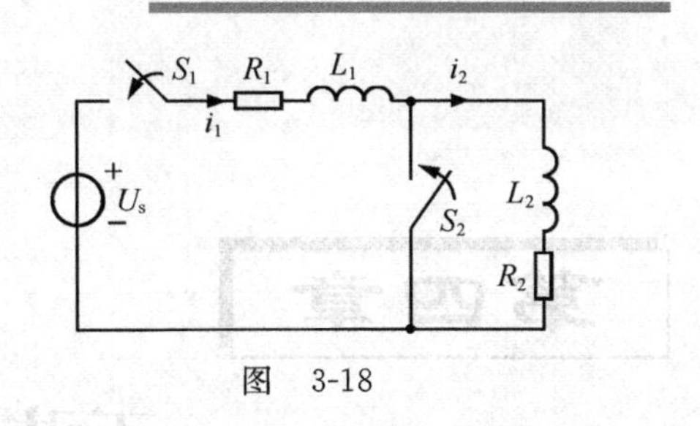


图　3-18

图　3-19

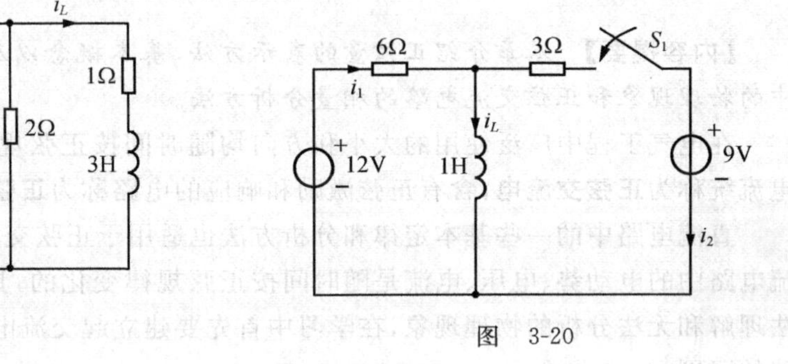


图　3-20

# 第四章

# 正弦交流电路

**【内容提要】** 本章介绍正弦量的表示方法、基本概念以及在正弦激励作用下电路中的物理现象和正弦交流电路的相量分析方法。

在电气工程中广泛使用的大小和方向均随时间按正弦规律变化的电动势、电压和电流统称为**正弦交流电**，含有正弦激励和响应的电路称为**正弦交流电路**。

直流电路中的一些基本定律和分析方法也适用于正弦交流电路，但应注意，正弦交流电路中的电动势、电压、电流是随时间按正弦规律变化的，具有用直流电路的概念无法理解和无法分析的物理现象，在学习中首先要建立起交流电路的概念，注意与直流电路的区别。

## 第一节　正弦交流电路的基本概念

### 一、正弦电压与电流

作用在正弦交流电路中的电动势是随时间按正弦规律变化的，因此，电路中各元件上的电压和电流也是按正弦规律周期性变化的，其波形如图 4-1 所示。电路中用箭头标出电压、电流的参考方向，当电压、电流的实际方向与参考方向一致时，其值为正；实际方向与参考方向相反时，其值为负。即在时间 $0\sim t_1$ 时间内，电压、电流的实际方向与参考方向一致；在 $t_1\sim t_2$ 这段时间内，电压、电流的实际方向与参考方向相反。

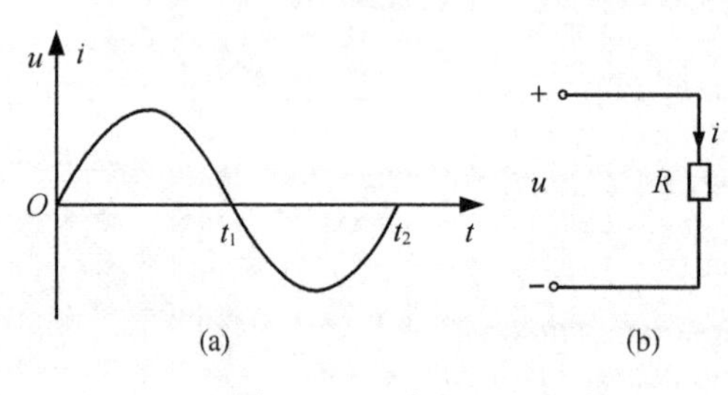


图 4-1　正弦电压和电流

### 二、正弦量的特征

随时间按正弦规律变化的电动势、电压、电流统称为**正弦量**。正弦量的特征表现在变化的快慢、大小及初始值三个方面，而它们分别由频率（或周期）、幅值（或有效值）和初相位来确定。因此将频率、幅值和初相位称为**确定正弦量的三要素**或**正弦量的特征**。

在工业上通常是由同步发电机产生正弦电动势。图 4-2 是正弦电动势的波形，它

的数学表达式为

$$e = E_m \sin \omega t \quad (4\text{-}1)$$

1. 周期、频率和角频率

正弦量变化一次所需要的时间称为周期 $T$，单位为 s。如图 4-2 所示。正弦量每秒钟变化的次数称为频率 $f$，单位为 Hz。频率为周期的倒数。即

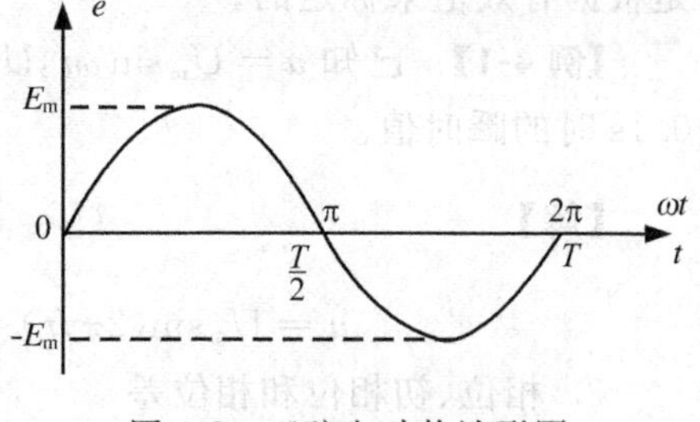

图 4-2　正弦电动势波形图

$$f = \frac{1}{T} \quad 或 \quad T = \frac{1}{f} \quad (4\text{-}2)$$

我国规定电力标准频率为 50Hz，有些国家（如美国、日本等）采用 60Hz，上述频率在工业上应用广泛，故习惯上称为工频。在其他不同的领域使用着不同的频率，例如，中频电源的频率是 500～8000Hz，收音机中波段的频率是 530～1600kHz。

除用周期和频率表示正弦量变化的快慢之外，还可以用角频率 $\omega$ 来表示。角频率 $\omega$ 是正弦量每秒钟所经历的弧度数。由于正弦量交变一周为 $2\pi$ 弧度，故角频率 $\omega$ 与频率 $f$、周期 $T$ 的关系为

$$\omega = 2\pi f = \frac{2\pi}{T}(\mathrm{rad/s}) \quad (4\text{-}3)$$

2. 瞬时值、幅值和有效值

正弦量在任一瞬间的值称为**瞬时值**，用小写字母表示，如 $e$、$i$、$u$ 分别表示电动势、电流及电压的瞬时值。瞬时值中最大的值称为**幅值**或**最大值**，用大写字母加下标 m 表示，例如 $E_m$、$I_m$、$U_m$ 分别表示电动势、电流及电压的幅值。在电工技术中常用有效值来衡量正弦交流电的大小，电压、电流和电动势的有效值分别用大写字母 $U$、$I$、$E$ 表示。有效值是从电流的热效应来定义的，即取数值相同的两个电阻分别通以直流电流 $I$ 和变化的周期电流 $i$，如果在一个周期的时间内，两个电阻产生的热量相等，则这个直流电流 $I$ 的数值就是该周期电流 $i$ 的有效值，即

$$\int_0^T Ri^2 \mathrm{d}t = RI^2 T$$

$$I = \sqrt{\frac{1}{T}\int_0^T i^2 \mathrm{d}t} \quad (4\text{-}4)$$

式(4-4)适用于任何周期性变化的量，但不能用于非周期量。设 $i = I_m \sin \omega t$ 则

$$I = \sqrt{\frac{1}{T}\int_0^T i^2 \mathrm{d}t} = \sqrt{\frac{1}{T}\int_0^T I_m^2 \sin^2 \omega t \,\mathrm{d}t} = \frac{I_m}{\sqrt{2}} \quad (4\text{-}5)$$

同理可得正弦电压和正弦电动势的有效值为

$$U = \frac{U_m}{\sqrt{2}}; \quad E = \frac{E_m}{\sqrt{2}} \quad (4\text{-}6)$$

即正弦量的有效值是幅值的 $1/\sqrt{2}$倍。一般所讲正弦量的大小都是指它的有效值，例如交流电压 380V 或 220V 都是指它的有效值。交流电压表、电流表的刻度一般也都

是根据有效值来标定的。

**【例 4-1】** 已知 $u = U_m \sin \omega t$，$U_m = 537\text{V}$，$f = 50\text{Hz}$，试求电压的有效值 $U$ 和 $t = 0.1\text{s}$ 时的瞬时值。

**【解】**

$$U = \frac{U_m}{\sqrt{2}} = \frac{537}{\sqrt{2}} = 380\text{V}$$

$$u = U_m \sin(2\pi f t) = 537\sin(2\pi \times 50 \times 0.1) = 0\text{V}$$

3. 相位、初相位和相位差

正弦量的大小和方向都是随时间而变化的，所取的计时起点（$t = 0$）不同，正弦量的初始值（$t = 0$ 时的值）就不同，到达幅值或某一特定值所需的时间也就不同。图 4-3 所示的两个正弦电流，其对应的三角函数式分别为

$$i_1 = I_m \sin(\omega t + \psi_1) \quad (4\text{-}7)$$

$$i_2 = I_m \sin(\omega t - \psi_2) \quad (4\text{-}8)$$

上述两个正弦电流的幅值和频率虽然相同，但二者是有区别的，从波形图上可以看出：它们在 $t = 0$ 时的初始值不同，到达零值（或最大值）的时间不同，反映在函数式中 的差别是 $(\omega t + \psi_1)$ 和 $(\omega t - \psi_2)$ 不一样，称 $(\omega t + \psi_1)$ 为 $i_1$ 的相位（或相位角），称 $(\omega t - \psi_2)$ 为 $i_2$ 的**相位**（或相位角）。当相位角随时间连续变化时，正弦量的瞬时值随之作连续变化，所以相位角决定了该瞬间正弦量的瞬时值。

$t = 0$ 时的相位叫做**初相位**（或初相角）。初相位决定了正弦量初始值的大小，如式(4-7)和式(4-8)中，$i_1$ 的初相位为 $\psi_1$，$i_2$ 的初相位为 $-\psi_2$。在 $t = 0$ 时 $i_1$、$i_2$ 的初始值分别为

$$i_1(t = 0) = I_m \sin \psi_1$$

$$i_2(t = 0) = I_m \sin(-\psi_2)$$

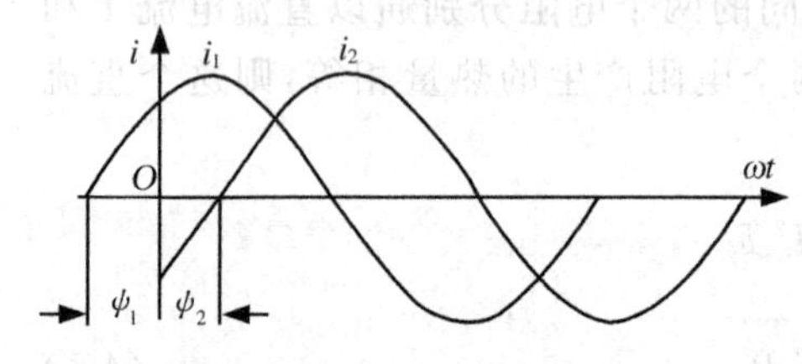


图 4-3 两个相位不同的正弦电流

由上式可知，在 $t = 0$ 时，$i_1$ 为正值，$i_2$ 为负值，与图 4-3 中所示一致。

两个同频率正弦量的相位或初相位之差，称为相位差。如图 4-3 中 $i_1$ 与 $i_2$ 的相位差为

$$\varphi = (\omega t + \psi_1) - (\omega t - \psi_2) = \psi_1 + \psi_2$$

在图 4-4 中，$u$ 与 $i$ 的相位差为

$$\varphi = (\omega t + \psi_1) - (\omega t + \psi_2) = \psi_1 - \psi_2$$

应特别指出的是：

(1) 在求相位差时，要考虑各正弦量自身初相位的正负号。在波形图中，初相位是正弦曲线由负值向正值变化时所通过的零点与坐标原点之间的角度，上述零点在纵轴的左侧时初相位是正值，在纵轴的右侧时初相位是负值。

(2) 当两个同频率的正弦量的计时起点（$t = 0$）改变时，它们的相位和初相位跟着

改变，但是两者之间的相位差保持不变。

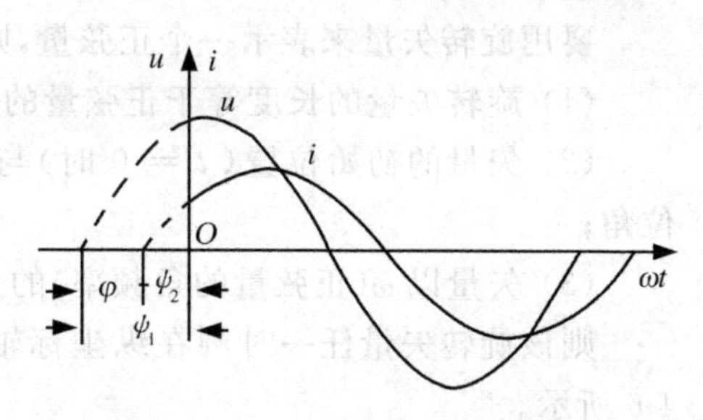

图 4-4　两个不同相位的正弦量

当两个同频率正弦量的相位差 $\varphi = \psi_1 - \psi_2 = 0$ 时，波形如图 4-5(a)所示，称为**同相**。当两个同频率正弦量的相位差角 $\varphi = \psi_1 - \psi_2 > 0$ 时，波形如图 4-3 所示，称 $i_1$ 在相位上比 $i_2$ **超前** $\varphi$ 角或 $i_2$ **滞后**于 $i_1$ 一个 $\varphi$ 角。当两个同频率的正弦量的相位差 $\varphi = \psi_1 - \psi_2 = 180°$ 时，波形如图 4-5(b)所示，$i_1$ 与 $i_2$ 相位相反，称为**反相**。

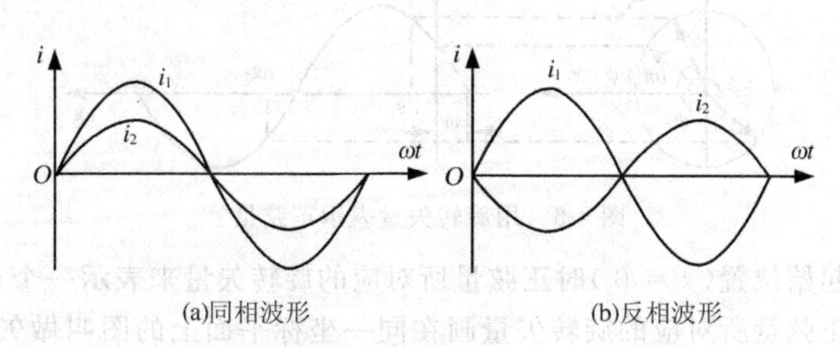

图 4-5　正弦量在相位上同相(a)、反相(b)时波形图

**【例 4-2】**　已知电压的瞬时值函数式 $u = 10\sin(314t - 30°)\text{V}$，试求其幅值、角频率、频率与初相角；并求 $t = T/6$ 时电压 $u$ 的瞬时值。

**【解】**　由电压瞬时值函数式可知

幅值　$U_m = 10\text{V}$

角频率　$\omega = 314\text{rad/s}$

频率　$f = \dfrac{\omega}{2\pi} = \dfrac{314}{2\pi} = 50\text{Hz}$

初相角　$\psi = -30°$

$$t = \frac{T}{6}\text{ 时}\quad u = 10\sin\left(\frac{2\pi}{T} \times \frac{T}{6} - \frac{\pi}{6}\right) = 10\sin\frac{\pi}{6} = 5\text{V}$$

当一个正弦量的幅值、频率以及初相位确定以后，这个正弦量便确定了。

## 第二节　正弦量的表示方法

正弦量的三角函数和波形图表示法，都能直观地反映出正弦量的三个特征，但用于计算交流电路很不方便，本节介绍另外两种表示正弦量的方法，即旋转矢量表示法和相量表示法。

### 一、正弦量的旋转矢量表示法

设有一正弦电压 $u = U_m\sin(\omega t + \psi)$，用旋转矢量表示。

要用旋转矢量来表示一个正弦量，则该旋转矢量必须满足以下三个条件：

(1) 旋转矢量的长度等于正弦量的幅值；

(2) 矢量的初始位置($t=0$时)与横坐标正方向之间的夹角等于正弦量的初相位角；

(3) 矢量以$\omega$(正弦量的角频率)的角速度沿逆时针方向旋转。

则该旋转矢量任一时刻在纵坐标轴上的投影就是该时刻正弦量的瞬时值。如图4-6所示。

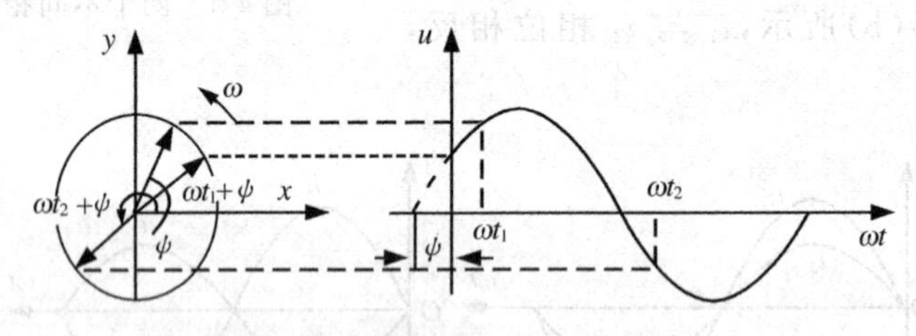


图 4-6 用旋转矢量表示正弦量

一般采用起始位置($t=0$)时正弦量所对应的旋转矢量来表示一个正弦量。将若干个同频率的正弦量所对应的旋转矢量画在同一坐标平面上的图叫做矢量图，利用矢量图可以进行正弦量的加减运算。

如已知：$u_1=U_{1m}\sin(\omega t+\psi_1)$V，$u_2=U_{2m}\sin(\omega t+\psi_2)$V。求：$u=u_1+u_2$。

根据给出的电压$u_1$和$u_2$作出与它们对应的旋转矢量，如图4-7所示。然后利用平行四边形法可求得合成矢量，合成矢量的长度即为电压$u$的最大值$U_m$，它与横坐标之间的夹角即为$u$的初相位角$\varphi$，因为两个同频率的正弦量的和仍为同频率的正弦量，于是可得

$$u=U_m\sin(\omega t+\varphi)$$

式中$U_m$和$\varphi$角可直接在图上量得，也可通过计算求得。将正弦量的计算简化成矢量运算是分析与计算正弦交流电路的重要方法之一。

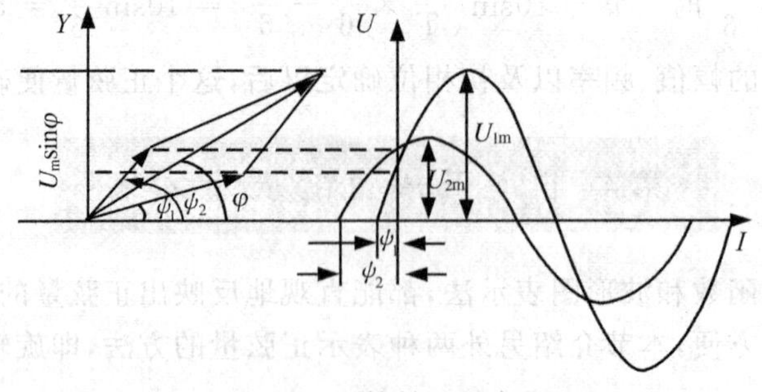


图 4-7 用旋转矢量求和

## 二、正弦量的相量表示法

正弦量可以用旋转矢量来表示，而矢量又可用复数表示，所以正弦量也可以用复数

表示。

1. 复数的表示方法

设 $A$ 为一复数,用复数的直角坐标形式表示为

$$A = a + \mathrm{j}b \tag{4-9}$$

其中 $a$ 和 $b$ 分别为其实部和虚部,$\mathrm{j} = \sqrt{-1}$ 为虚数单位。

复数 $A$ 还可以用复平面上的有向线段来表示,如图 4-8 所示。

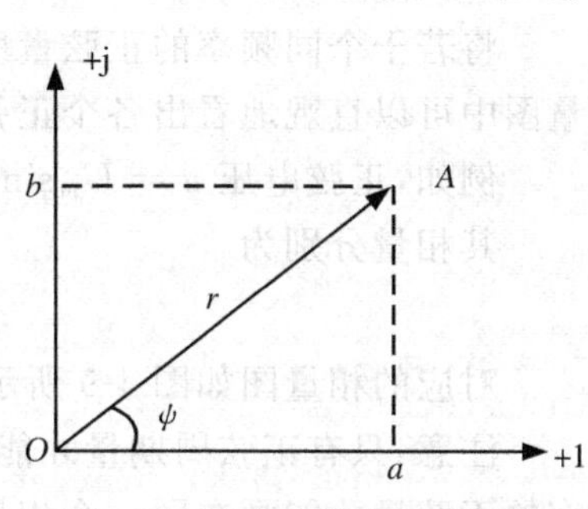

图 4-8 用有向线段表示复数

有向线段的长度叫做复数的模,用 $r$ 表示

$$r = \sqrt{a^2 + b^2} \tag{4-10}$$

有向线段与实轴正方向间的夹角 $\psi$ 称为复数的辐角

$$\psi = \arctan \frac{b}{a} \tag{4-11}$$

由图 4-8 可知

$$a = r\cos\psi$$
$$b = r\sin\psi$$

所以
$$A = a + \mathrm{j}b = r\cos\psi + \mathrm{j}r\sin\psi = r(\cos\psi + \mathrm{j}\sin\psi) \tag{4-12}$$

根据欧拉公式

$$\cos\psi = \frac{\mathrm{e}^{\mathrm{j}\psi} + \mathrm{e}^{-\mathrm{j}\psi}}{2};\quad \sin\psi = \frac{\mathrm{e}^{\mathrm{j}\psi} - \mathrm{e}^{-\mathrm{j}\psi}}{2\mathrm{j}}$$

因此,式(4-12)可以写成

$$A = r\mathrm{e}^{\mathrm{j}\psi} \tag{4-13}$$

或简写为
$$A = r\angle\psi \tag{4-14}$$

一个复数可用上述三种表达式表示:式(4-9)称为复数的**直角坐标式**,式(4-13)称为**指数式**,式(4-14)称为**极坐标式**,三者之间可以相互转换。复数的加减运算可用直角坐标式,复数的乘除运算可用指数式或极坐标式。

2. 正弦量的相量表示法

为与一般的复数相区别,把表示正弦量的复数称为**相量**,并在大写字母头上打“.”。

例:表示正弦电压 $u = U_\mathrm{m}\sin(\omega t + \psi)$ 的相量为

$$\dot{U} = U(\cos\psi + \mathrm{j}\sin\psi) = U\mathrm{e}^{\mathrm{j}\psi} = U\angle\psi$$

上式中 $\dot{U}$ 是正弦电压 $u$ 的有效值相量。它的模等于正弦量的有效值,辐角等于正弦量的初相位角。

同样,若 $i = \sqrt{2}I\sin(\omega t + \psi_i)$,则电流 $i$ 的相量形式为

$$\dot{I} = I\angle\psi_i$$

必须注意:

① 相量只是表示正弦量，而不等于正弦量；

② 相量表示了正弦量的两个特征，即正弦量的有效值和初相位；

③ 在分析线性正弦交流电路时，电路中所有电压、电流的频率都等于电源频率，频率可以认为是已知的。

将若干个同频率的正弦量所对应的相量画在同一复平面上的图称为**相量图**，在相量图中可以直观地看出各个正弦量的大小及相位关系。

例如，正弦电压 $u = U_m\sin(\omega t + \psi_1)$ 和电流 $i = I_m\sin(\omega t + \psi_2)$。

其相量分别为

$$\dot{U} = U\angle\psi_1 \quad \dot{I} = I\angle\psi_2$$

对应的相量图如图 4-9 所示。

注意：只有正弦周期量才能用相量表示，非正弦周期量不能用相量表示。只有同频率的正弦量才能画在同一个相量图上，不同频率的正弦量不能画在同一个相量图上，否则无法进行比较和计算。

下面讨论 j 的几何意义。

如图 4-10 所示，若将相量 $\dot{A} = re^{j\psi}$ 乘以 $e^{j\alpha}$，则得

$$\dot{B} = \dot{A}e^{j\alpha} = re^{j\psi} \cdot e^{j\alpha} = re^{j(\psi+\alpha)}$$

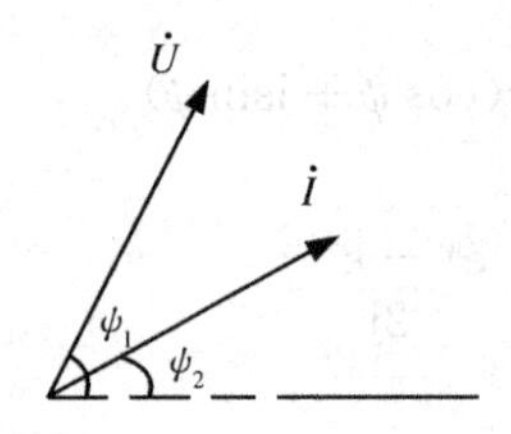


图 4-9　电压电流相量图

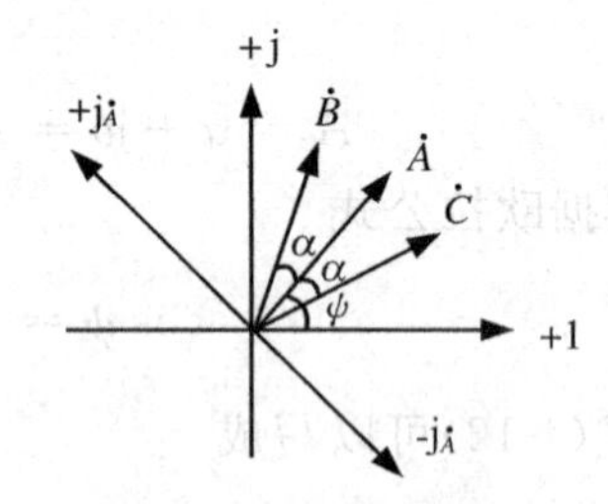


图 4-10　相量乘以±j

相量 $\dot{B}$ 的模仍为 $r$，但与实轴正方向间的夹角已不是 $\psi$，而是 $(\psi+\alpha)$。可见，任一相量乘以 $e^{j\alpha}$ 以后，辐角增加了 $\alpha$ 角（向逆时针方向转 $\alpha$ 角）。同理，如将相量 $\dot{A} = re^{j\psi}$ 乘以 $e^{-j\alpha}$，则得

$$\dot{C} = \dot{A}e^{-j\alpha} = re^{j\psi} \cdot e^{-j\alpha} = re^{j(\psi-\alpha)}$$

相量 $\dot{C}$ 的模仍为 $r$，辐角减少了 $\alpha$ 角（向顺时针方向旋转了 $\alpha$ 角）。当 $\alpha = \pm 90°$ 时，根据欧拉公式

$$e^{\pm j90°} = \cos 90° \pm j\sin 90° = 0 \pm j = \pm j$$

因此，任一相量乘以 +j（相当于乘以 $e^{j90°}$）后，逆时针旋转 90°；乘以 −j 后，顺时针旋转 90°，所以称 j 为旋转 90°的旋转因子，如图 4-10 所示。

波形图、三角函数式、旋转矢量和复数表示法的形式虽然不同，但都是用来表示一个正弦量的，因此可以从某一种表示形式求出与之对应的其他三种形式。正弦量用复数表示使三角函数的运算变换为代数运算，并能同时求出正弦量的大小和相位，这是分析正弦交流电路的主要运算方法。

**【例 4-3】** 已知相量 $\dot{U}=220\mathrm{e}^{\mathrm{j}30^\circ}\,\mathrm{V}$，$\dot{I}_1=(-4-\mathrm{j}3)\,\mathrm{A}$，$\dot{I}_2=(4-\mathrm{j}3)\,\mathrm{A}$，试分别用极坐标式、三角函数式和相量图表示它们。

**【解】** 将 $\dot{U}$、$\dot{I}_1$、$\dot{I}_2$ 用极坐标形式表示

$$\dot{U}=220\mathrm{e}^{\mathrm{j}30^\circ}=220\,\underline{/30^\circ}\,\mathrm{V}$$

$$\dot{I}_1=-4-\mathrm{j}3=5\,\underline{/-143^\circ}\,\mathrm{A}$$

$$\dot{I}_2=4-\mathrm{j}3=5\,\underline{/-36.9^\circ}\,\mathrm{A}$$

用相量图表示，如图 4-11 所示。

用三角函数式表示为

$$u=220\sqrt{2}\sin(\omega t+30^\circ)\,\mathrm{V}$$

$$i_1=5\sqrt{2}\sin(\omega t-143^\circ)\,\mathrm{A}$$

$$i_2=5\sqrt{2}\sin(\omega t-36.9^\circ)\,\mathrm{A}$$

注意：运用式(4-11)求辐角 $\psi$ 时，要把 $a$ 和 $b$ 的符号保留在分子、分母内，以便正确判断 $\psi$ 角所在象限，从而正确的确定 $\psi$ 角。

**【例 4-4】** 已知正弦电流 $i_1=2\sqrt{2}\sin(\omega t+60^\circ)\,\mathrm{A}$，$i_2=3\sqrt{2}\sin(\omega t+30^\circ)\,\mathrm{A}$。试用相量法求 $i=i_1+i_2$，并作相量图。

**【解】** 写出 $i_1$、$i_2$ 的相量表示式

$$\dot{I}_1=2\,\underline{/60^\circ}\,\mathrm{A},\dot{I}_2=3\,\underline{/30^\circ}\,\mathrm{A}$$

两相量之和为

$$\begin{aligned}\dot{I}=\dot{I}_1+\dot{I}_2&=2\,\underline{/60^\circ}+3\,\underline{/30^\circ}\\&=1+\mathrm{j}1.73+2.58+\mathrm{j}1.5\\&=3.58+\mathrm{j}3.23=4.82\,\underline{/41.9^\circ}\,\mathrm{A}\end{aligned}$$

$$i=4.82\sqrt{2}\sin(\omega t+41.9^\circ)\,\mathrm{A}$$

相量图如图 4-12 所示。

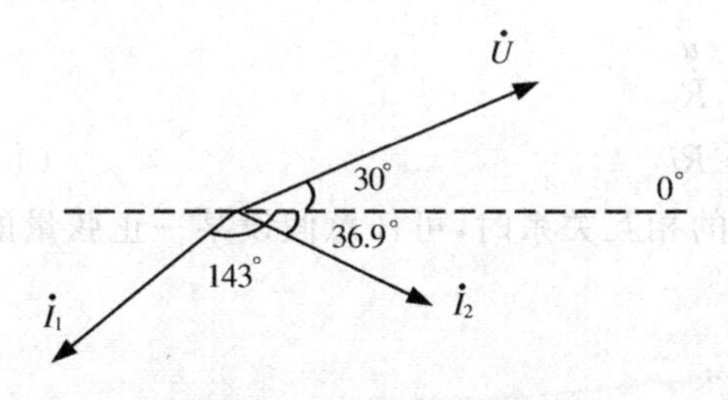


图 4-11　例 4-3 相量图

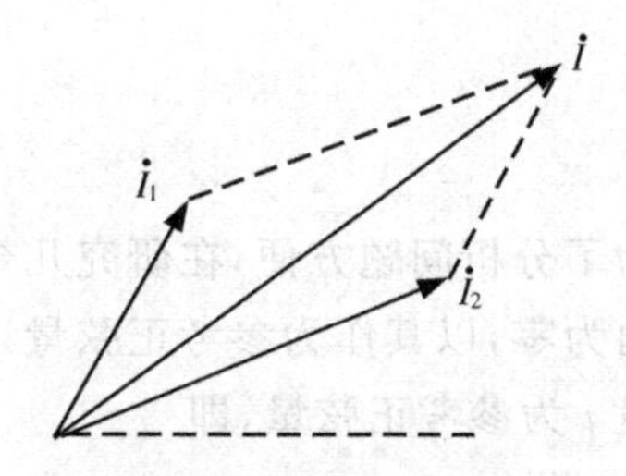


图 4-12　例 4-4 相量图

在相量的乘除运算中，只需将相量写成极坐标形式，运算极为方便。在加减运算中则要写成直角坐标形式运算，最后转换成极坐标形式，根据极坐标形式才能写出瞬时值表达式。

## 第三节 单一参数的交流电路

电阻元件、电感元件与电容元件都是组成电路模型的理想电路元件。由电阻、电感、电容单个元件组成的正弦交流电路是最简单的交流电路。本节将分别讨论在正弦激励下电阻、电感、电容元件中电压与电流的一般关系以及能量的转换问题。

### 一、电阻元件的交流电路

图 4-13(a)为电阻元件的正弦交流电路，电压和电流的参考方向如图中所示。

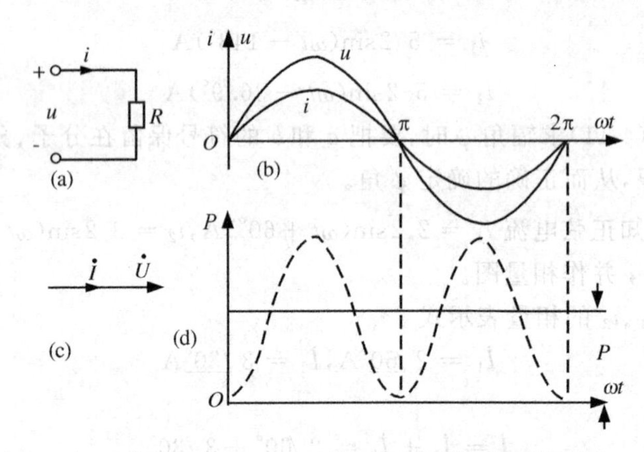


(a) 电路图　　(b) 电压与电流的正弦波形

(c) 电压与电流的相量图　　(d) 功率波形

图 4-13　电阻元件的交流电路

1. 电压、电流的关系

根据欧姆定律

$$i = \frac{u}{R}$$

或

$$u = Ri \tag{4-15}$$

为了分析问题方便，在研究几个正弦量的相互关系时，可任意假设某一正弦量的初相位角为零，以其作为参考正弦量。

设 $i$ 为参考正弦量，即

$$i = I_{\mathrm{m}} \sin \omega t \tag{4-16}$$

由欧姆定律得

$$u = Ri = RI_{\mathrm{m}} \sin \omega t = U_{\mathrm{m}} \sin \omega t \tag{4-17}$$

比较式(4-16)和式(4-17)可以看出，电阻元件两端电压和通过电阻元件的电流是同频率的正弦量；电压与电流的相位相同。电阻元件的电压与电流的波形图如图 4-13(b)所示。

在式 4-17 中，

$$U_m = RI_m \quad 或 U = RI \tag{4-18}$$

若用相量表示电压与电流的关系，则为

$$\dot{U} = Ue^{j0^\circ} = U\angle 0^\circ \quad \dot{I} = Ie^{j0^\circ} = I\angle 0^\circ$$

$$\frac{\dot{U}}{\dot{I}} = \frac{U}{I}\angle 0^\circ = R$$

或

$$\dot{U} = R\dot{I} \tag{4-19}$$

从以上各式可以得出如下结论：

电阻元件两端电压与通过电阻元件的电流的瞬时值、幅值、有效值以及相量之间的关系都服从欧姆定律。

电阻元件上电压与电流的相量图如图 4-13(c)所示。

2. 电路中的功率

(1) 瞬时功率

在任一时刻电压瞬时值 $u$ 与电流瞬时值 $i$ 的乘积称为瞬时功率，用字母 $p$ 表示。即

$$p = ui = U_m I_m \sin^2 \omega t = UI(1 - \cos 2\omega t) \tag{4-20}$$

可见 $P$ 是由两部分组成的，第一部分是常数 $UI$，第二部分是幅值为 $UI$ 并以 $2\omega$ 的角频率随时间变化的量 $UI\cos 2\omega t$，$p$ 随时间变化的曲线如图 4-13(d)所示。

(2) 平均功率(有功功率)

瞬时功率只能说明功率随时间的变化情况，通常所说的电路中的功率是指瞬时功率在一个周期内的平均值，称为**平均功率**，用大写字母 $P$ 表示。

$$P = \frac{1}{T}\int_0^T p\mathrm{d}t = \frac{1}{T}\int_0^T UI(1 - \cos 2\omega t)\mathrm{d}t = UI \tag{4-21}$$

将式(4-18)代入式(4-21)，可得

$$P = UI = I^2 R = \frac{U^2}{R} \tag{4-22}$$

式中：平均功率 $P$ 的单位用 W 或 kW 表示。通常电气设备上标的功率都是平均功率，由于平均功率反映了电路实际消耗的功率，所以又称为有功功率。例如，某灯泡的额定电压为 220V，额定功率为 100W，是指这只灯泡接到 220V 电压时，它所消耗的平均功率是 100W。

(3) 能量的计算

在纯电阻电路中，由于 $u$、$i$ 同相，所以瞬时值 $P$ 总是正值，这表明电阻元件在任一瞬间(除过零点外)均从电源吸取能量，即 $R$ 是消耗电能元件，其耗能计算公式为

$$W_R = \int_0^t ui\,\mathrm{d}t = \int_0^t i^2 R\mathrm{d}t \tag{4-23}$$

**【例 4-5】** 图 4-13(a)所示电路，$u = 311\sin 314t$(V)，$R = 10\Omega$，求电流 $i$ 及平均功率 $P$。

【解】
$$I_m = \frac{U_m}{R} = \frac{311}{10} = 31.1\text{A}$$

因为纯电阻电路中，电压与电流同相位，所以

$$i = I_m \sin \omega t = 31.1\sin 314t\text{A}$$

$$P = UI = \frac{U_m}{\sqrt{2}} \cdot \frac{I_m}{\sqrt{2}} = \frac{311}{\sqrt{2}} \cdot \frac{31.1}{\sqrt{2}} = 4836\text{W}$$

【例 4-6】 把一个 $R = 1000\Omega$ 的电阻元件接到电压 $U = 100\text{V}$，频率为 50Hz 的正弦交流电源上，问流过电阻的电流为多少？如果保持电压不变，而电源频率改变为 500Hz，这时通过电阻的电流将为多少？

【解】 因为电阻与频率无关，所以电压有效值保持不变时，电流有效值也不变，即

$$I = \frac{U}{R} = \frac{100}{1000} = 100(\text{mA})$$

## 二、电感元件的交流电路

图 4-14(a)是纯线性电感元件与正弦交流电源接通的电路。电压 $u$、电流 $i$ 和感应电动势 $e_L$ 的参考方向如图所示，当电感线圈中通过交变电流 $i$ 时，穿过线圈的磁通随之变化，由此产生自感电动势 $e_L$，根据电磁感应定律

$$e_L = -L\frac{\text{d}i}{\text{d}t} \tag{4-24}$$

式(4-24)中右式的负号是由楞次定律所决定的。当电流的正值增大时，即 $\frac{\text{d}i}{\text{d}t} > 0$，$e_L$ 为负值，其实际方向与电流的正方向相反，$e_L$ 要阻碍电流的增大。同理，当电流的正值减小时，即 $\frac{\text{d}i}{\text{d}t} < 0$，$e_L$ 为正值，其实际方向与电流的正方向相同，$e_L$ 要阻碍电流的减小。即自感电动势具有阻碍电流变化的特性。

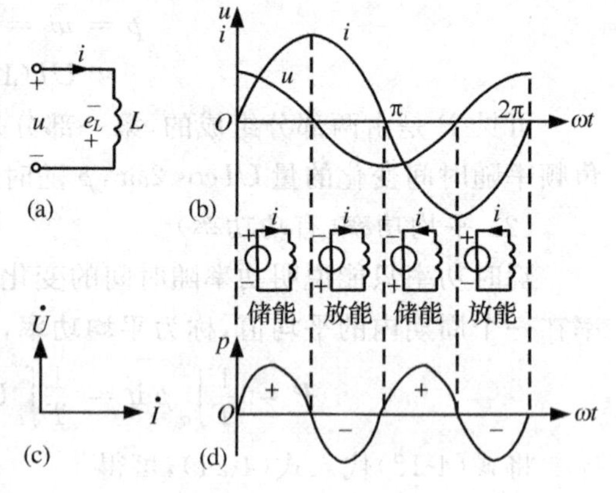


(a) 电路图
(b) 电压与电流的正弦波形
(c) 电压与电流的相量图
(d) 功率波形

图 4-14 电感元件的交流电路

1. 电压和电流的关系

根据基尔霍夫电压定律可得

$$u = -e_L = L\frac{\text{d}i}{\text{d}t} \tag{4-25}$$

取电流 $i$ 为参考正弦量，即

$$i = I_m \sin \omega t \tag{4-26}$$

则
$$u = L\frac{\text{d}i}{\text{d}t} = L\frac{\text{d}(I_m \sin \omega t)}{\text{d}t} = \omega L I_m \cos \omega t$$

$$= \omega L I_m \sin(\omega t + 90°) = U_m \sin(\omega t + 90°) \tag{4-27}$$

电感元件的电压与电流波形如图 4-14(b)所示，比较式(4-26)和式(4-27)可以看出：

(1) 电压 $u$ 与电流 $i$ 是同频率的正弦量，且电压超前于电流 90°。其相量图如图 4-14(c)所示。

用相量表示电压与电流的关系，则为

$$\dot{I} = I\angle 0° \qquad \dot{U} = U\angle 90°$$

$$\frac{\dot{U}}{\dot{I}} = \frac{U\angle 90°}{I\angle 0°} = \mathrm{j}X_L \quad 或 \quad \dot{U} = \mathrm{j}X_L\dot{I} \tag{4-28}$$

上式中的 $\mathrm{j}X_L$ 称为复感抗。

(2) 电压与电流的幅值或有效值之间的关系

在式 4-27 中，

$$U_m = \omega L I_m$$

即

$$\frac{U_m}{I_m} = \frac{U_m/\sqrt{2}}{I_m/\sqrt{2}} = \frac{U}{I} = \omega L \tag{4-29}$$

由上式可知，在理想电感元件电路中，电感元件两端的电压与通过电感元件的电流之比等于 $\omega L$，显然 $\omega L$ 具有与电阻相同的单位 Ω。当电压 $U$ 一定时，$\omega L$ 愈大，则电流 $I$ 愈小，$\omega L$ 具有阻止交流电流通过的性质，故称之为**感抗**，用 $X_L$ 表示。令

$$X_L = \omega L = 2\pi f L \tag{4-30}$$

由式(4-29)和式(4-30)可得

$$I = \frac{U}{X_L} \tag{4-31}$$

上式反映了电压、电流有效值与感抗之间的关系，在形式上与电阻电路中的欧姆定律相同，但必须注意以下两点：

第一，感抗 $X_L$ 虽然与电阻 $R$ 具有相同的量纲，但两者本质不同，电阻 $R$ 与频率无关，而感抗 $X_L$ 与频率 $f$ 成正比，频率愈高，感抗愈大，即电感线圈对高频电流的阻碍作用愈大；对直流来讲，$f = 0$，所以 $X_L = 0$，即电感对于稳态直流相当于短路。在电源电压 $U$ 和电感 $L$ 一定的条件下，电流 $I$ 与感抗 $X_L$ 随频率 $f$ 变化的曲线如图 4-15 所示。

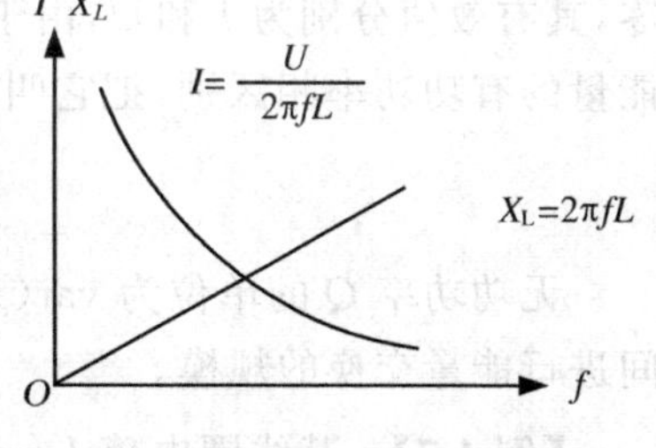


图 4-15　电流、感抗随频率变化曲线

第二，感抗 $X_L$ 等于电压与电流的幅值或有效值之比，而不等于它们的瞬时值之比，即 $\frac{u}{i} \neq X_L$。在电感电路中，电压与电流的瞬时值之间为微分关系$\left(即\ u = L\frac{\mathrm{d}i}{\mathrm{d}t}\right)$，而不是比例关系。

2. 电路中的功率

(1) 瞬时功率

根据电压和电流的瞬时值函数式可求得瞬时功率为

$$p = ui = U_m \sin(\omega t + 90°) I_m \sin \omega t$$

$$= U_m I_m \sin \omega t \cos \omega t$$

$$= \frac{U_m I_m}{2} \sin 2\omega t = UI \sin 2\omega t \tag{4-32}$$

其瞬时功率 $p$ 的变化曲线如图 4-14(d)所示。

(2) 电路中的能量转换过程

比较图 4-14(b)和图 4-14(d)可以看出：在第一和第三个 1/4 周期内，$u$、$i$ 同时为正值或同时为负值，$p = ui$ 为正值，此时电感元件从电源吸收电能并转换成磁场能储存在电感线圈中；在第二和第四个 1/4 周期内，$u$、$i$ 中一个为正，另一个为负，故 $p = ui$ 为负值，此时电感线圈放出能量，将储存在电感线圈中的磁场能量送还给电源。这是一种可逆的能量转换过程。电感中储存的磁场能量为

$$W_L = \int_0^t ui\,dt = \int_0^t Li\,di = \frac{1}{2}Li^2 \tag{4-33}$$

即电感线圈中储存的能量与电流的平方成正比。

(3) 平均功率

$$P = \frac{1}{T}\int_0^T p\,dt = \frac{1}{T}\int_0^T UI \sin 2\omega t\,dt = 0 \tag{4-34}$$

对于理想电感元件，电路中电阻为零，没有能量消耗，在一个周期内的平均功率必然为零。

(4) 无功功率

虽然纯电感电路的平均功率为零，但流过电感线圈的电流和其两端的电压都不为零，其有效值分别为 $I$ 和 $U$，由于 $U$ 与 $I$ 的乘积不为零，且具有功率的量纲，为了与消耗能量的有功功率相区别，把它叫做无功功率，用大写字母 $Q$ 表示。即

$$Q = UI = I^2 X_L = \frac{U^2}{X_L} \tag{4-35}$$

无功功率 $Q$ 的单位为 var(乏)或 kvar(千乏)。无功功率反映了电感元件与电源之间进行能量交换的规模。

**【例 4-7】** 某线圈电感 $L = 0.1\text{H}$，电阻可以略去不计，把它接到 $u = 10\sqrt{2}\sin \omega t\,\text{V}$ 的电源上，试分别求出电源频率为 50Hz 和 5kHz 时线圈中通过的电流。

**【解】** 当电源频率为 50Hz 时

$$X_L = 2\pi f L = 2\pi \times 50 \times 0.1 = 31.4\Omega$$

$$I = \frac{U}{X_L} = \frac{10}{31.4} = 0.318\text{A} = 318\text{mA}$$

当 $f = 5\text{kHz}$ 时

$$X_L = 2\pi f L = 2\pi \times 5000 \times 0.1 = 3140\Omega$$

$$I=\frac{U}{X_L}=\frac{10}{3140}=3.18\text{mA}$$

可见，电感线圈能有效地阻止高频电流通过。

## 三、电容元件的交流电路

把电容器接在直流电路中，只有在电容器充、放电时电路中有电流通过，而电路处于稳态工作时电容器相当于开路。

如果在电容器两端加上交流电压，则由于电源极性不断发生变化，电容器将周期性地充电和放电，电容器极板上的电荷发生变化，在电路中引起电流。

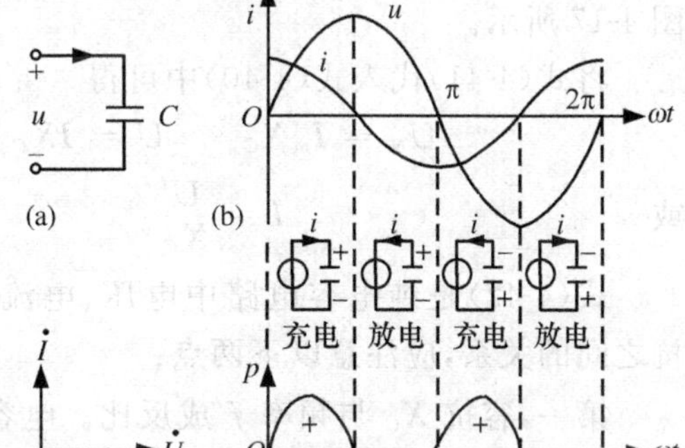


$$i=\frac{\mathrm{d}q}{\mathrm{d}t}=C\frac{\mathrm{d}u}{\mathrm{d}t} \tag{4-36}$$

图 4-16(a)为理想电容元件与正弦交流电源接通的电路，电路中的电流 $i$ 和电容器两端的电压 $u$ 的参考方向如图中所示。

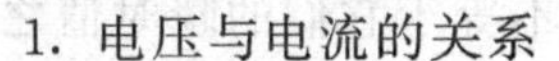

1. 电压与电流的关系

设电容器两端电压

$$u=U_{\mathrm{m}}\sin\omega t \tag{4-37}$$

为参考正弦量。

(a) 电路图

(b) 电压与电流的正弦波形

(c) 电压与电流的相量图

(d) 功率波形

图 4-16 电容元件的交流电路

将式(4-37)代入式(4-36)可得

$$\begin{aligned} i&=C\frac{\mathrm{d}u}{\mathrm{d}t}=C\frac{\mathrm{d}(U_{\mathrm{m}}\sin\omega t)}{\mathrm{d}t}=\omega CU_{\mathrm{m}}\cos\omega t \\ &=\omega CU_{\mathrm{m}}\sin(\omega t+90^\circ)=I_{\mathrm{m}}\sin(\omega t+90^\circ)\end{aligned} \tag{4-38}$$

电容元件的电压与电流波形如图 4-16(b)所示。

比较式(4-37)和式(4-38)可看出：

(1) 电压 $u$ 与电流 $i$ 是同频率的正弦量，且电流 $i$ 超前电压 $u$ 90°。电压、电流的相量图如图 4-16(c)所示。

如用相量表示电压与电流的关系，则为

$$\dot{U}=U\angle 0^\circ \quad \dot{I}=I\angle 90^\circ$$

$$\frac{\dot{U}}{\dot{I}}=\frac{U\angle 0^\circ}{I\angle 90^\circ}=X_C\angle -90^\circ=-\mathrm{j}X_C$$

或

$$\dot{U}=-\mathrm{j}X_C\dot{I} \tag{4-39}$$

式(4-39)中 $-\mathrm{j}X_C$ 称为**复数容抗**，它的模值是 $X_C$，辐角为 $-\mathrm{j}(-90^\circ)$，是电容器两端电压 $u$ 与通过电容器的电流 $i$ 的相位差。

(2) 电压与电流的幅值或有效值之间的关系

在式(4-38)中
$$I_m = \omega C U_m$$
$$\frac{U_m}{I_m} = \frac{U_m/\sqrt{2}}{I_m/\sqrt{2}} = \frac{U}{I} = \frac{1}{\omega C} \tag{4-40}$$

令
$$X_C = \frac{1}{\omega C} = \frac{1}{2\pi f C} \tag{4-41}$$

$X_C$ 称为**容抗**，单位为Ω。$X_C$ 与频率 $f$ 成反比，当电压 $U$ 和电容 $C$ 一定时，$X_C$ 和电流 $I$ 与频率 $f$ 的关系如图 4-17 所示。

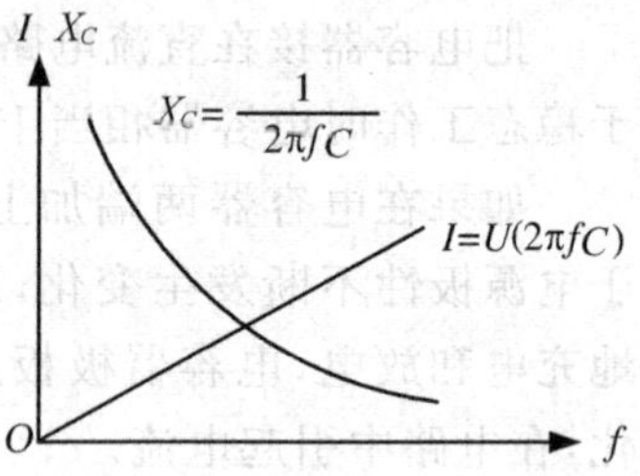

图 4-17 容抗和电流与频率的关系

将式(4-41)代入式(4-40)中可得
$$U_m = I_m X_C \qquad U = I X_C$$
或
$$I = \frac{U}{X_C} \tag{4-42}$$

式(4-42)是纯电容电路中电压、电流的有效值与容抗之间的关系，应注意以下两点：

第一，容抗 $X_C$ 与频率 $f$ 成反比。电容元件对高频电流所呈现的容抗很小，而对直流 $f=0$，$X_C=\infty$，可视作开路。即电容元件具有“隔直通交”的作用。

第二，容抗 $X_C$ 是等于电压、电流的幅值或有效值之比，不等于它们的瞬时值之比，即 $X_C \neq \frac{u}{i}$，在电容电路中，电压、电流的瞬时值之间是微分关系 $\left(i = C\frac{\mathrm{d}u}{\mathrm{d}t}\right)$ 而不是比例关系。

2. 电路中的功率

(1) 瞬时功率

根据电压 $u$ 与电流 $i$ 的瞬时值函数式，可求得瞬时功率 $p$ 为
$$\begin{aligned} p &= ui = U_m \sin \omega t I_m \sin(\omega t + 90°) = U_m I_m \sin \omega t \cos \omega t \\ &= \frac{U_m I_m}{2} \sin 2\omega t = UI \sin 2\omega t \end{aligned} \tag{4-43}$$

其瞬时功率 $p$ 的变化曲线如图 4-16(d)所示。

(2) 电路中能量的转换过程

比较图 4-16(b)和图 4-16(d)可以看出，在第一和第三个 $\frac{1}{4}$ 周期内，$u$、$i$ 同时为正或同时为负，$p$ 为正值，表明电容从电源吸收能量并以电场形式储存起来；在第二和第四个 1/4 周期内，$u$、$i$ 中一个为正，另一个为负，$p$ 为负值，电容器将储存的电场能送还给电源。电容器储存的电场能量为
$$W_C = \int_0^t ui\,\mathrm{d}t = \int_0^t Cu\,\mathrm{d}u = \frac{1}{2}Cu^2 \tag{4-44}$$

即电容器储存的能量与电容器两端电压的平方成正比。

(3) 平均功率

$$P = \frac{1}{T}\int_{0}^{T} p\mathrm{d}t = \frac{1}{T}\int_{0}^{T} UI\sin 2\omega t\,\mathrm{d}t = 0 \tag{4-45}$$

对理想电容元件，其本身没有能量消耗，只是与电源进行等量的能量交换，因此，在一个周期内的平均功率必然等于零，即电容元件是储能元件。

(4) 无功功率

与理想电感元件相似，无功功率也是用来表示电容与电源之间进行能量互换的规模，即

$$Q = UI = I^2 X_C = \frac{U^2}{X_C} \tag{4-46}$$

式中 $Q$ 的单位是 var(乏)或 kvar(千乏)。

**【例 4-8】** 把一个 20μF 的电容元件，接到频率为 50Hz，电压有效值为 220V 的正弦交流电源上。(1)求容抗、电流及无功功率；(2)当电源频率为 5kHz 时，重新计算。

**【解】** (1) 当 $f = 50\text{Hz}$ 时

$$X_C = \frac{1}{2\pi fC} = \frac{1}{2\pi \times 50 \times 20 \times 10^{-6}}\Omega = 159\Omega$$

$$I = \frac{U}{X_C} = \frac{220}{159}\text{A} = 1.38\text{A}$$

$$Q = UI = 220 \times 1.38\text{var} = 303.6\text{var}$$

(2) 当 $f = 5\text{kHz}$ 时

$$X_C = \frac{1}{2\pi fC} = \frac{1}{2\pi \times 5 \times 10^3 \times 20 \times 10^{-6}}\Omega = 1.59\Omega$$

$$I = \frac{220}{1.59}\text{A} = 138\text{A}$$

$$Q = UI = 220 \times 138\text{var} = 30360\text{var}$$

可见，当电压有效值一定时，频率愈高，容抗愈小，则通过电容元件的电流有效值愈大。

## 第四节 电阻、电感与电容元件串联的交流电路

图 4-18 所示是电阻 $R$、电感 $L$ 和电容 $C$ 串联的正弦交流电路。许多实际电路均可等效成电阻、电感和电容元件的串联。因此掌握这类电路的分析方法很有必要。

### 一、电流与电压的关系

在 $R$、$L$、$C$ 串联电路两端加上正弦电压 $u$ 时，电路中便有正弦电流 $i$ 通过，此电流分别在 $R$、$L$ 和 $C$ 两端产生压降 $u_R$、$u_L$ 和 $u_C$，各电压、电流的参考方向如图 4-18 所示。

根据基尔霍夫回路电压定律可得出

$$u = u_R + u_L + u_C \tag{4-47}$$

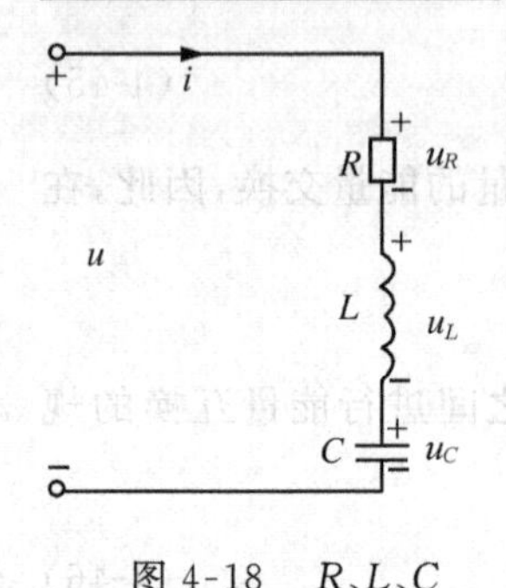


图 4-18　R、L、C 串联电路

由于电源为正弦电压，故电路中的电流以及各个元件上的电压都是与电源同频率的正弦量。因此，可用相量表示。式(4-47)可写成

$$\dot{U} = \dot{U}_R + \dot{U}_L + \dot{U}_C \tag{4-48}$$

串联电路的特点是通过各个元件的电流是同一电流。因此，为分析问题方便，常选择电流相量作为参考相量。设

$$i = I_m \sin \omega t \qquad \text{或} \qquad \dot{I} = I \underline{/0^\circ} \tag{4-49}$$

根据单一参数交流电路中电流与电压的相位关系可知

$$\dot{U}_R = \dot{I}R;\ \dot{U}_L = \mathrm{j}\dot{I}X_L;\ \dot{U}_C = -\mathrm{j}\dot{I}X_C$$

设此电路中 $X_L > X_C$，根据式(4-48)，可得如图 4-19 所示的相量图。

由电压相量 $\dot{U}$、$\dot{U}_R$ 及($\dot{U}_L + \dot{U}_C$)所组成的直角三角形称为**电压三角形**，如图 4-20 所示。其中 $\varphi$ 角为电压 $u$ 与电流 $i$ 之间的相位差角。

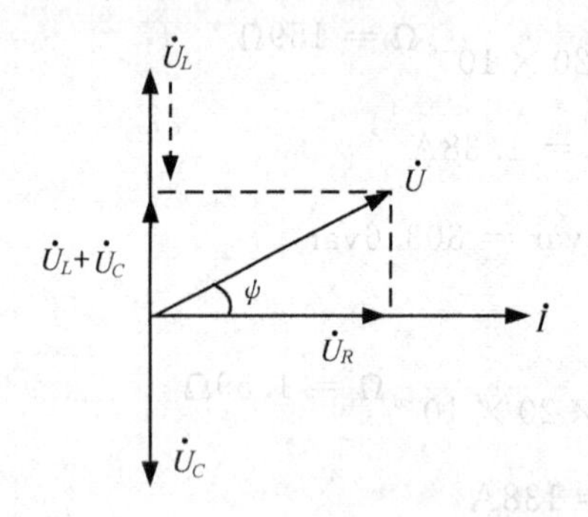


图 4-19　R、L、C 串联电路的相量图

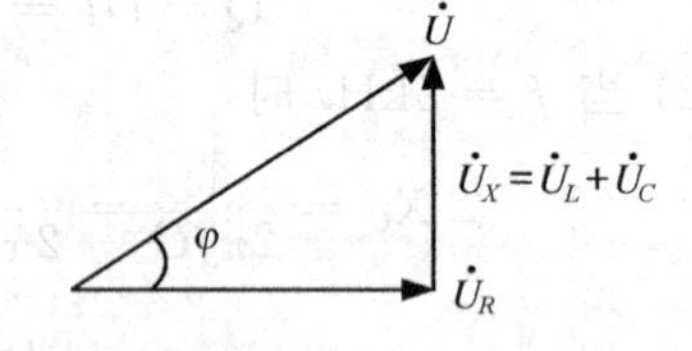


图 4-20　R、L、C 串联电路的电压三角形

1. 电压、电流有效值之间的关系

根据 4.3 节分析可知，电压、电流有效值之间的关系为

$$U_R = IR \quad U_L = IX_L \quad U_C = IX_C$$

由图 4-20 所示电压三角形可得

$$U = \sqrt{U_R^2 + (U_L - U_C)^2} = \sqrt{(IR)^2 + (IX_L - IX_C)^2} = I\sqrt{R^2 + (X_L - X_C)^2}$$

或
$$\frac{U}{I} = \sqrt{R^2 + (X_L - X_C)^2} \tag{4-50}$$

令
$$|Z| = \sqrt{R^2 + (X_L - X_C)^2} \tag{4-51}$$

则电压、电流有效值之间的关系为

$$\frac{U}{I} = |Z| \quad \text{或} \quad U = I|Z| \tag{4-52}$$

式(4-52)中 $|Z|$ 等于电压与电流有效值的比，它的单位也是欧姆(Ω)，同样对电流起阻碍作用，称 $|Z|$ 为电路的**阻抗模**。

由式(4-51)可知，$|Z|$、$R$、$(X_L - X_C)$ 三者之间的关系也构成一个直角三角形——阻

抗三角形。如图 4-21 所示。

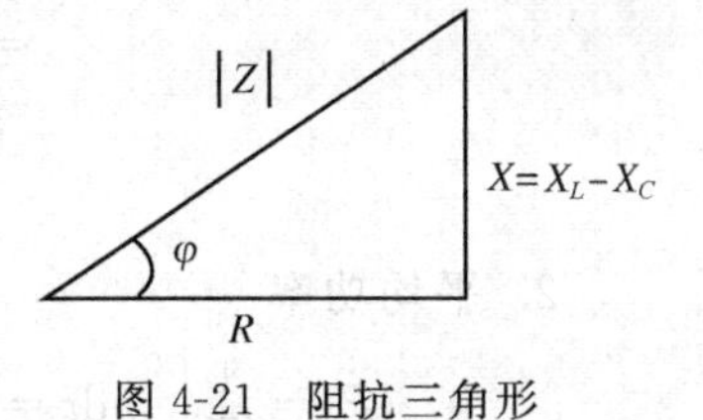

图 4-21　阻抗三角形

从几何关系看，阻抗三角形与电压三角形是两个相似三角形，因为将阻抗三角形每边乘以电流 $I$（即扩大 $I$ 倍），就得到电压三角形。所以电源电压 $u$ 与电流 $i$ 之间的相位差角 $\varphi$ 也可从阻抗三角形得出，即

$$\varphi = \arctan\frac{U_L - U_C}{U_R} = \arctan\frac{X_L - X_C}{R} \quad (4\text{-}53)$$

由式(4-53)可看出，当电路参数变化时，电压 $u$ 与电流 $i$ 之间的相位差角 $\varphi$ 也随之而变。因此，$\varphi$ 角的大小(或电路的性质)是由电路的参数(负载)所决定的。

当频率一定时，若电路中 $X_L > X_C$，则 $\varphi > 0$，电流 $i$ 比电压 $u$ 滞后 $\varphi$ 角，这种电路称为**电感性电路**；若电路的 $X_L < X_C$，则 $\varphi < 0$，电流 $i$ 比电压 $u$ 超前 $\varphi$ 角，这种电路称为**电容性电路**；若电路的 $X_L = X_C$，则 $\varphi = 0$，电流 $i$ 与电压 $u$ 同相，这种电路称为**纯阻性电路**。

2. 电压、电流相量之间的关系

如果用相量表示电压与电流之间的关系，则为

$$\dot{U} = \dot{U}_R + \dot{U}_L + \dot{U}_C = \dot{I}R + \mathrm{j}\dot{I}X_L - \mathrm{j}\dot{I}X_C$$

$$= \dot{I}[R + \mathrm{j}(X_L - X_C)] = \dot{I}Z$$

或

$$\frac{\dot{U}}{\dot{I}} = Z \quad (4\text{-}54)$$

式(4-54)中

$$Z = R + \mathrm{j}(X_L - X_C) = |Z|\underline{/\varphi} \quad (4\text{-}55)$$

称 $Z$ 为**复阻抗**，其中 $|Z|$ 为复阻抗的模，$\varphi$ 为辐角。对于任意一个线性无源二端网络，求得其复阻抗 $Z$，就可知其端口电压与电流间的大小和相位关系以及该网络的性质。

由于复阻抗不是时间函数，也不是正弦量，因此，它不是相量，而仅仅是一个复数，为了与表示正弦量的相量相区别，用不加点的大写字母 $Z$ 来表示。因为它不是相量，故图 4-21 中的阻抗三角形各线段不带箭头。

在分析与计算正弦交流电路时，必须具有相位的概念，上述 $R$、$L$、$C$ 串联电路中，$u$、$u_R$、$u_L$、$u_C$ 四个电压的相位不同，则电源电压的有效值不等于电阻、电感、电容元件端电压的有效值之和，即

$$U \neq U_R + U_L + U_C$$

## 二、电路中的功率

1. 瞬时功率

根据图 4-19 电压、电流相量图可知，设

$$i = I_m \sin \omega t$$

则有

$$u = U_m \sin(\omega t + \varphi)$$

于是，可得 $R$、$L$、$C$ 串联电路的瞬时功率为

$$p = ui = U_m \sin(\omega t + \varphi) I_m \sin \omega t$$

$$= \frac{U_m I_m}{2}[\cos\varphi - \cos(2\omega t + \varphi)]$$
$$= UI[\cos\varphi - \cos(2\omega t + \varphi)] \tag{4-56}$$

2. 平均功率

$$P = \frac{1}{T}\int_0^T p\mathrm{d}t = \frac{1}{T}\int_0^T UI[\cos\varphi - \cos(2\omega t + \varphi)]\mathrm{d}t = UI\cos\varphi \tag{4-57}$$

式(4-57)是正弦交流电路平均功率的一般表示式，它表明有功功率不仅与电压、电流的乘积有关，而且与它们的相位差有关，式中 $\cos\varphi$ 称为**功率因数**(国标用 $\lambda$ 表示)。对于 $R$、$L$、$C$ 串联电路来说，$|\varphi| < \frac{\pi}{2}$，因而 $\cos\varphi > 0$，故 $P > 0$，即电路总是消耗功率的，这是因为电路中存在电阻。

从图 4-20 所示的电压三角形中可以得出

$$U\cos\varphi = U_R = IR$$

所以
$$P = UI\cos\varphi = U_R I = I^2 R = \frac{U_R^2}{R} \tag{4-58}$$

式(4-58)表明，电路中的有功功率即为电阻元件上消耗的功率。这与单一电路元件电路中所说的电感、电容元件不消耗功率($P = 0$)的结论是一致的。对于含有多个电阻元件的网络，总的有功功率是各电阻元件消耗的有功功率之和。

3. 无功功率

**无功功率**是电路与电源间进行能量交换的那部分功率，是电流 $I$ 与电压的无功分量 $U_X$ 的乘积，即

$$Q = IU_X = UI\sin\varphi \tag{4-59}$$

或
$$Q = IU_X = I(U_L - U_C) = I^2 X = I^2(X_L - X_C) = Q_L - Q_C$$

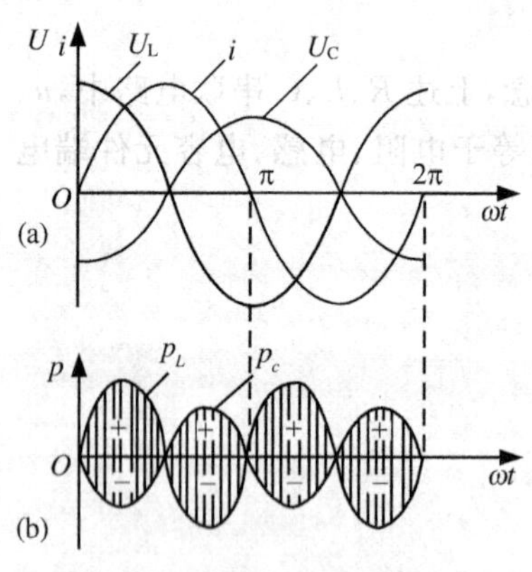

图 4-22 无功功率的相互补偿

无功功率是电感、电容元件与电源之间进行能量互换的功率。因为 $\dot{U}_L$ 与 $\dot{U}_C$ 相位相反，如图 4-22(a)所示。电源供给的无功功率 $Q = Q_L - Q_C$ 比电路中只含有电感元件(或只含有电容元件)时要小，如图 4-22(b)所示。

4. 视在功率

对电源来说，其输出电压的有效值为 $U$，输出电流的有效值为 $I$，它们的乘积 $UI$ 虽然具有功率的量纲，但一般既不表示电路实际消耗的有功功率，也不表示进行交换的无功功率，通常把它称为视在功率，用 $S$ 表示。

$$S = UI \tag{4-60}$$

视在功率 $S$ 的单位是 VA(伏安)或 kVA(千伏安)。

交流电气设备是按照规定的额定电压 $U_N$ 和额定电流 $I_N$ 来设计和使用的，变压器的容量就是以额定电压和额定电流的乘积，即额定视在功率来表示的。

5. $P$、$Q$、$S$ 三者之间的关系

根据式(4-57)、(4-59)、(4-60)

可得
$$\begin{cases} P = UI\cos\varphi = S\cos\varphi \\ Q = UI\sin\varphi = S\sin\varphi \end{cases}$$

因此
$$S = \sqrt{P^2 + Q^2} \tag{4-61}$$

可见，视在功率 $S$、有功功率 $P$ 和无功功率 $Q$ 也构成了一个直角三角形，叫**功率三角形**。它与电压三角形也是相似三角形，因为电压三角形每边乘以电流 $I$ 即为功率三角形。如图 4-23 所示。由于 $P$、$Q$、$S$ 都不是正弦量，所以也不能用相量表示。

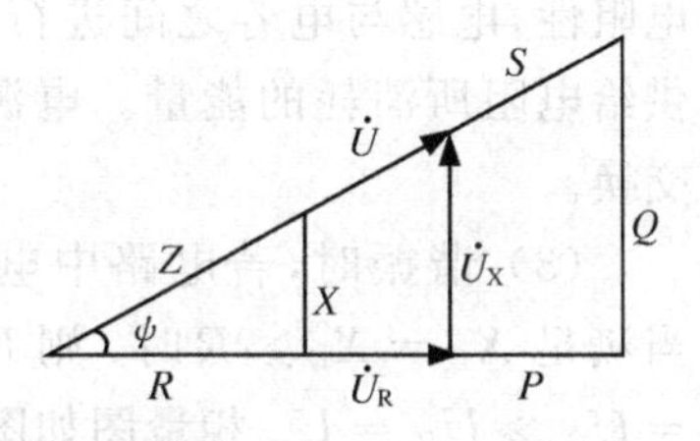


图 4-23　阻抗、电压、功率三角形

### 三、串联谐振

从上面的分析可知，在 $R$、$L$、$C$ 串联电路中，电源的端电压与电路中的电流一般是不同相位的，如图 4-19 所示。如果适当调整电源频率 $f$ 或电路参数，使电压与电流同相位，电路的这种现象称为**谐振现象**。由于 $R$、$L$、$C$ 串联，故称为**串联谐振**。

1. 产生谐振的条件及谐振频率

在 $R$、$L$、$C$ 串联电路中，如图 4-18 所示。当 $X_L = X_C$ 时

$$\varphi = \arctan\frac{X_L - X_C}{R} = 0$$

电路中的电压 $u$ 与电流 $i$ 同相，电路发生串联谐振。因此，电路发生串联谐振的条件为

$$X_L = X_C \quad 或\ \omega_0 L = \frac{1}{\omega_0 C} \tag{4-62}$$

由此可得出谐振角频率 $\omega_0$ 和谐振频率 $f_0$

$$\omega_0 = \frac{1}{\sqrt{LC}} \tag{4-63}$$

$$f_0 = \frac{1}{2\pi\sqrt{LC}} \tag{4-64}$$

通过调节 $L$、$C$ 或电源频率都能使电路发生谐振。

2. 串联谐振的特征

(1) 谐振时的阻抗值和电流

$$|Z| = \sqrt{R^2 + (X_L - X_C)^2} = R$$

发生串联谐振时电路的阻抗值为 $R$，其值最小，在电源电压不变的情况下，电路中的电流达到最大值。即

$$I = I_0 = \frac{U}{R}$$

阻抗和电流随频率变化的曲线如图 4-24 所示。

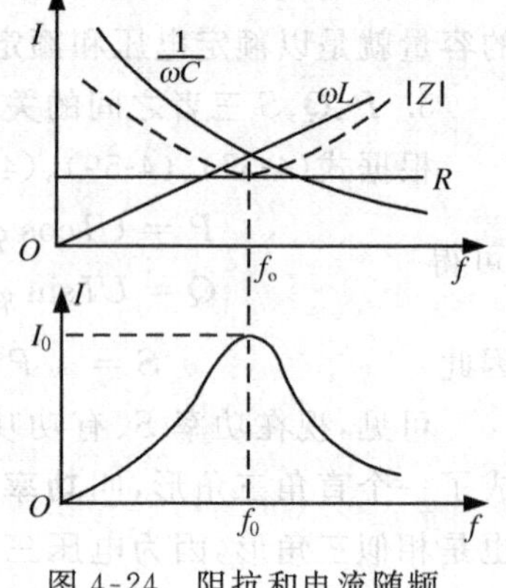


图 4-24 阻抗和电流随频率变化的曲线

(2) 谐振时电压与电流同相，因此电路对电源呈现电阻性，电感与电容之间进行完全的能量交换，电源仅供给电阻所消耗的能量。电源与电路之间不发生能量交换。

(3) 谐振时，若电路中电阻很小，则 $I_0$ 将会很大。当满足 $X_L = X_C \gg R$ 时，则 $I_0X_L = I_0X_C \gg I_0R$，即 $U_L = U_C \gg U_R = U$。相量图如图 4-25 所示。

也就是说，串联谐振时在电感和电容两端会产生高压，其值远大于电路总电压，所以串联谐振也叫**电压谐振**。

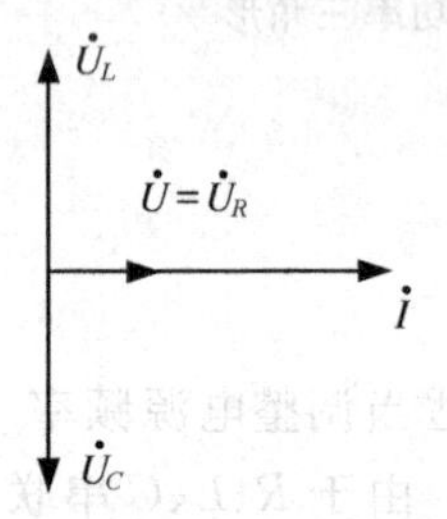


图 4-25 串联谐振时的相量图

3. 品质因数

谐振时电感或电容两端的电压与电源电压的比值称为**品质因数**，用 $Q$ 表示。即

$$Q = \frac{U_L}{U} = \frac{\omega_0 L}{R} = \frac{U_C}{U} = \frac{1}{\omega_0 RC} \tag{4-65}$$

式(4-65)表示在谐振时，品质因数 $Q$ 值愈大，在电感或电容两端出现的电压就愈高。在实际电路中，$R$ 通常就是线圈本身的电阻，一般很小，故 $Q$ 值可达两位数或三位数。

4. 串联谐振的应用与防止

在电力工程中一般应尽量避免串联谐振，因为谐振时产生局部高压可能会击穿电器设备的绝缘层造成重大事故。

串联谐振在无线电工程中应用较多，例如收音机里的调谐电路，就利用了串联谐振的特点选择信号。如图 4-26(a)是收音机的输入电路，它主要由天线线圈 $L_1$ 和电感线圈 $L$ 与可变电容 $C$ 组成的串联谐振电路构成。天线接收各种频率不同的信号，通过 $L_1$ 与 $LC$ 回路的电磁感应作用，在 $LC$ 回路中感应出相应的电动势 $e_1$、$e_2$、$e_3$、…，如图4-26(b)所示。图中 $R$ 是线圈 $L$ 的电阻，如果调节可变电容器 $C$，使电路对所需信号频率发生谐振，那么 $LC$ 回路中该频率的电流最大，在可变电容器两端这种频率的电压也就最高，经过后级放大，扬声器就播出该电台的节目。其他各种不同频率的信号虽然也在 $LC$ 回路中出现，但由于它们不满足谐振条件，在回路中引起的电流很小，在电容上获得的电压很低。这样就在许多电台中选

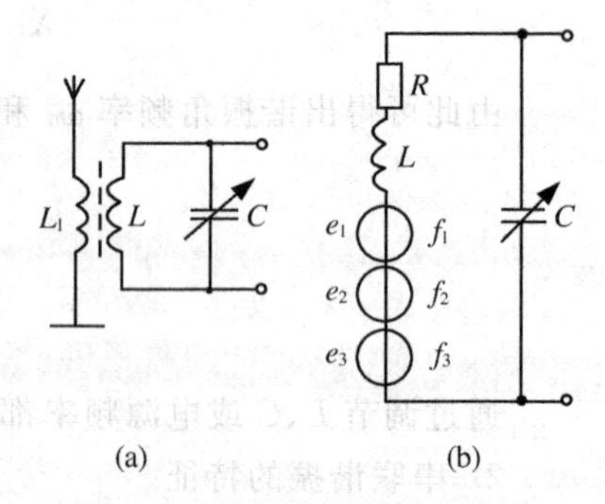


图 4-26 收音机的输入电路

择了欲收听的电台，起到了选择信号和抑制干扰的作用。

【例 4-9】　在 $R$、$L$、$C$ 串联电路中，已知：$R=13.2\Omega$，$L=63.7\text{mH}$，$C=1327\mu\text{F}$，电源电压 $u=220\sqrt{2}\sin(314t+53^\circ)\text{V}$。求：(1) 电流的有效值、相量和瞬时值的表示式；(2) 各部分电压的有效值、相量及瞬时值表示式；(3) 作电压、电流相量图；(4) 求有功功率 $P$、无功功率 $Q$ 和视在功率 $S$。

【解】　(1) 阻抗及阻抗角的计算

$$R=13.2\Omega$$

$$X_L=\omega L=314\times 63.7\times 10^{-3}=20\Omega$$

$$X_C=\frac{1}{\omega C}=\frac{10^6}{314\times 1327}=2.4\Omega$$

$$|Z|=\sqrt{R^2+(X_L-X_C)^2}=\sqrt{13.2^2+(20-2.4)^2}=22\Omega$$

$$\varphi=\arctan\frac{X_L-X_C}{R}=\arctan\frac{20-2.4}{13.2}=53^\circ$$

$$Z=|Z|\underline{/\psi}=22\underline{/53^\circ}\Omega$$

(2) 电压与电流的计算

$$\dot{I}=\frac{\dot{U}}{Z}=\frac{220\underline{/53^\circ}}{22\underline{/53^\circ}}=10\text{A}$$

$$U_R=IR=10\times 13.2=132\text{V}$$

$$U_L=IX_L=10\times 20=200\text{V}$$

$$U_C=IX_C=10\times 2.4=24\text{V}$$

$$\dot{U}_R=\dot{I}R=10\underline{/0^\circ}\times 13.2=132\text{V}$$

$$\dot{U}_L=\text{j}\dot{I}X_L=10\underline{/0^\circ}\times 20\underline{/90^\circ}=200\underline{/90^\circ}\text{V}$$

$$\dot{U}_C=-\text{j}\dot{I}X_C=10\underline{/0^\circ}\times 2.4\underline{/-90^\circ}=24\underline{/-90^\circ}\text{V}$$

$$i=10\sqrt{2}\sin\omega t\,\text{A}$$

$$u_R=132\sqrt{2}\sin\omega t\,\text{V}$$

$$u_L=200\sqrt{2}\sin(\omega t+90^\circ)\text{V}$$

$$u_C=24\sqrt{2}\sin(\omega t-90^\circ)\text{V}$$

(3) 相量图如图 4-27 所示。

(4) 功率的计算

$$P=UI\cos\varphi=220\times 10\times\cos 53^\circ=1.3\text{kW}$$

$$Q=UI\sin\varphi=220\times 10\times\sin 53^\circ=1.76\text{kvar}$$

$$S=UI=220\times 10=2.2\text{kVA}$$

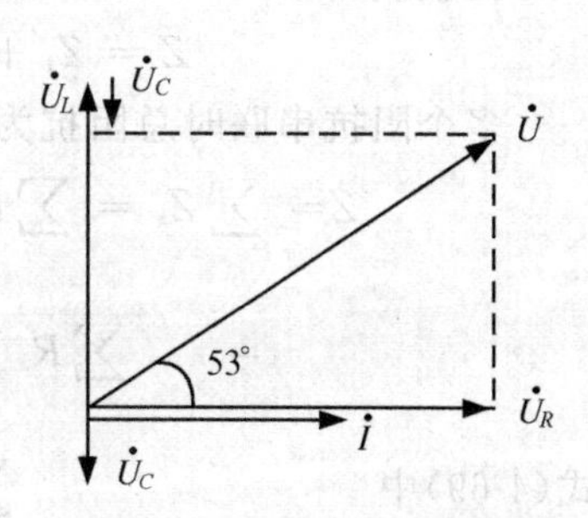

图 4-27　例 4-9 相量图

【例 4-10】　某收音机输入电路如图 4-26(a) 所示，线圈 $L$ 的电感 $L=0.3\text{mH}$，电阻 $R=16\Omega$，今欲收听 640kHz 某电台的广播，应将可变电容 $C$ 调到多少？如在调谐回路中感应出电压 $U=2\mu V$，试求这时回路中该信号的电流、电容器的端电压 $U_C$、线圈端电压 $U_{RL}$、品质因数 $Q$。

**【解】** 根据 $f_0=\dfrac{1}{2\pi\sqrt{LC}}$ 可得

$$640\times10^3=\frac{1}{2\times3.14\times\sqrt{0.3\times10^{-3}C}}$$

由此得出

$$C=204\text{pF}$$

这时

$$I=\frac{U}{R}=\frac{2\times10^{-6}}{16}=0.13\mu\text{A}$$

$$X_C=X_L=2\pi fL=2\times3.14\times640\times10^3\times0.3\times10^{-3}=1200\Omega$$

$$U_L=U_C=IX_L=0.13\times10^{-6}\times1200=156\mu\text{V}$$

$$U_{RL}=\sqrt{U_R^2+U_L^2}=\sqrt{(IR)^2+U_L^2}=\sqrt{(0.13\times16)^2+156^2}=156\mu\text{V}$$

$$Q=\frac{U_C}{U}=\frac{156}{2}=78$$

## 第五节　复杂正弦交流电路的分析方法

### 一、阻抗的串联与并联

1. 阻抗的串联

图 4-28(a)是两个阻抗串联的电路，根据基尔霍夫电压定律，可写出它的相量表示式

$$\dot{U}=\dot{U}_1+\dot{U}_2=\dot{I}Z_1+\dot{I}Z_2=\dot{I}(Z_1+Z_2) \tag{4-66}$$

两个串联的复数阻抗可用一个等效复数阻抗 $Z$ 来代替，在相同电压的作用下，电路中电流的有效值和相位保持不变。根据图 4-28(b)所示的等效电路可写出

$$\dot{U}=\dot{I}Z \tag{4-67}$$

比较式(4-66)和式(4-67)可知

$$Z=Z_1+Z_2 \tag{4-68}$$

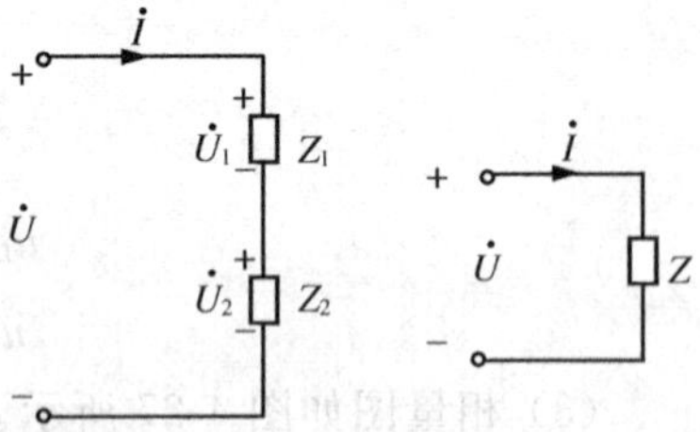

(a) 阻抗的串联　(b) 等效电路

图 4-28

多个阻抗串联时总阻抗为

$$Z=\sum Z_k=\sum R_k+\text{j}\sum X_k$$

$$=\sqrt{\left(\sum R_k\right)^2+\left(\sum X_k\right)^2}\Big/\arctan\frac{\sum X_k}{\sum R_k}=|Z|\underline{/\varphi} \tag{4-69}$$

式(4-69)中

$$\sum R_k=R_1+R_2+R_3+\cdots$$

$$\sum X_k=\sum X_{Ln}-\sum X_{Cm}$$

即等效复阻抗等于各个串联的复阻抗之和。

2. 阻抗的并联

图 4-29 是两个阻抗并联的电路，根据基尔霍夫节点电流定律，可写出它的相量表示式

$$\begin{aligned}\dot{I}&=\dot{I}_1+\dot{I}_2=\frac{\dot{U}}{Z_1}+\frac{\dot{U}}{Z_2}\\&=\dot{U}\left(\frac{1}{Z_1}+\frac{1}{Z_2}\right)\end{aligned}\tag{4-70}$$

两个并联的复数阻抗也可用一个等效复数阻抗 $Z$ 来代替，根据图 4-29 所示的等效电路可写出

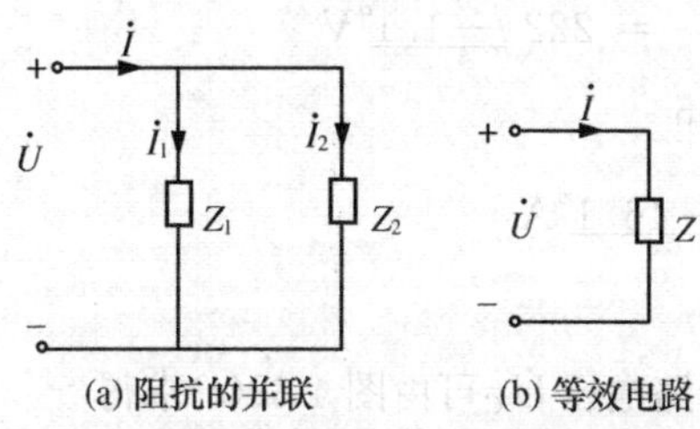


图 4-29　阻抗的并联及其等效电路

$$\dot{I}=\frac{\dot{U}}{Z}\tag{4-71}$$

比较式(4-70)和式(4-71)可知

$$\frac{1}{Z}=\frac{1}{Z_1}+\frac{1}{Z_2}\tag{4-72}$$

或

$$Z=\frac{Z_1Z_2}{Z_1+Z_2}=|Z|\underline{/\varphi}\tag{4-73}$$

即等效复阻抗的倒数等于各个并联的复阻抗的倒数之和。

## 二、复杂正弦交流电路分析

对于复杂正弦交流电路，将电路中电压、电流均以相量形式表示，电路元件均以复数阻抗形式表示时，交流电路的分析方法和直流电路完全相似，仍可采用第二章介绍的支路电流法、结点电压法、迭加原理、戴维南定理等电路分析方法进行计算，只是将实数运算改为复数运算而已。下面举例说明。

**【例 4-11】**　在图 4-30 所示的电路中，已知 $\dot{U}_1=230\underline{/0^\circ}\text{V}$，$\dot{U}_2=227\underline{/0^\circ}\text{V}$，$Z_1=(0.1+\text{j}0.5)\Omega$，$Z_2=(0.1+\text{j}0.5)\Omega$，$Z_3=(5+\text{j}5)\Omega$，试分别用支路电流法、结点电压法、戴维南定理和迭加原理求支路电流 $\dot{I}_3$。

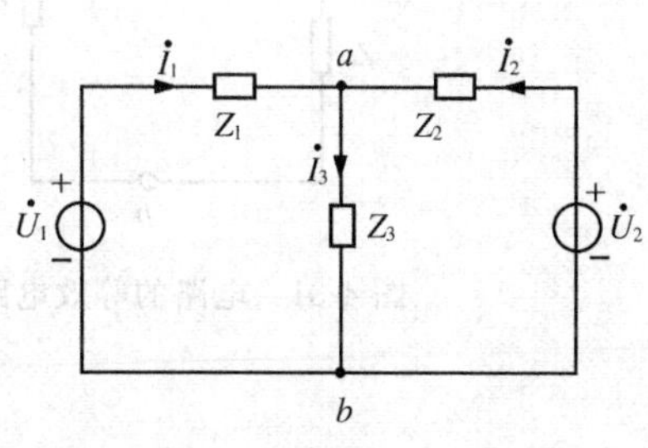


图 4-30　例 4-11 图

**【解】**　(1)用支路电流法求解 $\dot{I}_3$，应用基尔霍夫定律列出相量方程式

$$\begin{aligned}\dot{I}_1+\dot{I}_2-\dot{I}_3&=0\\\dot{I}_1Z_1+\dot{I}_3Z_3&=\dot{U}_1\\\dot{I}_2Z_2+\dot{I}_3Z_3&=\dot{U}_2\end{aligned}$$

将已知数据代入，即得

$$\dot{I}_1+\dot{I}_2-\dot{I}_3=0$$

$$(0.1+j0.5)\dot{I}_1+(5+j5)\dot{I}_3=230\angle 0^\circ$$
$$(0.1+j0.5)\dot{I}_2+(5+j5)\dot{I}_3=227\angle 0^\circ$$

解得 $\dot{I}_3=31.4\angle -46.1^\circ$ A

(2) 用结点电压法求解 $\dot{I}_3$

$$\dot{U}_{ab}=\frac{\dfrac{\dot{U}_1}{Z_1}+\dfrac{\dot{U}_2}{Z_2}}{\dfrac{1}{Z_1}+\dfrac{1}{Z_2}+\dfrac{1}{Z_3}}$$
$$=\frac{\dfrac{230\angle 0^\circ}{0.1+j0.5}+\dfrac{227\angle 0^\circ}{0.1+j0.5}}{\dfrac{1}{0.1+j0.5}+\dfrac{1}{0.1+j0.5}+\dfrac{1}{5+j5}}=222\angle -1.1^\circ \text{V}$$
$$\dot{I}_3=\frac{\dot{U}_{ab}}{Z_3}=\frac{222\angle -1.1^\circ}{5+j5}=31.4\angle -46.1^\circ \text{A}$$

(3) 用戴维南定理求 $\dot{I}_3$

图 4-30 所示电路可等效成图 4-31 所示等效电路,开路电压 $\dot{U}_{0C}$ 可由图 4-32(a)求得

$$\dot{U}_{0C}=\dot{U}_{ab}=\frac{\dot{U}_1-\dot{U}_2}{Z_1+Z_2}\times Z_2+\dot{U}_2$$
$$=\frac{230\angle 0^\circ-227\angle 0^\circ}{2\times(0.1+j0.5)}\times(0.1+j0.5)+227\angle 0^\circ=228.5\angle 0^\circ \text{V}$$

等效内阻抗 $Z_0$ 可用图 4-32(b)求得

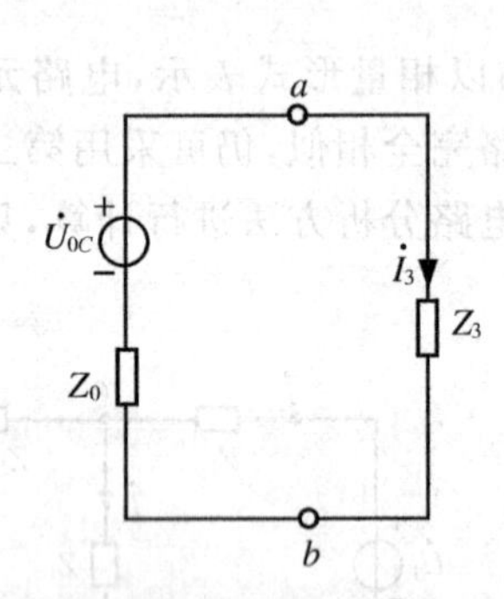

图 4-31 电路的等效电路

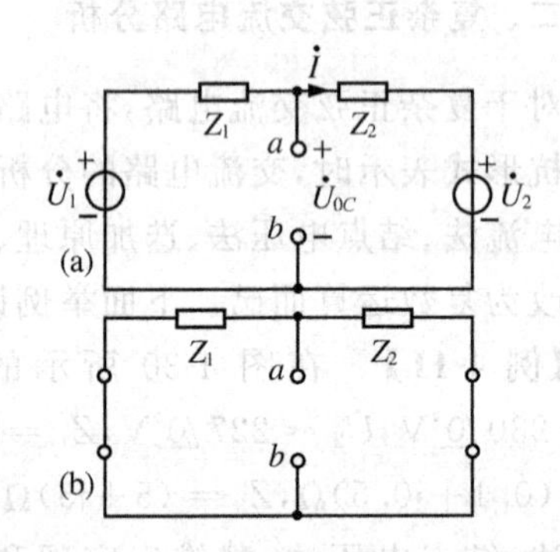

图 4-32 计算等效电源 $U_{0C}$ 和 $Z_0$ 的电路

$$Z_0=Z_{ab}=\frac{Z_1Z_2}{Z_1+Z_2}=(0.05+j0.25)\Omega$$

根据图 4-31 可得

$$\dot{I}_3=\frac{\dot{U}_{0C}}{Z_0+Z_3}=\frac{228.5\angle 0^\circ}{(0.05+j0.25)+(5+j5)}=31.4\angle -46.1^\circ \text{A}$$

(4) 用迭加原理求 $\dot{I}_3$

当 $\dot{U}_1$ 单独作用时

$$\dot{I}_3' = \frac{\dot{U}_1}{Z_1 + \dfrac{Z_2 Z_3}{Z_2 + Z_3}} \times \frac{Z_2}{Z_2 + Z_3} = \frac{\dot{U}_1 Z_2}{Z_1 Z_2 + Z_1 Z_3 + Z_2 Z_3} = \frac{230 \angle 0^\circ}{10.1 + \mathrm{j}10.5}$$

$$= 15.8 \angle -46.1^\circ \mathrm{A}$$

当 $\dot{U}_2$ 单独作用时

$$\dot{I}_3'' = \frac{\dot{U}_2}{Z_2 + \dfrac{Z_1 Z_3}{Z_1 + Z_3}} \times \frac{Z_1}{Z_1 + Z_3} = 15.6 \angle -46.1^\circ \mathrm{A}$$

$$\dot{I}_3 = \dot{I}_3' + \dot{I}_3'' = 15.8 \angle -46.1^\circ + 15.6 \angle -46.1^\circ = 31.4 \angle -46.1^\circ \mathrm{A}$$

**【例 4-12】** 在图 4-33 所示电路中，已知 $U = 100 \angle 0^\circ \mathrm{V}$，$X_C = 500\Omega$，$X_L = 1000\Omega$，$R = 2000\Omega$，求电流 $\dot{I}$。

**【解】** 根据题意只求一个支路的电流 $\dot{I}$，故可用戴维南定理求解。将 $R$ 支路开路，得有源二端网络如图 4-34 所示。求开路电压 $\dot{U}_{abo}$，用分压公式可求 $a$、$b$ 两点电位 $\dot{U}_a$ 和 $\dot{U}_b$（以电源“－”端为参考点）：

$$\dot{U}_a = \frac{\dot{U}}{-\mathrm{j}X_C + \mathrm{j}X_L} \mathrm{j}X_L = \frac{\mathrm{j}1000}{-\mathrm{j}500 + \mathrm{j}1000} \times 100 \angle 0^\circ = 200 \angle 0^\circ \mathrm{V}$$

$$\dot{U}_b = \frac{-\mathrm{j}X_C}{\mathrm{j}X_L - \mathrm{j}X_C} \dot{U} = \frac{-\mathrm{j}500}{\mathrm{j}1000 - \mathrm{j}500} \times 100 \angle 0^\circ = 100 \angle 180^\circ \mathrm{V}$$

于是 $$\dot{U}_{abo} = \dot{U}_a - \dot{U}_b = 200 \angle 0^\circ - 100 \angle 180^\circ = 300 \angle 0^\circ \mathrm{V}$$

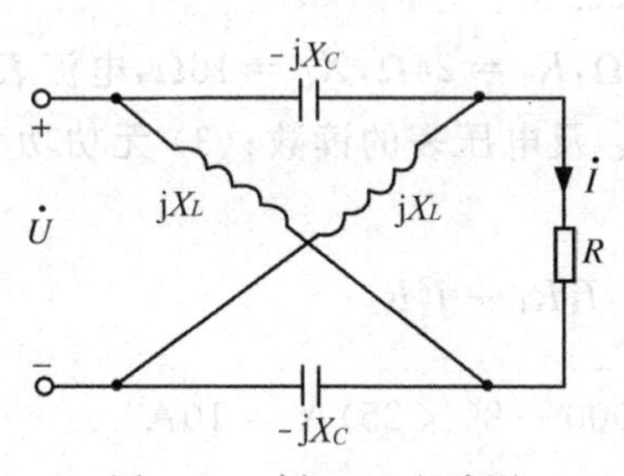

图 4-33　例 4-12 电路图

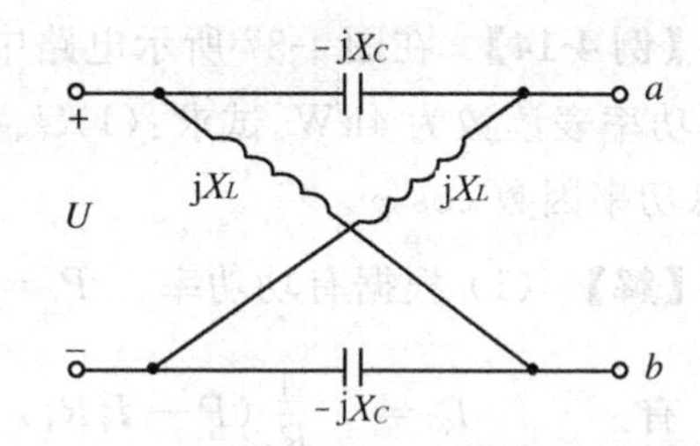

图 4-34　例 4-12 计算 $\dot{U}_{abo}$ 电路

将 $\dot{U}$ 短接，得无源二端网络如图 4-35 所示，可求等效内阻抗 $Z_{ab}$。

$$Z_{ab} = 2 \times \frac{\mathrm{j}X_L(-\mathrm{j}X_C)}{\mathrm{j}X_L - \mathrm{j}X_C} = -\mathrm{j}2000\Omega$$

于是可求得电流 $\dot{I}$ 为

$$\dot{I} = \frac{\dot{U}_{abo}}{Z_{ab} + R} = \frac{300 \angle 0^\circ}{2000 - \mathrm{j}2000} \approx 106 \angle 45^\circ \mathrm{mA}$$

**【例 4-13】** 图 4-36 所示电路中，已知：$f = 50\mathrm{Hz}$，$i = 5\sqrt{2}\sin(\omega t + 45^\circ)\mathrm{A}$，$u = 100\sin \omega t \mathrm{V}$，$X_L = 10\Omega$，$X_{C1} = 10\Omega$。试求 $R$ 和 $X_C$ 的值。

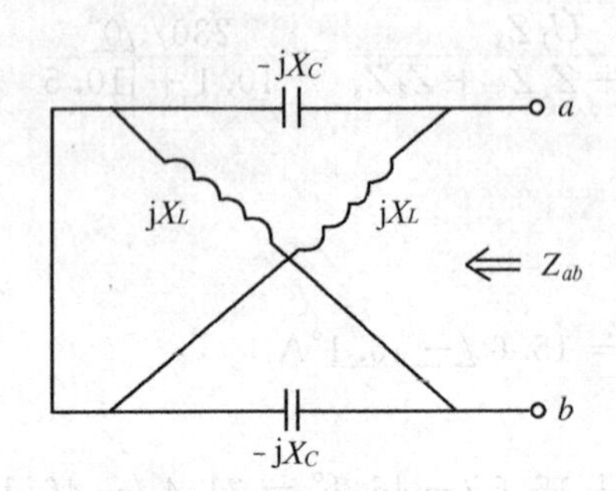

图 4-35　例 4-12 计算 $Z_{ab}$ 电路

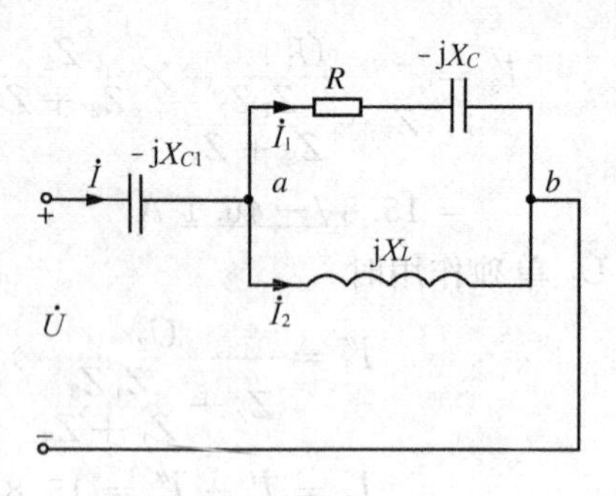

图 4-36　例 4-13 图

**【解】** 设 $\dot{U}=\dfrac{100}{\sqrt{2}}\angle 0^\circ=50\sqrt{2}\angle 0^\circ \text{V}$ 为参考相量，则　　$\dot{I}=5\angle 45^\circ \text{A}$

根据 KVL 方程

$$\dot{U}=-j\dot{I}X_{C1}+\dot{U}_{ab}$$

$$\dot{U}_{ab}=\dot{U}+j\dot{I}X_{C1}=50\sqrt{2}\angle 0^\circ+j(5\angle 45^\circ\times 10)=50\angle 45^\circ \text{V}$$

$$\dot{I}_2=\frac{\dot{U}_{ab}}{jX_L}=\frac{50\angle 45^\circ}{j10}=5\angle -45^\circ \text{A},\dot{I}_1=\dot{I}-\dot{I}_2=5\angle 45^\circ-5\angle -45^\circ=5\sqrt{2}\angle 90^\circ \text{A}$$

$$Z=\frac{\dot{U}_{ab}}{\dot{I}_1}=\frac{50\angle 45^\circ}{5\sqrt{2}\angle 90^\circ}=5\sqrt{2}\angle -45^\circ=(5-j5)\Omega$$

所以　　　　　　　　　　$R=X_C=5\Omega$

**【例 4-14】** 在图 4-37 所示电路中，$R_1=25\Omega$，$R_2=24\Omega$，$X_L=18\Omega$，电流表读数为 8A，功率表读数为 4kW。试求：(1)$U_{AB}$，$I_2$；(2)$X_C$ 及电压表的读数；(3) 无功功率 $Q$，电路总功率因数 $\cos\varphi$。

**【解】** (1) 根据有功功率　$P=\sum I^2R=I_1^2R_1+I_2^2R_2$

有　　$I_2=\sqrt{\dfrac{1}{R_2}(P-I_1^2R_1)}=\sqrt{\dfrac{1}{24}(4000-8^2\times 25)}\text{A}=10\text{A}$

$$\varphi_2=\arctan\frac{X_L}{R_2}=\arctan\frac{18}{24}=36.9^\circ$$

$$U_{AB}=I_2|Z_2|=I_2\sqrt{R_2^2+X_L^2}=10\sqrt{24^2+18^2}\text{V}=300\text{V}$$

以 $U_{AB}$ 为参考相量画相量图如图 4-38 所示。

(2) 由相量图可知：　$I_1=\sqrt{(I_2\cos\varphi_2)^2+(I_2\sin\varphi_2-I_C)^2}$

$$I_C=I_2\sin\varphi_2-\sqrt{I_1^2-(I_2\cos\varphi_2)^2}$$

$$=10\sin 36.9^\circ-\sqrt{8^2-(10\cos 36.9^\circ)^2}\text{A}=6\text{A}$$

$$X_C=\frac{U_{AB}}{I_C}=\frac{300}{6}\Omega=50\Omega$$

$$\dot{I}_1=\dot{I}_2+\dot{I}_C=10\angle -36.9^\circ+6\angle 90^\circ=8-j6+j6=8\angle 0^\circ \text{A}$$

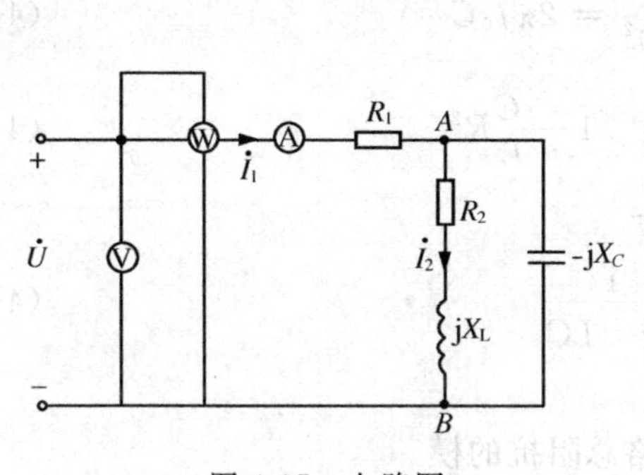

图 4-37 电路图

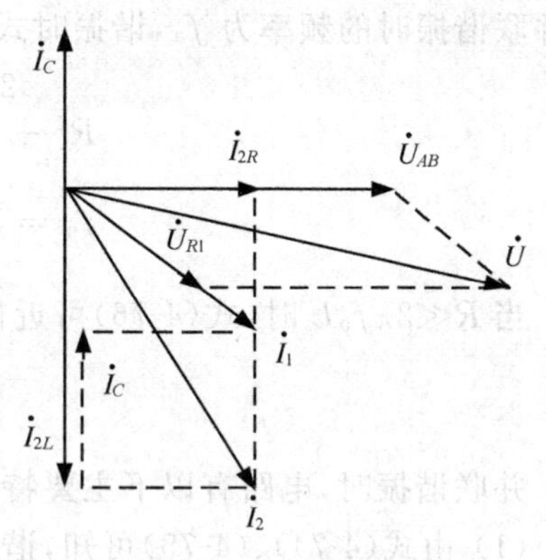

图 4-38 相量图

由计算可知，$\dot{I}_1$ 与 $\dot{U}_{AB}$ 同相位，于是可得

$$U = I_1 R_1 + U_{AB} = 8 \times 25 + 300\text{V} = 500\text{V}$$

(3) 由于 $\dot{U}$ 与 $\dot{I}_1$ 同相位，故 $\cos\varphi = 1, Q = 0$

## 第六节 并联谐振及功率因数的提高

### 一、并联谐振

图 4-39(a)所示是由电感线圈和电容构成的并联电路，图中 $L$ 是线圈的电感，$R$ 是线圈的电阻。当电路中总电流 $\dot{I}$ 与端电压 $\dot{U}$ 同相位时，称为**并联谐振**。此时的相量图如图 4-39(b)所示。

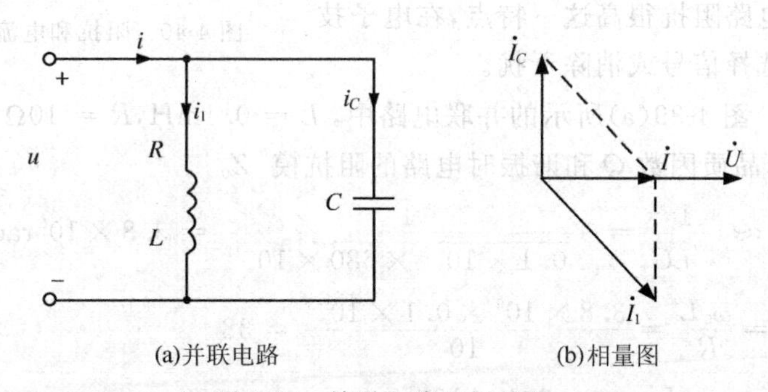

(a)并联电路 (b)相量图

图 4-39 并联电路和相量图

图 4-39(a)电路的总电流 $\dot{I}$ 为

$$\dot{I} = \dot{I}_1 + \dot{I}_C = \frac{\dot{U}}{R + \text{j}2\pi fL} + \frac{\dot{U}}{-\text{j}\dfrac{1}{2\pi fC}} \tag{4-74}$$

$$= \left[\frac{R}{R^2 + (2\pi fL)^2} - \text{j}\left(\frac{2\pi fL}{R^2 + (2\pi fL)^2} - 2\pi fC\right)\right]\dot{U}$$

设并联谐振时的频率为 $f_0$，谐振时式(4-74)中括号内的虚部为零，即

$$\frac{2\pi f_0 L}{R^2+(2\pi f_0 L)^2}=2\pi f_0 C \tag{4-75}$$

$$f_0=\frac{1}{2\pi\sqrt{LC}}\sqrt{1-\frac{C}{L}R^2} \tag{4-76}$$

当 $R\ll 2\pi f_0 L$ 时，式(4-76)可近似表达为

$$f_0=\frac{1}{2\pi\sqrt{LC}} \tag{4-77}$$

并联谐振时，电路有以下主要特征

(1) 由式(4-74)、(4-75)可知，谐振时电路总阻抗的模

$$|Z_0|=\frac{R^2+(2\pi f_0 L)^2}{R}=\frac{L}{RC} \tag{4-78}$$

其值最大，且具有纯电阻性质。

(2) 在电源电压 $U$ 一定的情况下，电路中的电流 $I_0$ 将达到最小值，即

$$I_0=\frac{U}{L/RC}=\frac{U}{|Z_0|} \tag{4-79}$$

阻抗与电流的谐振曲线如图 4-40 所示。

(3) 并联谐振时电感支路的无功电流和电容支路的无功电流有效值相等，相位相反，故电路的总电流等于并联回路的有功电流，若 $R\ll 2\pi f_0 L$，则电感中和电容中的电流都要比总电流大很多，所以并联谐振也称为**电流谐振**。

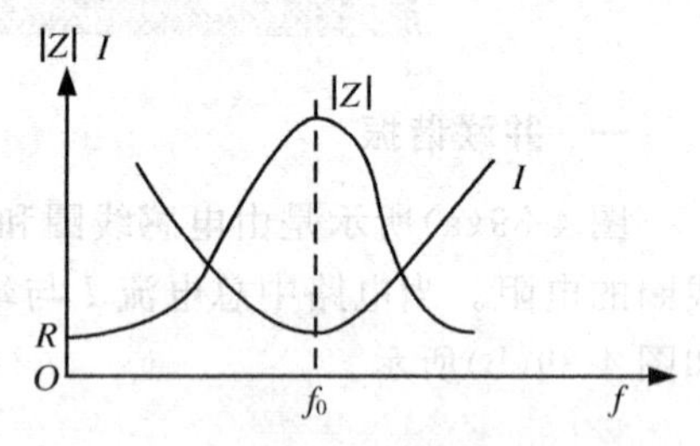

图 4-40 阻抗和电流的谐振曲线

并联谐振电路阻抗很高这一特点，在电子技术中常被用来选择信号或消除干扰。

**【例 4-15】** 图 4-39(a)所示的并联电路中，$L=0.1\text{mH}$，$R=10\Omega$，$C=680\text{pF}$，求谐振角频率 $\omega_0$，品质因数 $Q$ 和谐振时电路的阻抗模 $|Z_0|$。

**【解】** $\omega_0\approx\frac{1}{\sqrt{LC}}=\frac{1}{\sqrt{0.1\times10^{-3}\times680\times10^{-12}}}=3.8\times10^6\text{rad/s}$

$$Q=\frac{\omega_0 L}{R}=\frac{3.8\times10^6\times0.1\times10^{-3}}{10}=38$$

$$|Z_0|=\frac{L}{RC}=\frac{0.1\times10^{-3}}{10\times680\times10^{-12}}=14.7\text{k}\Omega$$

## 二、电路功率因数的提高

在交流电路中计算平均功率的表示式为 $P=UI\cos\varphi$，说明交流电路中平均功率的大小不仅与电路中电压、电流的有效值有关，而且还与功率因数 $\cos\varphi$ 有关，$\varphi$ 角是电压、电流的相位差角，其大小随负载的性质而变。

供电系统中的负载多属感性负载，如厂矿企业中大量使用的异步电动机、控制电路中的交流接触器、以及照明用的日光灯等都是感性负载。感性负载的电流滞后于电压 $\varphi$ 角，$\cos\varphi$ 总是小于 1，功率因数低带来的不良影响可以从以下两个方面来说明：

1. 电源容量不能得到充分利用

交流电源（发电机或变压器）的容量 $S_N = U_N I_N$，而负载上所得到的有功功率 $P = S_N \cos\varphi$ 取决于负载的性质，如 $S_N = 1000\text{kVA}$ 的发电机。当负载的功率因数 $\cos\varphi = 0.8$ 时，发电机所输出的有功功率为

$$P = S_N \cos\varphi = 1000 \times 0.8 = 800\text{kW}$$

当 $\cos\varphi = 0.5$ 时，发电机所输出的有功功率为

$$P = S_N \cos\varphi = 1000 \times 0.5 = 500\text{kW}$$

可见功率因数愈低，发电机输出的有功功率愈小，电源容量没有得到充分利用。

2. 增加了线路的电压损失和功率损失

当发电机的电压 $U$ 和输出的有功功率 $P$ 一定时，电流 $I$ 与功率因数成反比，即

$$I = \frac{P}{U\cos\varphi}$$

随着功率因数 $\cos\varphi$ 下降，输电线路上的电流 $I$ 将增加，由于输电线路本身是有一定电阻的，因此使线路上的电压降增大，用电设备的端电压降低，同时线路上的功率损失 $\Delta P = I^2 R_L$ 也增加了（$R_L$ 为输电线路总电阻）。因此，提高的功率因数是节约电能、提高供电质量的重要途径。

供电系统功率因数低的根本原因是感性负载所造成的，由于感性负载存在一个滞后电压 90° 的无功电流分量。因此，提高功率因数的方法是在电感性负载两端并联电容器，产生一个超前电压 90° 的容性电流分量，以补偿感性负载的无功电流分量，使线路总电流减小。如图 4-41 所示电路图及相量图。

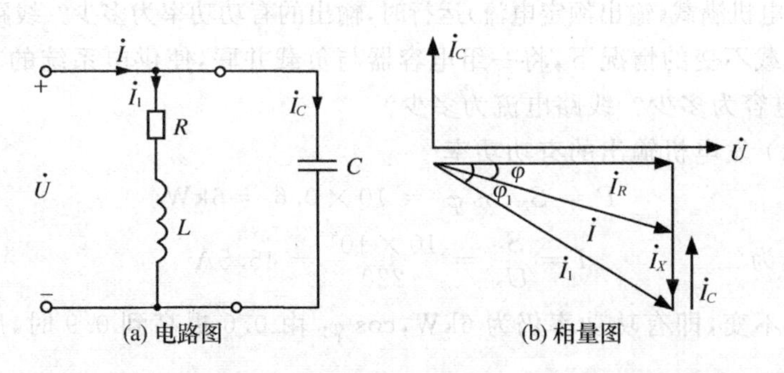


图 4-41 并联电容提高功率因数的电路及相量图

并联电容器后，线路电流 $\dot{I} = \dot{I}_1 + \dot{I}_C$，由于 $\dot{I}_C$ 补偿了 $\dot{I}_1$ 中的一部分无功电流分量，因此在数值上 $I < I_1$；从相位上看 $\varphi < \varphi_1$，即功率因数 $\cos\varphi$ 得到了提高。

必须注意：

(1) 并联电容后，线路电流减小了，减小的是无功电流，电流的有功分量 $\dot{I}_R$ 并未改变；

(2) 并联电容后，因为电感负载两端的电压以及负载本身的参数没有变化，所以流过电感负载的电流和电感负载的功率因数均未变化，即并联电容器后对原负载的工作情况没有任何影响，提高功率因数是指提高电源或电网的功率因数，而不是提高电感负载的功率因数；

(3) 并联电容后，减少了电源与负载之间的能量交换，从而使发电机的容量得到充分利用。

补偿电容的计算：

在电源电压 $U$ 一定、输送一定功率 $P$ 的供电系统中，若原来的功率因数为 $\cos\varphi_1$，现要求提高到 $\cos\varphi$，所需并联的电容量计算如下：

由图 4-41(b)所示的相量图可知，通过电容器的电流应为

$$I_C = I_R\tan\varphi_1 - I_R\tan\varphi = I_R(\tan\varphi_1 - \tan\varphi) = \frac{P}{U}(\tan\varphi_1 - \tan\varphi)$$

又从图 4-41(a)所示电路图中可知

$$I_C = \frac{U}{X_C} = U\omega C$$

$$U\omega C = \frac{P}{U}(\tan\varphi_1 - \tan\varphi)$$

$$C = \frac{P}{U^2\omega}(\tan\varphi_1 - \tan\varphi)\mathrm{F}$$

$$C = \frac{P}{U^2\omega}(\tan\varphi_1 - \tan\varphi) \times 10^6\,\mu\mathrm{F} \tag{4-80}$$

**【例 4-16】** 一台发电机的额定容量 $S_N = 10\mathrm{kVA}$，额定电压 $U_N = 220\mathrm{V}$，$f = 50\mathrm{Hz}$，给一负载供电，该负载的功率因数 $\cos\varphi_1 = 0.6$。求：

(1) 当发电机满载(输出额定电流)运行时，输出的有功功率为多少？线路电流为多少？

(2) 在负载不变的情况下，将一组电容器与负载并联，使供电系统的功率因数提高到 0.9，所需电容为多少？线路电流为多少？

**【解】** (1) 发电机输出的有功功率

$$P = S_N\cos\varphi_1 = 10 \times 0.6 = 6\mathrm{kW}$$

线路电流为

$$I = \frac{S_N}{U_N} = \frac{10 \times 10^3}{220} = 45.5\mathrm{A}$$

(2) 负载不变，即有功功率仍为 6kW，$\cos\varphi_1$ 由 0.6 提高到 0.9 时，所需的电容计算如下：

当 $\cos\varphi_1 = 0.6$ 时 $\tan\varphi_1 = 1.333$

$\cos\varphi = 0.9$ 时 $\tan\varphi = 0.484$

又 $\omega = 2\pi f = 2 \times 3.14 \times 50 = 314\mathrm{rad/s}$

所以 $$C = \frac{P}{U^2\omega}(\tan\varphi_1 - \tan\varphi) = \frac{6 \times 10^3}{314 \times 220^2}(1.333 - 0.484) = 335.2\mu\mathrm{F}$$

线路电流为 $$I=\frac{P}{U\cos\varphi}=\frac{6000}{220\times 0.9}=30.3\text{A}$$

## 习　题

4-1　已知电流 $i_1=20\sin(314t+30^\circ)\text{A}$，$i_2=30\sin(314t-20^\circ)\text{A}$，求电流 $i_1$、$i_2$ 的幅值、有效值、角频率、频率、周期和初相位角；写出 $i_1$、$i_2$ 的相量表示式；在同一坐标轴上画出 $i_1$、$i_2$ 的波形图，并作相量图。

4-2　已知 $\dot{U}_1=40\angle 30^\circ\text{V}$，$\dot{U}_2=30\angle 60^\circ\text{V}$。求 $u=u_1+u_2=$？($\omega=1000\text{rad/s}$)

4-3　一台4.2kW电炉，接在电压为220V，频率50Hz的电源上，求通过电流的瞬时值函数式和电炉的工作电阻。

4-4 为测线圈的参数，在线圈两端加上电压 $U=110\text{V}$，测得电流 $I=5\text{A}$，功率 $P=200\text{W}$，电源频率 $f=50\text{Hz}$，计算出这个线圈的电阻及电感是多少？

4-5 一个电感线圈的电阻 $R=5\Omega$，电感 $L=0.08\text{H}$，如果作用在这个线圈上的电压 $u=220\sqrt{2}\sin 314t\text{V}$，求：(1)线圈的阻抗；(2)通过线圈的电流 $i$。

4-6　图4-42所示电路中，$u=10\sqrt{2}\sin(1000t-30^\circ)\text{V}$，$C=1\mu\text{F}$，求电流 $i$，画出电压、电流相量图，计算无功功率 $Q$。

4-7　$RC$ 串联电路如图4-43所示，已知 $C=0.01\mu\text{F}$，输入电压 $u_1=\sqrt{2}\sin 6280t\ \text{V}$，欲使输出电压 $u_2$ 在相位上前移60°，问应配多大电阻？此时输出电压的有效值 $U_2$ 等于多少？

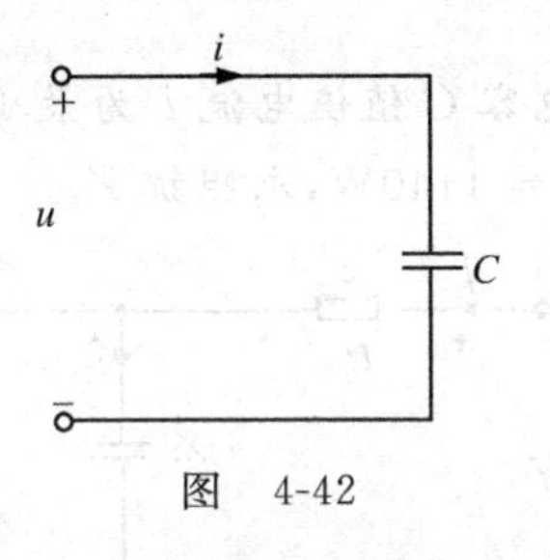

图　4-42

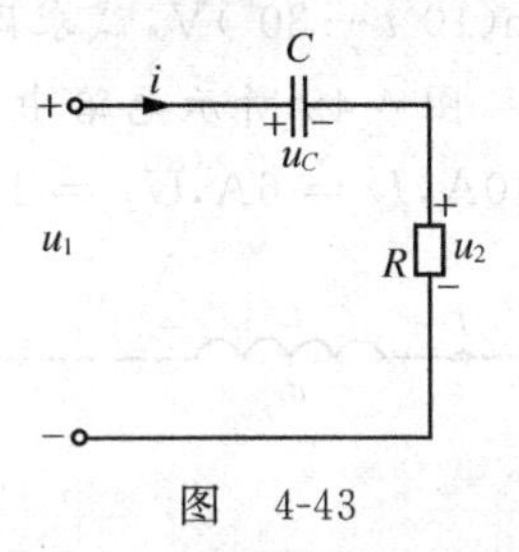

图　4-43

4-8　无源二端网络如图4-44所示，输入端 $u=220\sqrt{2}\sin(314t+20^\circ)\text{V}$，电流 $i=4.4\sqrt{2}\sin(314t-33^\circ)\text{A}$，求该二端网络的等效电路（两个元件串联）和元件参数值；并求二端网络的功率因数及输入的有功功率和无功功率。

4-9　三个负载串联，接在 $u=220\sqrt{2}\sin(\omega t+30^\circ)\text{V}$ 的电源上，如图4-45所示，已知 $R_1=3.16\Omega$，$X_{L1}=6\Omega$，$R_2=2.5\Omega$，$X_{C2}=4\Omega$，$R_3=3\Omega$，$X_{L3}=3\Omega$。试求：(1) $i$、$u_1$、$u_2$、$u_3$ 的瞬时值函数式；(2) 作电流、电压相量图；(3) 求 $P$、$Q$、$S$ 及 $\cos\varphi$。

4-10　某 $R$、$L$、$C$ 串联电路，$R=500\Omega$，$L=60\text{mH}$，$C=0.053\mu\text{F}$，试计算电路的谐振角频率及谐振时的阻抗。

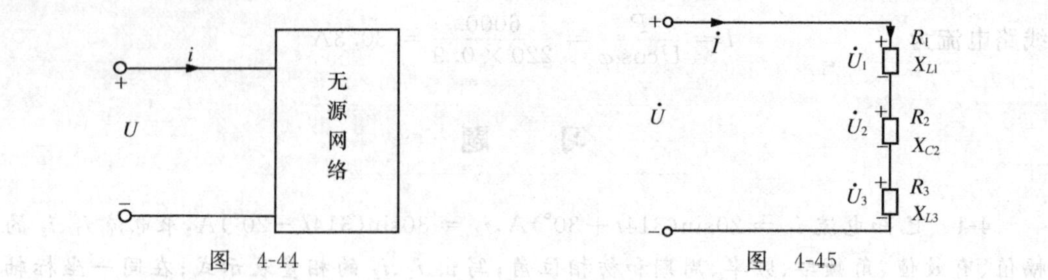


图 4-44　　　　图 4-45

4-11 在图 4-46 所示电路中，已知：$Z_1 = (12 + \mathrm{j}16)\Omega$，$Z_2 = (10 - \mathrm{j}20)\Omega$，$\dot{U} = (120 + \mathrm{j}160)\mathrm{V}$，求各支路电流 $\dot{I}$、$\dot{I}_1$、$\dot{I}_2$，总有功功率 $P$ 及总功率因数 $\cos\varphi$，作电压、电流相量图。

4-12 在图 4-47 所示电路中，电流有效值 $I = 5\mathrm{A}$，$I_2 = 3\mathrm{A}$，$R = 25\Omega$，求电路的阻抗 $|Z|$ 为多少？

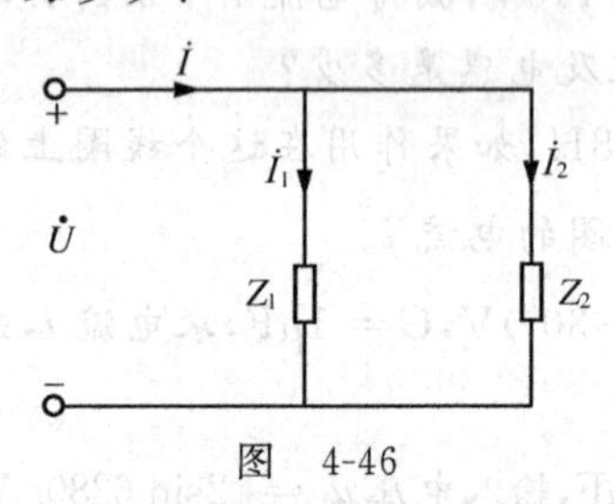

图 4-46

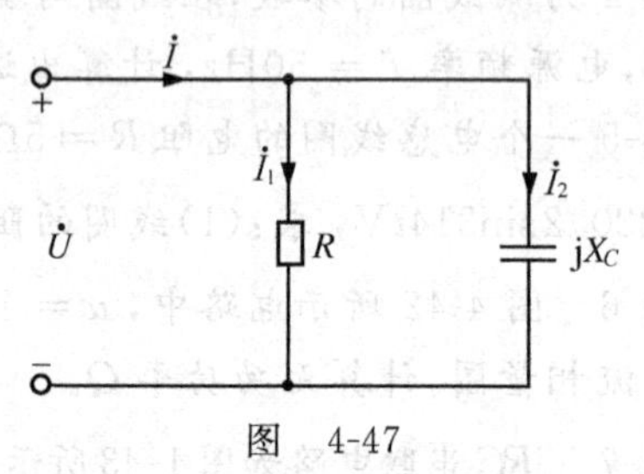

图 4-47

4-13 在图 4-48 所示正弦交流电路中，已知：$L = 10^{-2}\mathrm{H}$，$u = 10\sin(10^3 t - 60°)\mathrm{V}$，$u_L = 5\sin(10^3 t + 30°)\mathrm{V}$，试求网络 $N$ 的复阻抗 $Z$。

4-14 图 4-49 所示电路中，$R_1 = 5\Omega$，今调节电容 $C$ 值使电流 $I$ 为最小，并此时测得 $I_1 = 10\mathrm{A}$，$I_2 = 6\mathrm{A}$，$U_Z = 113\mathrm{V}$，电路总功率 $P = 1140\mathrm{W}$，求阻抗 $Z$。

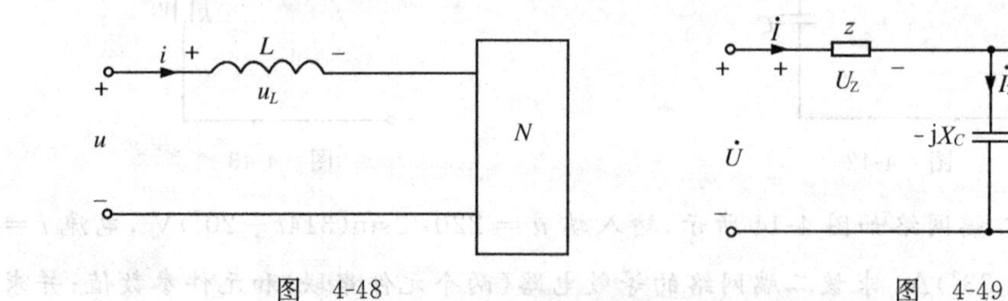

图 4-48

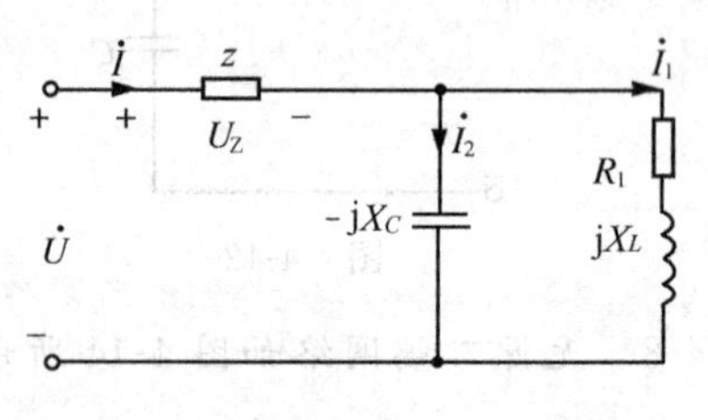

图 4-49

4-15 日光灯电路如图 4-50 所示，灯管电阻 $R = 530\Omega$，镇流器电阻 $r = 120\Omega$，电感 $L = 1.9\mathrm{H}$，接在 220V，50Hz 交流电源上，求电路电流，灯管电压，镇流器电压，$P$、$Q$、$S$ 及 $\cos\varphi_1$，要把电路功率因数提高到 $\cos\varphi = 0.85$，问在日光灯两端应并多大电容？

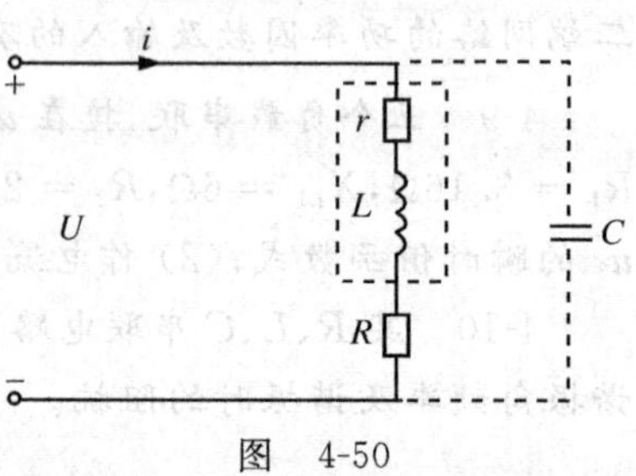

图 4-50

# 第五章

# 三相交流电路

**【内容提要】** 本章介绍三相交流电路线、相之间电压和电流的关系，以及三相负载作星形及三角形连接时电流及功率的计算。

三相交流电路是电力系统普遍采用的一种电路结构，三相交流电之所以得到广泛的应用，是由于采用三相制有其独特的优点。第一，在同样结构尺寸时，三相发电机比单相发电机输出功率大；第二，采用三相远距离输电比单相输电经济；第三，三相电动机结构简单，运行性能好；此外三相整流电源输出波形更接近理想的直流电源等等。

从某种意义上说，三相电路可视为单相电路的一种特殊形式，在对称条件下可以简化为单相电路进行计算。因此，单相交流电路的一些基本规律和计算方法完全适用于三相电路。

## 第一节　三相电源

三相电源是由幅值相等、频率相同、相位互差 120°的三个正弦电动势按照一定的方式联接而成的。

### 一、三相电动势的产生

三相正弦交流电动势是由三相交流发电机产生的，如图 5-1 所示是三相交流发电机的原理图，主要由电枢和磁极构成。

电枢是固定的，亦称**定子**。由定子铁心和定子绕组两部分组成。定子铁心由导磁性能好的硅钢片迭成圆筒形，在其内圆周表面冲有槽，用来放置三相绕组。每相绕组采用的线径、形状、匝数等都相同，绕组形状如图 5-2 所示，三相绕组的始端（头）分别标以 $A$、$B$、$C$，末端（尾）标以 $X$、$Y$、$Z$，将每个绕组的两个有效边分别放置在相应的定子铁心槽内，要求三相绕组的始端之间或末端之间在空间彼此相隔 120°，这样的绕组称为**三相对称绕组**。

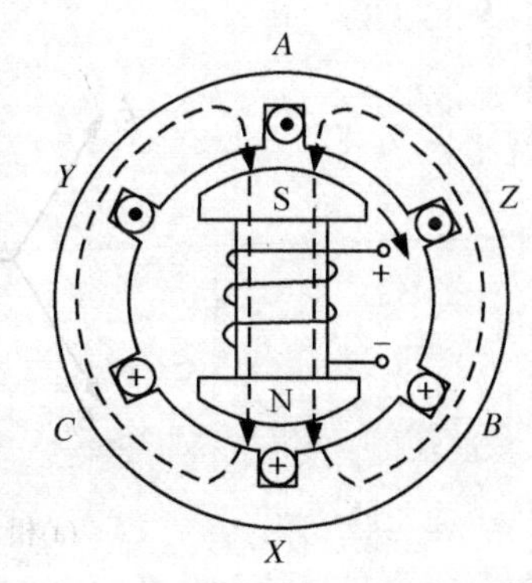

图 5-1　三相交流发电机的原理图

磁极是转动的，亦称**转子**。转子铁心也是由导磁性能好的硅钢片迭成，转子铁心上绕有励磁绕组，通以直流

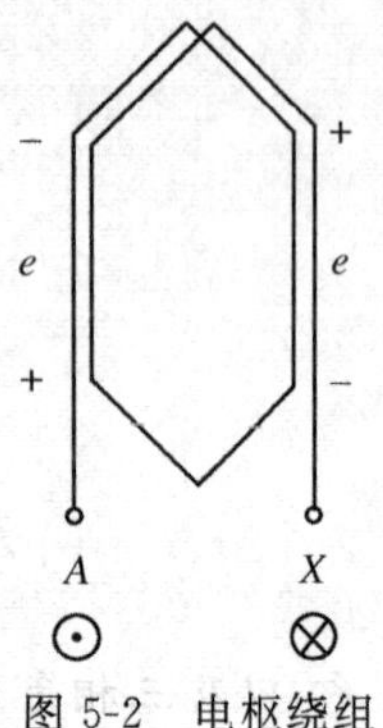

图 5-2　电枢绕组及其中电势

电励磁，适当选择极面形状和励磁绕组的分布，可使空气隙中的磁感应强度按正弦规律分布。

当原动机拖动转子以匀速按顺时针方向旋转时，则每相绕组依次切割磁力线而产生感应电动势，由图 5-1 可以看出，当 $S$ 极的轴线转到 $A$ 处时，$A$ 相的电动势达到正的最大值；经过 120°后，$S$ 极轴线转到 $B$ 处，$B$ 相的电动势达到正的最大值；同理，再经过 120°后，$C$ 相的电动势达到正的最大值，周而复始，得到幅值相等、频率相同，相位互差 120°的三相对称电动势。三相电动势出现最大值的顺序称为相序。图 5-1 所示的发电机其相序为 $A-B-C-A$，一般电力系统中的发电机，其相序确定以后就不能随便改变。

## 二、三相电动势的表示方法

取 $A$ 相为参考相量，则三相对称电动势的瞬时值函数式可表示如下：

$$\begin{cases} e_A = E_m \sin \omega t \\ e_B = E_m \sin(\omega t - 120°) \\ e_C = E_m \sin(\omega t - 240°) = E_m \sin(\omega t + 120°) \end{cases} \tag{5-1}$$

如用相量表示则为

$$\begin{cases} \dot{E}_A = E\angle 0° = E \\ \dot{E}_B = E\angle -120° = E\left(-\dfrac{1}{2} - \mathrm{j}\dfrac{\sqrt{3}}{2}\right) \\ \dot{E}_C = E\angle 120° = E\left(-\dfrac{1}{2} + \mathrm{j}\dfrac{\sqrt{3}}{2}\right) \end{cases} \tag{5-2}$$

如用相量图和正弦曲线表示，则如图 5-3 所示。

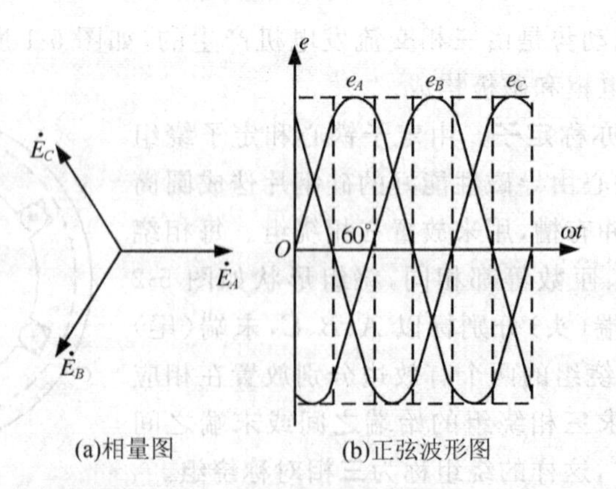

(a)相量图　(b)正弦波形图

图 5-3　表示三相电动势的相量图和正弦波形

由于三相电动势对称，显然它们的瞬时值或相量之和为零，即

$$\left.\begin{aligned} e_A + e_B + e_C &= 0 \\ \dot{E}_A + \dot{E}_B + \dot{E}_C &= 0 \end{aligned}\right\} \tag{5-3}$$

## 三、三相电源的接法

1. 星形接法

三相发电机或三相变压器都有三相独立绕组，将三相绕组的末端联在一起，如图5-4所示，该连接点被称为**中点或零点**，用$N$表示，这种连接方式称为**星形连接**。从中点引出的导线称为**中线或零线**；从始端$A$、$B$、$C$引出的三根导线称为**相线或端线**，俗称**火线**。

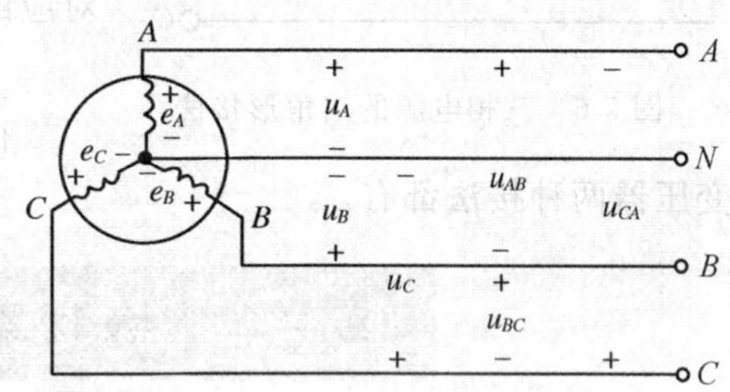


图 5-4　发电机的星形联接

在图5-4中，端线与中线之间的电压称为相电压，其瞬时值和有效值分别用$u_A$、$u_B$、$u_C$和$U_A$、$U_B$、$U_C$来表示。由于一般各相电压总是对称的，如在分析问题时无须指明某相电压时，则其有效值用$U_P$表示。

端线与端线之间的电压称为线电压，其瞬时值和有效值分别用$u_{AB}$、$u_{BC}$、$u_{CA}$和$U_{AB}$、$U_{BC}$、$U_{CA}$表示。由于相电压对称，所以线电压也是对称的，如无须指明哪个线电压时，其有效值用$U_L$表示。

各相电动势的参考方向规定自绕组的末端指向始端，相电压的参考方向自始端指向末端（中性点），线电压的参考方向如$U_{AB}$，是自$A$端指向$B$端。

根据基尔霍夫回路电压定律，线电压和相电压的关系为

$$\left.\begin{aligned} \dot{U}_{AB} &= \dot{U}_A - \dot{U}_B \\ \dot{U}_{BC} &= \dot{U}_B - \dot{U}_C \\ \dot{U}_{CA} &= \dot{U}_C - \dot{U}_A \end{aligned}\right\} \tag{5-4}$$

由于三相电动势是对称的，所以三相电压也是对称的，根据式(5-4)，可作出相电压和线电压的相量图，如图5-5所示。可见线电压$\dot{U}_{AB}$、$\dot{U}_{BC}$、$\dot{U}_{CA}$也是对称的。线电压与相电压的大小关系，可以从相量图上得出

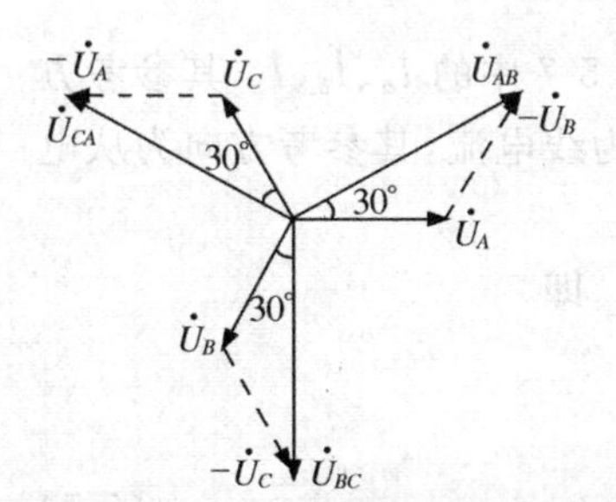


图 5-5　星形接法的电压相量图

$$\frac{1}{2}U_L = U_P\cos30° = \frac{\sqrt{3}}{2}U_P$$

$$U_L = \sqrt{3}U_P \tag{5-5}$$

于是可得到如下结论：当电源的三相绕组联接成星形时，线电压在数值上为相电压的$\sqrt{3}$倍，在相位上超前对应的相电压30°。

根据需要，作星形联接的三相电源，可以引出中线(通常用 Yo 表示)，也可以不引出中线(用 Y 表示)。对于引出中线的电源，称为**三相四线制**，它可以供给用户两种不同的电压，低压系统中照明和动力混合供电线路通常采用的 220/380V 电源就是这一种，其中相电压 220V 供给照明，线电压 380V 供给三相电动机等负载用。

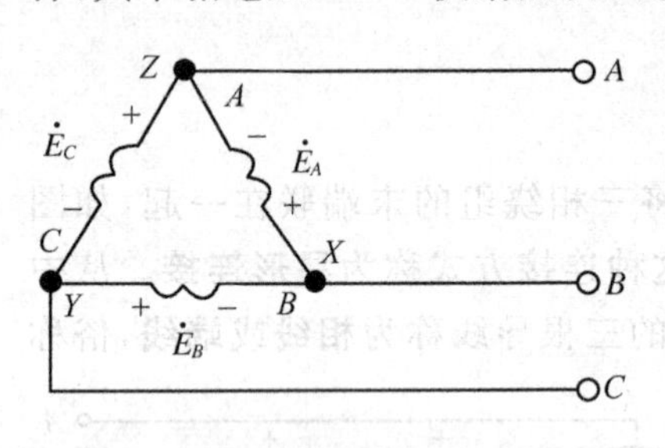


图 5-6　三相电源的三角形接法

2. 三角形接法

将三相绕组的首、末端依次相接，构成一闭合回路，然后从三个联接点引出三条供电线，这种联接法称为**三角形接法**，如图 5-6 所示。

由图 5-6 可知，电源接成三角形时，线电压就是对应的相电压。即

$$U_L = U_P \tag{5-6}$$

在生产实际中，发电机一般都接成星形，三相变压器两种接法都有。

## 第二节　负载星形联接的三相电路

使用交流电的电气设备种类繁多，其中有些设备是需要三相电源才能工作的，如三相交流电动机、大功率的三相电炉等，这些都属于三相负载。还有一些电气设备本身只需要单相电源，如各种照明用的电灯，可以将它们接在三相电源的任一相上，如果将许多这样的用电设备按照一定的联接方式接在三相电源上，则对电源来说这些用电设备的总体也可以看成是三相负载，在设计供电线路时，可以将这些单相负载平均分配在三相电源上，使电路对称，但在实际运行时却无法保证对称。

在三相供电系统中，三相负载和三相电源一样，也有星形和三角形两种接法，至于以哪种方式接入电源，则要根据负载的额定电压和电源电压的数值来确定。

负载星形联接的三相四线制电路如图 5-7 所示，三个负载 $Z_A$、$Z_B$、$Z_C$ 的一端联成一点接在电源的中线上；另一端分别与电源的三根端线 $A$、$B$、$C$ 相接，电压和电流的参考方向如图 5-7 所示。

在三相电路中，流过各相负载的电流叫做相电流，如图 5-7 中的 $\dot{I}_a$、$\dot{I}_b$、$\dot{I}_c$，其参考方向是根据各相电压的参考方向确定的；流过端线的电流称为线电流，其参考方向为从电源到负载，如图 5-7 中的 $\dot{I}_A$、$\dot{I}_B$ 和 $\dot{I}_C$。

当负载作星形联接时，各线电流就等于相应的相电流。即

$$\dot{I}_A = \dot{I}_a;\ \ \dot{I}_B = \dot{I}_b;\ \ \dot{I}_C = \dot{I}_c$$

写成一般形式为

$$\dot{I}_L = \dot{I}_P \tag{5-7}$$

在三相四线制电路中，因为每相负载所承受的电压分别为对应的相电压，因此，各

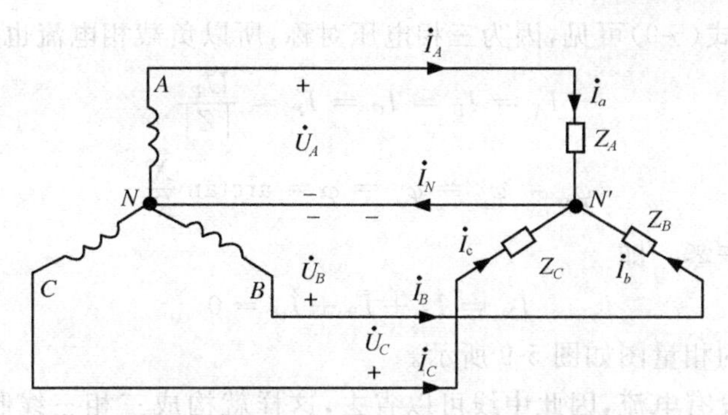


图 5-7 负载星形联接的三相四线制电路

相负载电流可分别计算而不必考虑其他两相的影响，它们的有效值分别为

$$I_a = \frac{U_A}{|Z_A|};\ I_b = \frac{U_B}{|Z_B|};\ I_c = \frac{U_C}{|Z_C|} \tag{5-8}$$

各相电流与对应的相电压之间的相位差分别为

$$\varphi_A = \arctan\frac{X_A}{R_A};\ \varphi_B = \arctan\frac{X_B}{R_B};\ \varphi_C = \arctan\frac{X_C}{R_C} \tag{5-9}$$

式中 $R_A$、$R_B$、$R_C$ 为复阻抗的实部，$X_A$、$X_B$、$X_C$ 为复阻抗的虚部。

设电源电压 $\dot{U}_A$ 为参考相量，则得

$$\dot{U}_A = U_A \angle 0^\circ;\ \dot{U}_B = U_B \angle -120^\circ;\ \dot{U}_C = U_C \angle 120^\circ$$

于是，每相负载中的电流相量为

$$\left.\begin{aligned} \dot{I}_A &= \frac{\dot{U}_A}{Z_A} = \frac{U_A \angle 0^\circ}{|Z_A| \angle \varphi_A} = I_A \angle -\varphi_A \\ \dot{I}_B &= \frac{\dot{U}_B}{Z_B} = \frac{U_B \angle -120^\circ}{|Z_B| \angle \varphi_B} = I_B \angle -120 - \varphi_B \\ \dot{I}_C &= \frac{\dot{U}_C}{Z_C} = \frac{U_C \angle 120^\circ}{|Z_C| \angle \varphi_C} = I_C \angle 120^\circ - \varphi_C \end{aligned}\right\} \tag{5-10}$$

根据图 5-7 中所示中线电流的参考方向，应用基尔霍夫节点电流定律可得

$$\dot{I}_N = \dot{I}_A + \dot{I}_B + \dot{I}_C \tag{5-11}$$

电压和电流的相量图如图 5-8 所示。

## 一、对称负载

对称负载是指三相负载的复阻抗相等，即 $Z_A = Z_B = Z_C = Z$，具体地说，即三相负载的电阻相等 ($R_A = R_B = R_C = R$)，同时三相负载的电抗也相等 ($X_A = X_B = X_C = X$)，并且性质相同(同为感抗或同为容抗)。

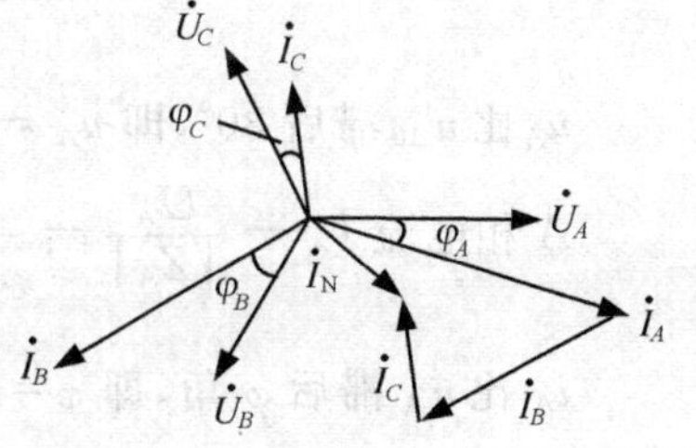

图 5-8 负载星形联接时电压和电流相量图

由式(5-8)和式(5-9)可见，因为三相电压对称，所以负载相电流也是对称的。即

$$I_A = I_B = I_C = I_P = \frac{U_P}{|Z|}$$

$$\varphi_A = \varphi_B = \varphi_C = \varphi = \arctan\frac{X}{R}$$

中线电流等于零。即

$$\dot{I}_N = \dot{I}_A + \dot{I}_B + \dot{I}_C = 0$$

电压和电流的相量图如图 5-9 所示。

中线上既然没有电流，因此中线可以省去，这样就构成三相三线制电路，如图 5-10 所示。这时线电压与相电压$\sqrt{3}$倍关系仍然成立，各相电流的计算方法与有中线时一样。三相三线制在生产上应用广泛，例如常见的三相异步电动机其三相绕组是对称的，是三相对称负载，就只需要三根电源线。

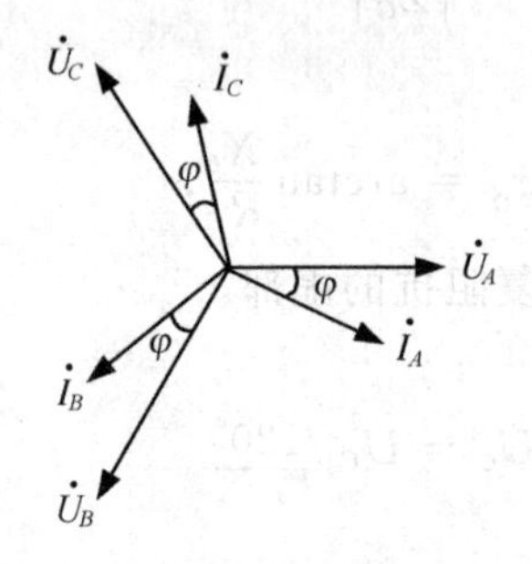


图 5-9 对称负载星形联接时电压和电流的相量图

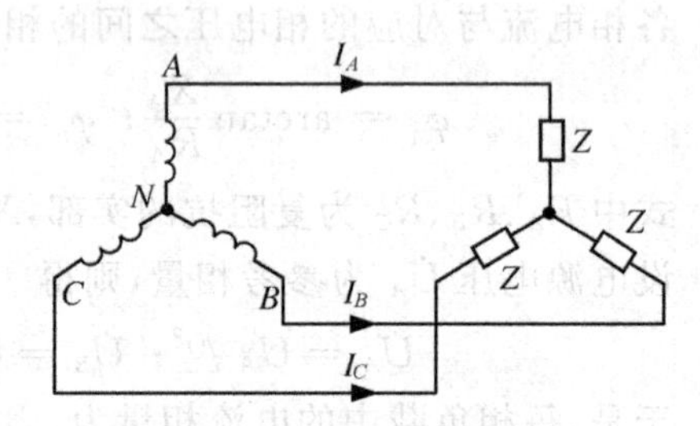


图 5-10 对称负载星形联接时的三相三线制电路

注意：对于三相对称负载只需要计算一相就行了，另外两相可直接写出，因为各相电流大小相等，相位互差 120°。

**【例 5-1】** 有一组星形连接的三相负载，每相的电阻 $R = 8\Omega$，感抗 $X_L = 6\Omega$，电源电压对称，已知 $u_{AB} = 380\sqrt{2}\sin(\omega t + 60°)\text{V}$。求各相电流。

**【解】** 因三相负载对称，因此只需计算一相(如 $A$ 相)即可。

$$U_A = \frac{U_{AB}}{\sqrt{3}} = \frac{380}{\sqrt{3}} = 220\text{V}$$

$u_A$ 比 $u_{AB}$ 滞后 30°，即 $u_A = 220\sqrt{2}\sin(\omega t + 30°)\text{V}$

$A$ 相电流 $I_A = \dfrac{U_A}{|Z_A|} = \dfrac{220}{\sqrt{8^2 + 6^2}} = 22\text{A}$

$i_A$ 比 $u_A$ 滞后 $\varphi$ 角，即 $\varphi = \arctan\dfrac{X_L}{R} = \arctan\dfrac{6}{8} = 37°$

$$i_A = 22\sqrt{2}\sin(\omega t + 30° - 37°) = 22\sqrt{2}\sin(\omega t - 7°)\text{A}$$

因为负载对称，其他两相电流则为

$$i_B = 22\sqrt{2}\sin(\omega t - 7^\circ - 120^\circ) = 22\sqrt{2}\sin(\omega t - 127^\circ)\,\text{A}$$
$$i_C = 22\sqrt{2}\sin(\omega t - 7^\circ + 120^\circ) = 22\sqrt{2}\sin(\omega t + 113^\circ)\,\text{A}$$

## 二、不对称负载

对称负载只是一种特殊情况，不对称负载则是一般情况。当负载不对称时，只要有中线存在，负载端的相电压总是对称的，因此各相负载都能正常工作，只是这时各相电流不对称，中线电流也不为零。关于负载不对称的三相电路，通过以下举例分析。

**【例 5-2】** 某住宅楼有 30 户居民，设计每户最大用电功率为 2.4kW，功率因数为 $\cos\varphi=0.8$，额定电压为 220V，采用三相电源供电，线电压 $U_L=380\text{V}$，试将用户均匀分配在三相电源上组成三相对称负载。要求画出供电线路；计算线路电流及中线电流；每相负载阻抗、电阻及电抗；以及三相变压器的总容量（视在功率）。

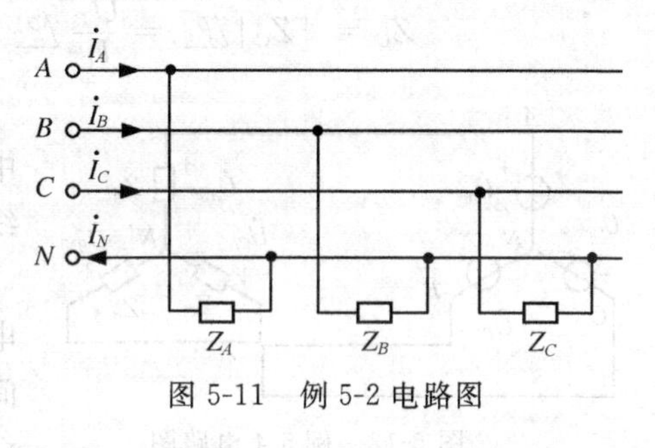

图 5-11　例 5-2 电路图

**【解】** 将 30 户均匀分配在三相电源上，每相 10 户（并联），组成星形接法三相四线制供电线路，如图 5-11 所示。设每相总功率为 $P=10\times2.4=24\text{kW}$，$\cos\varphi=0.8$，线电压 $U_L=380\text{V}$，则相电压 $U_P=220\text{V}$，符合用户额定电压。每相总电流即为线路总电流，即

$$I_L = I_P = \frac{P}{U_P\cos\varphi} = \frac{24\times10^3}{220\times0.8}\text{A} = 136.4\text{A}$$

由于三相负载对称，所以中线电流　$\dot{I}_N = 0$

每相总阻抗为 $|Z| = |Z_A| = |Z_B| = |Z_C| = \dfrac{220}{136.4}\Omega = 1.61\Omega$

$$\varphi_A = \varphi_B = \varphi_C = \varphi = 36.9^\circ$$
$$R_A = R_B = R_C = |Z|\cos\varphi = 1.29\Omega$$
$$X_A = X_B = X_C = |Z|\sin\varphi = 0.97\Omega$$

三相总视在功率即为供电变压器容量，即

$$S = 3U_PI_P = \sqrt{3}U_LI_L = \sqrt{3}\times380\times136.4\,\text{kVA} = 89.8\,\text{kVA}$$

可选一台 100kVA 三相变压器供电。

**【例 5-3】** 在例 5-2 中，若 A 相满负荷，B 相 60%负荷，C 相 40%负荷，各相负载的功率因数不变，求各线电流及中线电流 $\dot{I}_N$。

**【解】** 对于三相四线制不对称负载，由于有中线，各相负载电压仍然对称为 220V，各相负载都能正常工作，各相电流为

$$I_A = 136.4\text{A},\qquad \varphi_A = 36.9^\circ \quad 滞后于 U_A$$
$$I_B = 136.4\times60\%\text{A} = 81.8\text{A},\varphi_B = 36.9^\circ \quad 滞后于 U_B$$

$$I_C = 136.4 \times 40\% = 54.6\text{A},\ \varphi_C = 36.9^\circ \quad 滞后于 U_C$$

可见 $I_A$、$I_B$、$I_C$ 大小不等，相位上互差 120°，以 $\dot{I}_A = 136\angle 0^\circ \text{A}$ 为参考相量，有

$$\begin{aligned}\dot{I}_N &= \dot{I}_A + \dot{I}_B + \dot{I}_C = 136.4\angle 0^\circ + 81.8/\angle -120^\circ + 54.6\angle 120^\circ \\ &= 72.2\angle -19.1^\circ \text{ A}\end{aligned}$$

中线电流为 72.2A，相位落后于 $\dot{I}_A$ 19.1°，落后于 $\dot{U}_A(36.9^\circ + 19.1^\circ) = 56^\circ$

各相负载阻抗为

$$Z_A = |Z_A|\angle\varphi_A = \frac{U_P}{I_A}\angle\varphi_A = \frac{220}{136.4}\angle 36.9^\circ = 1.61\angle 36.9^\circ\ \Omega$$

$$Z_B = |Z_B|\angle\varphi_B = \frac{U_P}{I_B}\angle\varphi_B = \frac{220}{136.4 \times 0.6}\angle 36.9^\circ = 2.69\angle 36.9^\circ\ \Omega$$

$$Z_C = |Z_C|\angle\varphi_C = \frac{U_P}{I_C}\angle\varphi_C = \frac{220}{136.4 \times 0.4}\angle 36.9^\circ = 4\angle 36.9^\circ\ \Omega$$

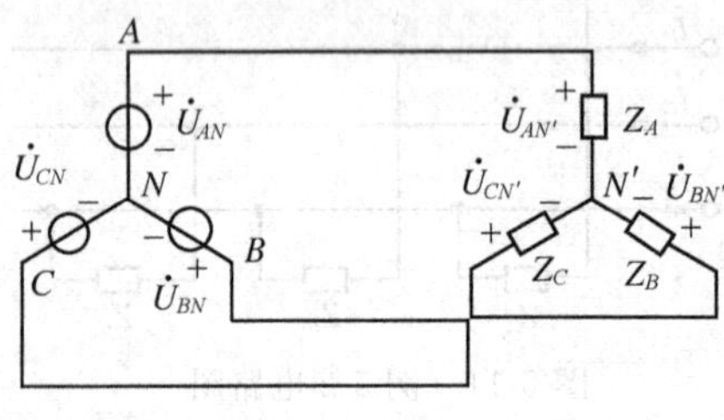

图 5-12 例 5-4 电路图

**【例 5-4】** 在例 5-3 中，若中线因故断开，求中性点电压及各相负载电压，后果如何？讨论中线的重要作用。

**【解】** 如图 5-12 所示，无中线时可采用结点电压法求出中性点电压（负载中点与电源中点之间的电压）$\dot{U}_{N'N}$，取电源中性点 $N$ 为参考电位点，$\dot{U}_A = 220\angle 0^\circ \text{V}$ 为参考相量，则

$$\begin{aligned}\dot{U}_{N'N} &= \frac{\dfrac{\dot{U}_A}{Z_A} + \dfrac{\dot{U}_B}{Z_B} + \dfrac{\dot{U}_C}{Z_C}}{\dfrac{1}{Z_A} + \dfrac{1}{Z_B} + \dfrac{1}{Z_C}} = \frac{\dfrac{220\angle 0^\circ}{1.61\angle 36.9^\circ} + \dfrac{220\angle -120^\circ}{2.69\angle 36.9^\circ} + \dfrac{220\angle 120^\circ}{4\angle 36.9^\circ}}{\dfrac{1}{1.61\angle 36.9^\circ} + \dfrac{1}{2.69\angle 36.9^\circ} + \dfrac{1}{4\angle 36.9^\circ}} \\ &= 58.2\angle -19.1^\circ \text{ V}\end{aligned}$$

每相负载两端电压为

$$\dot{U}_a = \dot{U}_{AN'} = \dot{U}_{AN} - \dot{U}_{N'N} = 220\angle 0^\circ - 58.2\angle -19.1^\circ = 166.1\angle 6.58^\circ \text{ V}$$

$$\dot{U}_b = \dot{U}_{BN'} = \dot{U}_{BN} - \dot{U}_{N'N} = 220\angle -120^\circ - 58.2\angle -19.1^\circ = 238\angle -128.2^\circ \text{ V}$$

$$\dot{U}_c = \dot{U}_{CN'} = \dot{U}_{CN} - \dot{U}_{N'N} = 220\angle 120^\circ - 58.2\angle -19.1^\circ = 266.7\angle 134^\circ \text{ V}$$

由以上计算可知，$B$ 相和 $C$ 相电压均超过额定值，特别是 $C$ 相，将因电压过高而烧坏用电器，而 $A$ 相则因电压不足而无法正常工作，如是日光灯负载将不能启动。

从以上举例分析可以看出：

(1) 负载不对称而又没有中线时，负载的相电压不对称，有的相电压过高，高于负载的额定电压；有的相电压过低，低于负载额定电压，负载不能正常工作。

(2) 中线的重要作用在于平衡三相负载的相电压，为保证三相负载的相电压对称，中线在任何时候都不能断开，故在中线上不能装开关，也不许装熔断器。

## 第三节　负载三角形联接的三相电路

如果负载的额定电压与电源的线电压相等，那么负载应该接成三角形。负载三角形联接的三相电路如图 5-13 所示。每相负载的阻抗分别用 $Z_{AB}$、$Z_{BC}$、$Z_{CA}$ 表示，电压和电流的正方向在图 5-13 中标出。

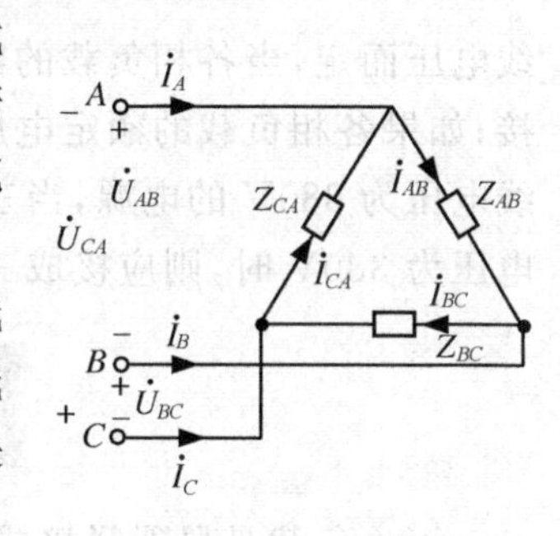


图 5-13　负载三角形联接的三相电路

从图中可以看出，每相负载分别接在电源的两根端线之间，所以负载的相电压就是电源的线电压，由于电源的线电压总是对称的，因此，不论负载对称与否，其相电压总是对称的。即

$$U_{AB}=U_{BC}=U_{CA}=U_l=U_P \tag{5-12}$$

各相负载相电流的有效值分别为

$$I_{AB}=\frac{U_{AB}}{|Z_{AB}|},I_{BC}=\frac{U_{BC}}{|Z_{BC}|},I_{CA}=\frac{U_{CA}}{|Z_{CA}|} \tag{5-13}$$

各相负载的电压与电流之间的相位差分别为

$$\varphi_{AB}=\arctan\frac{X_{AB}}{R_{AB}},\varphi_{BC}=\arctan\frac{X_{BC}}{R_{BC}},\varphi_{CA}=\arctan\frac{X_{CA}}{R_{CA}} \tag{5-14}$$

如果用相量计算，则为

$$\dot{I}_{AB}=\frac{\dot{U}_{AB}}{Z_{AB}};\dot{I}_{BC}=\frac{\dot{U}_{BC}}{Z_{BC}};\dot{I}_{CA}=\frac{\dot{U}_{CA}}{Z_{CA}} \tag{5-15}$$

根据基尔霍夫结点电流定律可得负载的线电流为

$$\begin{cases}\dot{I}_A=\dot{I}_{AB}-\dot{I}_{CA}\\ \dot{I}_B=\dot{I}_{BC}-\dot{I}_{AB}\\ \dot{I}_C=\dot{I}_{CA}-\dot{I}_{BC}\end{cases} \tag{5-16}$$

如果三相负载对称，即

$$|Z_{AB}|=|Z_{BC}|=|Z_{CA}|=|Z| \quad 和 \quad \varphi_{AB}=\varphi_{BC}=\varphi_{CA}=\varphi$$

则负载的三相电流也是对称的，即

$$I_{AB}=I_{BC}=I_{CA}=I_P=\frac{U_P}{|Z|}$$

$$\varphi_{AB}=\varphi_{BC}=\varphi_{CA}=\varphi=\arctan\frac{X}{R}$$

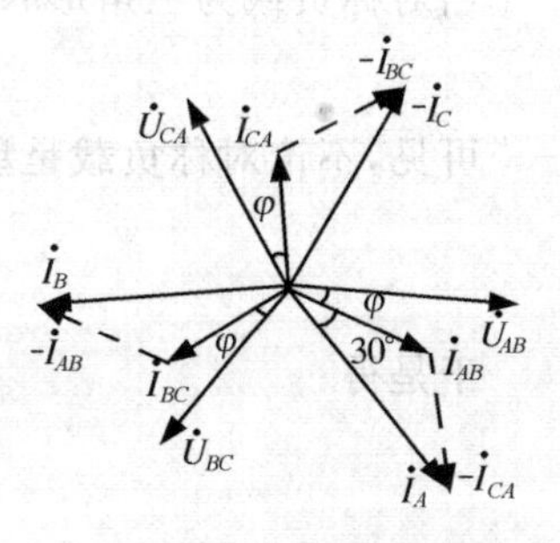


图 5-14　对称负载三角形联接时电压、电流的相量图

三相负载对称时的电压、电流相量图如图 5-14 所示。从图中可以看出，线电流也是对称的，线电流与相电流的大小关系为

$$\frac{1}{2}I_L=I_P\cos30°=\frac{\sqrt{3}}{2}I_P$$

$$I_L = \sqrt{3} I_P \tag{5-17}$$

在相位上，线电流滞后于相应的相电流 30°。

三相负载应采用星形联接或是三角形联接，要根据每相负载的额定电压与电源的线电压而定，当各相负载的额定电压等于电源线电压的 $1/\sqrt{3}$时，三相负载应作星形联接；如果各相负载的额定电压等于电源的线电压，三相负载就必须作三角形联接。例如线电压为 380V 的电源，当三相负载的额定相电压为 220V 时，应接成星形；若其额定相电压为 380V 时，则应接成三角形。

## 第四节　三相功率

不论负载是星形联接或是三角形联接，电路总的有功功率和无功功率分别等于各相有功功率和无功功率之和。即

$$P = P_a + P_b + P_c = U_a I_a \cos\varphi_a + U_b I_b \cos\varphi_b + U_c I_c \cos\varphi_c \tag{5-18}$$

$$Q = Q_a + Q_b + Q_c = U_a I_a \sin\varphi_a + U_b I_b \sin\varphi_b + U_c I_c \sin\varphi_c \tag{5-19}$$

视在功率

$$S = \sqrt{P^2 + Q^2} \tag{5-20}$$

式(5-18)和式(5-19)中，$U_a$、$U_b$、$U_c$及 $I_a$、$I_b$、$I_c$ 均为负载相电压和相电流，$\varphi_a$、$\varphi_b$、$\varphi_c$ 分别为各相负载电压与电流之间的相位差。

当三相负载对称时，三个负载的功率相等。则有

$$P = 3U_P I_P \cos\varphi_P \tag{5-21}$$

$$Q = 3U_P I_P \sin\varphi_P \tag{5-22}$$

$$S = \sqrt{P^2 + Q^2} = 3U_P I_P \tag{5-23}$$

式中 $\varphi_P$ 角是相电压 $U_P$ 与相电流 $I_P$ 的相位差角。

当对称负载为星形接法时

$$U_L = \sqrt{3} U_P ; \quad I_L = I_P$$

当对称负载为三角形联接时

$$U_L = U_P ; \quad I_L = \sqrt{3} I_P$$

可见，不论对称负载是星形接法或是三角形接法均有

$$3U_P I_P = 3\frac{U_L I_L}{\sqrt{3}} = \sqrt{3} U_L I_L$$

于是得

$$\begin{aligned} P &= \sqrt{3} U_L I_L \cos\varphi_P \\ Q &= \sqrt{3} U_L I_L \sin\varphi_P \\ S &= \sqrt{3} U_L I_L \end{aligned} \tag{5-24}$$

注意:式(5-24)中的 $\varphi_P$ 角仍为相电压与相电流之间的相位差角。工程上线电压与线电流的数值容易测量,所以式(5-24)应用较多。

**【例 5-5】** 某三相异步电动机,定子每相绕组的等效复阻抗为 $Z=(32.9+\mathrm{j}19)\Omega$,试求在下列两种情况下电动机的相电流、线电流以及从电源输入的功率:(1)绕组联接成星形接于 $U_L=380\mathrm{V}$ 的三相电源上;(2) 绕组联成三角形接于 $U_L=220\mathrm{V}$ 的三相电源上。

**【解】** (1)

$$I_P=\frac{U_P}{|Z|}=\frac{380/\sqrt{3}}{\sqrt{32.9^2+19^2}}\mathrm{A}=5.8\mathrm{A}$$

$$I_L=I_P=5.8\mathrm{A}$$

$$P=\sqrt{3}U_LI_L\cos\varphi_P=\sqrt{3}\times380\times5.8\times\frac{32.9}{\sqrt{32.9^2+19^2}}\mathrm{kW}=3.3\mathrm{kW}$$

(2)

$$I_P=\frac{U_P}{|Z|}=\frac{220}{\sqrt{32.9^2+19^2}}=5.8\mathrm{A},I_L=\sqrt{3}I_P=10\mathrm{A}$$

$$P=\sqrt{3}U_LI_L\cos\varphi_P=\sqrt{3}\times220\times10\times\frac{32.9}{\sqrt{32.9^2+19^2}}\mathrm{kW}=3.3\mathrm{kW}$$

有的三相电动机有两种额定电压,铭牌标为 220/380V,$\Delta$/Y,这表示当电源线电压为 220V 时,电动机的绕组应联成三角形,当电源线电压为 380V 时,电动机应联成星形。在两种联接法中,相电压、相电流及功率都未改变,仅线电流在三角形接法时增大为星形联接时的 $\sqrt{3}$ 倍。

**【例 5-6】** 线电压为 380V 的三相电源上接有两组对称三相负载:一组是三角形联接的电感性负载,每相阻抗 $Z_\triangle=36.3\angle 37^\circ\Omega$;另一组是星形联接的电阻性负载 $R_Y=10\Omega$,如图 5-15 所示。试求:(1)各组负载的相电流及线电流;(2)电路线电流:(3)三相有功功率。

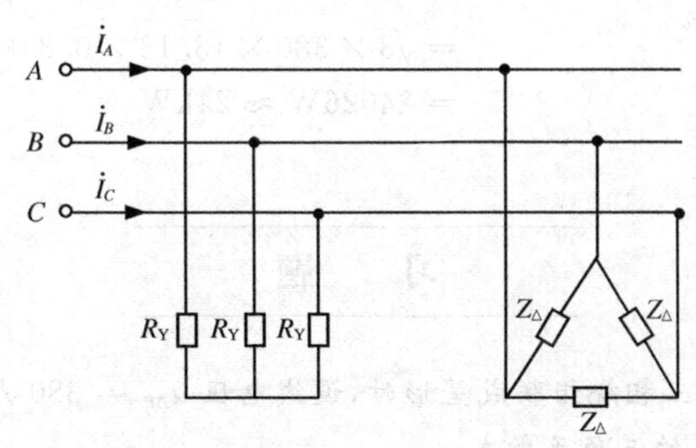


图 5-15　电路图

**【解】** 取线电压 $\dot{U}_{AB}=380\angle 0^\circ\mathrm{V}$ 为参考相量,则相电压 $\dot{U}_A=220\angle -30^\circ\mathrm{V}$。

(1) 由于三相负载对称,所以计算一相即可,其他两相可以推出。

对于三角形联接的负载,其相电流为

$$\dot{I}_{AB\triangle}=\frac{\dot{U}_{AB}}{Z_{\triangle}}=\frac{380\angle 0^\circ}{36.3\angle 37^\circ}=10.47\angle -37^\circ\ \text{A}$$

$$\dot{I}_{BC\triangle}=\dot{I}_{AB\triangle}\angle -120^\circ=10.47\angle -37^\circ-120^\circ\ \text{A}=10.47\angle -157^\circ\ \text{A}$$

$$\dot{I}_{CA\triangle}=\dot{I}_{AB\triangle}\angle 120^\circ=10.47\angle -37^\circ+120^\circ\ \text{A}=10.47\angle 83^\circ\ \text{A}$$

三角形联接负载的线电流为

$$\dot{I}_{A\triangle}=\sqrt{3}\dot{I}_{AB\triangle}\angle -30^\circ=10.47\sqrt{3}\angle -37^\circ-30^\circ\ \text{A}=18.13\angle -67^\circ\ \text{A}$$

$$\dot{I}_{B\triangle}=\dot{I}_{A\triangle}\angle -120^\circ=18.13\angle -67^\circ-120^\circ\ \text{A}=18.13\angle 173^\circ\ \text{A}$$

$$\dot{I}_{C\triangle}=\dot{I}_{B\triangle}\angle -120^\circ=18.13\angle 173^\circ-120^\circ\ \text{A}=18.13\angle 53^\circ\ \text{A}$$

对于星形联接的负载，其相电流等于线电流，即为

$$\dot{I}_{AY}=\frac{\dot{U}_A}{R_Y}=\frac{220\angle -30^\circ}{10}\text{A}=22\angle -30^\circ\ \text{A}$$

$$\dot{I}_{BY}=\dot{I}_{AY}\angle -120^\circ=22\angle -30^\circ-120^\circ=22\angle -150^\circ\ \text{A}$$

$$\dot{I}_{CY}=\dot{I}_{BY}\angle -120^\circ=22\angle -150^\circ-120^\circ=22\angle 90^\circ\ \text{A}$$

(2) 电路线电流为

$$\dot{I}_A=\dot{I}_{A\triangle}+\dot{I}_{AY}=18.13\angle -67^\circ+22\angle -30^\circ=38\angle -46.7^\circ\ \text{A}$$

$$\dot{I}_B=\dot{I}_A\angle -120^\circ=38\angle -46.7^\circ-120^\circ=38\angle -166.7^\circ\ \text{A}$$

$$\dot{I}_C=\dot{I}_B\angle -120^\circ=38\angle -166.7^\circ-120^\circ=38\angle 73.3^\circ\ \text{A}$$

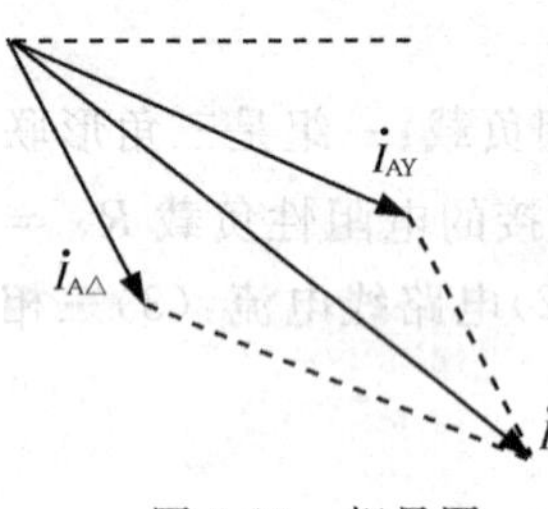


图 5-16 相量图

注意：$\dot{I}_{A\triangle}$与$\dot{I}_{AY}$相位不同，因此两者相量相加才等于线路电流。一相电压与电流的相量图如图 5-16 所示。由于两组负载都是对称负载，所以三相线路电流也是对称的。

(3) 三相电路有功功率为

$$\begin{aligned}P&=P_\triangle+P_Y=\sqrt{3}U_LI_{A\triangle}\cos\varphi_\triangle+\sqrt{3}U_LI_{AY}\\&=\sqrt{3}\times 380\times 18.13\times 0.8+\sqrt{3}\times 380\times 22\\&=24026\text{W}\approx 24\text{kW}\end{aligned}$$

## 习 题

5-1 当发电机的三相绕组联成星形时，设线电压 $u_{AB}=380\sqrt{2}\sin(\omega t+60^\circ)\text{V}$，试写出相电压 $u_A$、$u_B$、$u_C$ 的三角函数式。

5-2 额定电压为 220V 的三个单相负载，$R=12\Omega$，$X_L=16\Omega$，用三相四线制供电，已知线电压 $U_{AB}=380\sqrt{2}\sin(314t+30^\circ)\text{V}$。(1) 负载应如何连接？(2) 求负载的线电流 $i_A$、$i_B$、$i_C$。

5-3 图 5-17 所示电路中，由对称三相电源供电，已知：$\dot{U}_{AB}=380\angle 0^\circ\text{V}$，$R=X_L=$

$X_C=44\Omega$，求 $\dot{I}_A$、$\dot{I}_B$、$\dot{I}_C$ 和 $\dot{I}_N$。

5-4　在图 5-18 所示电路中，三相四线制电源电压为 380/220V，接有对称星形连接的白炽灯负载，其总功率为 180W，此外，在 $C$ 相上接有额定电压为 220V、功率为 40W、功率因数为 $\cos\varphi=0.5$ 的日光灯一支。试求 $\dot{I}_A$、$\dot{I}_B$、$\dot{I}_C$、$\dot{I}_N$。设 $\dot{U}_A=220\angle 0^\circ$ V。

5-5　三相四线制 380V 电源供电给三层大楼，每一层作为一相负载，装有数目相同的 220V 的日光灯和白炽灯，每层总功率 2000W，总功率因数为 0.91。(1)负载应如何接入电源？并画出电路图；(2)求全部满载时的线电流及中线电流；(3)如第一层仅用 1/2 的电灯，第二层仅用 3/4 的电灯，第三层满载，各层功率因数不变，问各线电流和中线电流为多少？

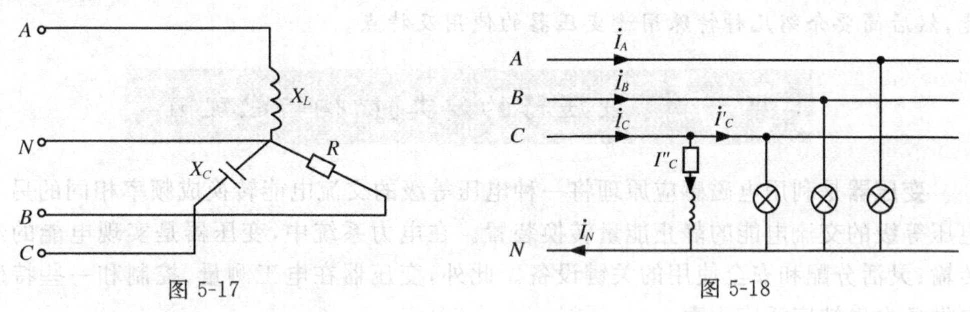


图 5-17　　图 5-18

5-6　线电压为 380V 的三相对称电源给三角形联接的三相负载供电，负载每相阻抗为 $Z=30+\mathrm{j}40\Omega$，试求负载的相电流、线电流；作电压和电流的相量图。(取 $\dot{U}_{AB}=380\angle 0^\circ$ V 为参考相量)。

5-7　三相交流电动机作三角形连接，线电压 $U_L=380$V，线电流 $I_L=17.3$A，三相输入总功率 $P=4.5$kW，求此三相交流电动机每相的等效复阻抗。

5-8　一台三相异步电动机的输出功率为 4kW，功率因数为 $\cos\varphi=0.85$，效率 $\eta=0.85$，额定相电压为 380V，供电线路为三相四线制，线电压为 380V。(1)问电动机应采用何种接法；(2)求负载的线电流和相电流；(3)求每相负载的等效复阻抗。

5-9　线电压 $U_L=220$V 的对称三相电源上接有两组对称三相负载，一组是接成三角形的感性负载，每相功率为 4.84W，功率因数 $\cos\varphi=0.8$；另一组是接成星形的电阻负载，每相电阻值为 10Ω，如图 5-15 所示。求各组负载的相电流及总的线电流。(取 $U_{AB}=220\angle 0^\circ$ V 为参考相量)。

5-10　电路如图 5-19 所示，负载对称并作三角形连接，当 $K_1$ 和 $K_2$ 均接通时，各电流表的读数均为 10A，问下面两种情况下各电流表的读数是多少？

(1) $K_1$ 闭合，$K_2$ 断开；

(2) $K_2$ 闭合，$K_1$ 断开。

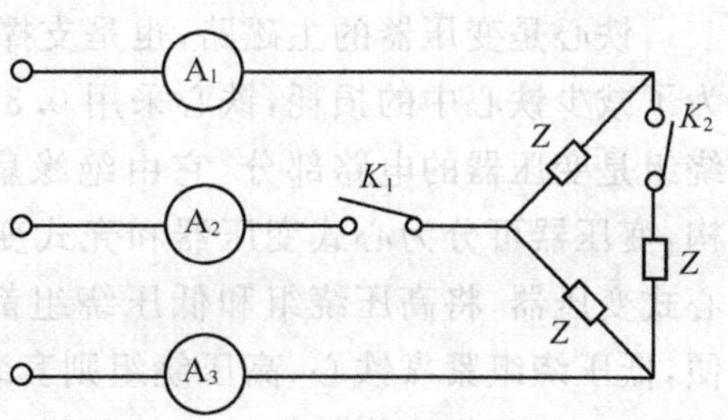


图 5-19

# 第六章

# 变压器

【内容提要】 本章主要介绍单相变压器和三相变压器的结构、工作原理和运行性能，然后简要介绍几种特殊用途变压器的使用及特点。

## 第一节 变压器的分类、结构与额定值

**变压器**是利用电磁感应原理将一种电压等级的交流电能转换成频率相同的另一种电压等级的交流电能的静止能量转换装置。在电力系统中，变压器是实现电能的经济传输、灵活分配和安全使用的关键设备。此外，变压器在电工测量、控制和一些特殊用电设备上也被广泛应用着。

### 一、变压器的分类

变压器的种类很多，可以按用途、绕组数目、相数、冷却方式分别进行分类。

按用途分类为：电力变压器、仪用互感器和特殊用途变压器；

按绕组数目分类为：双绕组变压器、三绕组变压器和单绕组变压器（自耦变压器）；

按相数分类为：单相变压器和三相变压器；

按冷却方式分类为：以空气为冷却介质的干式变压器、以油为冷却介质的油浸变压器等。

### 二、变压器的结构

变压器主要由铁心、绕组、绝缘材料和其他一些零部件构成。

1. 铁心与绕组

铁心是变压器的主磁路，也是支撑绕组的骨架，它由铁心柱、铁轭和夹紧装置组成。为了减少铁心中的损耗，铁心采用 0.35～0.5 mm 厚的两面涂有绝缘漆的硅钢片迭成。绕组是变压器的电路部分，它由绝缘扁导线或圆导线绕制而成，根据铁心与绕组的结构，变压器可分为心式变压器和壳式变压器。图 6-1 是心式变压器，其中图(a)是单相心式变压器，将高压绕组和低压绕组都分成两部分分别绕在两个铁心柱上，为绝缘方便，低压绕组紧靠铁心，高压绕组则套装在低压绕组的外面，两个绕组之间留有一定的间隙，一方面作为绕组间的绝缘间隙，另一方面使变压器油从其间隙中流过以冷却绕组。两部分绕组可以串联也可以并联；图(b)是三相心式变压器，将属于同一相的高、

低压绕组绕在同一铁心柱上。图 6-2 是壳式变压器，其特点是可以不要专门的变压器外壳，适用于小容量变压器。心式变压器结构简单，绕组的装配、绝缘都比较容易，国产电力变压器几乎都采用心式结构。

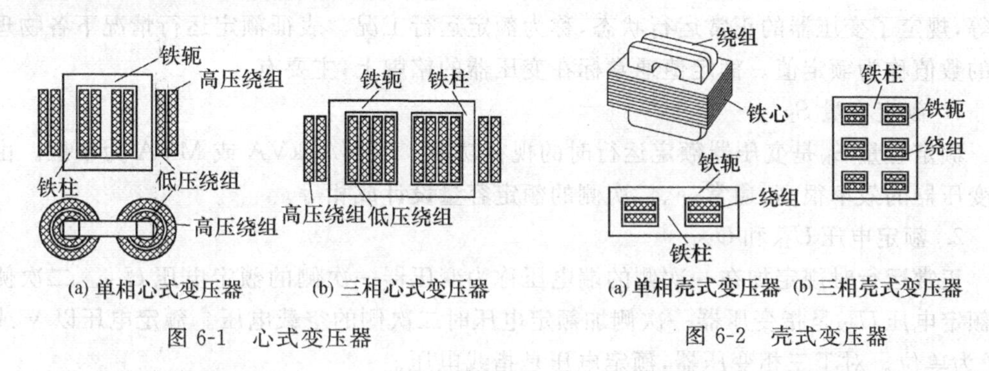


图 6-1 心式变压器　　图 6-2 壳式变压器

2. 油箱及其附件

变压器在工作时，铁心和绕组都会发热，所以必须采取冷却措施。对小容量变压器多用空气冷却方式，对大容量变压器多用油浸自冷、油浸风冷或强迫油循环风冷等方式。图 6-3 所示是一油浸式变压器的外形图。箱内充满变压器油，其目的一是提高绝缘强度（因变压器油的绝缘性能比空气好），二是加强散热。为了减小变压器油与空气的接触面积以降低油的氧化速度和浸入变压器油的水分，在油箱上面安装一储油柜（亦称膨胀器或油枕）。储油柜通过管道与油箱接通，使油面的升降限制在储油柜中。

在储油柜与油箱的连接管道中装有气体继电器。当变压器内部发生故障产生气体或油箱漏油使油面下降过多时，它可以发出报警信号或自动切断变压器电源。

油箱的顶盖上还装有安全气道、分接开关等附件。如图 6-3 所示。

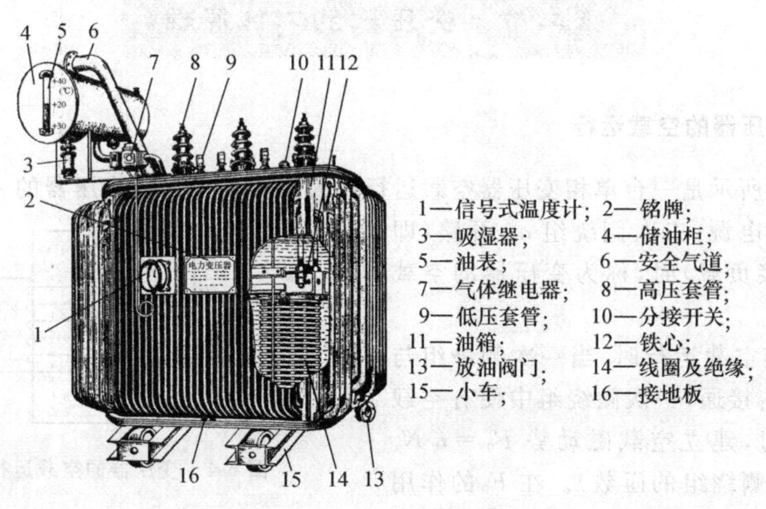


图 6-3 油浸式电力变压器

## 三、变压器的额定值

制造厂在设计变压器时,根据所选用的导体截面、铁心尺寸、绝缘材料以及冷却方式等,规定了变压器的正常运行状态,称为额定运行工况。表征额定运行情况下各物理量的数值称为额定值。额定值通常标在变压器的铭牌上,主要有:

1. 额定容量 $S_N$

额定容量 $S_N$ 是变压器额定运行时的视在功率。以 VA、kVA 或 MVA 为单位。由于变压器的效率很高,通常一、二次侧的额定容量设计成相等。

2. 额定电压 $U_{1N}$ 和 $U_{2N}$

正常运行时规定加在一次侧的端电压称为变压器一次侧的额定电压 $U_{1N}$。二次侧的额定电压 $U_{2N}$ 是指变压器一次侧加额定电压时二次侧的空载电压。额定电压以 V 或 kV 为单位。对于三相变压器,额定电压是指线电压。

3. 额定电流 $I_{1N}$ 和 $I_{2N}$

根据额定容量和额定电压计算出的线电流称为额定电流,以 A 为单位。

对于单相变压器 $$I_{1N}=\frac{S_N}{U_{1N}};I_{2N}=\frac{S_N}{U_{2N}}$$

对于三相变压器 $$I_{1N}=\frac{S_N}{\sqrt{3}U_{1N}};I_{2N}=\frac{S_N}{\sqrt{3}U_{2N}}$$

4. 额定频率 $f_N$

我国规定工业频率为 $f_N=50$ Hz。

此外,额定运行时的效率、温升等数据也是额定值。除额定值外,变压器的相数、绕组连接方式及连接组别、短路电压、运行方式和冷却方式均标注在铭牌上。

# 第二节 变压器的工作原理

## 一、变压器的空载运行

图 6-4 所示是一台单相变压器空载运行时的原理图。当将变压器的一次侧绕组 $AX$ 接交流电源,二次侧绕组 $ax$ 开路(即二次侧不接负载)时,称为变压器的空载运行。

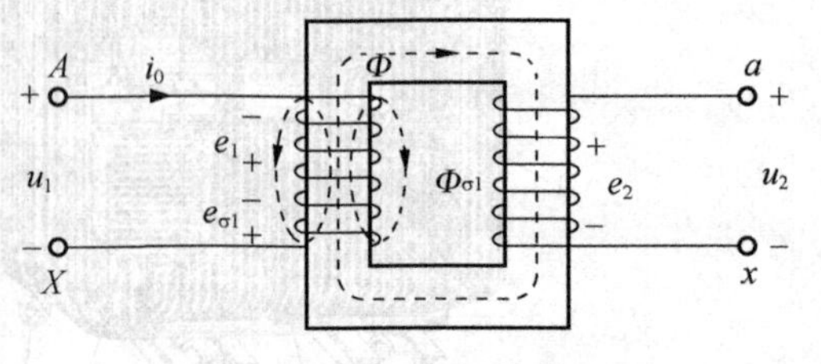


图 6-4 变压器的空载运行

变压器空载运行时,当一次侧绕组与交流电压 $u_1$ 接通,一次侧绕组中便有空载电流 $i_0$ 通过,建立空载磁动势 $F_0=i_0N_1$($N_1$ 为一次侧绕组的匝数)。在 $F_0$ 的作用下产生主磁通 $\Phi$,其磁力线沿铁心构成闭合回路,它的方向与电流 $i_0$ 的方向符合右手螺旋定则。由于主磁通 $\Phi$ 同时与一次侧绕组和二次侧绕组相交链，因此必然在一次、二次绕组中产生感应电动势 $e_1$ 和 $e_2$。

根据电磁感应定律，设 $\Phi = \Phi_m \sin \omega t$，则

$$e_1 = -N_1 \frac{d\Phi}{dt} = -N_1 \frac{d(\Phi_m \sin \omega t)}{dt} = -N_1 \omega \Phi_m \cos \omega t$$

$$= 2\pi f N_1 \Phi_m \sin(\omega t - 90^\circ) = E_{1m} \sin(\omega t - 90^\circ) \tag{6-1}$$

$$e_2 = -N_2 \frac{d\Phi}{dt} = -N_2 \frac{d(\Phi_m \sin \omega t)}{dt} = -N_2 \omega \Phi_m \cos \omega t$$

$$= 2\pi f N_2 \Phi_m \sin(\omega t - 90^\circ) = E_{2m} \sin(\omega t - 90^\circ) \tag{6-2}$$

由式(6-1)和式(6-2)可见，$e_1$ 和 $e_2$ 均比主磁通滞后 90°，它们的最大值为

$$E_{1m} = 2\pi f N_1 \Phi_m$$
$$E_{2m} = 2\pi f N_2 \Phi_m \tag{6-3}$$

有效值为

$$E_1 = \frac{E_{1m}}{\sqrt{2}} = \frac{2\pi}{\sqrt{2}} f N_1 \Phi_m = 4.44 f N_1 \Phi_m \tag{6-4}$$

$$E_2 = \frac{E_{2m}}{\sqrt{2}} = \frac{2\pi}{\sqrt{2}} f N_2 \Phi_m = 4.44 f N_2 \Phi_m \tag{6-5}$$

式中，$E_1$、$E_2$ 分别为电动势 $e_1$ 和 $e_2$ 的有效值，单位为 V；$N_1$、$N_2$ 分别为一次绕组和二次绕组的匝数，单位为匝；$\Phi_m$ 为主磁通的最大值，单位为 Wb；$f$ 为电源的频率，单位为 Hz。

在磁动势 $F_0$ 的作用下，除了产生主磁通 $\Phi$ 外，还产生少量的漏磁通 $\Phi_{\sigma 1}$，它通过一次绕组后就沿附近的空间而闭合，如图 6-4 中所示。由于漏磁通的路径大部分在非铁磁介质中，它不会饱和，可以认为 $\Phi_{\sigma 1}$ 与 $i_0$ 成正比关系，即

$$L_{\sigma 1} = \frac{N_1 \Phi_{\sigma 1}}{i_0} = \text{常数}$$

式中 $L_{\sigma 1}$ 称为一次绕组的漏磁电感，或简称一次漏感。

由于漏磁通也是交变的，故在一次绕组中还会产生漏磁感应电动势 $e_{\sigma 1}$，即

$$e_{\sigma 1} = -N_1 \frac{d\Phi_{\sigma 1}}{dt} = -L_{\sigma 1} \frac{di_0}{dt} \tag{6-6}$$

如果电流随时间按正弦规律变化，则式(6-6)可写成复数形式，即

$$\dot{E}_{\sigma 1} = -j\dot{I}_0 X_{\sigma 1} \tag{6-7}$$

式中，$X_{\sigma 1} = 2\pi f L_{\sigma 1}$ 称为一次绕组的漏磁感抗。

此外，一次绕组中还有电阻 $R_1$，空载电流通过它要产生压降 $\dot{U}_{R1} = \dot{I}_0 R_1$。

电源电压必须与感应电动势 $E_1$、漏磁感应电动势 $E_{\sigma 1}$ 和电阻压降 $U_{R1}$ 三个分量平衡，即在空载时一次侧绕组的电压平衡方程式为

$$\dot{U}_1 = -\dot{E}_1 - \dot{E}_{\sigma 1} + \dot{I}_0 R_1 = -\dot{E}_1 + \dot{I}_0 (R_1 + jX_{\sigma 1}) = -\dot{E}_1 + \dot{I}_0 Z_{\sigma 1} \tag{6-8}$$

空载时，空载电流 $\dot{I}_0$ 很小，阻抗压降 $\dot{I}_0 Z_{\sigma1}$ 也很小，可以忽略不计，故

$$\dot{U}_1 \approx -\dot{E}_1 = \mathrm{j}4.44 f N_1 \dot{\Phi}_{\mathrm{m}} \tag{6-9}$$

$$U_1 \approx E_1 = 4.44 f N_1 \Phi_{\mathrm{m}} \tag{6-10}$$

由式(6-10)可知，当电源频率和线圈匝数一定时，主磁通的最大值 $\Phi_{\mathrm{m}}$ 近似与电源电压 $U$ 成正比。

空载时，二次侧的空载电压 $\dot{U}_{20}=\dot{E}_2$，故

$$\frac{U_1}{U_{20}} \approx \frac{E_1}{E_2} = \frac{4.44 N_1 f \Phi_{\mathrm{m}}}{4.44 N_2 f \Phi_{\mathrm{m}}} = \frac{N_1}{N_2} = K \tag{6-11}$$

式中，$K$ 称为变压器的变比。

式(6-11)是变压器的一个基本关系式，它表明一次、二次绕组的电压有效值之比与绕组匝数比成正比。只要适当选取一次、二次绕组的匝数 $N_1$、$N_2$，就可以把电源电压值 $U_1$ 变为所需要的输出电压值 $U_2$。如 $N_1>N_2$ 时，为降压变压器；如 $N_1<N_2$ 时，为升压变压器。

## 二、变压器的负载运行

当变压器一次侧绕组接电源，二次侧绕组接负载时，在感应电动势 $e_2$ 的作用下，二次侧绕组中就有电流 $i_2$ 通过，即有电能输出，这种运行情况称为变压器的**负载运行**。如图 6-5 所示。

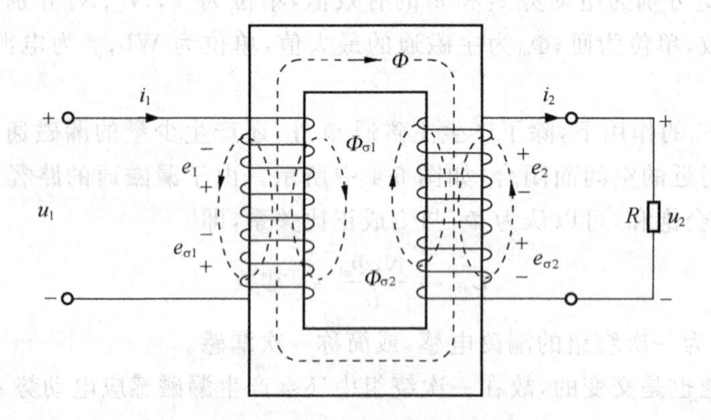


图 6-5　变压器的负载运行

从能量转换的观点看，二次侧有能量输出时，必然使一次侧绕组从电源多吸取负载需要的能量，通过主磁通传递给二次侧绕组。当电源电压 $U_1$ 保持不变，要使输入能量增加，一次侧电流必然增大，即从空载时的 $i_0$ 增加到负载时的 $i_1$。

由式(6-10)可见，当电源电压 $U_1$ 和频率 $f$ 不变时，$E_1$ 和 $\Phi_{\mathrm{m}}$ 也都近于常数。就是说，铁心中主磁通的最大值在变压器空载或负载时基本上是恒定的。因此，有负载时产生主磁通的一次、二次绕组的合成磁动势（$i_1 N_1 + i_2 N_2$）应该和空载时产生主磁通的一次绕组的磁动势 $i_0 N_1$ 近似相等，即

$$i_1N_1 + i_2N_2 \approx i_0N_1$$

如用相量表示,则为

$$\dot{I}_1N_1 + \dot{I}_2N_2 \approx \dot{I}_0N_1 \tag{6-12}$$

这就是变压器中的磁势平衡方程式。

变压器的空载电流 $i_0$是励磁用的。由于铁心的磁导率高,空载电流是很小的,可以忽略。于是式(6-12)可写成

$$\dot{I}_1N_1 \approx -\dot{I}_2N_2 \tag{6-13}$$

由上式可知,一次、二次绕组的电流关系为

$$\frac{I_1}{I_2} \approx \frac{N_2}{N_1} = \frac{1}{K} \tag{6-14}$$

式(6-14)表明变压器一次、二次侧绕组的电流有效值之比与它们的匝数成反比。这是变压器另一个基本关系,说明变压器还有变换电流的作用。可见,变压器中的电流虽然由负载的大小确定,但是一次、二次侧绕组中电流的比值是近似不变的;因为当负载增加时,$I_2$和 $I_2N_2$随着增大,而 $I_1$和 $I_1N_1$也必须相应增大,以抵偿二次侧绕组的电流和磁动势对主磁通的影响,从而维持主磁通的最大值不变。

和变压器的一次侧相似,二次侧绕组中有电流 $I_2$通过时也会产生漏磁通 $\Phi_{\sigma2}$,同样会在二次侧绕组中产生漏磁感应电动势 $E_{\sigma2}$;另外,二次侧绕组中也有电阻 $R_2$,也会产生电阻压降 $I_2R_2$,由图 6-5 可以得出

$$\begin{aligned} \dot{E}_2 + \dot{E}_{\sigma2} &= \dot{U}_2 + \dot{I}_2R_2 \\ \dot{U}_2 &= \dot{E}_2 - \dot{I}_2Z_{\sigma2} \end{aligned} \tag{6-15}$$

**【例 6-1】** 有一台变压器,一次侧电压 $U_1 = 6\ 000$ V,二次侧电压 $U_2 = 230$ V,如果二次侧接一个 $P = 40$ kW 的电阻炉,求一次、二次侧绕组的电流各为多少?

**【解】** 电阻炉的功率因数为 1,故二次侧绕组的电流

$$I_2 = \frac{P}{U_2} = \frac{40 \times 10^3}{230}\text{A} = 174\text{ A}$$

$$K = \frac{U_1}{U_2} = \frac{6000}{230} = 26$$

$$I_1 = \frac{1}{K}I_2 = \frac{174}{26}\text{A} = 6.7\text{ A}$$

### 三、阻抗的变换

在电子线路中常常对负载阻抗的大小有要求,以使负载获得较大的功率。但是,一般情况下负载阻抗很难达到匹配要求,所以在电子线路中常利用变压器进行阻抗变换。

在图 6-6(a)中,负载阻抗 $|Z|$ 接在变压器二次侧,而图中的虚线框部分可用一个阻抗 $|Z'|$ 来等效代替。所谓等效,就是输入电路的电压、电流和功率不变。即直接接在电源上的阻抗 $|Z'|$ 和接在变压器二次侧的负载阻抗 $|Z|$ 对于电源来讲是等效的。

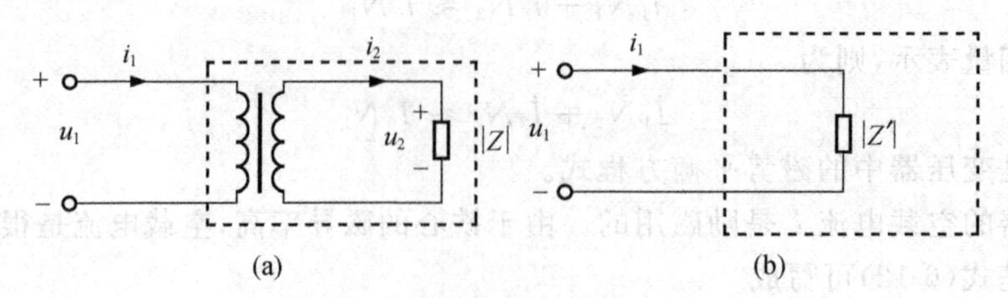


图 6-6 负载阻抗的等效变换

由图 6-6(a)(b)可以得出

$$|Z| = \frac{U_2}{I_2} \qquad |Z'| = \frac{U_1}{I_1}$$

所以
$$|Z'| = \frac{U_1}{I_1} = \frac{KU_2}{I_2/K} = K^2|Z| \tag{6-16}$$

式(6-16)是变压器的第三个基本关系。表明变压器二次侧阻抗为$|Z|$时，一次侧的等效阻抗为$K^2|Z|$，因此只要改变变压器的变比，就可以使负载与电源进行匹配，获得较高的功率输出。这种做法通常称为阻抗匹配。

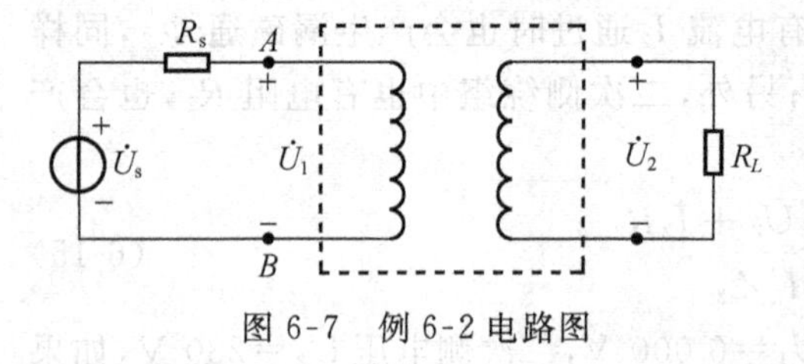


图 6-7 例 6-2 电路图

**【例 6-2】** 信号源电压$U_S=10$ V，内阻$R_S=0.4$ kΩ，负载电阻$R_L=8$ Ω，为使负载能够获得最大功率，在信号源与负载电阻$R_L$之间接入一个变压器，如图 6-7 所示，求变压器的变比及一次、二次侧电压、电流有效值和负载$R_L$的功率。

**【解】** (1) 求变比：根据负载获得最大功率的条件是$R_L'=R_s$，由式(6-16)可知

$$R_L' = K^2 R_L$$

变比
$$K = \sqrt{\frac{R_L'}{R_L}} = \sqrt{\frac{R_S}{R_L}} = \sqrt{\frac{0.4\times 10^3}{8}} = 7.1$$

(2) 变压器变比$K=7.1$时，$A$、$B$间的等效电阻

$$R_L' = K^2 R_L = 7.1^2 \times 8\ \Omega = 0.4\ \text{k}\Omega$$

所以得
$$U_1 = \frac{U_S}{R_s + R_L'}R_L' = \frac{1}{2}U_S = \frac{10}{2}\text{A} = 5\ \text{V}$$

二次侧电压
$$U_2 = \frac{U_1}{K} = \frac{5}{7.1}\text{V} = 0.7\ \text{V}$$

二次侧电流
$$I_2 = \frac{U_2}{R_L} = \frac{0.7}{8}\text{A} = 88\ \text{mA}$$

一次侧电流
$$I_1 = \frac{I_2}{K} = \frac{88}{7.1}\text{W} = 12.5\ \text{mA}$$

负载功率
$$P_2 = U_2 I_2 = 0.7 \times 88\ \text{W} = 62\ \text{mW}$$

# 第三节 变压器的外特性及效率

## 一、变压器的外特性和电压调整率

当变压器一次侧绕组接入额定电压 $U_1$，二次侧开路时的空载电压为 $U_{20}$。变压器二次侧接入负载后，由于一次侧、二次侧都有电流通过，必然在一次、二次侧内阻抗上产生电压降，从而使二次侧输出电压 $U_2$ 随输出电流 $I_2$ 的变化而变化，即 $U_2 = f(I_2)$ 关系曲线称为变压器的**外特性**，如图 6-8 所示。对电阻性和电感性负载而言，电压 $U_2$ 随电流 $I_2$ 的增加而下降。外特性的下降程度与负载的功率因数有关，功率因数愈低，下降愈剧烈。

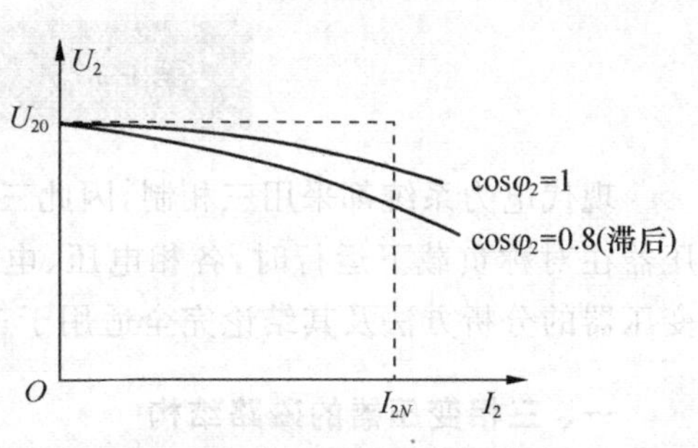

图 6-8 变压器的外特性曲线

由空载到满载(二次侧电流达到额定值 $I_{2N}$)二次侧电压变化的数值与空载电压 $U_{20}$ 的比值叫做**电压调整率**，用 $\Delta U\%$ 表示为

$$\Delta U\% = \frac{U_{20} - U_2}{U_{20}} \times 100\% \tag{6-17}$$

电力变压器的电压调整率约为 5%左右。

## 二、变压器的损耗与效率

1. 变压器的损耗

变压器在运行时存在两种损耗，即铁损 $P_{Fe}$ 和铜损 $P_{Cu}$。

(1) 铁损 $P_{Fe}$

**铁损**是交变的主磁通在铁心中产生的涡流损耗 $P_w$ 和磁滞损耗 $P_h$ 之和。即

$$P_{Fe} = P_w + P_h$$

铁损的大小主要取决于电源频率及铁心中的磁通量，由于变压器在运行时，一次侧绕组电压数值和频率都不变，由式(6-10)可知主磁通 $\Phi_m$ 基本不变，所以铁损基本上保持不变，故铁损是不变损耗。

(2) 铜损 $P_{Cu}$

**铜损**是变压器负载运行时，电流在一次和二次侧绕组电阻 $R_1$、$R_2$ 上产生的损耗。即

$$P_{Cu} = I_1^2 R_1 + I_2^2 R_2$$

变压器中铜损耗的大小与绕组中通过的电流大小有关。当负载电流变化时，铜损也跟着发生变化，因此铜损是可变损耗。

2. 变压器的效率 $\eta$

**变压器的效率**是指变压器输出的有功功率 $P_2$ 与输入的有功功率 $P_1$ 的比值，用 $\eta$ 表示。

即
$$\eta=\frac{P_2}{P_1}\times 100\% \tag{6-18}$$

$$\eta=\frac{P_2}{P_2+P_{Cu}+P_{Fe}}\times 100\%$$

由于变压器的功率损耗很小,故效率很高。例如电力变压器满载时效率在95%以上,大型变压器效率可达99%以上。

## 第四节　三相变压器

现代电力系统都采用三相制,因此三相变压器应用广泛。从运行原理来看,三相变压器在对称负载下运行时,各相电压、电流大小相等,相位互差120°,因此前面对单相变压器的分析方法及其结论完全适用于三相变压器对称运行时的情况。

### 一、三相变压器的磁路结构

三相变压器按磁路结构可分为三相组式变压器和三相心式变压器两类。

由三个单相变压器构成的三相变压器称为三相组式变压器,如图6-9所示。三相组式变压器的特点是三相磁路单独分开,互不关联。因此三相之间只有电的联系而无磁的耦合。称为不相关磁路系统。

图6-10所示是三相心式变压器,三相心式变压器的特点是三相中任何一个铁心柱中的磁通都经过其他两个铁心柱形成闭合磁回路,三相之间不仅有电的联系而且有磁的关联,因此称为相关磁路系统。和同容量的三相组式变压器相比较,三相心式变压器的优点是,所用材料少、重量轻、价格便宜。

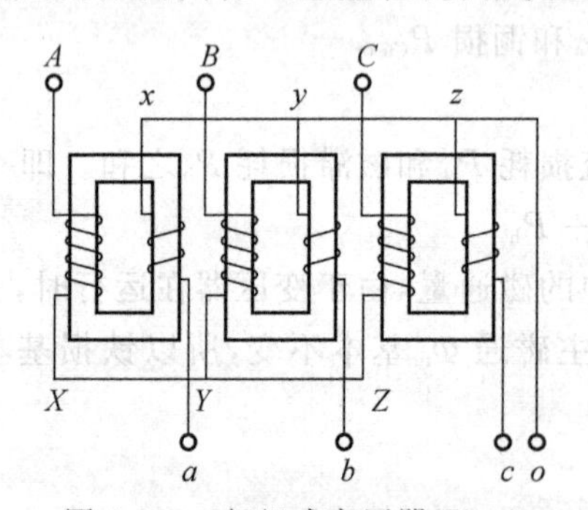


图6-9　三相组式变压器(Yyn)

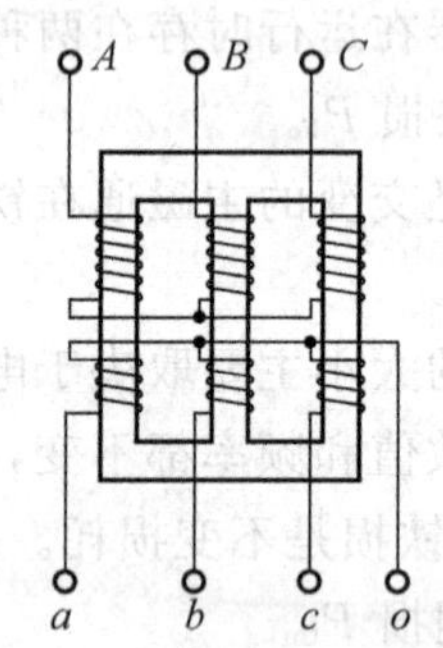


图6-10　三相心式变压器(Yyn)

一般中、小容量的电力变压器,都采用三相心式变压器,以节省材料。只有大容量的巨型变压器,为了制造及运输上的方便和减少电站备用器材的投资,才选用三相组式变压器。

### 二、三相变压器中一次、二次侧线电压与相电压之间的变换关系

对于三相变压器,不论是一次侧绕组还是二次侧绕组,广泛采用星形和三角形联

接。采用星形联接时用符号 Y(低压侧用 y)表示,如果将中点引出则用 YN(低压侧用 yn)表示。采用三角形联接时用符号 D(低压侧用 d)表示。

如图 6-11 所示,其中图(a)为 Yyn 联接,图(b)为 Yd 联接。图中说明,不论三相变压器作何种联接,其一次、二次侧相电压的比值仍等于一次、二次侧绕组的匝数比(变压器的变比)。

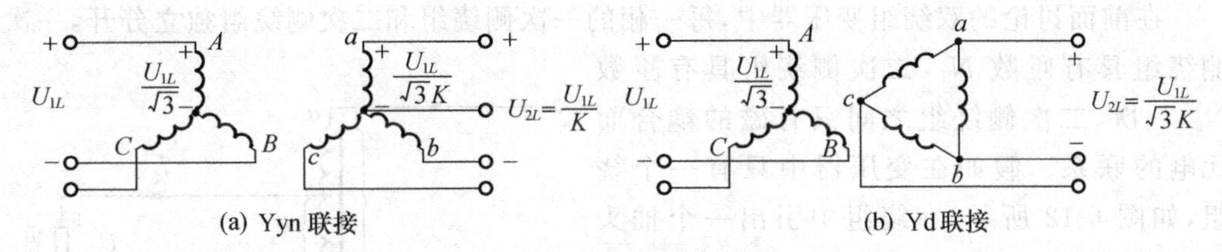


图 6-11　三相变压器的联接法

$$\frac{U_{1P}}{U_{2P}}=\frac{N_1}{N_2}=K$$

当三相绕组接法不同时,一次、二次侧线电压的比值是不同的,即

当作 Yyn 联接时　$\frac{U_{1L}}{U_{2L}}=K$

当作 Yd 联接时　$\frac{U_{1L}}{U_{2L}}=\sqrt{3}K$

当作 Dy 联接时　$\frac{U_{1L}}{U_{2L}}=\frac{1}{\sqrt{3}}K$

## 三、三相变压器的联接组别

三相变压器的联接组别是由二次侧线电势与对应一次侧线电势之间的相位差来决定的,它不仅与绕组的绕法和首、末端的标记有关,还与三相绕组的联接方法有关。三相变压器的联接组别很多,为了制造和并联运行方便,我国主要生产 Yyn0、Yd11、YNd11 三种联接组别的电力变压器。Yyn0 联接组低压侧可引出中线成为三相四线制,用作配电变压器时可带动力负载并兼带照明等单相负载;Yd11 联接组主要用于二次侧电压超过 400 V 的线路上;YNd11 主要用于高压输电线路中。

以上联接组别含义:Yyn0 联接组别,符号 Y 表示一次侧绕组为星形联接,yn 表示二次侧绕组也是星形联接且有中线引出,0 表示一次侧线电势相量指向时钟 12 点位置时,对应二次侧的线电势相量也指向 12 点位置,即一次、二次侧对应的线电势同相位。Yd11 联接组别表示一次侧绕组为星形联接,二次侧绕组为三角形联接,11 表示当一次侧线电势相量指向 12 点钟位置时,对应的二次侧线电势相量指向 11 点钟位置,即一次、二次侧对应线电势的相位差为 30°。

## 第五节 特殊用途变压器

### 一、自耦变压器

在前面讨论的双绕组变压器中，每一相的一次侧绕组和二次侧绕组独立分开，一次侧绕组具有匝数 $N_1$，二次侧绕组具有匝数 $N_2$，一次、二次侧绕组之间只有磁的耦合而无电的联系。假如在变压器中只有一个绕组，如图 6-12 所示，在绕组中引出一个抽头 $C$，使 $N_{ab}=N_1$，$N_{cb}=N_2$，由于感应电动势正比于匝数，当铁心中的磁通交变时，在这两部分绕组中的感应电动势分别为

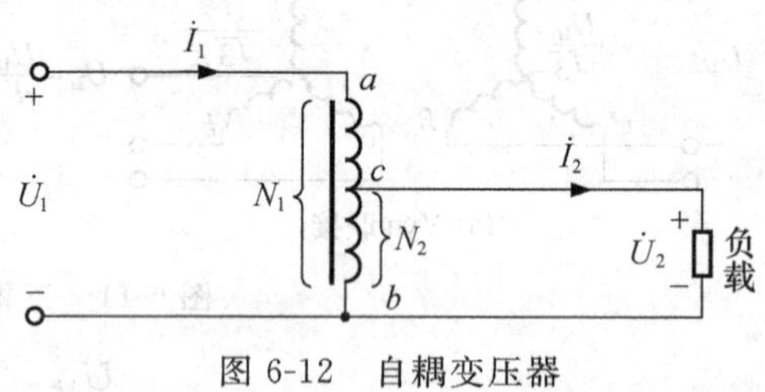

图 6-12　自耦变压器

$$E_{ab}=4.44fN_1\Phi_m=E_1$$

$$E_{cb}=4.44fN_2\Phi_m=E_2$$

因此，图 6-12 所示的绕组结构形式，也起着变压器的作用。一次侧绕组感应电动势 $\dot{E}_{ab}=\dot{E}_1$ 与外施电压 $\dot{U}_1$ 相平衡，二次侧绕组感应电动势 $\dot{E}_{cb}=\dot{E}_2$ 加到负载后便可向外供电。所不同的只是 $N_{cb}$ 是二次侧绕组，也是一次侧绕组的一部分，这种一次侧和二次侧具有部分公共绕组的变压器称为**自耦变压器**。即自耦变压器的一次、二次侧绕组之间不仅有磁的联系而且还有电的直接联系。

自耦变压器的工作原理与普通双绕组变压器是一样的，在一次、二次侧绕组电压、电流之间同样存在如下关系：

$$\frac{U_1}{U_{20}}=\frac{E_1}{E_2}=\frac{N_1}{N_2}=K$$

$$\frac{I_1}{I_2}=\frac{N_2}{N_1}=\frac{1}{K}$$

若将自耦变压器二次侧绕组的分接头 $C$ 做成能沿着径向裸露的绕组表面自由滑动的电刷触头，移动电刷的位置，改变二次侧绕组的匝数，就能平滑地调节输出电压。实验室中常用的调压器就是一种可改变二次侧绕组匝数的自耦变压器。其外形如图 6-13 所示。

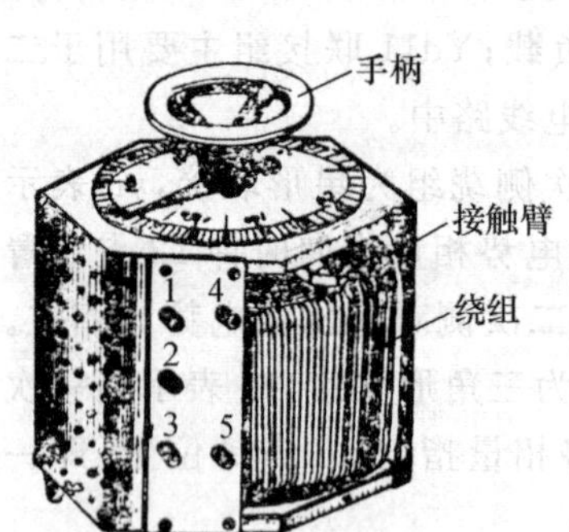

图 6-13　调压器的外形

### 二、互感器

互感器是一种测量用的设备，有电流互感器和电压互感器两种。它们的工作原理和变压器基本相同。互感器的主要用途：(1)将测量回路与高电压或大电流电

路隔离，以保证工作人员和测试设备的安全；(2)扩大交流电表的量程，通常电流互感器的二次侧额定电流为 5 A 或 1 A，电压互感器的二次侧电压为 100 V；(3)为各类继电器保护和控制系统提供控制信号。

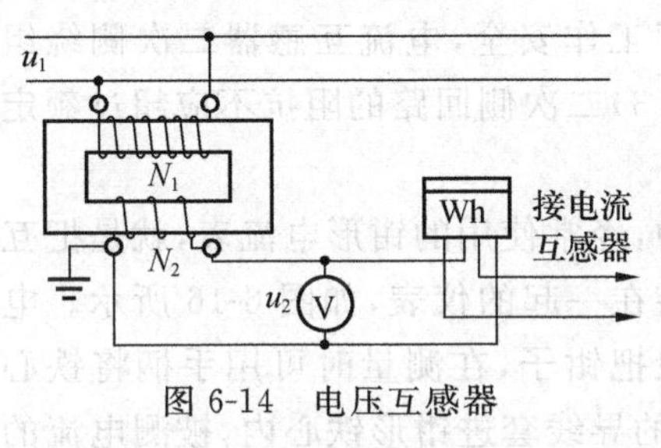

图 6-14 电压互感器

1. 电压互感器

图 6-14 是电压互感器的原理图。电压互感器的一次侧绕组匝数较多，与被测电压电路并联，二次侧绕组的匝数较少，二次侧接入的是电压表(或功率表的电压线圈)，由于它们的阻抗很高，因此电压互感器正常工作时相当于一台降压变压器的空载运行。

根据变压器的工作原理可知 $\dfrac{U_1}{U_2}=\dfrac{N_1}{N_2}=K$ 或 $U_1=KU_2$。适当地选择变比，就能从接在二次侧的电压表上间接地读出一次侧的电压。如果配以专用的电压互感器，电压表的刻度可以按一次侧的电压值标出，这样可以直接从电压表上读出一次侧的电压值。

实际电压互感器存在误差，产生误差的原因是存在漏阻抗和激磁电流。电压互感器按准确度的高低分为 0.2、0.5、1 和 3 四个等级，可供使用单位选择。数字愈小，准确度愈高。

在使用电压互感器时应该注意：(1)电压互感器的铁心及二次侧绕组的一端必须可靠接地，以防止绕组间的绝缘损坏时，在二次侧出现高电压而危及量测人员的安全；(2)二次侧绕组不允许短路，否则会产生很大的短路电流，烧坏互感器绕组；(3)二次侧接入的阻抗不得小于额定值，以减小误差。

2. 电流互感器

图 6-15 是电流互感器的原理图。电流互感器一次侧绕组的匝数少(只有一、两匝)，导线粗，工作时串接在待测量电流的电路中；二次侧的匝数比一次侧的匝数多，导线细，与电流表(或其他仪表及继电器的电流线圈)相连接。根据变压器的工作原理可知

$$\frac{I_1}{I_2}=\frac{N_2}{N_1}=\frac{1}{K}=K_i$$

或

$$I_1=K_iI_2 \tag{6-19}$$

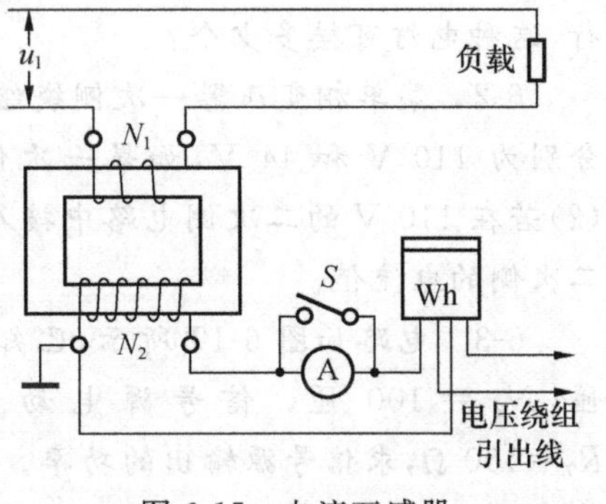

图 6-15 电流互感器

式(6-19)中 $K_i$ 是电流互感器的变换系数。

实际上由于激磁电流和漏阻抗的影响，电流互感器也存在误差。按误差大小分为 0.2、0.5、1.0、3.0 和 10 五个等级供选用。

在使用电流互感器时应注意：(1)在运行过程中，二次绕组绝对不允许开路。因为电流互感器与普通变压器不同，一次侧绕组电流不取决于二次绕组，而取决于被测电路

的电流。当二次绕组开路时，一次侧被测电流全部成为激磁电流，使铁心中的磁通量增加许多倍，铁心严重饱和。这一方面使铁损大大增加，铁心严重发热烧坏互感器；另一方面使二次侧绕组中感应出高电压，可能击穿绝缘而发生事故；(2)为了工作安全，电流互感器二次侧绕组的一端必须接地；(3)二次侧回路的阻抗不应超过额定值，以减小误差。

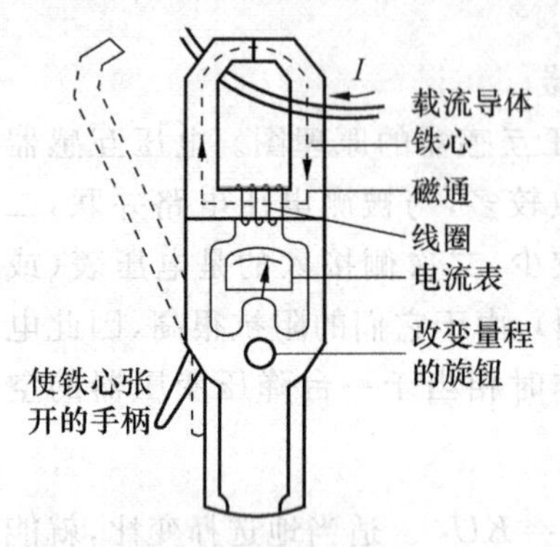


图 6-16　钳形电流表

在实际工作中，经常使用的钳形电流表，就是把互感器和电流表组装在一起的仪表，如图 6-16 所示。电流互感器的铁心象把钳子，在测量时可用手柄将铁心张开，把被测电流的导线套进钳形铁心内，被测电流的导线就是电流互感器的一次绕组(只有一匝)，二次绕组绕在铁心上并与电流表接通，这样就可从电流表中直接读出被测电流的大小。利用钳形电流表可以很方便地测量线路中的电流，而不用断开被测电路。

## 习　题

6-1　有一台额定容量为 10 kVA，额定电压为 3 300/220 V 的单相变压器，一次侧绕组为 6 000 匝。试求：

(1) 二次侧绕组匝数；

(2) 一次、二次绕组的额定电流；

(3) 今欲在二次绕组接上 60 W、220 V 的白炽灯，如果要变压器在额定情况下运行，这种电灯可接多少个？

6-2　某单相变压器一次侧绕组额定电压 $U_{1N}=220$ V，二次侧有两个绕组，其电压分别为 110 V 和 44 V，如果一次侧绕组为 440 匝。(1)求二次侧两个绕组的匝数；(2)若在 110 V 的二次侧电路中接入 110 V、100 W 的白炽灯 11 盏，分别求此时一次、二次侧的电流值。

6-3　电路如图 6-17 所示，已知 $R_L=8\ \Omega$，$N_1=300$ 匝，$N_2=100$ 匝。信号源电动势 $E=6$ V，内阻 $R_0=100\ \Omega$，求信号源输出的功率。

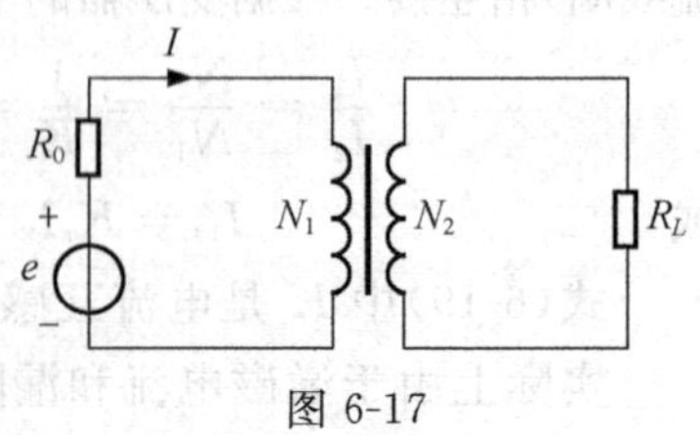


图 6-17

6-4　已知信号源电压为 10 V，内阻 $R_0$ 为 560 Ω，负载电阻 $R_L$ 为 8 Ω，欲使负载获得最大功率，阻抗需要变换，今在信号源与负载之间接入一变压器。(1)试求变压器最合理的变比；(2)一次、二次侧电流及电压；(3)负载获得的功率。

6-5　有一交流铁心线圈工作在电压 $U=220$ V，频率 $f=50$ Hz 的电源上。电流 $I=3$ A，消耗功率 $P=100$ W。为了求出此时的铁损，把该线圈从交流电源上取下，改接在直流 12 V 电源上，测得电流为 10 A，试计算铁损和功率因数。

6-6　有一台三相变压器，$S_N=5\ 600$ kVA，一次侧绕组的额定电压 $U_{1N}=35$ kV，二次绕组的额定电压 $U_{2N}=10.5$ kV，Yd 接法。求：(1)一次、二次侧的额定电流；(2)一次、二次侧绕组的额定电流。

# 第七章

# 三相交流异步电动机

**【内容提要】** 本章主要讨论三相交流异步电动机的基本结构，工作原理，转矩与转速之间的机械特性，启动、调速和制动性能等。

电动机是根据电磁感应原理将电能转换成机械能的旋转的能量转换装置。现代各种生产机械都广泛应用电动机来驱动。电动机可分为交流电动机和直流电动机两大类。交流电动机又分为异步电动机(或称感应电动机)和同步电动机。直流电动机按照励磁方式的不同分为他励、并励、串励和复励四种。

异步电动机与其他各种电动机相比，具有结构简单、制造容易、维护方便、效率较高、价格低廉、坚固耐用等优点，因此它在工农业生产和日常生活中获得最广泛的应用。在电网的总负荷中，异步电动机的用电量约占 60%以上。

## 第一节　三相异步电动机的基本结构

异步电动机主要由固定不动的定子和旋转的转子两大部分组成，定、转子之间有气隙，为了减小激磁电流，提高功率因数，异步电动机的气隙很小，一般为 0.2～1.5 mm。在定子两端有端盖支撑转子。

### 一、异步电动机的定子

异步电动机的定子由定子铁心、定子绕组和机座三部分组成，图 7-1 是三相鼠笼式异步电动机的外形和结构图。

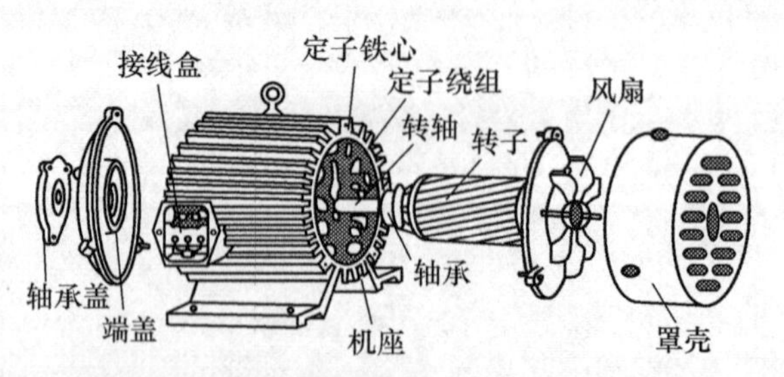


图 7-1　鼠笼式异步电动机的外形及结构图

定子铁心的作用：一是作为电机中磁路的一部分，二是放置定子绕组。为了减少旋转磁场在铁心中引起损耗,铁心一般采用导磁性能良好的 0.5 mm 厚的电工硅钢片叠成。硅钢片的主要特点是电阻率高、铁损低。因此适用于各种交变磁场的磁路。为了嵌放三相定子绕组,在定子内圆冲出许多相同的槽,如图 7-2 所示。

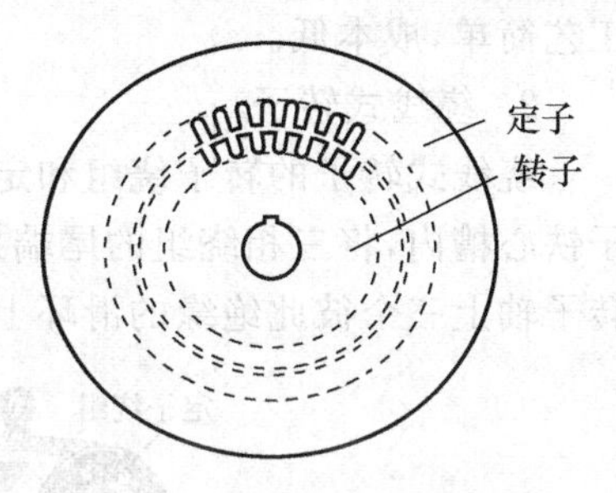

图 7-2 定子和转子的铁心片

定子绕组是电动机的电路部分,其主要作用是通过电流和产生感应电动势,以实现机电能量转换,定子绕组一般采用漆包线绕制,其三相对称定子绕组共有六个出线端,每相绕组的首端和末端分别用 $A$、$B$、$C$ 和 $X$、$Y$、$Z$ 标记。通常将它们接在机座的接线盒上。

机座的作用主要是固定电机和支撑定子铁心,因此要求有足够的机械强度和刚度,中、小型异步电动机一般都采用铸铁机座。对封闭式异步电动机,铁心紧贴机座的内壁,电动机运行时,因内部损耗产生的热量通过铁心传给机座,再由机座表面散发到周围空气中,因此机座还起着散热的作用,为了增加散热面积,在机座外表面有散热片,如图 7-1 所示。

## 二、异步电动机的转子

异步电动机的转子由转子铁心、转子绕组和转轴等组成。

转子铁心也是电机中磁路的一部分,一般由 0.5 mm 厚的硅钢片叠成,在转子铁心的外圆上开有槽,以放置和浇注转子绕组,如图 7-2 所示。

转子绕组的作用是产生感应电动势,流过电流和产生电磁转矩,其结构形式有鼠笼式和绕线式两种。分述如下:

### 1. 鼠笼转子

异步电动机的转子绕组不必由外界电源供电,因此可以自行闭合构成短路绕组。

鼠笼式转子绕组是在每个转子铁心槽内放入一根铜条,铜条两端伸出槽外部分焊接在两个铜环(也叫端环)上,如图 7-3 所示。如果去掉铁心,形状如同松鼠笼子,鼠笼式电动机因此而得名。

为了节省铜材,现在中小型异步电动机一般采用铸铝转子,如图 7-4 所示。即把熔

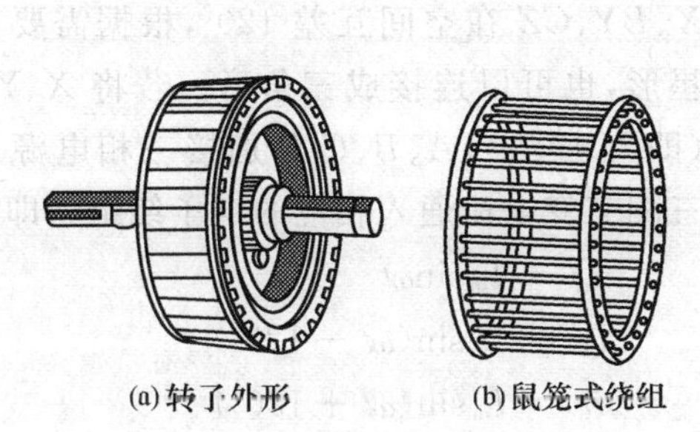
(a) 转子外形 (b) 鼠笼式绕组

图 7-3 鼠笼式转子

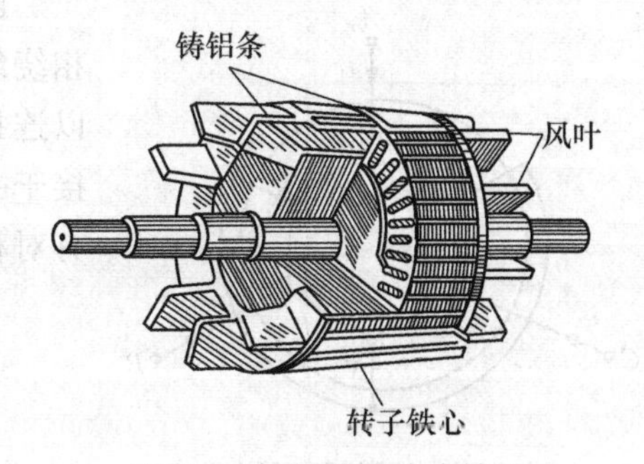

图 7-4 铸铝的鼠笼式转子

化的铝液浇铸在转子铁心槽内，将转子导条、端环、风叶和平衡块一起铸出。铸铝转子工艺简单，成本低。

2. 绕线式转子

绕线式转子的转子绕组和定子绕组相似，是用绝缘导线绕成线圈对称地嵌放于转子铁心槽内，将三相绕组的尾端接在一起成星形接法，然后把每相的始端引出分别接到转子轴上三个彼此绝缘的滑环上，如图 7-5 所示。

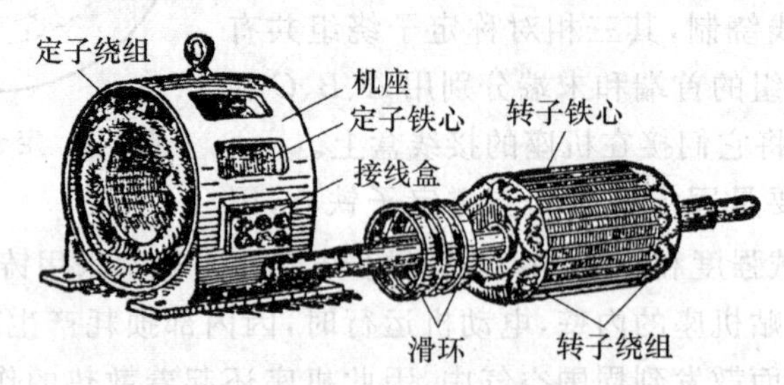


图 7-5　绕线式异步电动机的构造

绕线式转子的优点是可以通过滑环和电刷在转子绕组回路中接入附加电阻，用以改善电动机的启动性能，或调节电动机的转速，缺点是结构复杂，价格昂贵。

## 第二节　三相异步电动机的工作原理

三相异步电动机三相定子绕组按要求连接后与三相电源接通，电动机就会转动起来。转子与定子之间没有任何机械上的联系，转子为什么会转动呢？使得电动机转子能够转动的原因是由于三相定子绕组中通入三相对称电流所产生的旋转磁场与转子导体中感应电流相互作用产生电磁转矩而使转子转动的。因此，在讨论异步电动机的转动原理之前，必须先了解旋转磁场的产生。

### 一、旋转磁场

1. 旋转磁场的产生

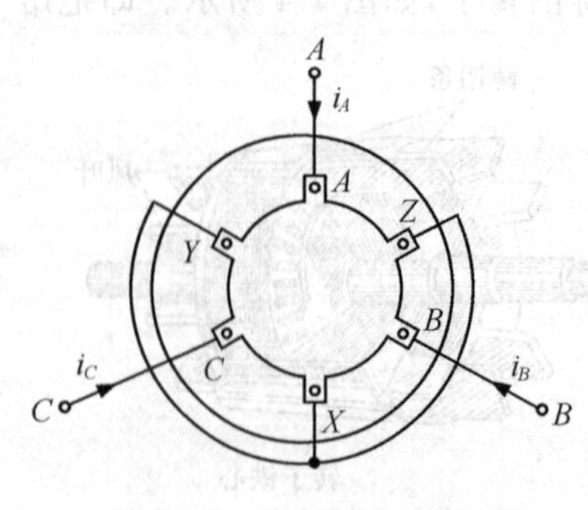


图 7-6　定子绕组示意图

图 7-6 为三相异步电动机定子绕组的示意图，三相绕组 $AX$、$BY$、$CZ$ 在空间互差 120°，根据需要，可以连接成星形，也可以连接成三角形。若将 $X$、$Y$、$Z$ 接于一点（即 Y 接法），$A$、$B$、$C$ 分别接三相电源，便有对称的三相交变电流通入相应的定子绕组。即

$$i_A = I_m \sin\omega t$$

$$i_B = I_m \sin(\omega t - 120°)$$

$$i_C = I_m \sin(\omega t + 120°)$$

其电流波形如图 7-7 所示。

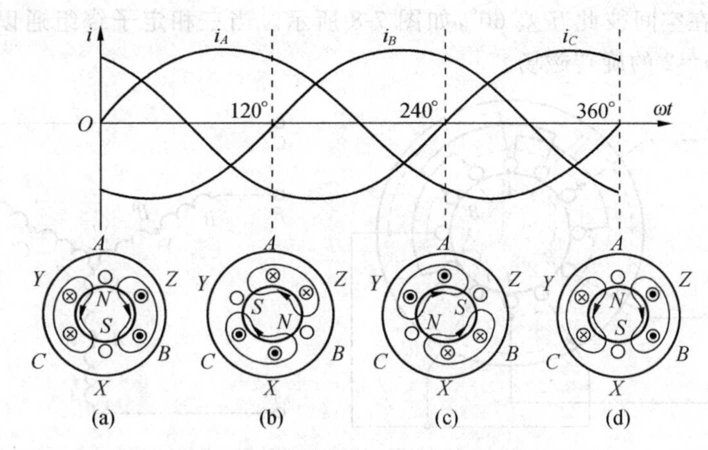


图 7-7　一对磁极的旋转磁场的形成

(1) 一对磁极的旋转磁场

为说明问题方便，图 7-7 中取 $\omega t=0°$、$\omega t=120°$、$\omega t=240°$、$\omega t=360°$几个时刻来进行分析。

规定：当电流为正时，电流是从绕组的首端流进去，从末端流出来；当电流为负时，则从绕组的末端流进去，从首端流出来。凡电流流进去的那一端标以"⊗"，电流流出来的那一端标以"⊙"。

当 $\omega t=0°$时，$i_A$为零，$AX$ 绕组中没有电流；$i_B$为负，电流从末端 $Y$ 流入，从首端 $B$ 流出；$i_C$为正，电流从首端 $C$ 流入，从末端 $Z$ 流出，如图 7-7(a)所示。根据右手螺旋定则可以画出该瞬间三相电流所产生的合成磁场，对转子而言磁力线从上方流进，相当于 N 极，从下方流出，相当于 S 极。可见，这种绕组的布置方式产生的是两极磁场，即磁极对数 $p=1$。

当 $\omega t=120°$时，$i_B$为零，$BY$ 绕组中没有电流；$i_A$为正，电流从首端 $A$ 流入，从末端 $X$ 流出；$i_C$为负，电流从末端 $Z$ 流入，从首端 $C$ 流出。此时合成磁场按顺时针方向在空间旋转了 120°，如图 7-7(b)所示。

同理，可画出 $\omega t=240°$和 $\omega t=360°$时，合成磁场在空间的位置。如图 7-7(c)和(d)所示。

可以看出，当定子绕组通入三相电流后，它们共同产生的合成磁场是随电流的交变而在空间不断旋转着的，这就是旋转磁场。当 $p=1$ 时，三相电流随时间变化一个周期，合成磁场在空间也正好转了一圈。

(2) 两对磁极的旋转磁场

旋转磁场的磁极对数 $p$ 与三相绕组的安排有关，在上述图 7-7 所示情况下，每相绕组只有一个线圈，彼此在空间互差 120°，则产生的旋转磁场具有一对磁极。如果每相绕组由两个线圈串联组成，$A$ 相绕组由 $AX$、$A'X'$ 串联，首端为 $A$，末端为 $X'$，$B$ 相绕组由 $BY$、$B'Y'$ 串联，$C$ 相绕组由 $CZ$、$C'Z'$ 串联，在绕组安排上应使各绕组的首端与首端，或末端与末端在空间彼此互差 60°，如图 7-8 所示。当三相定子绕组通以三相电流之后，就会产生 $p=2$ 的旋转磁场。

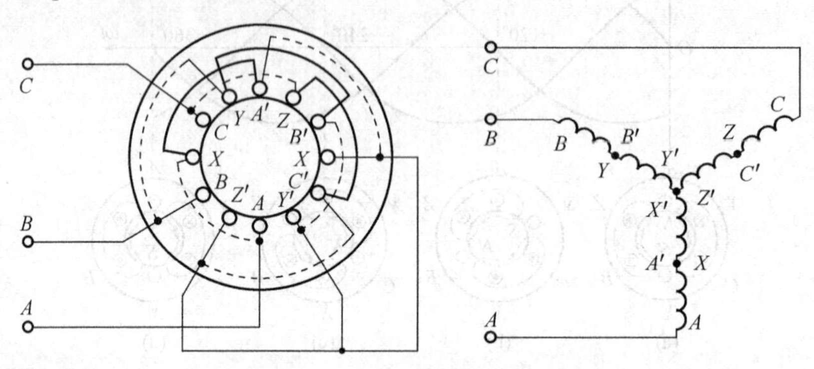


图 7-8 四极电机绕组布置示意图

根据前面的分析方法，同样取 $\omega t=0°$、$\omega t=120°$、$\omega t=240°$、$\omega t=360°$几个时刻来进行分析，可得到如图 7-9 所示的磁场分布。从图中可知，当电流变化一周时，合成磁场在空间旋转了 180°。

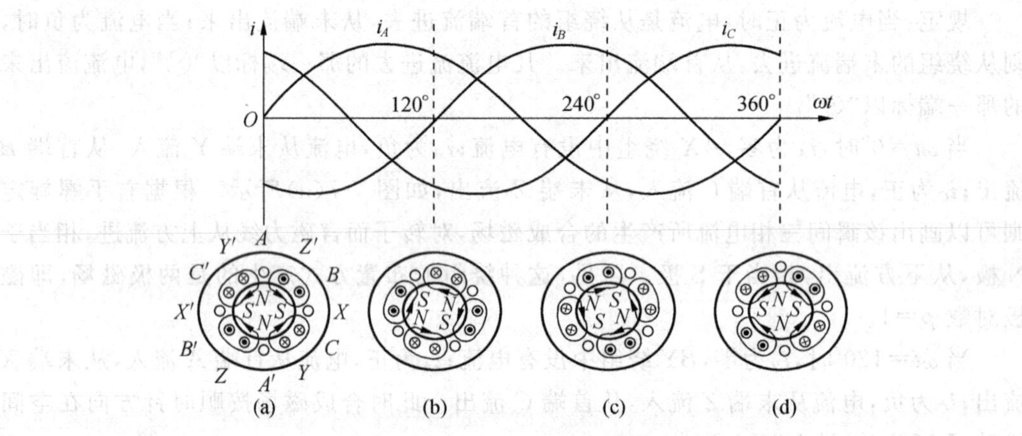


图 7-9 四极旋转磁场的形成

用同样的方法可以证明，当 $p=3$ 时，电流变化一周，旋转磁场将旋转 120°。

2. 旋转磁场的转速

根据上面的分析可知，旋转磁场的转速取决于磁场的极数，在一对磁极（即 $p=1$）的情况下，电流变化一周，旋转磁场在空间转了一圈，设电流的频率为 $f_1$，即电流每秒钟变化 $f_1$周，或每分钟交变 $60f_1$周，则旋转磁场的转速为 $n_0=60f_1$(r/min)。

对于四极($p=2$)的旋转磁场，电流交变一周，合成磁场在空间仅旋转了 180°，即当电流交变一周，旋转磁场在空间仅旋转了半圈，故 $n_0=\frac{60f_1}{2}$(r/min)。

同理，在三对磁极的情况下($p=3$)，电流交变一周，旋转磁场在空间旋转 1/3 圈，

即 $n_0 = \frac{60f_1}{3}\text{r/min}$。

由上述可推广到具有 $p$ 对磁极的异步电动机，其旋转磁场的转速为

$$n_0 = \frac{60f_1}{p}\text{r/min} \tag{7-1}$$

由此可见，旋转磁场的转速 $n_0$ 决定于电源频率 $f_1$ 和电动机的磁极对数 $p$，我国的电源标准频率为 $f_1 = 50$ Hz，因此，根据式(7-1)，可得出对应不同磁极对数 $p$ 的旋转磁场转速 $n_0$(见表 7-1)。

**表 7-1　对应不同磁极对数的旋转磁场转速**

| $p$ | 1 | 2 | 3 | 4 | 5 | 6 |
|---|---|---|---|---|---|---|
| $n_0$(r/min) | 3 000 | 1 500 | 1 000 | 750 | 600 | 500 |

3. 旋转磁场的转向

在分析两极旋转磁场时，图 7-7 所示电动机定子绕组通电情况为：电源的 $A$ 相电流通入 $AX$ 绕组，$B$ 相电流通入 $BY$ 绕组，$C$ 相电流通入 $CZ$ 绕组，此时产生的旋转磁场方向是顺时针方向旋转。即从超前相电流所在的相绕组轴线转向滞后相电流所在的相绕组轴线。如果将三相异步电动机定子绕组接至电源的三根电源线中的任意两根(例如 $A$、$B$)对调，即图中 $AX$ 绕组通入 $B$ 相电流，$BY$ 绕组通入 $A$ 相电流，$AX$ 绕组中的电流将滞后于 $BY$ 绕组中的电流 120°，这时旋转磁场将按逆时针方向旋转。因此，要改变旋转磁场的转向，只要将三相异步电动机接到电源的三根导线中的任意两根对调即可。

## 二、电动机的转动原理

图 7-10 是三相异步电动机转子转动的原理图，当电动机的定子绕组通入三相电流后，便在气隙中产生一旋转磁场。为了形象起见，用一对可以旋转的磁极来模拟旋转磁场。转子中只画出两根导条，当旋转磁场以顺时针方向旋转时，磁力线切割转子导条，导条中感应出电动势，电动势的方向用右手定则确定，在 N 极下面的转子导体中感应电动势的方向从里向外(⊙)，在 S 极下面的转子导体中感应电动势的方向从外向里(⊗)。由于转子回路是闭合回路，故在感应电动势的作用下将产生电流，如果忽略转子的感抗，则感应电流与感应电动势的方向相同，通有电流的转子导体，在磁场中受到电磁力的作用，其方向可用左手定则确定，如图 7-10 所示。电磁力作用在转轴上，便产生了电磁转矩，使转子沿着旋转磁场的方向旋转起来，这就是异步电动机的转动原理。

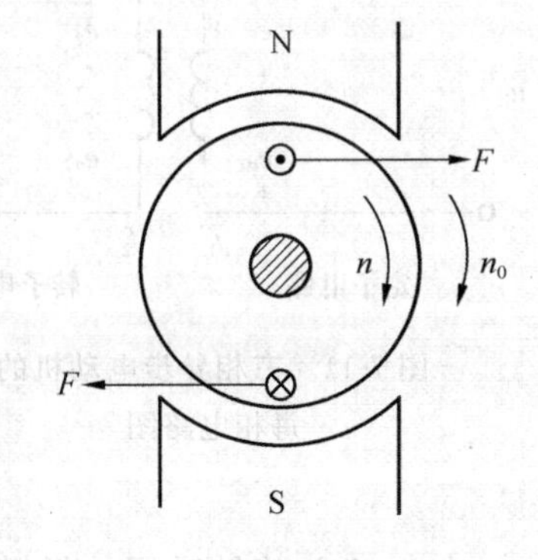

图 7-10　转子转动的原理图

从上面的分析可知，异步电动机的旋转方向与旋转磁场的旋转方向一致，要想改变异步电动机的转向，必须改变旋转磁场的转向，因此只须将接至电动机的

三根电源线中的任意两根对调即可。

### 三、异步电动机的转速和转差率

异步电动机的转速(转子转速)$n$ 总是小于旋转磁场的转速 $n_0$，如果两者相等且转向相同，转子导体与旋转磁场之间就没有相对运动，转子导体中就不会产生感应电动势、感应电流和电磁转矩。因此异步电动机转子转速 $n$ 与磁场转速 $n_0$ 之间必须有一定的转速差，这就是异步电动机名称的由来。旋转磁场的转速 $n_0$ 常称为同步转速。

同步转速 $n_0$ 与异步电动机的转速 $n$ 的差值称为**转差**，转差与同步转速 $n_0$ 的比值称为**转差率**，用 $s$ 表示，即

$$s = \frac{n_0 - n}{n_0} \times 100\% \tag{7-2}$$

转差率是描述异步电动机运行情况的一个重要物理量，一般异步电动机在额定负载时的转差率约为 1%～8%。

在启动瞬间，$n=0$，$s=1$，这时转差率最大，当转子转速 $n$ 等于旋转磁场转速 $n_0$(理想情况)时，$s=0$，因此，异步电动机的转差率变化范围是 $0 < s \leqslant 1$。

**【例 7-1】** 有一台三相异步电动机，其额定转速 $n_N = 1\ 470$ r/min，试求电动机的极数和额定转差率。电源频率 $f_1 = 50$ Hz。

**【解】** 由于异步电动机的额定转速接近同步转速，根据表 7-1 可查得与 $n_N = 1\ 470$ r/min 最接近的同步转速 $n_0 = 1\ 500$ r/min，$p = 2$，故额定转差率为

$$s = \frac{n_0 - n_N}{n_0} \times 100\% = \frac{1\ 500 - 1\ 470}{1\ 500} \times 100\% = 2\%$$

## 第三节　三相异步电动机的电路分析

图 7-11 是三相异步电动机的每相电路图。与变压器相比，定子绕组相当于变压器的一次侧绕组，转子绕组(一般是短路的)相当于变压器的二次侧绕组，三相异步电动机中的电磁关系与变压器类似。

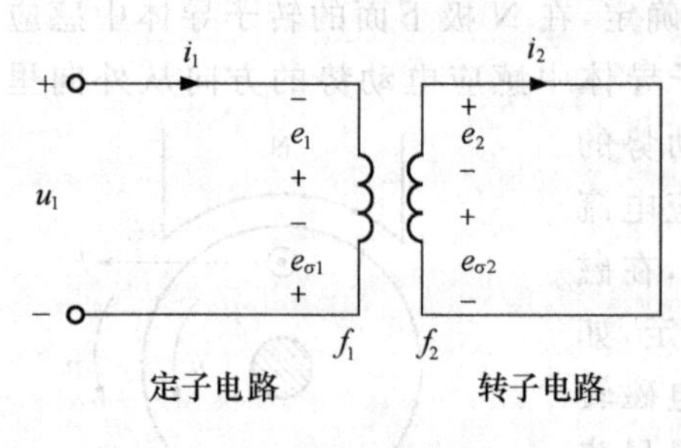


图 7-11　三相异步电动机的每相电路图

### 一、定子电路分析

当异步电动机运行时，穿过气隙的主磁通 $\Phi$(即旋转磁场)以同步转速 $n_0$ 旋转，它将切割定子绕组，并在定子绕组中感应出电动势 $e_1$，其有效值为

$$E_1 = 4.44 f_1 N_1 \Phi \tag{7-3}$$

式中：$\Phi$ 为旋转磁场的每极磁通；$N_1$ 为定子每相绕组的匝数；$f_1$ 是 $e_1$ 的频率。因为

旋转磁场和定子间的相对转速为 $n_0$，所以

$$f_1 = \frac{pn_0}{60} \tag{7-4}$$

即等于电源或定子电流的频率。

定子绕组中流过电流 $i_1$ 时，还产生定子漏磁通 $\Phi_{\sigma1}$。定子漏磁通将在定子绕组中产生漏磁感应电动势 $e_{\sigma1}$，如果漏磁电动势用漏磁感抗压降的形式来表示，可得

$$\dot{E}_{\sigma1} = -\mathrm{j}\dot{I}_1 X_{\sigma1} \tag{7-5}$$

式中，$X_{\sigma1}$ 为定子绕组的每相漏磁感抗。

此外，定子绕组中还有电阻 $R_1$，因此在其中流过电流 $i_1$ 时，还将产生电阻压降 $i_1R_1$。

根据基尔霍夫电压定律，便可以写出定子绕组每相电路的电压平衡方程式

$$\dot{U}_1 = -\dot{E}_1 + \mathrm{j}\dot{I}_1 X_{\sigma1} + \dot{I}_1 R_1 = -\dot{E}_1 + \dot{I}_1(R_1 + \mathrm{j}X_{\sigma1}) = -\dot{E}_1 + \dot{I}_1 Z_{\sigma1} \tag{7-6}$$

式中：$Z_{\sigma1} = R_1 + \mathrm{j}X_{\sigma1}$ 为定子绕组的漏磁阻抗。

由于定子绕组的阻抗压降 $I_1 Z_{\sigma1}$ 很小，若忽略不计，则可得

$$\dot{U}_1 \approx -\dot{E}_1 \tag{7-7}$$

$$\Phi \approx \frac{U_1}{4.44 f_1 N_1} \tag{7-8}$$

### 二、转子电路分析

1. 转子绕组中的感应电动势

穿过气隙的主磁通 $\Phi$ 以同步转速 $n_0$ 旋转，并以 $(n_0 - n)$ 的相对速度切割转子绕组，根据式(7-4)可知，转子绕组中感应电动势的频率为

$$f_2 = \frac{p(n_0 - n)}{60} = \frac{pn_0}{60} \times \frac{n_0 - n}{n_0} = sf_1 \tag{7-9}$$

可见，当电源频率一定时，转子电动势的频率 $f_2$ 与转差率 $s$ 成正比。在额定负载时，异步电动机的转差率 $s_N$ 很小，通常在1%～8%之间，所以转子电动势的频率很低，一般只有1～4 Hz。

当转子转动时，旋转主磁通 $\Phi$ 在转子绕组中产生感应电动势 $e_2$，其有效值为

$$E_2 = 4.44 f_2 N_2 \Phi = 4.44 s f_1 N_2 \Phi \tag{7-10}$$

式中：$N_2$ 为转子绕组的匝数。

如果转子静止（$n=0, s=1$），此时转子绕组的感应电动势为

$$E_{20} = 4.44 f_1 N_2 \Phi \tag{7-11}$$

这时 $f_2 = f_1$，转子绕组中的感应电动势最大。由以上两式可以得出

$$E_2 = sE_{20} \tag{7-12}$$

上式说明，当转子转动时，它的感应电动势也是一个变数，与转差率成正比。

2. 转子绕组的阻抗

转子绕组中流过电流 $i_2$ 时，也产生转子漏磁通 $\Phi_{\sigma2}$，转子漏磁通 $\Phi_{\sigma2}$ 也将在转子绕组中产生漏磁感应电动势 $e_{\sigma2}$。与定子绕组相似，该漏磁电动势也可用漏磁感抗压降的形式来表示。即

$$\dot{E}_{\sigma2} = -\mathrm{j}\dot{I}_2 X_{\sigma2} \tag{7-13}$$

由于转子电流的频率 $f_2 = sf_1$，所以转子绕组的漏磁感抗

$$X_{\sigma2} = 2\pi f_2 L_{\sigma2} = 2\pi s f_1 L_{\sigma2} \tag{7-14}$$

在 $n=0$，$s=1$ 时，转子漏抗为

$$X_{20} = 2\pi f_1 L_{\sigma2} \tag{7-15}$$

此时 $f_2 = f_1$，转子漏抗最大。由以上两式可知

$$X_{\sigma2} = sX_{20} \tag{7-16}$$

可见，转子转动时，转子漏抗也是一个变数，与转差率 $s$ 成正比。

转子绕组的每相电阻为 $R_2$，于是，转子绕组的每相漏磁阻抗为

$$Z_{\sigma2} = R_2 + \mathrm{j}sX_{20} \tag{7-17}$$

3. 转子电流 $I_2$

异步电动机的转子绕组自成闭合回路，处于短路状态，端电压 $U_2$ 为零。因此，根据基尔霍夫电压定律，转子绕组的电压平衡方程式为

$$\dot{I}_2 R_2 = \dot{E}_2 + \dot{E}_{\sigma2},\ \dot{I}_2 R_2 = \dot{E}_2 - \mathrm{j}\dot{I}_2 X_{\sigma2},\ \dot{E}_2 = \dot{I}_2(R_2 + \mathrm{j}X_{\sigma2})$$

则转子电流为

$$\dot{I}_2 = \frac{\dot{E}_2}{R_2 + \mathrm{j}X_{\sigma2}} = \frac{s\dot{E}_{20}}{R_2 + \mathrm{j}sX_{20}}$$

$$I_2 = \frac{sE_{20}}{\sqrt{R_2{}^2 + (sX_{20})^2}} \tag{7-18}$$

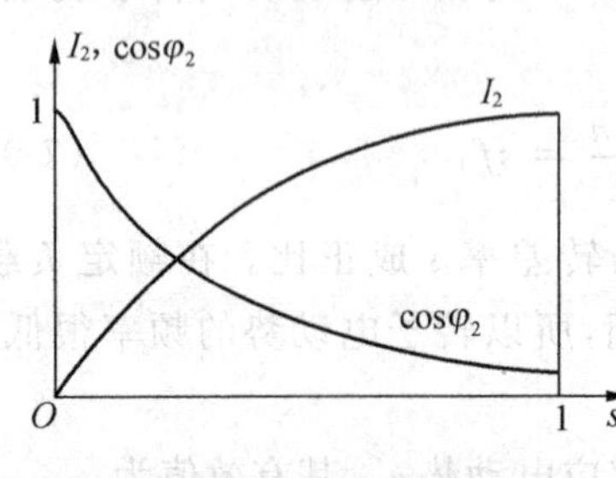


图 7-12　$I_2$ 和 $\cos\psi_2$ 与转差率 $s$ 的关系

可见转子电流 $I_2$ 也与转差率 $s$ 有关。$I_2$ 随 $s$ 变化的关系曲线如图 7-12 所示。当 $n = n_0$ 即 $s = 0$ 时，$I_2 = 0$；当 $s$ 很小时，$R_2 \gg sX_{20}$，$I_2 \approx \dfrac{sE_{20}}{R_2}$，即 $I_2$ 与 $s$ 近似成正比；当 $s$ 接近于 1 时，$sX_{20} \gg R_2$，$I_2 \approx \dfrac{E_{20}}{X_{20}} =$ 常数。

4. 转子电路的功率因数 $\cos\varphi_2$

由于转子有漏磁通，相应的感抗为 $X_{\sigma2}$，因此 $\dot{I}_2$ 比 $\dot{E}_2$ 滞后 $\psi_2$ 角。因而转子电路的功率因数为

$$\cos\varphi_2 = \frac{R_2}{\sqrt{R_2{}^2 + X_{\sigma2}{}^2}} = \frac{R_2}{\sqrt{R_2{}^2 + (sX_{20})^2}} \tag{7-19}$$

$\cos\varphi_2$ 也与转差率 $s$ 有关，当 $s$ 很小时，$R_2 \gg sX_{20}$，$\cos\varphi_2 \approx 1$，当 $s$ 增大时，$X_{\sigma2}$ 也增大，于是 $\varphi_2$ 角增大，即 $\cos\varphi_2$ 减小；当 $s$ 接近于 1 时，$\cos\varphi_2 \approx \dfrac{R_2}{sX_{20}}$，即两者之间近似有双曲线的关系。$\cos\varphi_2$ 随 $s$ 的变化关系如图 7-12 所示。

由上述分析可知，转子电路中的各个物理量，如电动势、电流、频率、感抗及功率因数都与转差率有关，即与转速有关。这是我们学习三相异步电动机时应注意的一个特点。

## 第四节 三相异步电动机的电磁转矩与机械特性

异步电动机是通过电磁转矩将电能转换成机械能的，因此电磁转矩是电动机中能量形态变换的基础。转矩特性和机械特性是分析电动机运行性能，正确使用、合理选择电动机的主要依据。

### 一、转矩平衡方程式

电动机在拖动机械负载稳定运行时，电动机所产生的电磁转矩 $T$ 应该和它本身的空载损耗转矩 $T_0$ 及轴上输出的机械转矩 $T_2$ 相平衡。转矩平衡方程式为

$$T = T_2 + T_0 \tag{7-20}$$

转矩的单位为 N·m。

### 二、电磁转矩的表达式

1. 物理意义表达式

因为异步电动机的电磁转矩是转子电流与旋转磁场相互作用而产生的；又由于电动机的电磁转矩与轴上的机械转矩相平衡，对外作机械功，即输出有功功率；因此，电磁转矩的大小除了与转子电流 $I_2$ 及每极磁通 $\Phi$ 有关外，还与转子电路的功率因数 $\cos\varphi_2$ 的大小有关，即与转子电流的有功分量 $I_2\cos\varphi_2$ 成正比。由此可见，异步电动机电磁转矩的物理意义表达式为

$$T = K_T \Phi I_2 \cos\varphi_2 \tag{7-21}$$

式中 $K_T$ 是一常数，它与电动机的结构有关，称为转矩系数。

2. 参数表达式

根据式(7-8)、(7-11)、(7-18)、(7-19)可得

$$\Phi = \frac{E_1}{4.44 f_1 N_1} \approx \frac{U_1}{4.44 f_1 N_1} \propto U_1$$

$$I_2 = \frac{sE_{20}}{\sqrt{R_2{}^2 + (sX_{20})^2}} = \frac{s(4.44 f_1 N_2 \Phi)}{\sqrt{R_2{}^2 + (sX_{20})^2}}$$

$$\cos\varphi_2 = \frac{R_2}{\sqrt{R_2{}^2 + (sX_{20})^2}}$$

将以上三式代入式(7-21)，则得出电磁转矩的参数表达式

$$T = K\frac{sR_2 U_1{}^2}{R_2{}^2 + (sX_{20})^2} \tag{7-22}$$

式中 $K$ 是一个常数。式(7-22)清楚地表明了异步电动机的电磁转矩与电源电压、转差率及转子电路参数之间的关系。

## 三、转矩特性

当电源电压 $U_1$ 和转子电路的参数一定时，电磁转矩与转差率之间的关系曲线 $T=f(s)$ 称为电动机的转矩特性。它可以根据式(7-22)作出，如图 7-13 所示。

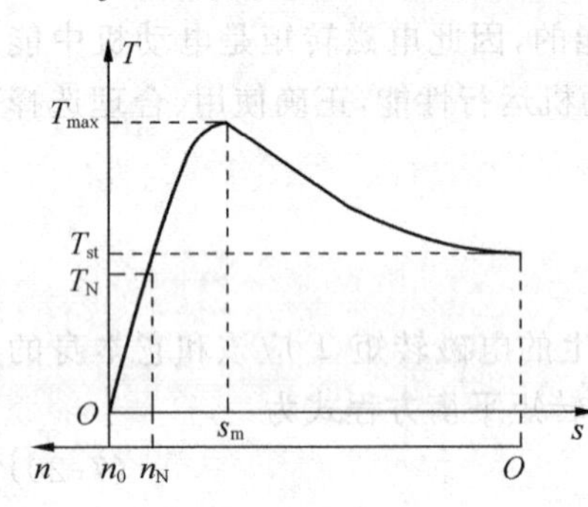


图 7-13 三相异步电动机的 $T=f(s)$ 曲线

当 $s$ 很小时，$sX_{20} \ll R_2$，$sX_{20}$ 可忽略不计，电磁转矩 $T$ 随 $s$ 近似按正比例关系增加，当 $s$ 增加到一定程度时，$sX_{20}$ 不可忽略，这时电磁转矩 $T$ 增加缓慢，如 $s$ 继续增加时，且当 $sX_{20} \gg R_2$ 时，$R_2$ 可忽略不计，这时电磁转矩 $T$ 随转差率 $s$ 的增加而近似按反比例关系减小，所以异步电动机的转矩特性是一条有最大值的曲线。

下面对转矩特性曲线上的三个特殊点加以讨论。

1. 额定转矩 $T_N$

根据转矩平衡方程式　　$T=T_2+T_0$

式中 $T_0$ 是空载损耗转矩，由于 $T_0$ 很小，常可忽略。所以

$$T \approx T_2 = \frac{p_2}{\frac{2\pi n}{60}} \times 1\,000 = 9\,550\frac{p_2}{n}$$

式中：$p_2$ 为异步电动机的输出功率(kW)；$n$ 为异步电动机的转速(r/min)；$T$ 为异步电动机的输出转矩(N·m)。

电动机的额定转矩 $T_N$ 可根据铭牌上所示的额定功率 $P_N$ 和额定转速 $n_N$ 求得

$$T_N = 9\,550\frac{p_N}{n_N} \tag{7-23}$$

2. 最大转矩 $T_{max}$

最大转矩是转矩的最大值，也叫临界转矩，对应最大转矩的转差率 $s_m$ 可由下式求得

$$\frac{dT}{ds} = \frac{d}{ds}\left[\frac{KsR_2U_1{}^2}{R_2{}^2+(sX_{20})^2}\right] = 0$$

解得临界转差率为

$$s_m = \frac{R_2}{X_{20}} \tag{7-24}$$

将式(7-24)代入(7-22)可得

$$T_{max} = K\frac{U_1{}^2}{2X_{20}} \tag{7-25}$$

从式(7-25)可以看出影响最大转矩的主要因素有：

(1) 最大转矩 $T_{max}$ 与电源电压 $U_1$ 的平方成正比，即 $T_{max} \propto U_1{}^2$。当电动机其他参数不变，电源电压下降时，转矩与电源电压之间的关系曲线如图 7-14 所示。因此，当电动机在额定负载下运行时，若电压降低过多，以致使最大转矩小于轴上总制动转矩($T_2+T_0$)，电动机就带不动负载了，将发生所谓闷车事故，闷车后，电动机的电流马上升高6～7 倍，电动机严重过热，以致烧坏。

(2) 最大转矩的大小与转子回路的电阻 $R_2$ 无关，但 $s_m$ 与 $R_2$ 成正比，故当转子回路电阻增加(如绕线式转子串入附加电阻)时，$T_{max}$ 虽然不变，但发生最大转矩的转差率 $s_m$ 增大，整个 $T=f(s)$ 曲线向右移动，如图 7-15 所示。考虑到电动机在运行过程中电源电压可能波动等因素，电动机的额定转矩 $T_N$ 应低于最大转矩，它们的比值

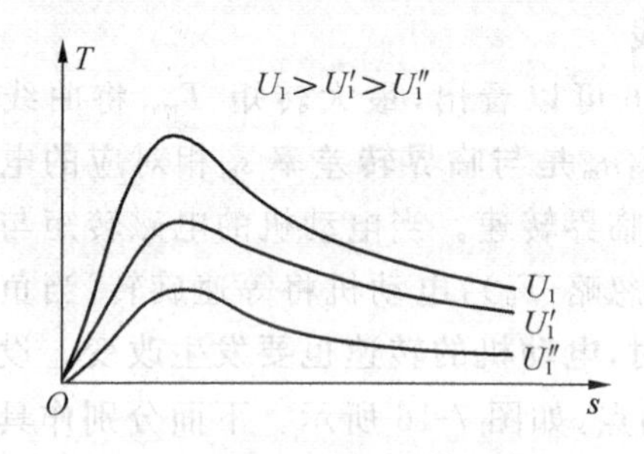

图 7-14　电源电压不同时的 $T=f(s)$ 曲线

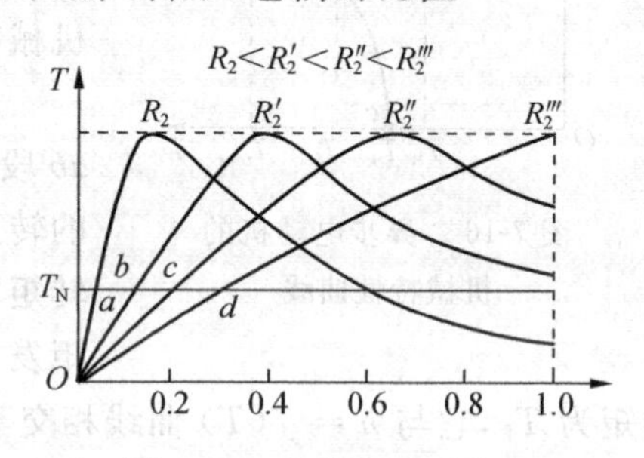

图 7-15　转子电阻不同时的 $T=f(s)$ 曲线

$$\lambda = \frac{T_{max}}{T_N} \tag{7-26}$$

$\lambda$ 称为电动机的过载系数。是反映电动机过载性能的重要指标，在电动机的技术数据中可以查到，一般三相异步电动机的 $\lambda=1.6\sim2.5$。

在选用电动机时，必须考虑可能出现的最大负载转矩，使所选电动机的最大转矩大于最大负载转矩。

3. 启动转矩 $T_{st}$

电动机接通电源，启动瞬间($n=0, s=1$)的电磁转矩称为**启动转矩** $T_{st}$。将 $s=1$ 代入式(7-22)即可得出

$$T_{st} = K\frac{R_2U_1{}^2}{R_2{}^2+X_{20}{}^2} \tag{7-27}$$

由上式可见，$T_{st}$ 与 $U_1{}^2$ 及 $R_2$ 有关。当电源电压降低时，启动转矩会减小。如图 7-14 所示，当转子电阻适当增大时，启动转矩会增大(图 7-15)，由式(7-24)、式(7-25)及式(7-27)可推出，当 $R_2=X_{20}$ 时，$s_m=1$，$T_{st}=T_{max}$。但继续增大 $R_2$ 时，$T_{st}$ 就要随着减小，这时 $s_m>1$。

通常用启动转矩倍数来描述启动性能，即

$$K_{st} = \frac{T_{st}}{T_N} \tag{7-28}$$

它是衡量异步电动机启动性能的一个重要指标，在电动机的技术数据中可以查到，对于一般鼠笼型异步电动机，$K_{st}=1.0\sim2.0$。

## 四、机械特性

转矩特性 $T=f(s)$ 虽然间接地反映了电动机的电磁转矩与转速的关系，但应用起来不太方便，在电力拖动中通常都是用异步电动机的机械特性来分析问题。将 $s=\dfrac{n_0-n}{n_0}$ 代入式(7-22)，便可得到电动机转速与电磁转矩之间的函数关系 $n=f(T)$，即电动机的机械特性。图 7-16 是电动机的机械特性曲线

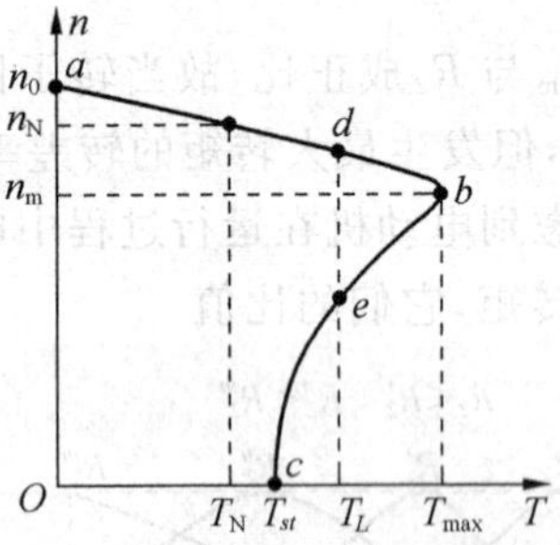

图 7-16　异步电动机的机械特性曲线

从图 7-16 可以看出，最大转矩 $T_{max}$ 将曲线分为 $ab$ 段和 $bc$ 段，$n_m$ 是与临界转差率 $s_m$ 相对应的电动机的转速，称为临界转速。当电动机的电磁转矩与负载转矩相等时(忽略 $T_0$)，电动机将等速旋转，当负载转矩发生变化时，电动机的转速也要发生改变。设负载转矩为 $T_L$，它与 $n=f(T)$ 曲线相交于 $d$、$e$ 两点，如图 7-16 所示。下面分别作具体分析(各物理量的变化用符号表示，↑表示增加，↓表示减小或降低，→表示引起)。

(1) 若电动机运行在 $d$ 点

因某种原因，当负载转矩增加时，电动机的电磁转矩小于负载转矩，使转速下降，这时电磁转矩将随转速 $n$ 的下降而增加，直到 $T=T_L$，达到新的平衡，电动机将稳定在较原来稍低的转速运行，这个过程可用箭头表示如下：

$$T_L\uparrow\rightarrow T<T_L\rightarrow n\downarrow\rightarrow T\uparrow\rightarrow T=T_L$$

因某种原因，当负载转矩减小时，电动机将稳定在较原来稍高的转速运行，其变化过程如下：

$$T_L\downarrow\rightarrow T>T_L\rightarrow n\uparrow\rightarrow T\downarrow\rightarrow T=T_L$$

因此可以说，电动机运行在 $d$ 点是稳定点，它具有适应负载变化的能力。对于 $a$ 点到 $b$ 点这一区间的其他点同样可以得到这个结论，所以说 $ab$ 段是稳定运行段。异步电动机在稳定运行段运行时的电磁转矩具有随负载转矩变化而自动变化的自适应能力。

(2) 若运行在 $e$ 点

当负载略有增加时，则

$$T_L\uparrow\rightarrow T<T_L\rightarrow n\downarrow\rightarrow T\downarrow\rightarrow n\downarrow\downarrow\rightarrow T\downarrow\downarrow\rightarrow n\downarrow\downarrow\downarrow\cdots\cdots$$

最终 $n=0$，电动机停转。

反之，当负载转矩减小时，则

$$T_L\downarrow\rightarrow T>T_L\rightarrow n\uparrow\rightarrow T\uparrow\rightarrow n\uparrow\uparrow\rightarrow T\uparrow\uparrow\rightarrow n\uparrow\uparrow\uparrow\cdots\cdots$$

最终将绕过 $b$ 点，稳定在 $a$、$b$ 区间的某一点上。

可见，$bc$ 段是不稳定运行段。

【例 7-2】　有一台三相异步电动机，额定功率 $P_N = 10$ kW，额定转速 $n_N = 2\,920$ r/min，$\frac{T_{st}}{T_N} = 1.4$，$\frac{T_{max}}{T_N} = 2.2$，求额定转矩 $T_N$，启动转矩 $T_{st}$，最大转矩 $T_{max}$。

【解】

$$T_N = 9\,550 \times \frac{P_N}{n_N} = 9\,550 \times \frac{10}{2\,920} = 32.7\ \text{N} \cdot \text{m}$$

$$T_{st} = 1.4T_N = 1.4 \times 32.7 = 45.8\ \text{N} \cdot \text{m}$$

$$T_{max} = 2.2T_N = 2.2 \times 32.7 = 71.9\ \text{N} \cdot \text{m}$$

## 第五节　三相异步电动机的启动、制动与调速

### 一、三相异步电动机的启动

电动机从接通电源到稳定运行的过程称为**启动过程**。衡量电动机启动性能的两个主要指标是启动转矩 $T_{st}$ 和启动电流 $I_{st}$。对启动性能的要求是：第一，启动电流要小。因启动电流太大会在电网上引起较大的电压降落。不仅使电机本身启动转矩减小，而且还严重影响接在同一电网上其他用电设备的正常工作；第二，启动转矩要大，以加快启动过程，并且能在负载情况下启动。但一般鼠笼型异步电动机直接启动时，启动电流很大，启动电流为额定电流的 6～7 倍。启动转矩并不大，一般为 $1 \sim 2T_N$。

启动电流大的原因是：在启动瞬间，$n = 0, s = 1$，旋转磁场以最高的相对转速切割转子导体，因而在转子绕组中产生的感应电动势以及转子电流最大，根据磁势平衡关系，定子绕组中的电流也最大。

启动转矩不大的原因：在启动瞬间，$n = 0, s = 1$，转子频率最高，转子电抗数值最大，转子边的功率因数 $\cos\psi_2$ 最低，从式(7-21)可知，启动瞬间，虽然转子电流 $I_2$ 最大，但由于转子功率因数最低，所以电磁转矩仍然不大。

为使电动机具有良好的启动性能，可根据实际情况选择适当的启动方法。

1. 鼠笼式异步电动机的启动方法

鼠笼式异步电动机的启动有直接启动和降压启动两种启动方法。

(1) 直接启动

所谓**直接启动**，就是不需要任何启动设备，利用闸刀开关或接触器将电动机直接投入到具有额定电压的电网。这种启动方法简单，但启动电流很大。

在用电单位有独立的变压器且电动机容量小于变压器容量的 20%时，允许直接启动；如果没有独立的变压器，电动机直接启动时所产生电压降不应超过额定电压的5%～10%。

(2) 降压启动

当电网容量不够大而不能采用直接启动时，根据启动电流与端电压成正比的

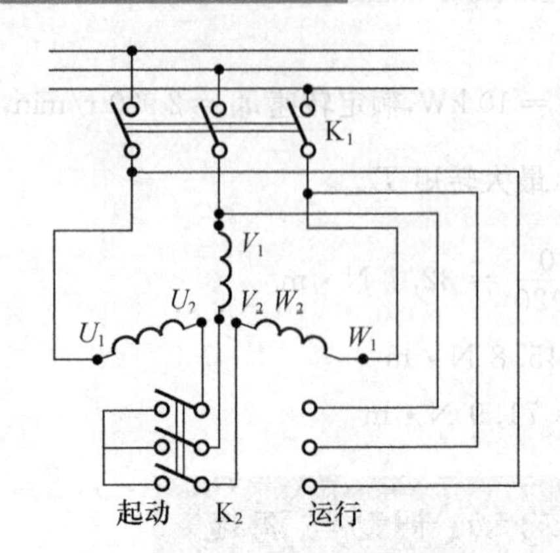

图 7-17 星-三角换接启动原理图

关系，可以采用降低电压的办法来减小启动电流，简称**降压启动**。因为启动转矩与端电压的平方成正比，所以启动转矩也减小了。因此，降压启动只适用于对启动转矩要求不高的生产机械。

1）星形-三角形（Y-△）换接启动

星-三角换接启动只适用于正常工作时定子绕组接成三角形的电动机，在启动时把它接成星形，当转速接近额定转速时在换接成三角形。其接线原理图如图 7-17 所示。

启动时，先合开关 $K_1$，然后将开关 $K_2$ 合在启动位置，此时定子绕组接成星形，加在定子每相绕组上的电压为 $U_1/\sqrt{3}$，其中 $U_1$ 为电网的额定电压，待电动机接近额定转速时，再迅速地将转换开关 $K_2$ 换接到运行位置，这时定子绕组改接成三角形连接，定子每相绕组承受的电压为 $U_1$，启动过程结束。

图 7-18 是定子绕组的两种接法的电流分析，设电动机每相绕组的阻抗为 $Z$。当定子绕组接成三角形时，则

相电流为 $I_{\triangle P}=\dfrac{U_1}{|Z|}$

线电流为 $I_{\triangle L}=\sqrt{3}\dfrac{U_1}{|Z|}$ (7-29)

当定子绕组接成星形，即降压启动时，则电流为

$$I_{YL}=I_{YP}=\frac{U_1/\sqrt{3}}{|Z|} \tag{7-30}$$

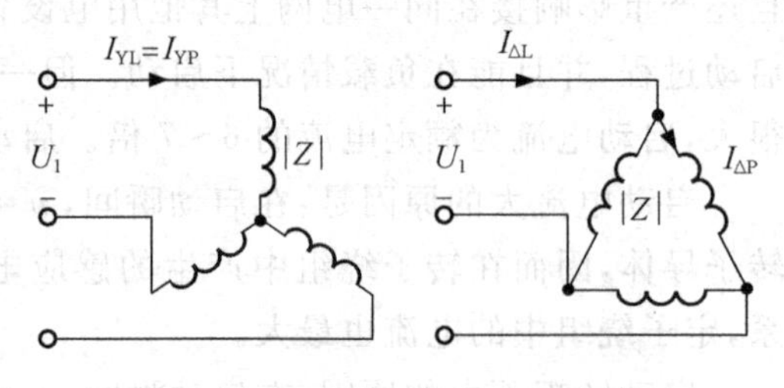

图 7-18 比较星形联接和三角形联接时的启动电流

比较式(7-29)和式(7-30)得

$$\frac{I_{YL}}{I_{\triangle L}}=\frac{1}{3} \tag{7-31}$$

即星-三角换接启动使电网提供的启动电流减小到三角形接法时的 1/3。

由于启动转矩与电压的平方成正比，因此启动转矩也减小到三角形启动时的 1/3 倍。这种启动方法只适合于空载或轻载启动。

星-三角启动设备简单，成本低，由于此法只适用于额定运行时定子绕组为三角形接法的电动机，因此目前 Y 系列 4 kW 以上的电动机，定子绕组都设计成三角形接法。

2）自耦变压器降压启动

利用自耦变压器降压启动的接线原理图如图 7-19 所示 。

启动时，先将开关 $K_1$ 合上，然后将开关 $K_2$ 合向“启动”位置，当转速接近额定转速

值时，再将 $K_2$ 扳向“运行”位置，电动机直接与电网相接，同时切除自耦变压器。

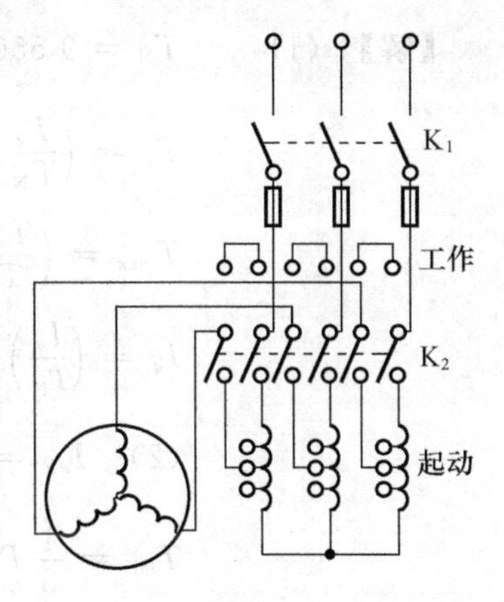

图 7-19　自耦变压器降压启动接线图

设自耦变压器一次、二次侧电压之比为 $K_A$，经自耦变压器降压后，加到电动机定子绕组上的电压便为 $\frac{U_1}{K_A}$，其中 $U_1$ 为电网线电压，即电动机的额定电压，此时电动机的启动电流 $I_{stA}$ 便与电压成比例地减小，即

$$I_{stA} = \frac{1}{K_A} I_{st} \tag{7-32}$$

由于 $I_{stA}$ 为自耦变压器二次侧输出电流，电网供给自耦变压器一次侧的电流应为

$$I_{stA}{}' = \frac{I_{stA}}{K_A} = \frac{I_{st}}{K_A{}^2} \tag{7-33}$$

由此可见，利用自耦变压器降压启动，电动机中(即自耦变压器二次侧)的启动电流减小到直接启动时的 $1/K_A$ 倍，线路上(即自耦变压器一次侧)的启动电流减小到直接启动时的 $1/K_A^2$ 倍。

由于启动转矩与电压的平方成正比，所以启动转矩也减小到直接启动时的 $1/K_A^2$ 倍。

为了得到不同的启动转矩，自耦变压器二次侧绕组一般备有几个接头，可以根据容许的启动电流和需要的启动转矩选用。

2. 绕线式异步电动机的启动

从上面的分析可知，对于鼠笼式异步电动机，采用降压启动方法来减小启动电流的同时启动转矩也减小了。所以对于既要求启动电流小，又要求启动转矩大的生产机械，例卷扬机、锻压机、起重机等，可以采用启动性能好的绕线式异步电动机。

绕线式异步电动机的特点是可以在转子回路中串入电阻，由于转子回路电阻数值的增加，一方面限制了过大的启动电流，另一方面提高了转子电路的功率因数，从而提高了启动转矩，这也是绕线式异步电动机最可贵的优点。

**【例 7-3】**　一台三相异步电动机，额定数据如下：$P_N = 28\ \text{kW}, U_N = 380\ \text{V}, I_N = 53.7\ \text{A}, \eta_N = 90\%, \cos\varphi_N = 0.88,\ n_N = 1\,450\ \text{r/min}, \frac{I_{st}}{I_N} = 6.0, \frac{T_{st}}{T_N} = 1.8, \frac{T_{max}}{T_N} = 2.2$，三角形接法。求：

(1) 额定转矩 $T_N$，启动转矩 $T_{st}$，最大转矩 $I_{max}$，启动电流 $I_{st}$；

(2) 采用 Y-△启动时的启动电流和启动转矩；

(3) 若负载转矩为额定转矩的 80%时，采用 Y-△启动方法能否启动？

(4) 若采用自耦变压器降压启动，设启动时电动机的端电压降到电源电压的 64%，求电动机的启动电流，线路启动电流和电动机的启动转矩。

【解】 (1)

$$T_N = 9\ 550 \frac{P_N}{n_N} = 9\ 550 \times \frac{28}{1450} \text{ N·m} = 184.4 \text{ N·m}$$

$$T_{st} = \left(\frac{T_{st}}{T_N}\right) T_N = 1.8 \times 184.4 \text{ N·m} = 331.9 \text{ N·m}$$

$$T_{max} = \left(\frac{T_{max}}{T_N}\right) T_N = 2.2 \times 184.4 \text{ N·m} = 405.7 \text{ N·m}$$

$$I_{st} = \left(\frac{I_{st}}{I_N}\right) I_N = 6 \times 53.7 \text{ N·m} = 322.2 \text{ A}$$

(2) $$I_{stY} = \frac{1}{3} I_{st\triangle} = \frac{1}{3} \times 322.2 \text{ A} = 107.4 \text{ A}$$

$$T_{stY} = \frac{1}{3} T_{st\triangle} = \frac{1}{3} \times 331.9 \text{ N·m} = 110.6 \text{ N·m}$$

(3) $\frac{T_{stY}}{80\% T_N} = \frac{110.6}{0.8 \times 184.4} = \frac{110.6}{147.5} < 1$，所以不能启动；

(4) 自耦变压器一次、二次侧电压之比

$$K_A = \frac{100}{64}$$

降压启动时电动机的启动电流（变压器二次侧）

$$I_{stA} = I_{st} \frac{1}{K_A} = 322.2 \times 0.64 \text{ A} = 206.3 \text{ A}$$

线路启动电流 $I_{stA}' = \frac{1}{{K_A}^2} I_{st} = (0.64)^2 \times 322.2\text{A} = 132 \text{ A}$

启动转矩 $T_{stA} = \frac{1}{{K_A}^2} T_{st} = (0.64)^2 \times 331.9 \text{ N·m} = 136 \text{ N·m}$

## 二、三相异步电动机的制动

所谓制动是指使电动机产生的电磁转矩与转子的旋转方向相反。异步电动机拖动生产机械时，经常要求电动机处于制动状态运行，例如，当切断电动机电源时，要求电动机快速停车；起重机下放重物时，为了安全，要控制重物下放速度等等。下面讨论异步电动机的制动方法。

### 1. 反接制动

当需要正在电动机状态下运行的电动机迅速停车时，可将接到电动机上的三根电源线任意对调两根，则定子电流的相序改变，旋转磁场立即反转，从原来与转子转向一致变为与转子转向相反，如图 7-20 所示，因而起制动作用。当电动机转速降至零时，必须立即切断定子电源，否则电动机将向相反方向旋转。

由于在反接制动时，旋转磁场与转子的相对转速为 $n + n_0$，转差率 $s \approx 2$，为了使反接时电流不致过大，对功率较大的电动机进行制动时必须在定子电路（鼠笼式）或转子电路（绕线式）中串入电阻。

2. 发电反馈制动

如果由于外界因素，使电动机转子转速 $n$ 超过旋转磁场的转速 $n_0$ 时，这时电磁转矩的方向与电动机旋转的方向相反，如图 7-21 所示，电机进入发电反馈制动状态。

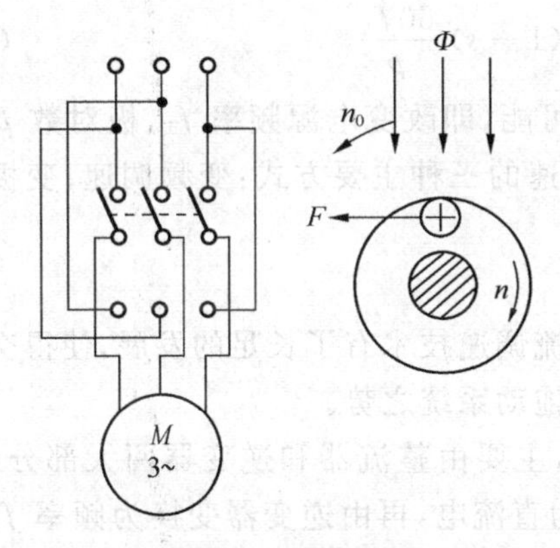


图 7-20　反接制动

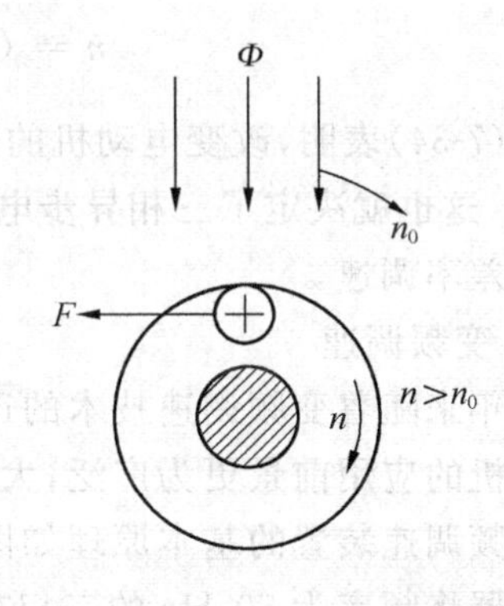


图 7-21　发电反馈制动

例如当起重机下放重物时，转子转向与定子旋转磁场转向相同，在电动机电磁转矩和重物的重力矩双重作用下，重物以愈来愈快的速度下降，当转子转速由于重力的作用超过同步转速，即 $n > n_0$ 时，电机就进入发电反馈制动状态，电磁转矩改变方向，变为制动转矩，当电磁转矩与重力矩相平衡时，使重物恒速下降，这时将重物下降失去的位能转换成电能反馈给电网。所以称为发电反馈制动。

另外，当电机进行变极调速，从少极数（高速）过渡到多极数（低速）时，电动机运行于发电制动状态。

3. 能耗制动

这种制动方法是将正在电动机状态下运行的电动机的定子绕组从电源断开的同时，换接到一个直流电源上如图 7-22 所示，直流电流通入定子绕组，在气隙中建立一个静止不动的磁场，而转子由于惯性继续沿原方向旋转，根据右手定则和左手定则不难判定，这时电磁转矩的方向与电动机转动的方向相反，因而起制动作用。这时转子的动能全部消耗于转子铜耗和铁耗中，故称为能耗制动。能耗制动的特点是制动平稳准确，但需要直流电源。

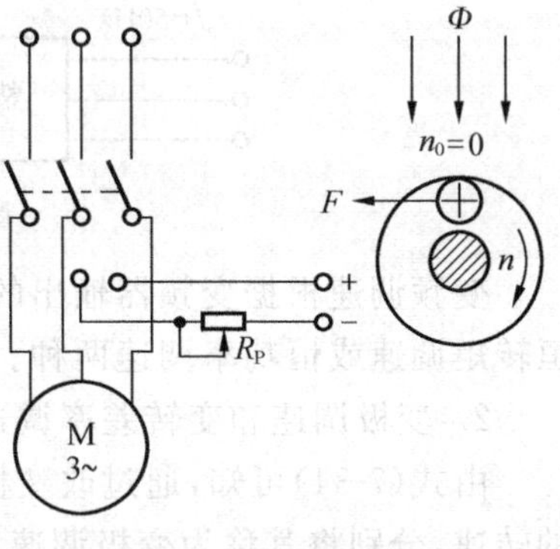

图 7-22　能耗制动

## 三、三相异步电动机的调速

调速是指在同一负载下能得到不同的转速，以满足生产工艺的要求。例如车床的主轴运动随着工件与刀具的材料、工件直径、加工工艺的要求以及进刀量的大小等不同，要求有不同的转速，以保证加工质量并获得最高的生产效率。调速过程的实现既可以采用机械变速机构，也可以采用电气调速，而利用电气调速可以大大简化机械变速机构，降低机械故障，有效地提高生产效率。

由 $s=\frac{n_0-n}{n_0}$ 可得异步电动机的转速公式为

$$n=(1-s)n_0=(1-s)\frac{60f_1}{p} \tag{7-34}$$

式(7-34)表明，改变电动机的转速有三种可能，即改变电源频率 $f_1$、极对数 $p$ 或转差率 $s$。这也就决定了三相异步电动机电气调速的三种主要方式：变频调速、变极调速和变转差率调速。

1. 变频调速

近年来随着变频调速技术的迅猛发展，交流调速技术有了长足的发展，使得交流异步电动机的应用前景更为广泛，大有取代直流拖动系统之势。

变频调速装置的基本原理如图 7-23 所示，主要由整流器和逆变器两大部分组成。由整流器将频率为 50 Hz 的三相交流电变换为直流电，再由逆变器变换为频率 $f_1$ 和电压有效值 $U_1$ 均可调的三相交流电，供给三相鼠笼式交流异步电动机，由此得到比较硬的无级调速特性。

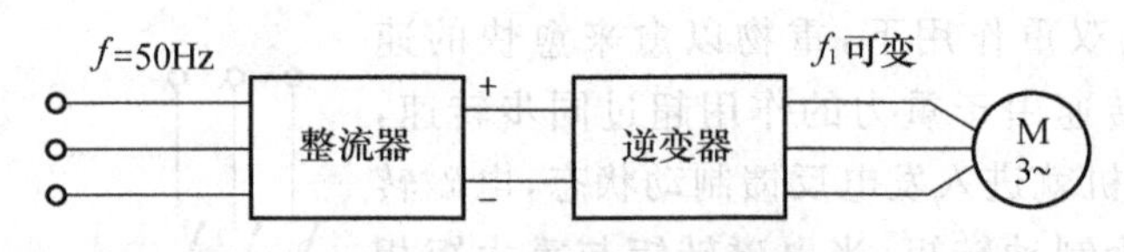


图 7-23 变频调速装置框图

变频调速根据变频器输出的频率 $f_1$ 大于额定转速频率或小于额定转速频率分为恒转矩调速或恒功率调速两种。变频器频率调节范围一般为 0.5～320 Hz。

2. 变极调速和变转差率调速

由式(7-34)可知，通过改变极对数 $p$ 或改变转差率 $s$ 也可以调节交流异步电动机的转速，分别将其称为变极调速和变转差率调速。

变极调速需要改变电动机定子绕组的接法，这种电动机调速方式是有级的，主要应用于某些机械加工机床上。

变转差率调速需要在绕线式电动机的转子回路中接入一个调速电阻，改变电阻的大小得到平滑的调速特性，此种调速方式的优点是设备简单、投资少，缺点是能量损耗较大。该调速方法广泛应用于起重设备中。

## 第六节 异步电动机的铭牌数据

### 一、异步电动机的铭牌数据

每一台电机的外壳上都有一块铭牌，铭牌上标明了电动机的额定数据和使用方法。

要保证正确、安全地使用电机，首先要看懂铭牌，以下以 Y160M-4 型电动机为例，来说明铭牌上各个数据的含义。

| 三相异步电动机 | | |
|---|---|---|
| 型号 Y160M-4 | 功率 11 kW | 频率 50 Hz |
| 电压 380 V | 电流 22.6 A | 接法△ |
| 转速 1460 r/min | 绝缘等级 B | 工作方式　连续 |
| 年　　月 | 编号 | ×××电机厂 |

1. 型号

异步电动机的型号由汉语拼音大写字母和阿拉伯数字组成，代表电动机的类型和规格。例：

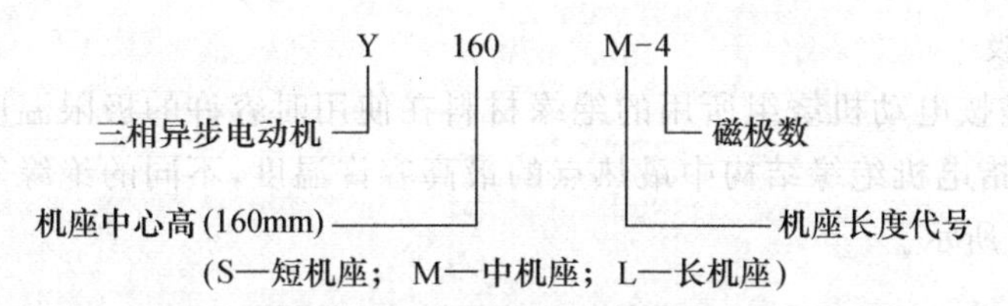


2. 接法

**接法**是指电动机在额定运行时，定子三相绕组的接法。

三相异步电动机的定子绕组可以接成星形或三角形，视电动机的额定电压和电源额定电压的数值而定。例如星形接法时额定电压为 380 V，则改接成三角形时就可用于额定电压为 220 V 的电源上。为了满足这种改接的需要，通常把三相绕组的六个出线端都引到接线板上，以便于采用两种不同的接法。如图 7-24 所示。

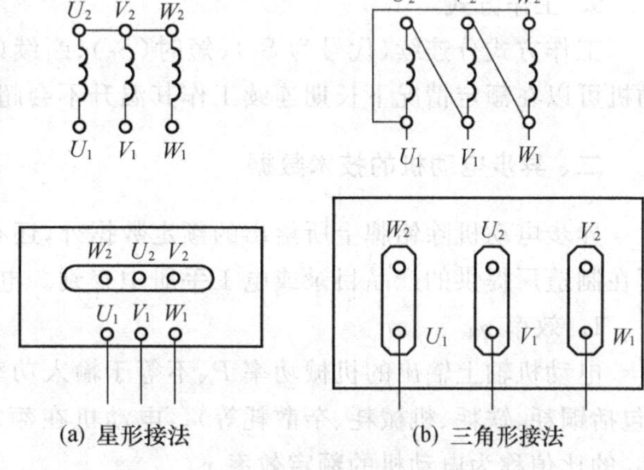


(a) 星形接法　　(b) 三角形接法

图 7-24　三相异步电动机的接线板

3. 额定电压 $U_N$

铭牌上所示的**额定电压**，是指在规定接法下，外加于定子绕组的线电压值，单位为 V。

一般规定加在电动机定子绕组上的电压不超过额定值的±5%。

4. 额定电流 $I_N$

铭牌上所标的**额定电流**，是指电动机在额定电压下，轴端输出额定功率时，电动机定子绕组的线电流值。单位为 A。

5. 额定功率 $P_N$

铭牌上所标的**额定功率**，是指电动机在制造厂所规定额定情况下运行时，由轴端输出的机械功率。单位一般为 kW。

对于三相异步电动机，额定功率

$$P_N = \sqrt{3}U_N I_N \eta_N \cos\psi_N \tag{7-35}$$

式中，$\eta_N$ 和 $\cos\psi_N$ 分别为额定情况下的效率和功率因数。

6. 额定频率 $f_N$

我国电网频率为 50 Hz，因此除外销产品外，国内用的异步电动机额定频率为 50 Hz。

7. 额定转速 $n_N$

铭牌上所规定的**额定转速**，是指电动机在额定电压、额定频率下，轴端有额定功率输出时，转子的转速，单位为 r/min。

8. 绝缘等级

绝缘等级是按电动机绕组所用的绝缘材料在使用时容许的极限温度来分级的。所谓极限温度，是指电机绝缘结构中最热点的最高容许温度，不同的绝缘等级所对应的极限温度如表 7-2 所示。

**表 7-2 不同的绝缘等级所对应的极限温度**

| 绝缘等级 | A | E | B | F | H |
|---|---|---|---|---|---|
| 极限温度(℃) | 105 | 120 | 130 | 155 | 180 |

9. 工作方式

工作方式分连续(代号为 $S_1$)、短时($S_2$)、断续($S_3$)三种。**连续工作方式**是指该电动机可以在额定情况下长期连续工作其温升不会超过容许值。

## 二、异步电动机的技术数据

异步电动机除铭牌上所给出的额定数据外，还有一些说明电动机性能的技术数据，可在制造厂提供的产品目录或电工手册中查到。电动机的技术数据有：

1. 效率 $\eta_N$

电动机轴上输出的机械功率 $P_N$ 不等于输入功率 $P_{1N}$，其差值为电动机本身的损耗(包括铜耗、铁耗、机械耗、杂散耗等)。电动机在额定运行时，输出功率 $P_N$ 与输入功率 $P_{1N}$ 的比值称为电动机的**额定效率** $\eta_N$。

$$\eta_N = \frac{P_N}{P_{1N}} \times 100\% \tag{7-36}$$

额定输入功率可由下式计算

$$P_{1N} = \sqrt{3}U_N I_N \cos\varphi_N \tag{7-37}$$

2. 功率因数 $\cos\varphi_N$

三相异步电动机对电源来说是三相对称的感性负载，定子相电流比相电压滞后一个 $\varphi$ 角，$\cos\varphi_N$ 就是电动机输出额定功率时的**功率因数**。

三相异步电动机的功率因数较低，在额定负载时约为 0.7～0.9；轻载或空载时只有0.2～0.3,所以要正确选择电动机的容量,防止“大马拉小车”。

3. 过载系数

$$\lambda=\frac{T_{\max}}{T_{\mathrm{N}}}$$

过载系数λ愈大,电动机的短时过载能力愈强,因此过载系数是异步电动机重要性能指标之一。对一般异步电动机 $\lambda=1.8\sim2.2$,供起重和冶金机械用的电动机 $\lambda=2.7\sim3.7$。

4. 启动能力

$$K_{st}=\frac{T_{st}}{T_{\mathrm{N}}}$$

启动能力的大小反映了异步电动机的启动性能,对于一般的鼠笼式异步电动机,启动能力为1.0～2.0。供起重和冶金机械用的异步电动机,启动能力为2.8～4.0。

5. 启动电流倍数

$$启动电流倍数=\frac{I_{st}}{I_{\mathrm{N}}}$$

## 第七节　三相异步电动机的选择

三相异步电动机在工农业生产中应用最为广泛。根据生产机械的需要从安全、经济、实用原则出发,正确地选择电动机的功率、种类、型式等极为重要。

### 一、类型和结构型式的选择

1. 类型的选择

异步电动机有鼠笼式和绕线式两种。若生产机械是空载或轻载启动(如风机、水泵、一般机床等),通常选用Y系列鼠笼型异步电动机。鼠笼型异步电动机结构简单、维护方便、价格低廉,但启动、调速性能差。如要带一定负载启动,要求有较大的启动转矩并能调速(例如某些起重机、卷扬机等),应选用绕线式异步电动机。绕线式异步电动机启动性能好,并可在不大的范围内平滑调速,但结构复杂、价格较贵。

2. 结构型式的选择

为防止电动机被周围介质损坏,或因电动机本身的故障引起灾害,必须根据具体的环境选择适当的防护型式。电动机常见的防护型式有开启式、防护式、封闭式和防爆式。

开启式在结构上无特殊防护装置,适用于干燥无灰尘的环境;防护式电动机在机壳或端盖下面有通风罩,以防止铁屑等杂物掉入。适用于较干燥、灰尘不多、无腐蚀性、无爆炸性气体场合;封闭式电动机的外壳严密封闭,电动机靠自身风扇或外部风扇冷却,适用于多尘、水土飞溅场合;防爆式电动机适用于有易燃、易爆气体的危险环境,例如矿井中。

## 二、电压和转速的选择

1. 电压的选择

电动机电压等级的选择，要根据电动机类型、功率以及使用地点的电源电压来决定。一般车间等低压电网均是 380 V，因此中、小容量的 Y 系列电动机额定电压均为 380 V，只有大功率异步电动机才采用 3 kV 和 6 kV 的高压电机。

2. 转速的选择

电动机的额定转速是根据生产机械的要求选定。通常电动机的转速不低于 500 r/min，因为当容量一定时，转速越低，则其电磁转矩越大，电动机的尺寸越大，价格越贵，且效率也越低。对于要求转速低于 500 r/min 的生产机械，应尽量选用高速电动机，再另配减速装置即可。

## 三、功率的选择

合理选择电动机的功率具有重要的经济意义。如果功率选大了，不仅投资费用增大，而且由于电动机经常不是在满载下运行，其效率和功率因数都低，增加运行费用。如果电动机的功率选小了，其运行时的工作电流超过了额定值，使电动机过热损坏。所以所选电动机的功率是由生产机械所需的功率确定的。电动机功率的选择应按照其工作方式采用不同的计算方法。

1. 连续工作方式

对于连续运行的电动机，只要选择电动机的额定功率略大于生产机械所需的功率即可。电动机的额定功率应选为

$$P_{\mathrm{N}} \geqslant \frac{P_L}{\eta_1 \eta_2} \tag{7-38}$$

式中，$P_L$为负载功率，$\eta_1$ 和 $\eta_2$ 分别为传动机构和生产机械本身的效率。

**【例 7-4】** 今有一离心水泵，其流量 $Q=0.1\mathrm{m}^3/\mathrm{s}$，扬程 $H=10$ m，电动机与水泵直接联接（$\eta_1=1$），水泵效率 $\eta_2=0.6$，转速为 1 470 r/min，若用一台笼型电动机拖动，作长时间运行，试选用机型。

**【解】** 泵类机械负载功率计算公式从手册上查出为

$$P_L = \frac{Q\rho H}{102} = \frac{0.1 \times 1\,000 \times 10}{102}\ \mathrm{kW} = 9.80\ \mathrm{kW}$$

式中，$\rho$ 是水的密度，其值为 1 000 kg/m³。

所选电动机功率为 $\quad P_{\mathrm{N}} \geqslant \dfrac{9.80}{1 \times 0.6}\ \mathrm{kW} = 16.3\ \mathrm{kW}$

可选 Y180M-4 型普通笼型电动机，其额定功率为 18.5 kW，转速 1 470 r/min。

2. 断续工作方式

断续工作方式是一种周期性工作方式，电动机的工作时间 $t_1$ 和停歇时间 $t_2$ 都很短，$t_1 + t_2 \leqslant 10$ min，且交替进行。定义每周期内工作时间与周期时间之比称为**负载持续**

率，用百分数表示。即

$$\varepsilon=\frac{t_1}{t_1+t_2}\times 100\% \tag{7-39}$$

标准规定负载持续率为15%、25%、40%和60%四种，铭牌上的功率指负载持续率为25%时的额定功率，在产品目录上还应给出其他三种负载持续率下的额定功率。

如果生产机械实际负载持续率 $\varepsilon$ 与25%相近，所选电动机的功率略大于铭牌功率即可。如果生产机械负载持续率 $\varepsilon$ 与25%不同，应将 $\varepsilon$ 下的实际功率 $P_L$ 换算成最接近的标准负载持续率 $\varepsilon_N$ 下的功率 $P_N$，其换算公式为

$$P_N=P_L\sqrt{\frac{\varepsilon}{\varepsilon_N}} \tag{7-40}$$

应以 $P_N$ 为基准选择电动机。

3. 短时工作方式

短时工作方式的标准持续时间分为15 min、30 min、60 min和90 min四种，铭牌功率与厂家所规定的工作时间相对应。停歇时间应较大于工作时间。

如果生产机械实际工作时间 $t$ 与标准工作时间 $t_N$ 相近，所选电动机的功率与铭牌功率相近即可。如果生产机械的实际工作时间 $t$ 不等于标准工作时间 $t_N$，应将生产机械的实际功率 $P_L$ 换算成标准工作时间下的功率 $P_N$

$$P_N=P_L\sqrt{\frac{t}{t_N}} \tag{7-41}$$

应根据 $t_N$ 和 $P_N$ 选择电动机。也可选连续工作方式的电动机，并且允许过载，换算公式为

$$P_N\geqslant\frac{P_L}{\lambda\eta_1\eta_2} \tag{7-42}$$

式中，$\lambda$ 为过载系数。

## 习　题

7-1　某三相异步电动机的额定转速为1 460 r/min，电源频率为50 Hz，求电动机的磁极对数和额定转差率。

7-2　有一台三相四极异步电动机，频率为50 Hz，$n_N=1\ 425$ r/min，转子电阻 $R_2=0.02\ \Omega$，感抗 $X_{20}=0.08\ \Omega$，$E_1/E_{20}=10$。当 $E_1=200$ V时，求：(1) 电动机启动瞬间($n=0$)时转子每相电路的电动势 $E_{20}$，电流 $I_{20}$ 和功率因数 $\cos\psi_{20}$；(2) 额定转速时的 $E_2$、$I_2$ 和 $\cos\varphi_2$。

7-3　有一台Y225M-4型三相异步电动机，其额定数据如表7-3所示，试求：(1)额定电流 $I_N$；(2)额定转差率 $s_N$；(3)额定转矩 $T_N$、最大转矩 $T_{max}$、启动转矩 $T_{st}$。

表 7-3 Y225M-4 额定数据

| 功率 | 转速 | 电压 | 效率 | 功率因数 | $I_{st}/I_N$ | $T_{st}/T_N$ | $T_{max}/T_N$ |
|---|---|---|---|---|---|---|---|
| 45 kW | 1 480 r/min | 380 V | 92.3% | 0.88 | 7.0 | 1.9 | 2.2 |

7-4 一台四极三相异步电动机的额定功率为 30 kW，额定电压为 380 V，三角形接法，频率为 50 Hz。在额定负载下运行时，其转差率为 0.02，效率为 90%，线电流为 57.5 A，$T_{st}/T_N=1.2$，$I_{st}/I_N=7$。求：(1) 转子旋转磁场对转子的转速（提示：$n_2=\frac{60f_2}{p}=sn_0$）；(2) 额定转矩；(3) 电动机的功率因数。

7-5 题 7-4 中，若采用 Y-△换接启动，求启动电流和启动转矩；(2) 当负载转矩为额定转矩的 70%和 30%时，电动机能否启动？

7-6 题 7-4 中，采用自耦变压器启动，而使电动机的启动转矩为额定转矩的 85%，求：(1) 自耦变压器的变比；(2) 电动机的启动电流和线路上的启动电流。

7-7 一台三相异步电动机，铭牌数据如下：△接法，$U_N=380$ V，$I_N=15.2$ A，$n_N=1\,450$ r/min，$\eta_N=87\%$，$\cos\varphi_N=0.86$，$I_{st}/I_N=6.5$，$T_{max}/T_N=1.8$。(1) 求此电动机短时能带动的最大负载转矩是多少？(2) 如果电源允许的最大启动电流为 30 A，试问能否采用 Y-△ 方法启动该电动机？

7-8 有一台三相异步电动机在运行时测得如下数据：(1) 当输出功率 $P_2=4$ kW 时，输入功率 $P_1=4.8$ kW，定子线电压 $U_1=380$ V，线电流 $I_1=8.9$ A；(2) 当 $P_2=1$ kW 时，$P_1=1.6$ kW，$U_1=380$ V，$I_1=4.8$ A。试求两种情况下电动机的效率 $\eta$ 和功率因数 $\cos\varphi_1$。

# 第八章

# 低压电器与继电接触控制

**【内容提要】** 本章介绍常见低压控制电器的工作原理和特点以及电动机点动、连续运转、正反转、时间和行程控制等常见继电接触控制电路的工作原理和设计方法；同时对一些典型建筑机械的控制电路进行了讨论。

在建筑、机械、化工等工农业自动化生产过程中普遍利用电力拖动生产机械实现生产过程的自动控制。使用继电器、接触器、按钮、空气开关、行程开关等低压电器构成的控制电路称为继电接触控制电路，它是最常见的一种控制方式，具有价格低廉、结构简单、实用、维修方便的特点。

由于不同工况场合的控制要求不同，因此对不同生产设施实施继电接触控制的电路也是千差万别的。但是，不论是简单的电动机启动控制还是复杂的生产过程控制，均是由一些简单的基本控制环节组成，在分析控制电路原理时，要从基本环节入手。

## 第一节　常用低压控制电器

低压电器被广泛应用于发电、输电、配电场所及电气传动自动控制设备中。它对电力的生产、输送、分配应用起着转换、控制、保护和调节作用。

常用低压控制电器一般又分为手动和自动两类，闸刀开关、转换开关、按钮等靠人工操作而动作的属于手动低压电器。所谓自动低压电器就是不直接由人工操作，而是依赖于电压、电流或其他物理量的变化来改变其工作状态，如接触器、继电器、行程开关等均属于自动低压电器。

### 一、刀　开　关

刀开关是一种应用最为广泛的电器，最常用的刀开关是瓷底胶盖刀开关。它由电源进线座、刀片式动触点、熔丝、负载接线座、瓷底板、静触头、胶木盖等部分组成。用手推动操作手柄使触刀插入静插座时电路接通。图 8-1(a)所示为 HK 系列刀开关的结构图，图 8-1(b)为其在电路图中的文字和图形符号。

HK1 系列刀开关的用途非常广泛，经常用做照明电路的电源开关，也可用于 5.5kW 以下电动机的不频繁启、停控制。其基本的技术数据可以从电器产品手册中查

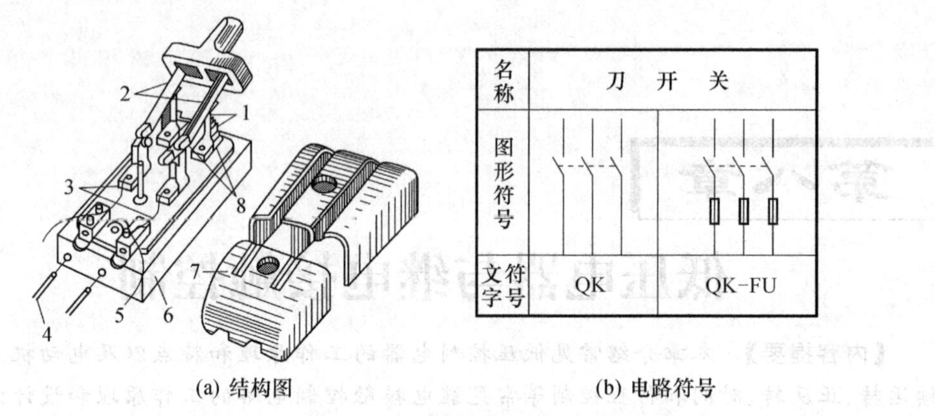

(a) 结构图　　　　(b) 电路符号

图 8-1　HK系列刀开关

1—电源进线座；2—刀片式动触点；3—熔丝；4—负载线；
5—负载接线座；6—瓷底板；7—胶木盖；8—静触点

出，其型号含义如右：

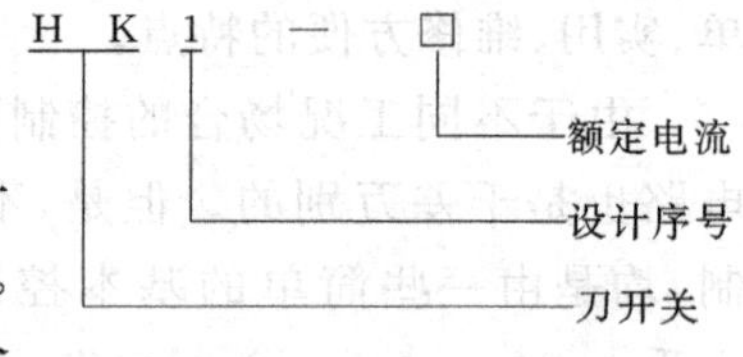


## 二、按　钮

按钮是一种手动、短时接通小电流的开关电器，一般具有自动复位功能，通常用于接通和断开控制电路。按钮按其结构不同可以分为动合按钮、动断按钮和复合按钮。在无压力作用的常态下，动合按钮的触点是断开的，称之为**常开触点**；动断按钮的触点是闭合的，称之为**常闭触点**。在压力的作用下，动合按钮的常开触点闭合，动断按钮的常闭触点断开，由此完成对电路的控制。

需要指出的是，复合按钮同时具有常开触点和常闭触点，在外力的作用下，常闭触点先断开，常开触点再闭合，在电路的分析和设计中特别要注意这一点。图 8-2(a)为复合按钮的结构图，图 8-2(b)为其在电路图中的文字和图形符号。

按钮的型号含义如下：

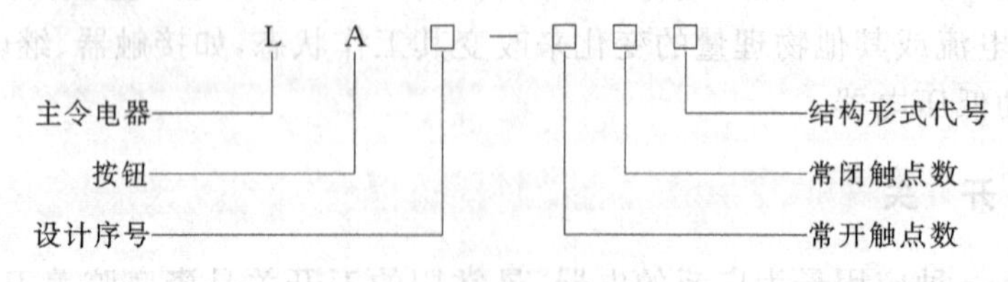


## 三、组合开关

**组合开关**也被称为万能转换开关，在机床电气控制中常用于电源开关或不同控制方式间的转换控制。组合开关内部有多个静触点和动触点，静触点分层布置安装在各层绝缘垫板上，板上接线柱分别与电源、用电设备相接。由磷铜片制成的动触点铆接在绝缘钢纸上。绝缘钢纸上开有方孔，附有手柄的方截面转轴穿过各层绝缘钢纸，转轴可左右旋转至不同位置，每个位置都对应着各对静、动触点不同的通断状态。

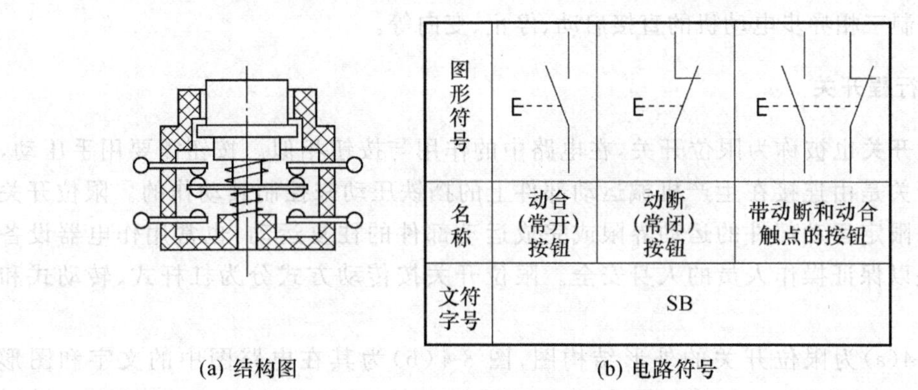


图 8-2 复合按钮

图 8-3(a)为 HZ10-10/3 型组合开关的结构图，图(b)为其在电路图中的文字符号和图形符号。

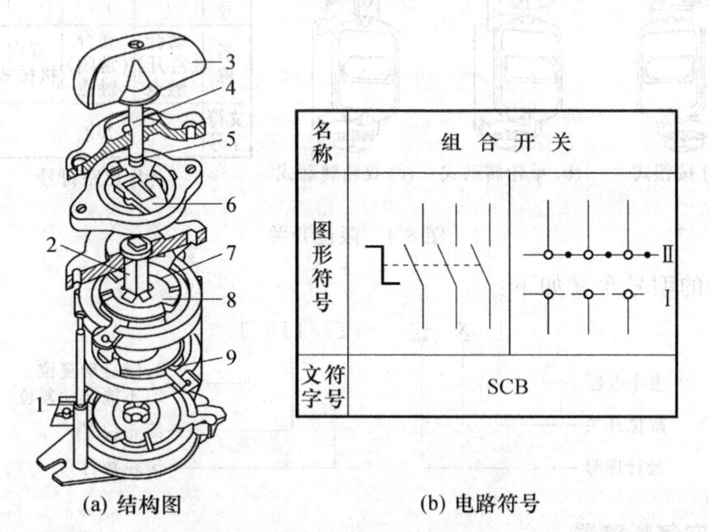


图 8-3 HZ10-10/3 型组合开关

1—接线柱；2—绝缘杆；3—手柄；4—转轴；5—弹簧；6—凸轮；7—绝缘垫板；8—动触片；9—静触片

HZ 系列组合开关的型号含义如下：

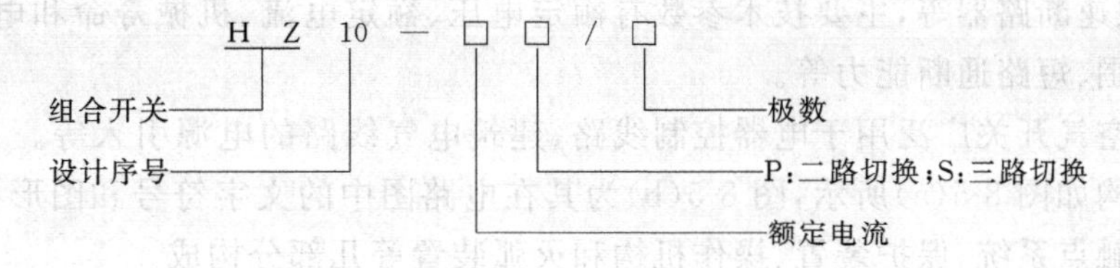

例：HZ10-10/3 型的组合开关，其额定电流为 10A、三极、交流额定电压为 380V。

组合开关在机床电气控制中常用作电源开关，一般用在空载时接通或断开电源，也可用于控制三相异步电动机的直接启动、停止、变向等。

## 四、行程开关

**行程开关**也被称为限位开关，在电路中的作用与按钮相似。按钮需要用手压动，而限位开关是由连接在生产机械运动部件上的挡铁压动来控制其动作的。限位开关经常用来限定运动部件的运动界限或完成运动部件的往复运动，也常用作电器设备的门开关以保证操作人员的人身安全。限位开关按传动方式分为杠杆式、转动式和按钮式。

图 8-4(a)为限位开关的外形结构图，图 8-4(b)为其在电路图中的文字和图形符号。

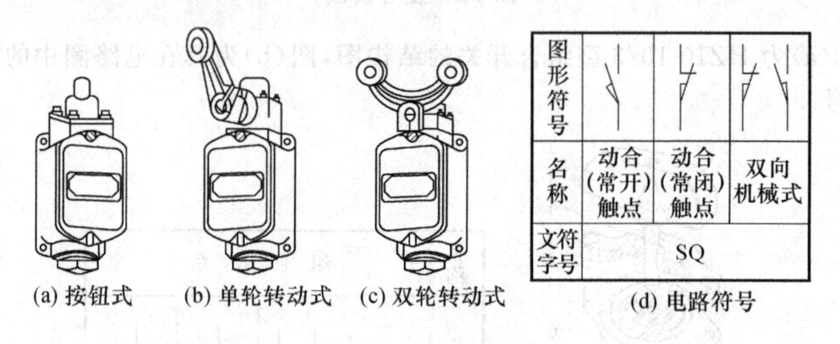

(a) 按钮式　(b) 单轮转动式　(c) 双轮转动式　(d) 电路符号

图 8-4　限位开关

限位开关的型号含义如下：

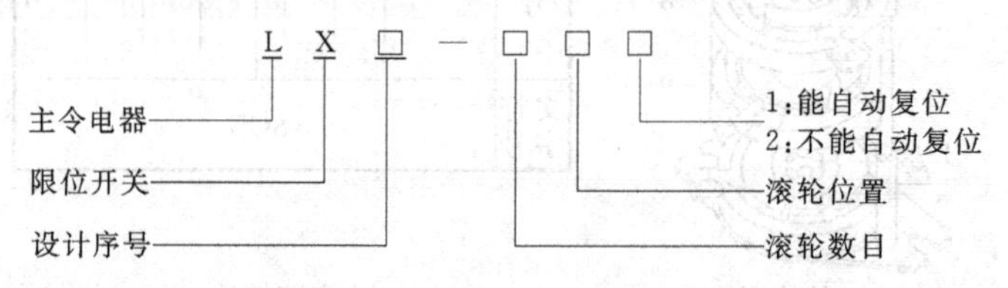


## 五、自动空气断路器

**自动空气断路器**又被称为自动空气开关，它具有对电路的短路、过载和失压等多种保护功能。自动空气断路器可以分为万能式断路器、塑料外壳式断路器、限流式断路器、直流快速断路器等，主要技术参数有额定电压、额定电流、机械寿命和电寿命、过电流脱扣范围、短路通断能力等。

自动空气开关广泛用于电器控制线路、建筑电气线路的电源引入等。自动空气断路器的结构如图 8-5(a)所示，图 8-5(b)为其在电路图中的文字符号和图形符号。断路器主要由触点系统、保护装置、操作机构和灭弧装置等几部分构成。

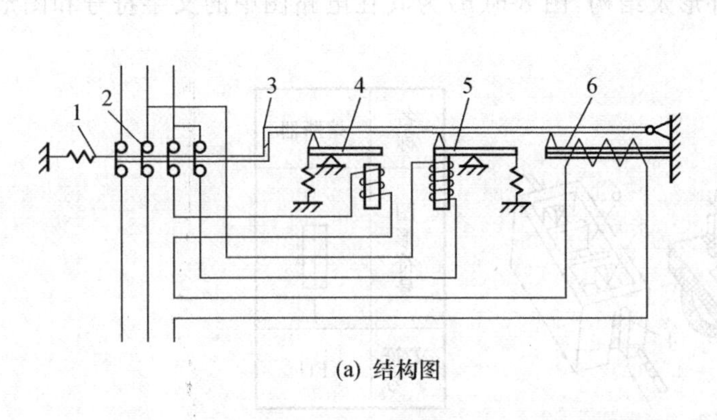


(a) 结构图

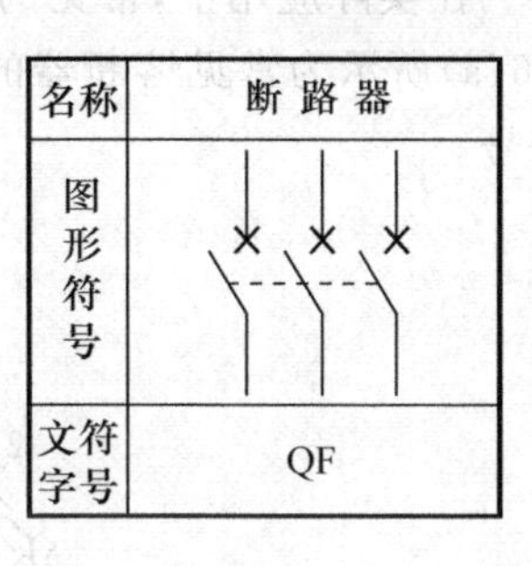

| 名称 | 断 路 器 |
| --- | --- |
| 图形符号 | |
| 文符字号 | QF |

(b) 电路符号

图 8-5　自动空气断路器

1—释放弹簧；2—主触点；3—钩子；4—电磁脱扣器；5—失压脱扣器；6—热脱扣器

断路器合闸后主触点被钩子锁在闭合位置，保护作用是靠各种脱扣器的工作实现的。流过电磁脱扣器线圈中的电流在整定值以内时，铁心线圈产生的吸力不足以吸动衔铁。发生短路故障时，短路电流超过整定值，铁心线圈产生的吸力克服弹簧的拉力使衔铁顶开钩子，原来被钩子锁在闭合位置的主触点断开，电磁脱扣器由此起到短路保护作用。

与此相类似，断路器中的失压脱扣器、热脱扣器对电路完成欠压保护和过载保护的功能。

断路器型号含义如下：

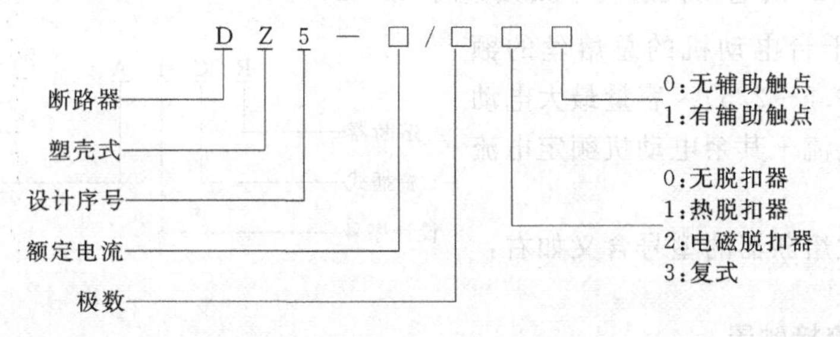


## 六、熔 断 器

**熔断器**是一种短路保护电器，俗称保险。按其结构可以分为有填料封闭管式熔断器、半封闭插入式熔断器、无填料密闭管式熔断器等几种类型。它们的工作原理大体相同，都是在两个金属电极之间接有一个低熔点的熔体，称之为**熔片**或**熔丝**。电路正常工作时流过熔体的电流小于或等于额定电流，熔体不会熔断；当电路中发生短路故障或电路过载严重时，电路中过大的电流流过熔体，使熔体瞬间被加热到熔点而熔化，从而起到切断电源、保护线路和设备的作用。

在实际应用中，常见的熔断器有瓷插式熔断器、螺旋式熔断器和快速熔断器等。图8-6(a)所示为常见熔断器的外形及结构，图8-6(b)为其在电路图中的文字符号和图形符号。

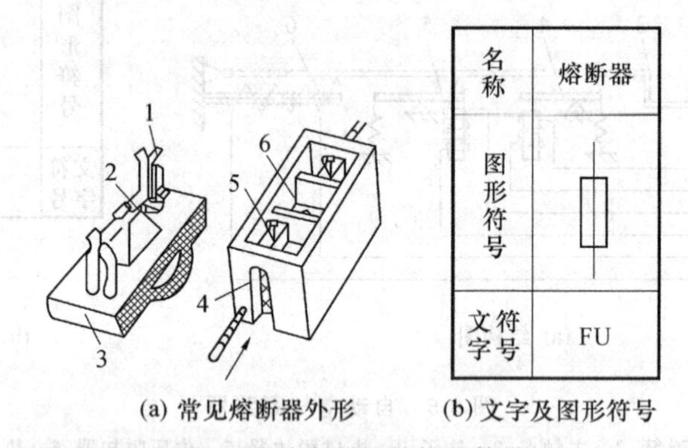


(a) 常见熔断器外形　　(b) 文字及图形符号

图 8-6　熔断器的结构及符号

1—动触头；2—熔体；3—瓷盖；4—瓷底座；5—静触头；6—灭弧室

熔断器的主要技术参数有额定电压、额定电流、保护特性和分断能力等。熔断器的**额定电压**是指熔断器能长期正常工作的电压，选择熔断器时，熔断器的额定电压必须大于或等于保护电路的额定电压。

熔体额定电流的选择可按如下方法计算：

(1) 照明线路中，电灯支线上的熔丝额定电流≥支线上所有电灯的工作电流。

(2) 一台电动机熔丝的额定电流≥$\dfrac{\text{电动机的启动电流}}{\text{启动系数}\ K}$，当电动机启动频繁时，$K$ 的取值为 1.6～2，当电动机启动不太频繁时，$K \approx 2.5$。

(3) 若干台电动机的总熔丝的额定电流≈(1.5～2.5)×容量最大电动机的额定电流＋其余电动机额定电流之和。

瓷插式熔断器的型号含义如右：

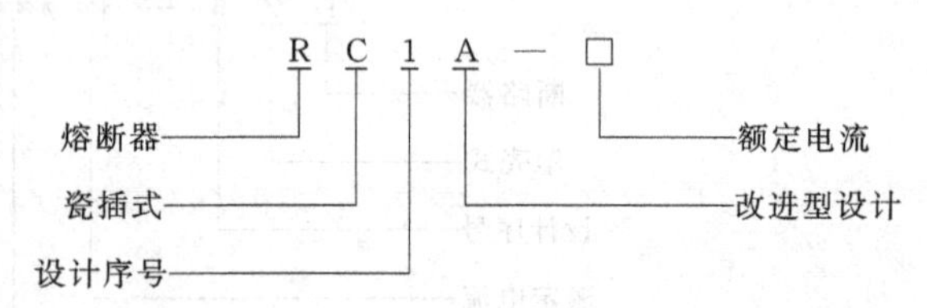


**七、交流接触器**

交流接触器是一种可以实现远距离自动控制的电器，可以用它频繁接通和断开电动机电源。交流接触器具有控制容量大和欠压释放保护的特点，是继电接触控制系统中常用的控制电器。

交流接触器主要由两大部分组成，一部分是由铁心和线圈构成的电磁系统，另一部分是组合触点。图8-7是交流接触器的结构图及外形图。组合触点由静止不动的静触点和可以移动的动触点组成，其中，在常态下动触点和静触点处于闭合状态的一对触点称为常闭触点，另一对在常态下动触点和静触点处于断开状态的触点称为**常开触点**。

电磁铁是由一个动磁铁和一个静磁铁组成。当静磁铁中的线圈通电后，静磁铁将产生电磁力，吸引动磁铁闭合，而动磁铁与一对动触点相连，当动磁铁吸合时，就带动动触点运动，使得通电前闭合的一对触点断开，并使通电前断开的一对触点闭合。需要注意的是两对触点的动作顺序是："常闭触点先断开，常开触点后闭合。"

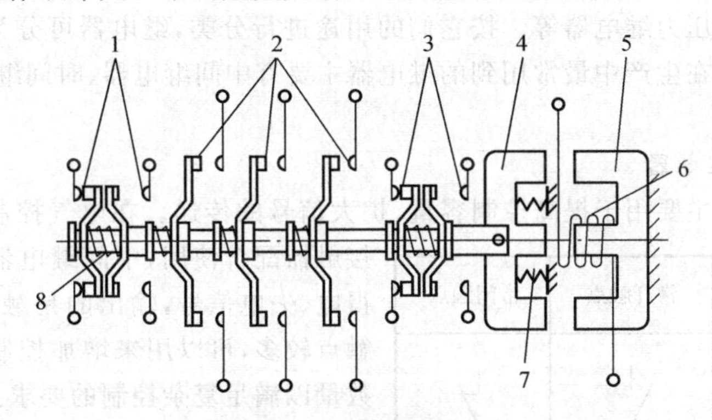


图 8-7　交流接触器结构图

1、3—辅助触头；2—主触头；4—动铁心；5—静铁心；6—线圈；7、8—弹簧

交流接触器的电路符号如图 8-8 所示，根据用途不同，接触器的触点分为主触点和辅助触点两种。主触点上通过的电流比较大，可以用来接通或断开负载较大的电路，如电动机、电热设备等，这一类的电路称为**主电路**；而辅助触点一般接在用以控制主电路的控制电路中，通过辅助触点的控制电流较小。由于主触点通过的电流较大，在主触点接通或断开时会产生电弧，所以超过一定容量的交流接触器的主触点上装有灭弧装置。如 CJ10-20 型交流接触器有三个常开主触点、四个辅助触点（两常开、两常闭）。

| 名称 | 线圈 | 主触点 | 常开辅助触点 | 常闭辅助触点 |
|---|---|---|---|---|
| 图形符号 | | | | |
| 文字符号 | KM | | | |

图 8-8　电路符号

交流接触器的主要技术参数主要有额定电压和额定电流，它们是指接触器的主触点长期正常工作时的电压和电流。交流接触器的额定电压有 380V、600V 和 1 140V 三种。交流接触器的额定电流为 6～4 000A。需要注意的是，交流接触器的线圈电压与主触点的电压不同，它的线圈电压有 36V、110V、220V、380V 几种。

常用交流接触器有 CJ0、CJ10、CJ12 等系列，其型号含义为：

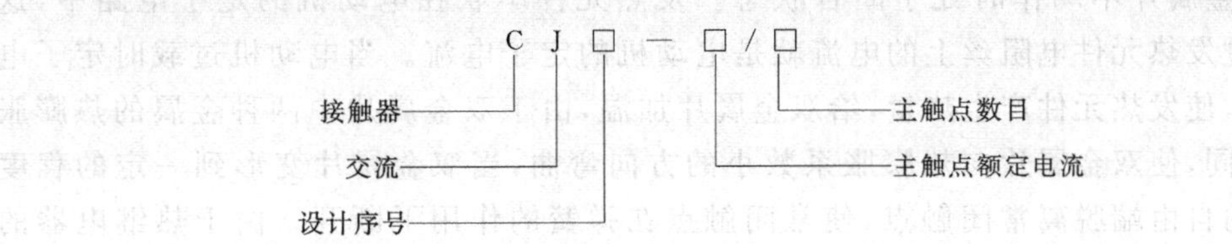

## 八、继电器

继电器是根据一定的信号接通和断开小电流电路，以完成对电路进行控制和保护作用的电器。按使继电器动作的参数进行分类，继电器可分为：电流继电器、电压继电器、时间继电器、压力继电器等。按它们的用途进行分类，继电器可分为控制继电器和保护继电器等。在生产中最常用到的继电器主要有中间继电器、时间继电器、压力继电器、热继电器等。

### （一）中间继电器

中间继电器主要用于提高控制容量、扩大信号的传递。在电气控制系统中它常与接触器配合使用，中间继电器输入的是线圈得电、失电信号，输出的是触点开闭信号；其触点较多，可以用来增加控制电路中信号的数量以满足复杂控制的要求。

| 名称 | 线圈 | 常开触点 | 常闭触点 |
| --- | --- | --- | --- |
| 图形符号 | 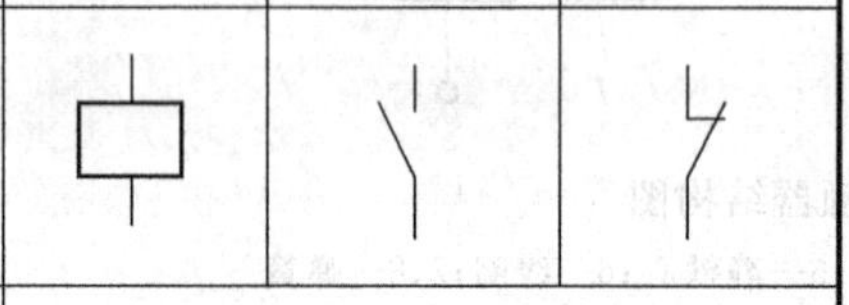 | | |
| 文字符号 | KA | | |

图 8-9　中间继电器的电路符号

中间继电器的结构和工作原理与交流接触器类似，图 8-9 给出了中间继电器的电路符号。常用的中间继电器有 JZ7、JZ8 系列等，选择中间继电器时需要首先考虑触点的数量和容量是否满足要求，同时要考虑其线圈的电压、电流等要求是否符合现场应用条件。

### （二）热继电器

热继电器是利用电流的热效应切断电路对电动机进行保护的电器。当电动机工作在额定电压和额定电流的状态下时，电动机处于最佳工作状态，当其工作在欠电压、断相或长期过载的情况下，都会使电动机的工作电流超过额定值，引起电机过热，损坏电动机或减少电动机的寿命。热继电器可以防止电动机的过载，其工作原理如下：

与断路器的工作原理不同，热继电器的动作不是由电磁力推动而是由发热元件受热后变形，从而推动触头的断开与闭合。

如图 8-10(a)所示为热继电器的结构图，图 8-10(b)所示为热继电器的电路符号。热继电器主要由发热元件和双金属片组成，发热元件由一段电阻丝构成，可以绕在由热膨胀系数不同的两种金属材料碾压而成的双金属片上，双金属片的一端固定，另一端可以自由活动，自由端顶在常闭触点上，拉开常闭触点上的弹簧使常闭触点在双金属片不动作时处于闭合状态。发热元件串联在电动机的定子电路中，这样，通过发热元件电阻丝上的电流就是电动机的定子电流。当电动机过载时定子电流过大，使发热元件产生热量，给双金属片加温，由于双金属片中两种金属的热膨胀系数不同，使双金属片向热膨胀系数小的方向弯曲，当双金属片变形到一定的程度时，它的自由端脱离常闭触点，使常闭触点在弹簧的作用下断开。由于热继电器的常闭触点是与交流接触器的线圈串联在一起的，当常闭触点断开时会使交流接触器的线圈断电，交流接触器主回路上与电动机定子电路相串联的常闭触点断开，使电动机与过载电路断开，从而起到保护电动机的作用。由于热继电器动作需要一定的时间，因此，在电动机启动或短时过载时，热继电器不会动作，这一特性可以避免电动机的不必要的停车。

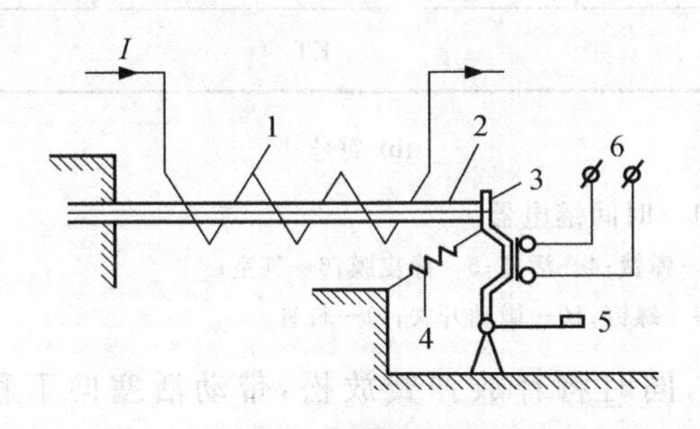

(a) 热继电器的结构

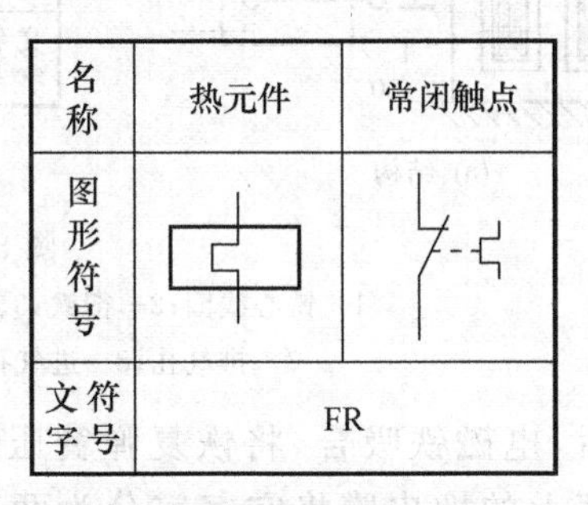

(b) 热继电器的电路符号

图 8-10　热继电器的结构及电路符号

1—热元件；2—双金属片；3—扣板；4—弹簧；5—复位按钮；6—常闭触点

热继电器的主要参数是整定电流，这个整定值是指热继电器的发热元件长期工作而双金属片不会动作的最大电流值。调整热继电器上的整定旋钮可以调整整定电流值。

热继电器的保护特性如表 8-1 所示，工作中一般将整定电流与电动机额定电流的值调整一致。

热继电器的型号含义如右：

**表 8-1　热继电器保护特性**

| 发热元件上的电流为整定电流的倍数 | 热继电器的动作时间 |
| --- | --- |
| 1.0 倍 | 长期不动作 |
| 1.2 倍 | 小于 20min |
| 1.5 倍 | 小于 2min |
| 6 倍 | 大于 5s |

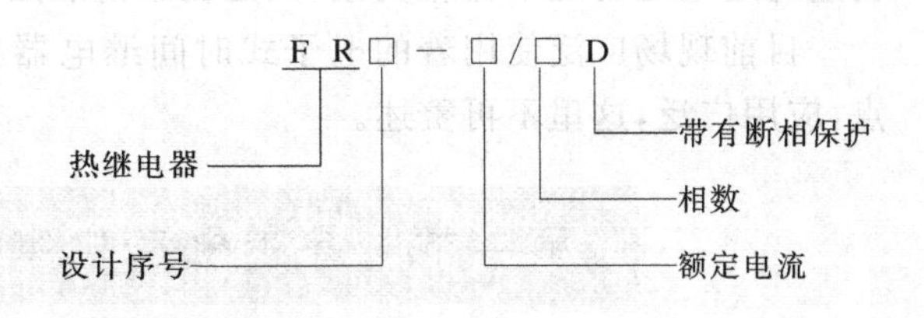


（三）时间继电器

中间继电器线圈失、得电后其触点立即动作，这种继电器被称为瞬时继电器。而时间继电器从它的电磁线圈接受到动作信号（得、失电）起，到它的触点动作之间有一段时间延时，因此它也被称为**延时继电器**。

图 8-11(a)为 JS7-A 型空气阻尼式时间继电器的结构图，图 8-11(b)是其在电路图中的符号。

时间继电器有通电延时与断电延时两种。通电延时型时间继电器的功能如下：电磁线圈通电后继电器动合触点延时闭合，动断触点延时断开。其工作原理如下：当线圈

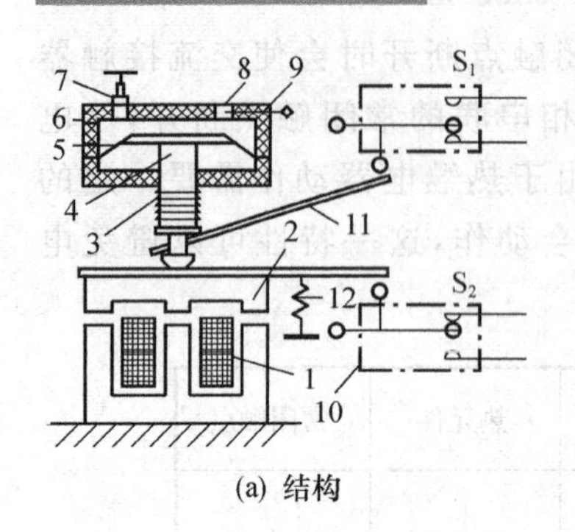


(a) 结构

| 名称 | 线圈 | 延时闭合的常开触点 | 延时闭合的常闭触点 | 延时断开的常开触点 | 延时断开的常闭触点 |
| --- | --- | --- | --- | --- | --- |
| 图形符号 |  |  |  |  |  |
| 文字符号 | KT |  |  |  |  |

(b) 符号

图 8-11　时间继电器

1—铁心线圈；2—衔铁；3、12—弹簧；4—活塞；5—橡皮膜；6—气室；

7—排气孔；8—进气孔；9—螺钉；10—微动开关；11—杠杆

通电后，电磁铁吸合，将恢复弹簧压缩，同时将释放弹簧放松，带动活塞向下移动，而活塞上的橡皮膜将空气室分为两部分，下部分的空气被密封，上部分的空气通过进气孔与外界相通。当活塞向下移动时带动与之相连的橡皮膜向下移动，使空气室下部分的空气被压缩，压强增大，而上部分的空气体积增大，压强减小。由于压强的不平衡使活塞不能立即向下移动，只有从进气孔进入空气，使上部分的压强逐渐增大，活塞才能逐渐下移，这样经过一段时间以后杠杆才能触动延时微动开关，使触点动作。延时的长短通过进气孔的调节螺钉控制，进气量多则延时时间短，进气量少则延时时间长。当线圈断电后动磁铁被释放，在恢复弹簧的作用下，活塞向上运动，由于空气室上部的空气可以通过排气孔迅速排出，所以活塞的向上运动是瞬间完成的，没有延时。

与通电延时的时间继电器相类似，另一种空气时间继电器是断电延时继电器，它的构造与通电延时继电器相类似，只是在断电后延时动作。

目前现场广泛使用着的电子式时间继电器具有指示清楚、使用方便、误差小等优点，应用广泛，这里不再赘述。

## 第二节　异步电动机继电接触控制电路

用按钮、接触器、继电器等有触点电器组成的控制电路称为继电接触控制电路。目前，继电接触控制电路在现场被广泛使用，熟练掌握继电接触控制电路的工作原理、逻辑特性，不仅对进一步学习掌握可编程控制器的设计和使用非常有帮助，而且对同学们今后在现场的工作有着十分重要的意义。

### 一、点动控制电路

图 8-12(a)所示为点动控制的示意图，它由按钮、接触器等低压电器组成。当所需控制的电动机需要点动时，先合上开关 QS，接通主回路及控制回路电源。此时，电动

机电源尚未接通，按下按钮 SB，接触器 KM 线圈通电、衔铁吸合，带动接触器的三对动合触头闭合，电动机接通电源开始运转。松开按钮后，接触器线圈断电，衔铁靠弹簧力释放，动合触点断开，电动机断电停转。可见，只有按下按钮后电动机才运转，松手后电动机停转。这种控制电路被称为**点动控制电路**。点动控制广泛应用于生产控制过程中的快速行程控制以及地面控制行车中，如手动电葫芦、天车等的控制均为点动控制方式。

图 8-12(a)的示意图虽然比较直观，但如果电路比较复杂，所用控制电器较多，采用示意图不仅烦琐而且不容易说明问题。一般控制电路常采用规定符号画成原理图(参见附录 2 国家标准电工图形符号)，图 8-12(b)为点动控制的原理图。通常将原理图中三相电源至电动机的电路称为**主回路**，按钮和接触器线圈组成的电路称为**控制回路**。控制回路完成对主回路的工作控制，为主回路服务。在实际工作中，设计人员应根据实际工艺过程对电动机提出的要求确定和设计主回路及控制回路，以保证电动机安全、正确的工作。

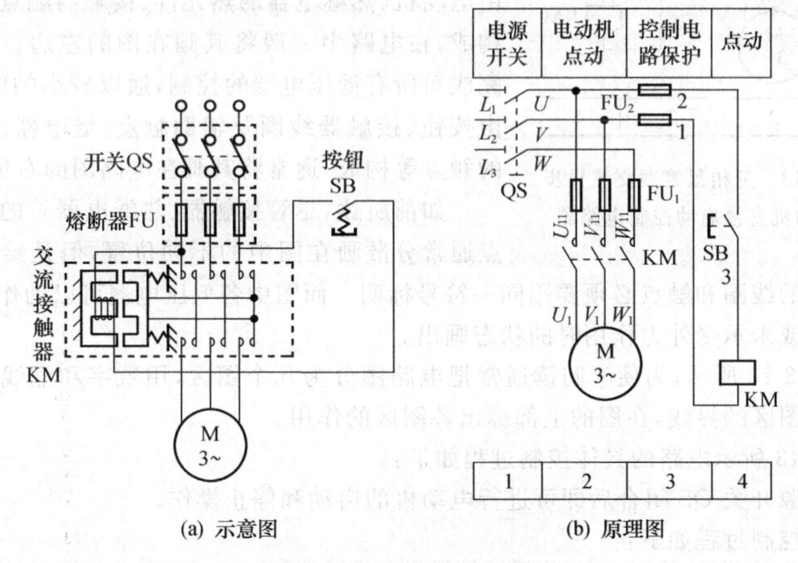


(a) 示意图　　(b) 原理图

图 8-12　点动控制电路

在设计及阅读电路原理图的过程中应注意以下几点：

首先，必须明确所要完成工作的基本功能和逻辑动作关系；其次，图中采用的符号必须是国家统一规定的图形符号和文字符号。特别应该指出的是：同一低压电器的触点和线圈尽管不在图中的同一位置，但其文字符号的标注必须一致。再次，图中控制电器的可动部分均以未通电和未受外力作用时的原始状态画出，如按钮、行程开关是其未受外力时的状态，接触器、继电器的触点状态是线圈未通电时的状态。

## 二、单向启动控制电路

电动机接通电源后将由静止状态逐步加速运行到稳定工作状态，这一过程被称为**电动机的启动过程**。异步电动机的启动又分为全压启动和减压启动。全压启动又称**直接启动**，是指通过低压电器将电动机的额定电压全部加到电动机定子绕组上使电动机运转。一般在电源状况较理想及小容量电动机（11kW 以下）的情况下均可采用直接启动的方法进行启动。图 8-13 为三相鼠笼型交流异步电动机直接启动控制电路图。

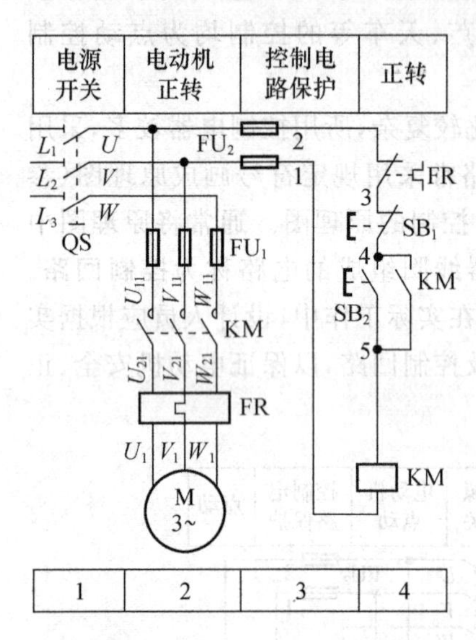


图 8-13　三相鼠笼型交流异步电动机直接启动控制电路图

整个控制电路由隔离开关 QS、启动按钮 $SB_2$、熔断器 FU、停止按钮 $SB_1$、接触器 KM、热继电器 FR 和电动机 M 构成。电路包括主回路和控制回路两部分。主回路是电路中通以强电流的部分，通常由电动机、热继电器的热元件、接触器触点及熔断器构成，在电路中一般将其画在图的左边。控制回路完成对所有低压电器的控制，通以较小的电流，通常由按钮、接触器线圈及辅助触点、继电器、热继电器的触点等构成，通常将其画在电路图的右边。

如前所述，尽管接触器、热继电器等的线圈和触点通常分散画在图中的不同位置，但是绘图时同一低压电器的线圈和触点必须要用同一符号标明。而图中各低压电器可以动作的部分均以未通电或未承受外力作用时的状态画出。

如图 8-13 所示，为便于阅读通常把电路图分为几个图区，用数字和框线在图的下部标出各图区的界线，在图的上部标出各图区的作用。

图 8-13 所示电路的具体控制过程如下：

主电源开关 QS 闭合后即可进行电动机的启动和停止操作。

启动控制过程如下：

按下 $SB_2$ → KM 吸合（线圈得电）→ KM(4-5) 闭合（自锁）；→ KM 主触点闭合→ M 启动运行

如上所示，当手按下启动按钮 $SB_2$ 又松开后，主接触器 KM 的线圈通过 KM 的辅助触点 KM(4-5)继续保持得电状态，电动机 M 继续运行。在电气控制系统中把这种按钮松开后控制电路仍能继续保持通电的电路叫做具有自锁功能的控制电路。与启动按钮 $SB_2$ 相并联的 KM 辅助触点被叫做**自锁触点**。

停止控制过程如下：

按下 $SB_1$ → KM 释放（线圈失电）→ KM(4-5) 断开（解除自锁）；→ KM 主触点断开→ M 停止运行

图 8-13 所示控制电路具有短路保护、过载保护、欠压保护、失压(零压)保护等多种保护功能，分别介绍如下：

起短路保护作用的是熔断器 $FU_1$ 和 $FU_2$，发生短路故障时，熔丝熔断，电动机立即停车。

起过载保护作用的是热继电器 FR，当发生过载故障时，热元件发热，将常闭触点断开，使接触器线圈断电，主触点断开，电动机停车。

电动机在运行时电源电压下降会使电动机工作电流升高，如果电动机带动额定负载长时间工作在低压状态很可能烧坏电机。在具有自锁的控制电路中，电源电压降低到工作电压的 85%以下时，接触器的电磁吸力将小于反作用弹簧的作用力，此时动铁心释放，自锁触点随之断开，线圈失电、主触点断开，电动机停转，使电动机在欠压状态下得到了有效保护，这就是电路的欠压保护功能。

在电动机运行状态下，如果电源突然停电，电动机将停转。如果用刀开关或空气开关直接控制电动机的起、停，恢复供电时电动机将自行启动，很容易造成人身伤害或设备事故。具有自锁功能的控制电路在电源停电时自锁触点和主触点都会断开，恢复供电时如果操作人员不按下启动按钮，电动机将不会自行启动。这种在突然断电后能自动切断电动机电源的保护作用称为失压(或零压)保护。

### 三、星型—三角型启动控制电路

三相交流异步电动机的启动方式分为全压启动、减压启动两种。鼠笼式异步电动机减压启动的方式有多种，如 Y/△启动、自耦减压启动等。采用时间继电器完成的Y/△启动是一种常用的减压启动方式，该种启动方式仅适用于正常运行时电动机采用△形联接的电路。其控制过程为启动时先把电动机绕组接为 Y 形，以减小启动电流，启动过后再把电动机绕组改接为△形，电动机在△接下正常运行。

如图 8-14 所示为时间继电器控制 Y/△减压启动电路图，该电路中 QS 作为总的电源开关，接触器 $KM_1$用于接通电源，接触器 $KM_2$用于电动机绕组的△联结，接触器 $KM_3$用于电动机绕组的 Y 联结。时间继电器 KT 用来控制 Y/△变换的时间。电路中如果 $KM_2$和 $KM_3$同时接通则会造成电源短路，为避免这一现象，电路中对 $KM_2$和 $KM_3$的动作采用了联锁控制。$SB_1$ 为启动按钮，$SB_2$ 为停止按钮；熔断器 $FU_1$和 $FU_2$分别作为主回路和控制回路的短路保护，热继电器 FR 作为电动机的过载保护。

需要指出的是，在传统的控制线路中热继电器 FR 通常接于主接触器 $KM_1$ 的下面，在图 8-14 所示控制电路中若将 FR 接于 $KM_2$的下面，此时所选择的热继电器额定电流仅为传统接线方式的 $1/\sqrt{3}$，该方案可在不减弱过载保护功能的前提下减少设备投资。

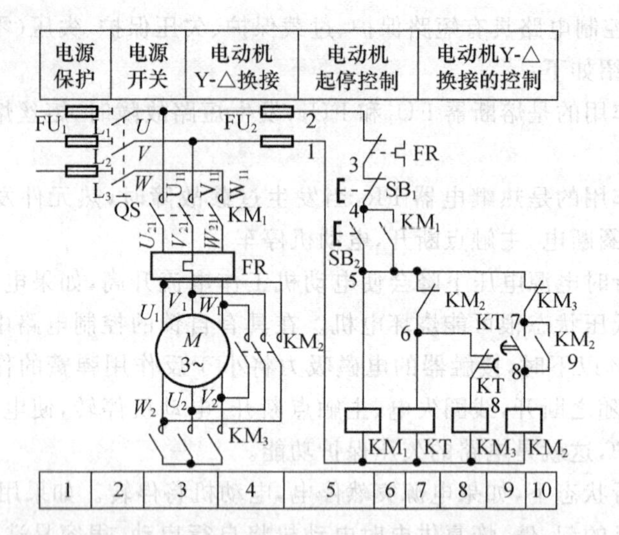


图 8-14 时间继电器控制 Y/△减压启动控制电路

## 第三节 异步电动机正反转控制电路

在实际生产过程中，要求电动机能实现正、反两个方向旋转的设备是很多的，如机床工作台的前进与后退、起重机的提升与下降等，这些都是通过控制电动机的正、反转来实现的。

### 一、电动机的正、反转控制

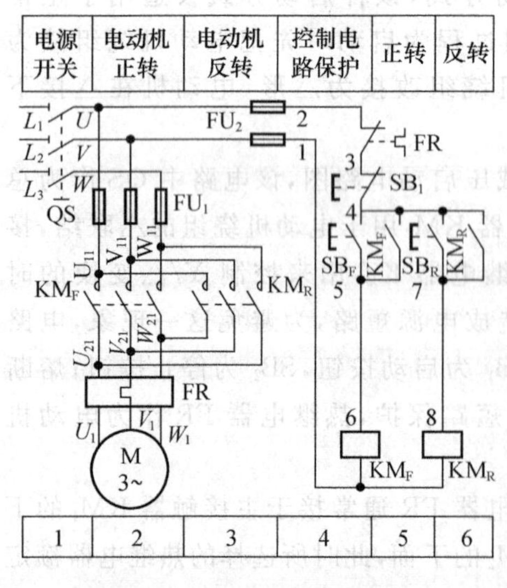


图 8-15 用两个接触器实现电动机正、反转控制

由异步电动机的转动工作原理可知，将定子绕组接到三相电源的三根电源线中的任意两根的一端对调，即改变接入电动机电源的相序，就可实现电动机的反转。因此，要实现电动机正、反两个方向旋转的要求，必须使用两个交流接触器，如图 8-15 所示。

在图 8-15 中，接触器 $KM_F$ 控制电动机正转，$KM_R$ 控制电动机反转。在按下正转启动按钮 $SB_F$ 时，接触器 $KM_F$ 线圈通电，其常开触点闭合，电动机实现正转。需要电动机反转时，必须先按下停止按钮 $SB_1$，使接触器 $KM_F$ 的线圈断电，其常开触点打开，使电动机的定子绕组与电源断开后，才能按下反转启动按钮 $SB_R$，使接触器 $KM_R$ 线圈通电，$KM_R$ 常开触点闭合，由于调换了两根电源线相序（A、C 相调换），所以电动机实现反转。

图 8-15 所示电路虽然可以实现电动机正、反转控制，但还存在一定问题。即当按下启动按钮 $SB_F$后，电动机实现正转。如果由于操作人员误操作，在没有按停止按钮 $SB_1$的情况下，先按下反转启动按钮 $SB_R$，此时主电路中的常开主触点 $KM_F$和 $KM_R$都处于闭合状态，将造成 A、C 两相电源相间短路的事故。因此，为确保不发生这种事故，在正、反转控制电路中，必须保证两个接触器在任何情况下都不能同时通电。

## 二、控制电路中的互锁

在同一时间里保证两个接触器不能同时工作的控制作用称为**互锁**。下面分析两种具有互锁保护的正、反转控制线路。

如图 8-16(a)所示的控制电路中，在正转接触器 $KM_F$线圈的控制电路中，串入反转接触器 $KM_R$的一个常闭辅助触点；在反转接触器 $KM_R$线圈的控制电路中串入正转接触器 $KM_F$的一个常闭辅助触点。这样，当按下正转启动按钮 $SB_F$，正转接触器 $KM_F$线圈通电使主触点闭合，电动机正转，与此同时，$KM_F$的辅助常闭触点断开了反转接触器 $KM_R$的线圈电路，因此，此时即使按下反转启动按钮 $SB_R$也不能使线圈 $KM_R$通电；同样，如果反转接触器 $KM_R$在工作，它将通过 $KM_R$的辅助常闭触点将正转控制电路断开。这种相互制约的关系称为**电气互锁**，起互锁作用的触点称为**互锁触点**。

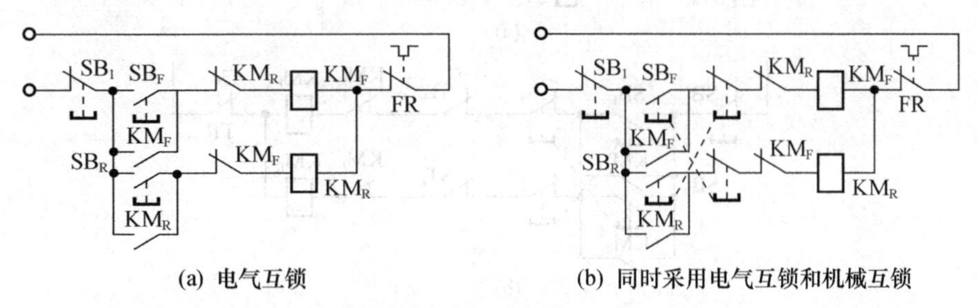


(a) 电气互锁　　(b) 同时采用电气互锁和机械互锁

图 8-16 控制电路中的互锁

图 8-16(a)所示电气互锁电路有个缺点，就是在正转过程中需要反转，必须先按停止按钮 $SB_1$，让互锁触点 $KM_F$复位闭合后，才能按反转启动按钮使电动机反转，操作上很不方便。为了解决这个问题，生产实际中经常应用复合按钮完成互锁，如图 8-16(b)所示，即将正转启动按钮 $SB_F$的常闭触点串入反转控制电路中，而将反转启动按钮 $SB_R$的常闭触点串入正转控制电路中，图中虚线相连的表示同一个按钮的两个相互联动的触点。这样，如果反转接触器在工作，需要正向转时，可直接按下正转启动按钮 $SB_F$，$SB_F$的常闭触点首先断开了反转控制电路，然后才接通正转控制电路。相反，如果原来正转接触器在工作，需要反转时，可直接按下反转启动按钮 $SB_R$，$SB_R$的常闭触点首先断开了正转控制电路，然后才接通反转控制电路。由于采用了复式按钮，不管电动机是从正转改为反转还是从反转改为正转，只要直接按下 $SB_F$或 $SB_R$，电路总是按照先停机再开机的规律工作。这种互锁是借助于按钮的机械动作的先后次序达到的，故称为机

械互锁。为安全起见，图 8-16(b)中同时使用了电气互锁和机械互锁，不但增加了操作的安全性，还使操作步骤简化。

## 第四节　行程控制

在生产中常常需要控制某些机械的行程，例如要求提升机到达预定高度时能自动停止，一些机床的刀具或工作台能在一定范围内自动往返等。要实现这些限位控制，可采用装有行程开关的控制电路，通常将其称为行程控制。

### 一、行程控制

用行程开关控制工作台前进与后退的示意图和控制电路如图 8-17 所示。行程开关 $ST_a$ 和 $ST_b$ 分别装在工作台的始点和终点，由装在工作台上的撞块来撞动。工作台由电动机 M 带动，主回路与图 8-16 正、反转电路相同，控制电路中分别串入 $ST_a$ 和 $ST_b$ 的常闭触点。

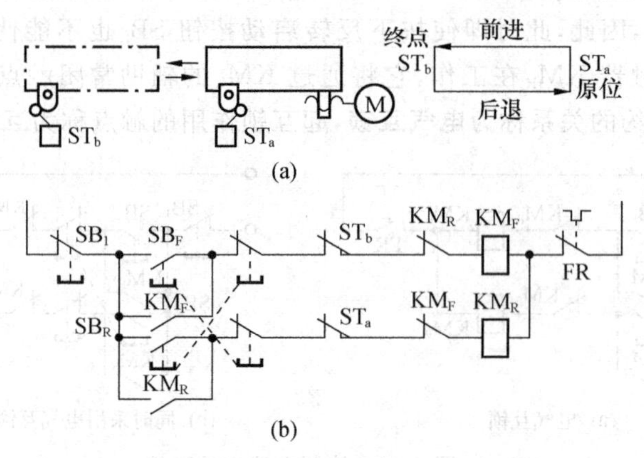


图 8-17　行程开关控制工作台的前进与后退

当按下正转启动按钮 $SB_F$ 时，接触器 $KM_F$ 通电，使电动机正转并带动工作台前进，到达终点时，撞块将行程开关 $ST_b$ 的常闭触点撞开，正转接触器 $KM_F$ 断电，电动机停转。要使工作台返回到原位，可按反转启动按钮 $SB_R$，接触器 $KM_R$ 通电，使电动机反转，工作台后退，当工作台到原位时，撞块将行程开关 $ST_a$ 的常闭触点撞开，接触器 $KM_R$ 断电而使电动机停转。

### 二、自动往返行程控制

在上述限位控制电路中，工作台往返是靠操作按钮来进行的，如果需要在预定的行程内自动往返，需要将两个行程开关的常开触点都用上，组成如图 8-18 所示的控制电路。

如图 8-18 所示电路，在正反转启动按钮两端并联了行程开关的常开触点。与正转

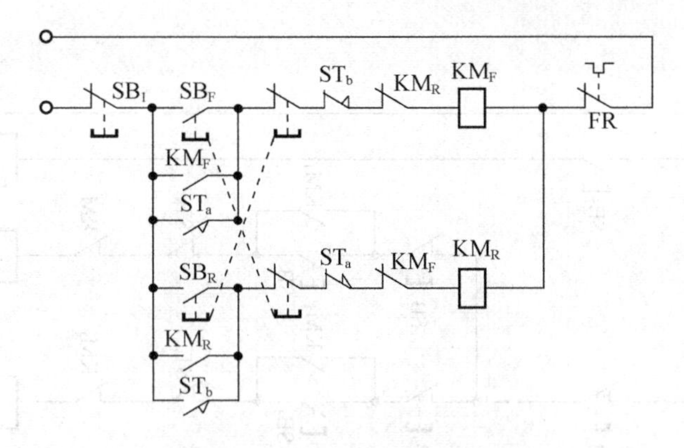

图 8-18　自动往返行程控制电路

启动按钮 $SB_F$ 并联的是反转行程开关 $ST_a$ 的常开触点，这样，当按下 $SB_F$ 使电动机正转带动工作台前进到终点时，首先撞开 $ST_b$ 的常闭触点，停止正转，然后使 $ST_b$ 的常开触点闭合(相当于按下 $SB_R$)，接通反转接触器 $KM_R$ 而使电动机反转；同样，电动机反转拖动工作台到达原位时，将首先撞开 $ST_a$ 的常闭触点，而后接通 $ST_a$ 的常开触点，于是反转停止，正转开始。如此周而复始，工作台可在预定的行程内自动往返。

要使电动机停止运行，按下停止按钮 $SB_1$ 即可使电动机停转。

## 第五节　典型建筑施工机械控制电路分析

建筑施工中使用的机械种类繁多、功能各异，其电气控制电路各具特色，了解和掌握一般建筑机械的电气系统工作原理和工作特点，对于今后现场的实际工作很有帮助。下面以几种常用建筑施工机械为例来分析一般建筑机械的控制原理和工作过程。

### 一、混凝土搅拌机的电气控制原理

在建筑工地上，需要将水泥、黄沙、石子按照一定比例混合后放入搅拌机搅拌制成混凝土，在这里混凝土搅拌机扮演着十分重要的角色。通常说，混凝土搅拌分为以下几道工序：搅拌机滚筒正转搅拌混凝土，反转使搅拌好的混凝土出料；料斗电动机正转，牵引料斗起仰上升将骨料和水泥倾入搅拌机滚筒，反转使料斗下降放平准备接受再一次的下料。与此同时，在混凝土的搅拌过程中，还需要由操作人员操作按钮，控制水阀的启闭，保证合适的进水量。

典型的混凝土搅拌机电气控制线路如图 8-19 所示，电路中主回路的电源为交流 380V，控制回路的电源为交流 220V。

从电路图中可以看到，搅拌机滚筒电动机 $M_1$ 的控制属于一般的正、反转控制，前面已经有详细的讨论，这里不再赘述。需要注意的是料斗电动机 $M_2$ 的控制电路，从图中可以看到它具有两个特点：首先，在电动机 $M_2$ 的主回路上的两相间并联着一个电磁

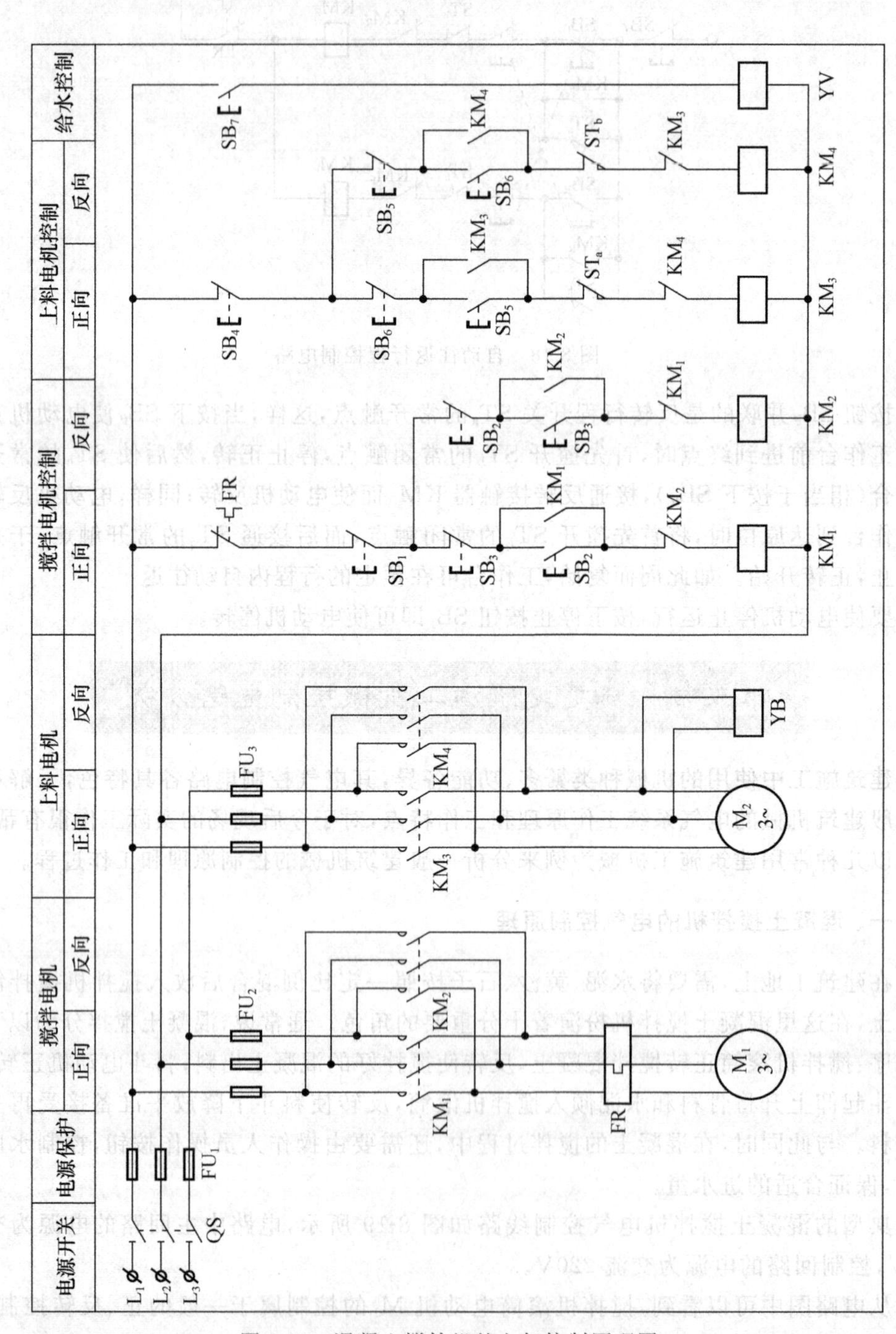


图 8-19 混凝土搅拌机的电气控制原理图

铁的线圈 YB，该电磁铁被称为制动电磁铁。每当主回路得电，则该电磁铁也会动作，此时制动器松开电动机 $M_2$ 的轴，电动机可以自由转动；当电动机断电时，该电磁铁也会断电，在弹簧力的作用下，制动器会紧紧地箍住电动机 $M_2$ 的轴，电动机将会停止转动，这就是电动机电磁抱闸的一般工作原理。其次，控制电路中分别设有行程开关 $ST_a$ 和 $ST_b$，用来限制料斗的上下端的极限位置，料斗碰到行程开关后将停止运动，也就是我们上一节介绍的行程控制。电磁阀 YV 是注水电磁阀，它的控制采用点动控制方式，由操作人员进行现场控制。

## 二、塔式起重机的电气控制原理

起重机是建筑工地上必不可少的一种重要建筑机械。起重机一般分为回转起重机与塔式起重机两种。回转起重机运转灵活，但起重量不大；塔式起重机起重量大、起重高度远远超过回转起重机，是目前高层建筑最常用的起重设备。

塔式起重机有多种形式：塔身和起重臂一起都旋转的称为**下旋式起重机**；塔身上部的起重臂、塔帽和平衡臂旋转而塔身不动的称为**上旋式起重机**；整台起重机可以沿铺设在地面上的轨道行走的称为**行走式起重机**；塔身固定安装在专门基础上，本身不行走的称为自升式起重机；用改变起重臂仰角的方式进行变幅的称为**俯仰式起重机**；起重臂处于水平状态，利用可以在起重臂轨道上跑的小车来变幅的称为**小车式起重机**。这些起重机特点不一，适宜使用的工况场合也不尽相同，但是它们的基本电气控制原理是相通的，这里以 QT-60/80 型塔式起重机为例分析其电气控制的原理和特点。

1. 控制电路的特点

QT-60/80 型塔式起重机的外形如图 8-20 所示，主要有龙门架、行走机构、提升机构、变幅机构、回转机构、起重臂、塔身、平衡重、驾驶室等组成，具有升降、行走、回转、变幅四个基本动作。电气控制原理的特点如下：

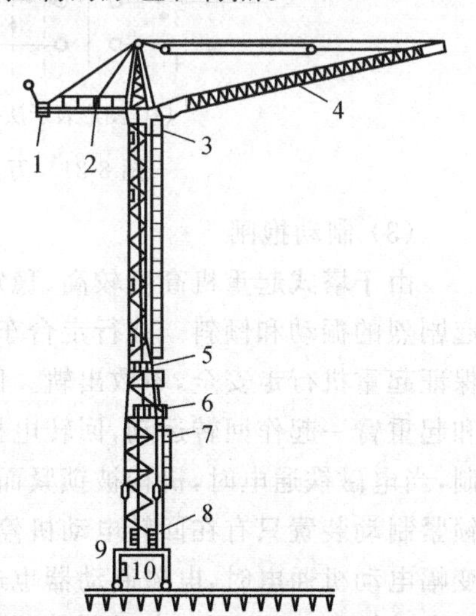

图 8-20　塔式起重机结构图

1—平衡重；2—变幅机构；3—回转机构；4—起重臂；5—驾驶室；6—提升机构；7—爬梯；8—压重；9—龙门架；10—电缆卷筒

(1) 启动采用频敏变阻器

该型号起重机电动机均属间歇运行方式，为了限制启动电流而增大启动力矩，选用具有高启动转矩的绕线式三相异步电动机；行走、回转和变幅电动机没有调速要求，采用转子外接频敏变阻器的方式。所谓**频敏变阻器**实质上是一个铁损特别大的三相铁心线圈，当转子绕组启动时，转子绕组电势频率高，频敏变阻器铁心线圈涡流损耗和磁滞损耗特别大，相当于转子回路串入较大的电阻；随着转子转速升高，电势频率降低，频敏变阻器的铁心损耗减少，相当于转子回路电阻为无级切除（启动结束后电阻应切除)。提升电动机不但要解决启动和正反转问题,还要解决调速和制动问题,故采用转子外接电阻分级切除的方式。

(2) 万能转换开关和主令控制器

起重机为得到不同的提升和下降速度,对转子回路串入的电阻要求不同,需要应用多挡位、多触点的控制开关,塔式起重机普遍应用万能转换开关和主令控制器完成电阻的切换控制。前述LW系列万能转换开关可同时控制多条(最多32条)通断要求不同的电路,它的额定电压为500V,额定电流为15A。在电路图中,万能转换开关的通断用两种方式表示,图8-21(a)是开关展开图表示法。操作手柄的位置以虚线表示,虚线上的黑原点代表手柄转到此位置使该对触头接通,无黑原点的表示触头断开。图8-21(b)是触头闭合表示法。表中纵轴是触头编号,横轴是手柄位置编号"×"号表示手柄在此位置使该对触头接通,无号表示触头断开,触头闭合表可画在电路图中的适当位置。主令控制器的结构原理与万能转换开关相类似,能按一定的顺序分合触头,以达到发布命令或与其他控制电路连锁、转换的目的。两个主令控制器也可组装成联动式,手柄可在纵、横倾斜的任意方位转动,一个手柄就可控制起重机作起重和行走或变幅和回转两种方式的运转,结构紧凑、操作灵活方便,在起重机械中得等到广泛应用。

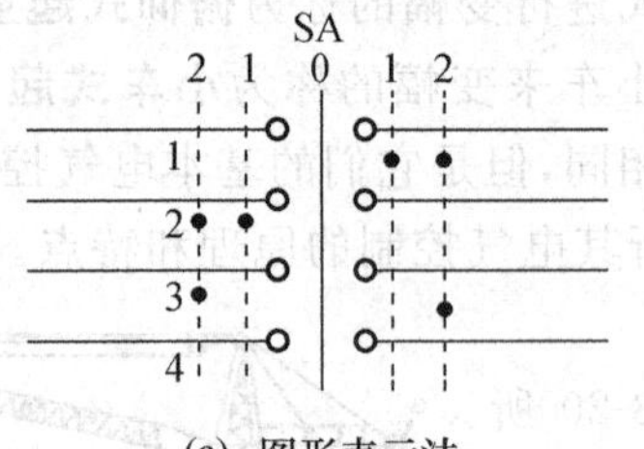


(a) 图形表示法

| 触头 \ 手柄 | 2 | 1 | 0 | 1 | 2 |
|---|---|---|---|---|---|
| SA1 | | | | × | × |
| SA2 | × | × | | | |
| SA3 | × | | | | × |
| SA4 | | | × | | |

(b) 图表表示法

图8-21 万能转换开关触头通断顺序表示法

(3) 制动抱闸

由于塔式起重机高度较高、稳定性较差,故行走机构不设制动抱闸,以免刹车时引起剧烈的振动和倾斜。在行走台车内侧装有前后两个行程开关,作为行走的限位保护,保证起重机行走安全,不致出轨。回转电机安装在塔顶,回转运行时带着塔帽、平衡臂和起重臂一起作回转运动,回转电机的一端有一套锁紧制动装置,由三相电磁制动器控制,当电磁铁通电时,机构被锁紧而不能回转,保证在有风情况下被吊物也能准确就位。锁紧制动装置只有在回转电动机停止时才准锁紧,由电气控制电路实现。变幅机构的变幅电动机通电时,电磁制动器也通电打开,变幅电动机断电时,在起重臂自重的作用下自动锁住,以防万一电磁制动器不可靠,起重臂自行下降而造成事故。提升机构的提升电动机提升重物时,制动器应能通电打开。下降重物时为了获得缓慢下降的安装用速度,制动器并不要求全打开。因此,提升机构的制动器应用的是一台小型电动机驱动的液压推杆制动器。

2. 塔式起重机控制电路分析

QT-60/80 型塔式起重机的控制电路如图 8-22 所示，下面按照各个部分的功能逐一进行介绍。

(1) 电源部分：图 8-22(a)为电气主回路原理图，三相四线制交流电源采用四芯重型橡套电缆送到电缆卷筒的集电环 $W_1$ 上，经过装在电缆卷筒旁边的铁壳开关 QS、熔断器 $FU_1$，再用电缆送到装在驾驶室内的自动开关 QF 上，然后分送到主电路、控制电路和信号测量电路。集电环 $W_1$ 用于行走机构，$W_2$ 用于变幅机构的连线。铁壳开关 QS 是全机电源的隔离开关，熔断器 $FU_1$ 作为全机短路保护，自动开关 QF 具有电磁脱扣器和热脱扣器，作为本机短路和过载保护，使保护更加完善。

由于起重机较高，为保证安全，变幅运行时不准提升、回转或行走。因此，采用两个接触器 $KM_1$ 和 $KM_5$ 来控制这两部分主电路的电源，其中 $KM_1$、$KM_5$ 分别用按钮 $SB_1$、$SB_5$ 操作，由此做到 $KM_1$ 和 $KM_5$ 之间不但有按钮机械互锁，而且有接触器触点的电气互锁，使两者不能同时动作。照明灯 E、电铃 HA 因接在插座 $XS_1$ 和 $XS_2$ 上而不受自动开关 QF 的控制，保证检查和修理时能有一个舒适明亮的工作环境。

(2) 变幅部分：如图 8-22 所示，在变幅部分的电气控制中，接触器 $KM_{51}$ 和 $KM_{52}$ 实现起重臂的上仰或下俯，两者之间有电气互锁。接触器 $KM_{53}$ 负责启动结束后短接频敏变阻器，以便提高电动机的工作转速减小损耗。三相电磁制动器 $YB_5$ 在电动机断电时紧锁，使起重臂固定于某一仰角。万能转换开关 $SCB_5$ 控制电动机正反转和启动。电动机采用两相式过电流继电器 KC 作为过电流保护，它属于油阻尼式过电流继电器，动作有一定的延时，工作可靠。变幅限位开关 $SQ_{51}$ 和 $SQ_{52}$ 把起重臂的仰角限制在 63°到 10°的安全范围内，起重臂上仰到 63°时 $SQ_{51.1}$ 动作，下俯到 10°时 $SQ_{52.1}$ 动作。为防止停产或停电后忘掉把转换开关的手柄扳回零位，避免再次工作或恢复供电时造成电机自动启动引起人身或设备事故而设计了零位保护，原理是转换开关 $SCB_{5.5}$ 只有手柄在零位时接通，并串接在 $KM_5$ 的线圈回路中，如果送电前手柄不在零位，送电后即使操作 $SB_5$，$KM_5$ 也不动作，必须把手柄扳回零位操作 $SB_5$ 才能使 $KM_5$ 动作，操作 $SCB_5$ 使电动机 $M_5$ 启动。

(3) 行走和回转部分：其电路控制原理与变幅部分的控制电路基本相同，不再赘述。行走没有电磁制动器，而回转不需要限位保护。$YB_4$ 是回转锁紧制动装置的电磁制动器，用接触器 $KM_{44}$ 控制，按钮 $SB_4$ 操作。$KM_{44}$ 的线圈中串联了 $KM_{41}$ 和 $KM_{42}$ 两个常闭联锁触头以保证只有回转电动机停止时才准许锁紧回转机构。行走、回转和提升三个转换开关的零位保护触头 $SCB_{2.5}$、$SCB_{4.5}$、$SCB_{1.7}$ 串接在 $KM_1$ 的线圈电路中起零位保护作用。

(4) 提升部分：提升电动机 $M_1$ 用 4 段附加电阻 $R_1$～$R_4$ 进行启动、调速和制动，用主令控制器 $SCB_1$ 控制，从第一挡开始，每过一挡短接一段附加电阻，因此可得到 5 条机械特性曲线。在提升第一挡，正转接触器 $KM_{11}$ 动作，第一挡接入全部附加电阻，启动转矩较小，仅用来咬紧齿轮，减小机械冲击。若是轻载可以慢速提升；

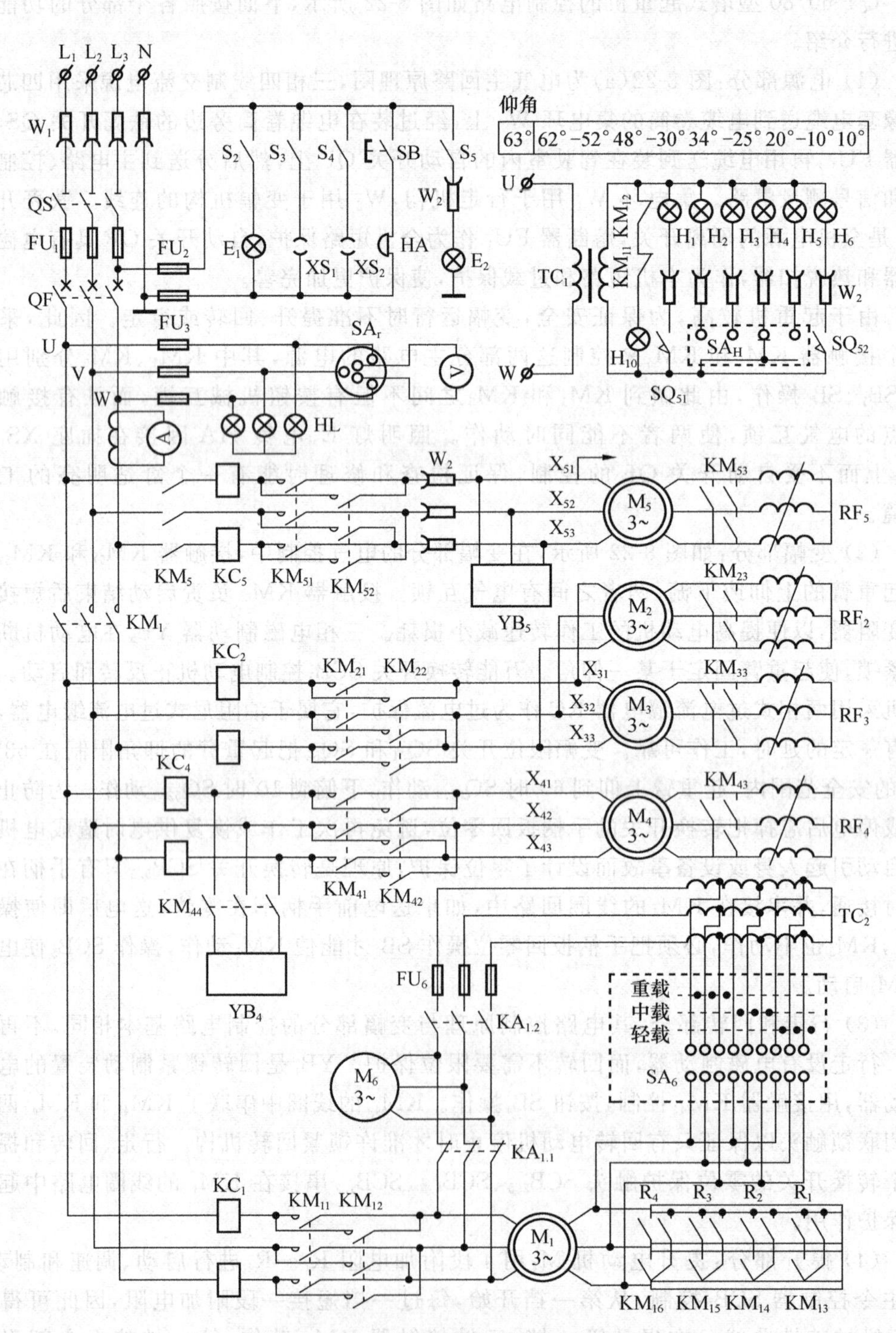

图 8-22 塔式起重机电气控制回路原理图

若是重载，重物可在空中悬着，电动机会进入倒拉反接制动状态使重物下降，操作时应较快滑过。从第二挡至第五挡，加速接触器 $KM_{13}$、$KM_{14}$、$KM_{15}$、$KM_{16}$ 逐个动作，附加电阻 $R_1$、$R_2$、$R_3$、$R_4$ 逐段被短接，电动机逐挡加速。在下降第二至第五挡，反转接触器 $KM_{12}$ 动作。若是重载则属回馈制动下降，高速下放重物，启动时应连续推向第五挡。从第五挡返回时，附加电阻逐挡增大，下降速度将逐挡增大，操作时不可在第二、第三挡停留过久，谨防超速下降。若是空挡，电动机必须克服传动系统的摩擦阻力才能送出钢绳，这时电动机工作于电动状态，称为**强力下降**，第五挡速度是最高的。

下降第一挡是用电力液压推杆制动器来获得特别慢的安装用下降速度。$M_6$ 是推杆制动器中的小型鼠笼电动机。在其他各挡时，中间继电器 $KA_1$ 释放，其常闭触头 $KA_{1.1}$ 使 $M_6$ 与 $M_1$ 的定子并联，起普通的停电刹车和通电打开推杆制动器的作用。在下降第一挡 $KM_{12}$ 动作，$KM_{13}$ 释放，$KA_1$ 动作，其常闭触头 $KA_{1.1}$ 断开，使 $M_6$ 脱离定子电源，常开触头 $KA_{1.2}$ 接通，使 $M_5$ 经过自耦变压器 $TC_2$、转换开关 $SA_6$ 并联在 $M_1$ 的转子电路上。这时，$M_6$ 的转速相应降低，油的压力减小，闸瓦松开程度减小而与闸轮发生摩擦，产生机械制动转矩，可使重物下降速度减慢到额定值的 1/4～1/8。

$M_1$ 的转子电压比电源电压低，为了使 $M_6$ 的工作电压尽量接近于额定电压，使用自耦变压器 TC 升压后供给 $M_6$，自耦变压器有 3 组抽头、可根据负载情况用 $SA_6$ 来选择。重载时选择变比较小的抽头，使 $M_6$ 电压较低，电磁转矩和转速较低，机械制动转矩大而进一步减慢重载下降速度。

用推杆制动器进行机械制动时，提升电动机输出的机械能和负载的位能都消耗在闸瓦和闸轮之间的摩擦上而严重发热。另一方面推杆制动器的小电动机工作于低电压和低频率状态，时间稍长就会使它过热而烧坏，因此，重物距就位点的高度小于 2m 时才允许使用这种制动方法。

超重、超高和钢绳脱槽都是提升机必须避免的事故，为此在电路设计中设计了相应的保护电路，如图 8-23 所示。提升重物超重时，通过传动机构使限位行程开关 $SQ_{13}$ 受压；提升重物超高时，通过传动机构使限位行程开关 $SQ_{11}$ 受压；如提升钢绳脱离滑轮槽时，通过压板使限位行程开关 $SQ_{12}$ 受压。3 个限位开关串接在电源接触器 $KM_1$ 和 $KM_5$ 的线圈电路中，任一个动作都使两个接触器释放，5 台电动机停止而起到保护作用。当主令控制器 $SA_1$ 的手柄在零位或下降一边时，他们被 $SCB_{1.8}$ 触头短接，以便把重物放下来。电路中，相应地还设计有过流保护和失压保护，控制电路的电源开关 S 兼作事故开关，在发生紧急事故时可断开它，使各电动机立即停止。

塔式起重机电气控制电路相对复杂，应当采用“化整为零，再积零为整”的方式来学习。在实践中进一步了解清楚各电器的安装位置及工作原理，则更利于本章知识的理解与巩固。随着电气自动化程度的不断提高，起重机的电气控制线路逐步采用以可编程序控制器为中心控制单元的方式，同学们可以参阅有关的参考资料。

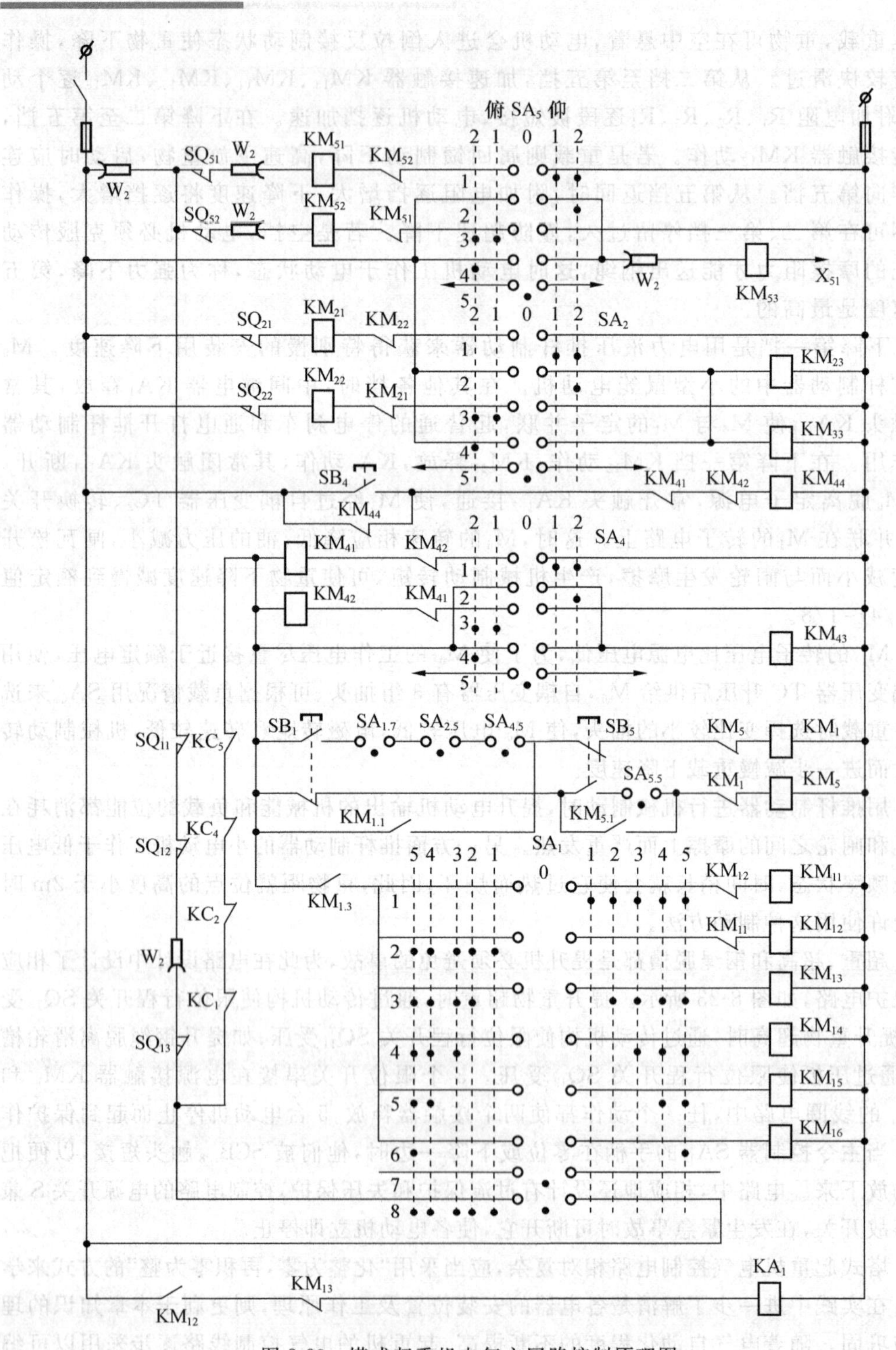


图 8-23 塔式起重机电气主回路控制原理图

## 习　题

8-1　画出下列控制电器的图形符号并标注文字符号：

(1)刀开关　(2)组合开关　(3)复合按钮　(4)限位开关

(5)熔断器　(6)接触器　(7)时间继电器　(8)热继电器

(9)中间继电器

8-2　设计一个异步电动机的控制线路，要求电路具有如下功能：

(1) 能够实现正反转连续工作控制；

(2) 能够实现正反转点动控制。

8-3　设计可在甲乙两地同时实现控制一台电动机起停的控制线路。

8-4　试设计三相鼠笼式交流异步电动机采用 Y/Δ 启动方式的时间控制电路并进行简要的分析和说明。

8-5　分别画出接触器联锁和按钮联锁的正反转控制电路图，说明电路中各元件的名称和作用并简述电路中的保护措施。

8-6　小型电动吊车有两台电动机，分别用于提升重物和吊车行走。提升机构上限有行程开关保护，行走机构两侧也有行程开关保护，电动机均采用按钮点动控制方式。试设计控制电路并进行简单说明。

8-7　简要说明 QT-60/80 型塔式起重机的控制电路有几个部分组成？各个部分的功能和特点各是什么？

8-8　一台功率为 2.2kW 的三相交流鼠笼式电动机拖动一台运货小车沿轨道正反方向运转，要求：

(1) 正向运转到终点后自动停止；

(2) 3min 后自动返回；

(3) 返回起点后自动停止；

(4) 再次运行时需要人工发出指令。

设计该电路，绘出电气控制原理图。

# 第九章

# 可编程控制器原理及应用

**【内容提要】** 本章介绍可编程控制器的基本结构、特点、编程方法等知识；以松下公司的FP0可编程控制器为例，说明了其内部资源及其使用，给出了应用实例。

## 第一节　概　　述

可编程控制器(Programmable Logic Controller)简称为PLC，诞生于1969年，用于代替继电接触控制系统，解决继电接触控制系统结构复杂、故障率高的难题。美国数字设备公司(DEC)将计算机系统的功能与继电接触控制系统的特点相结合，研制成一种通用控制装置，并在汽车自动装配线上试用取得成功。该控制装置的控制逻辑可以通过编程而改变，故称作**可编程逻辑控制器**，简称**可编程控制器**。1971年日本生产出第一台自己的可编程控制器；1973年西欧也生产出自己的第一台可编程控制器。1982年和1985年国际电工委员会(IEC)两次对可编程控制器标准作出规定，指出“可编程控制器是一种专为在工业环境下应用的计算机控制装置，其设计原则是与工业控制系统形成一个整体，易于扩充其功能”。

PLC作为在工业环境下应用的计算机控制装置，与计算机和其他的现场继电接触控制系统相比具有下列明显的技术特点：

(1) 高可靠性。其输入/输出采用光电隔离技术，外界电磁干扰受到很大屏蔽；此外，输入采用R-C滤波技术；采用一定的信号屏蔽措施；采用性能优良的开关电源和器件；具有自诊断功能；大型PLC采用双重或多重系统冗余；平均故障间隔时间达到几十万小时。

(2) 丰富的I/O接口。这些接口可满足不同的工业现场信号(交直流、开关和模拟、电压和电流、脉冲和电平、强电和弱电等)和不同的输出控制设备(如按钮、开关、变送器、电磁线圈、电机启动器、控制阀等)。

(3) 采用模块化结构。PLC各个部件都采用模块化结构，便于现场维护和系统的扩展。例如，中央控制器CPU模块、电源、开关量I/O模块、模拟信号输入/输出模块、通信和特殊功能模块等。

(4) 编程简单易学。采用梯形图或逻辑语言，简单直观。梯形图既继承了传统的继电接触控制线路的清晰直观，又考虑到大多数电气技术人员的读图习惯及应用计算机的水平，容易被有电气常识的技术人员所接受，程序编制、修改灵活、方便。

(5) 安装简单，维修方便，不需要专用机房，每个模块均有故障指示。接线简单方便，只需将输入的设备(按钮、开关)与PLC的输入端子连接，将接受输出信号执行控制任务的执行元件(接触器、电磁阀)与PLC的输出端子连接。系统线路简单，工作量低。

(6) 系统配置灵活方便。在一定条件下可根据系统的需求和不断扩展，进行容量的扩展、功能的扩展、应用和控制范围的扩展等。这可以通过灵活配置系统的模块，即增加系统的输入/输出模块来实现，也可以通过几台PLC的通讯实现系统容量和功能的扩展。

(7) 可组成网络化控制系统。现在的一些PLC可组成以太网、RS485网等构成庞大的网络化测控系统，实现大容量的复杂控制，甚至，也可以与计算机系统连接，形成集散控制系统DCS(Distributed Control System)，与其他设备进行数据的交换。

但PLC也存在不足，随着PLC生产商的增多，其产品系列越来越多，由于各公司的产品均不兼容，造成了PLC的致命缺点：标准化程度低，通用性差。

PLC应用范围很广，但主要应用于下列领域：逻辑控制、定时控制、计数控制、顺序控制、比例-积分-微分控制(PID控制)、数据处理、通信和联网及其他特殊功能控制等。

可编程控制器是微机技术和继电接触控制技术相结合的产物，是在程序控制器、微处理器和微机控制器的基础上发展起来的新型控制器。从广义上说，PLC是一种计算机系统，只是比一般的计算机具有更强的与工业过程相连接的输入/输出接口，具有更适用于控制要求的编程语言，具有更适用于工业环境的抗干扰性能。因此，PLC实质上是专用的计算机，也有硬件和软件两部分组成。

## 一、PLC系统硬件组成及结构

PLC类型繁多，功能和指令也不尽相同，但其结构和工作原理则大同小异，一般由主机、输入/输出接口、电源、编程器等模块组成。如图9-1所示。如果把PLC看作一

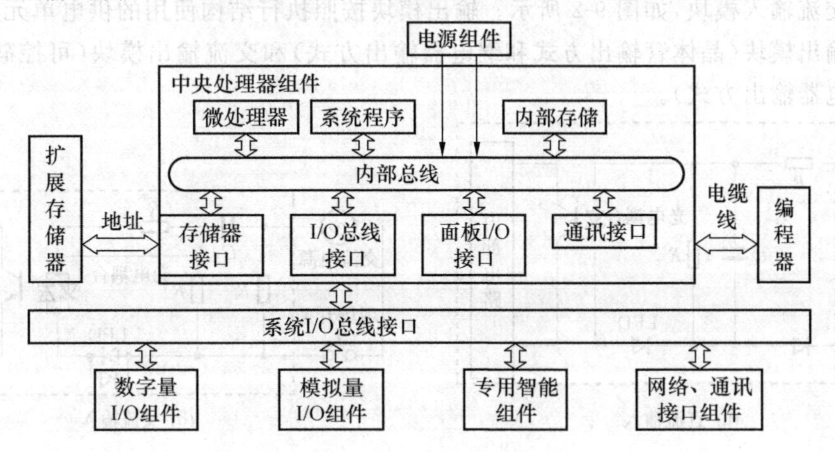


图9-1　PLC系统的结构图

个系统，外部的各种输入开关信号或模拟信号均为输入变量，它们经过输入接口寄存到PLC的内部数据存储器中，这些信号按照编制的程序进行逻辑运算或数据处理，将结果通过输出接口输出开关量或模拟量，从而控制外部设备。下面分别介绍PLC各功能模块的功能和特点。

1. 中央处理器模块

它是PLC的核心部分，包括微处理器和控制接口电路。一个PLC系统有一个或多个CPU模块(实现分散处理和冗余)。有如下特性：支持多种编程语言，具有很强的程序控制能力，具有实现逻辑运算、数字运算的能力，PID算法，通用的指令系统及增强的算法功能，内置通信功能，内置协处理器功能，程序执行速度快，具有诊断系统错误的能力等。

2. 存储器模块

它是PLC存放系统程序、用户程序和运行数据的单元，它包括只读存储器ROM(Read Only Memory)和随机读写存储器RAM(Random Access Memory)。ROM存储器是非挥发性的存储器，在断电状态下仍能保持所存的数据，因此，通常用来作PLC的系统存储器，存放制造厂商编制的PLC系统管理程序、用户指令解释程序或标准程序模块等。RAM是易挥发的存储器，在断电后所保存的数据就会丢失，因此，通常会为其配备掉电保护电路，当断电时，由备用电池为其供电保护数据不丢失。现在已用可擦除可编程的存储器EPROM(Erasable Programmable Read Only Memory)、电擦除可编程只读存储器EEPROM(Electrically Erasable Programmable Read Only Memory)是一种非易失性存储器，用它来实现数据、程序的存储保护。

3. 数字量I/O模块

该模块是PLC与工业过程控制现场设备之间的连接部件，它把现场的各种开关信号转换为PLC能内部处理的标准二进制信号或把PLC内部的信号转换为控制现场执行机构的各种开关信号。按照输入端电源的不同类型，数字量输入模块分为直流输入模块和交流输入模块，如图9-2所示。输出模块按照执行结构使用的供电单元类型，分为直流输出模块(晶体管输出方式和继电器输出方式)和交流输出模块(可控硅输出方式和继电器输出方式)。

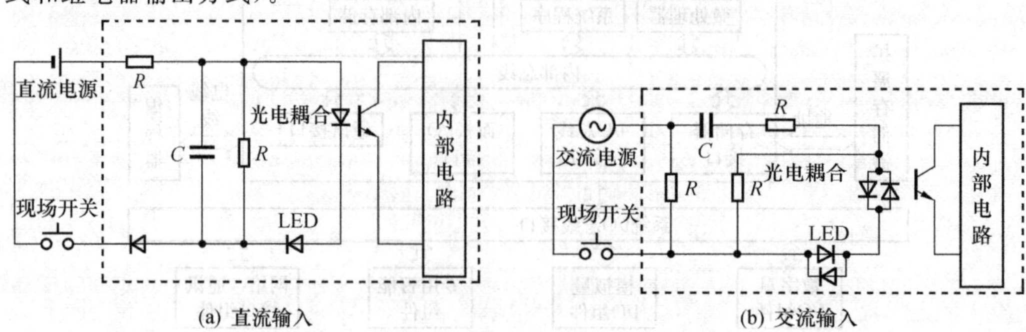


图9-2 数字输入模块

4. 模拟量 I/O 模块

模拟量输入模块是把现场连续变化的模拟量标准信号转换为 PLC 内部能处理的由若干位表示的数字信号。模拟量输入模块通常由信号变换电路、多路开关电路、模数转换电路、隔离和锁存电路等组成，现场输入标准信号（如 DC 4～20mA 电流信号，DC 1～5V 电压信号）经过该模块后，转变为分辨率为 12～16 位的数字信号，其转换时间 10～20ms 不等。

模拟量输出模块是把 PLC 内部运算处理后的若干位数字量信号转换为相应的模拟量信号输出，以满足生产过程现场连续信号的控制要求。一般由光电隔离、数模转换电路和信号驱动等部分组成。

5. 特殊 I/O 模块

特殊输入/输出模块是为了减轻 CPU 负担，增强配置灵活性而设计生产的，其应用目的不同，故种类繁多，且各公司定义不同。如高速计数模块，PID 控制模块等。

6. 电源模块

电源模块是供给 PLC 电源的单元，其作用是把外部的供电电源变换为 PLC 系统内部各单元所需的电源。有些电源模块还可向外提供 24V 隔离的直流电源，为开关量输入模块提供现场开关量电源。电源模块还包括掉电保护电路及后备电池电源等部件。

7. 网络通讯模块

网络通讯模块是近几年快速发展起来的模块，其作用是把多台本系列或其他系列的 PLC 连接起来，形成容量更大、功能更强的网络化的控制系统。使用该模块可以构成各种现场网络，实现数据的处理和信息的交换。

8. 编程器

是编制、调试可编程控制器用户程序的外部设备，是人机交互的窗口。通过编程器可以把用户的新程序输入到 PLC 的 RAM 中，对 RAM 中已有程序进行编辑或对 PLC 的工作状态进行监视、跟踪。编程器通常分简易编程器和智能编程器两类，简易编程器只能连在 PLC 上使用，智能编程器一般采用微机加相应的工具软件组成。

## 二、PLC 系统软件

PLC 的软件包括系统软件和用户程序两部分。用户程序属于解释性程序。PLC 的系统软件实现对系统硬件设备的监控与诊断，管理存储器及各种功能模块，周期性地刷新系统 I/O 状态，解释执行用户程序代码，统一协调系统中多处理器的工作，管理外设等。系统软件通常不对用户公开，用户也不能够对其修改。用户程序是由用户自己根据控制要求编写的程序，采用编程器或厂家提供软件包编写。

通常说的编程是指用户程序的编写，对使用者而言，编程时完全可以不考虑 PLC 内部的复杂结构，只要把 PLC 内部看成由许多的“软继电器”构成的“逻辑部件”。理解“逻辑部件”的多少、名称、特点等主要数据，就可以进行编程了。PLC 的“逻辑部件”会由于PLC的厂商、型号等不同而不同，因此，在使用编程之前，一定要了解所使用PLC的资源，即PLC可使用的“逻辑部件”。图9-3说明了PLC用户程序的执行过程。其过程大致如下：

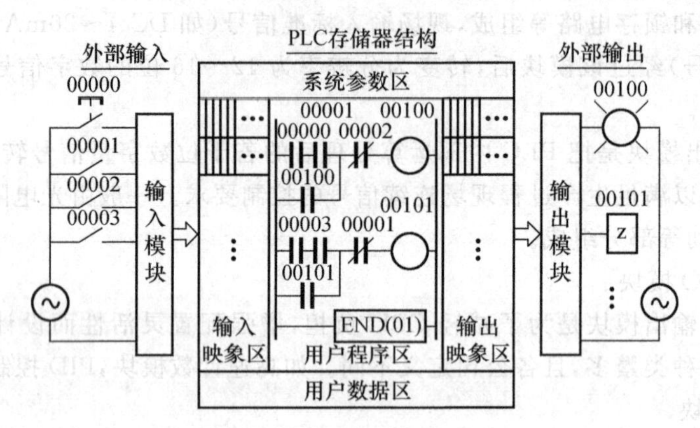


图9-3　PLC用户程序执行过程

1. 输入采样阶段

启动输入单元，把现场信号转换为数字信号后全部读入，然后，进行数字滤波处理，最后把有效数据存放到输入信号状态寄存器。

2. 程序执行阶段

读取输入信号寄存器，将输入信号按照用户编程的逻辑进行逻辑运算，并将结果写入到各器件的映像寄存器中。

3. 输出刷新阶段

当用户程序执行完后，进入输出刷新阶段，此时，将各器件的映像寄存器中的所有输出信号进行输出操作，将信号锁存到输出模块，再去驱动负载。

PLC重复地执行着上述三个过程。

## 第二节　可编程控制器程序的编制方法

### 一、PLC编程语言的分类

PLC提供的编程语言通常分为三类，即梯形图、语句表和功能图。这些编程语言是面向控制过程、面向问题的“自然语言”，更适合广大的电气工程技术人员。

1. 梯形图(ladder diagram)

梯形图在形式上类似继电器控制电路，如图9-4所示，它是用图形符号等连接而成。这些符号依次分为常开触点、常闭触点、继电器线圈(两种形式)、串联连接、并联连接等。每一个接点或线圈均对应一个编号，不同的机型，其编号不同。但通常情况下，编号的字母描述了所用器件的性质，后面的数字确定了该器件的地址。如该图中，第一行第一个表示常开接点，器件为 X(表示物理输入)，器件地址为 0。该行的输出为线圈，器件为 Y(表示物理输出)，器件地址为 0。

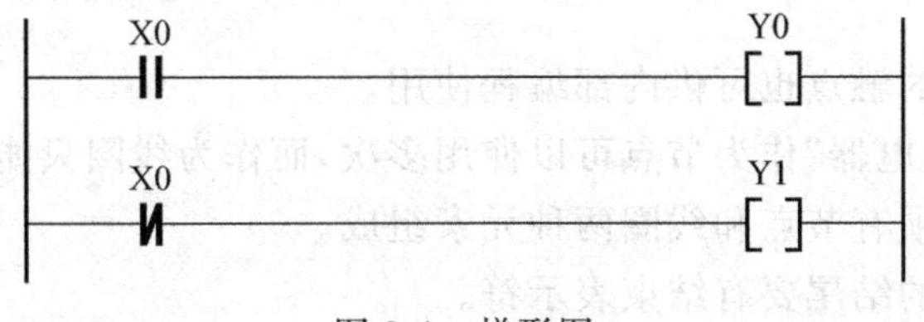


图 9-4　梯形图

2. 语句表

语句表类似于计算机汇编语言的形式，它是用指令的助记符来编程的，实现布尔量的逻辑运算。不同的可编程控制器的指令助记符不同，但在语句的表达上是相似的，均由操作码和操作数两部分组成。如图 9-5 所示，是以松下 FP0 为例的语句表。ST X0 表示起始为常开接点，器件及地址为 X0；OT Y0 表示输出线圈，器件及地址为 Y0；第三行 ST/X0 表示开始为 X0 的常闭接点，依次类推。

```
ST    X    0
OT    Y    0
ST/   X    0
OT    Y    1
```

图 9-5　语句表

3. 功能图

功能图编程是一种较新的编程方法，它的作用是用功能图来表达一个顺序控制过程。此方法需要掌握一定数字电路知识。

这里仅对梯形图编程进行介绍，其他编程方法请参考有关书籍。

## 二、梯形图基本概念

**软继电器**：在梯形图中，所有的器件都不是真正的“实物”器件，而是“软器件”，本质是可编程控制器上存储器的一位，可以置“0”或置“1”，可以表示为节点或线圈。在画梯形图时，节点靠近左侧，线圈靠近右侧。

**左右侧竖母线**：相当于电源正负极，导通时构成回路

**解算关系**：从左至右，形成“逻辑与”的关系，从上到下，形成“逻辑或”的关系。

**梯级**：每个线圈所在的回路称为一个梯级，上一个梯级的结果可以被下一个梯级使用。

编制梯形图的过程中需要具体说明如下：

1. 梯形图中的继电器不是物理继电器，而是 PLC 存储器的一个存储单元。

2. 梯形图按从左到右、自上而下的顺序排列。每一逻辑行起始于左母线，然后是触点的串、并联接，最后是线圈与右母线相联。

3. 梯形图中每个梯级流过的不是物理电流，而是“概念电流”，从左向右，其两端没有电源。这个“概念电流”只是用来形象地描述用户程序执行中满足线圈接通的条件。

4. 输入继电器用于接收外部输入信号，而不能由 PLC 内部其他继电器的触点来驱动。因此梯形图中只出现输入继电器的触点，而不出现其线圈。输出继电器输出

程序执行结果提供给外部输出设备。当梯形图中的输出继电器线圈接通时，就有信号输出，但不是直接驱动输出设备，而是通过输出接口的继电器、晶体管或晶闸管才能实现。

5. 输出继电器的触点也可供内部编程使用。

6. 同一个“软继电器”作为节点可以使用多次，而作为线圈只能使用一次。

7. 每个梯级必须有节点和线圈两种元素组成。

8. 一段梯形图的结尾要有结束表示符。

9. 对定时器、计数器和四则运算等特殊功能的梯形图符号与对线圈的处理相同，当软继电器看待。

## 三、PLC 资源

不同的 PLC，其硬件结构不同、软件不同，其内部提供的资源（软继电器）也不同。下表为松下 FP0 可编程控制器的资源。

**表 9-1 FP0 可编程控制器的资源**

| 项目 | | 点数 | 功能 |
|---|---|---|---|
| 继电器 | 外部输入继电器 X | 208 点（X0 to X12F） | 外部输入决定 ON 或 OFF |
| | 外部输出继电器 Y | 208 点（Y0 to Y12F） | ON 或 OFF 状态决定输出状态 |
| | 内部继电器 R | 1008 点（R0 to R62F） | 由程序决定 ON 或 OFF 的继电器 |
| | 计时器 T | 144 points（T0 to T99/C100 to C143） | 当超过设定的 TM 值时，触电闭合 |
| | 计数器 C | | 当达到设定的 CT 值时，触电闭合 |
| | 特殊内部继电器 R | 64 points（R9000 to R903F） | 由一定条件决定 ON 或 OFF 的继电器 |

PLC 资源的使用按下列规则：

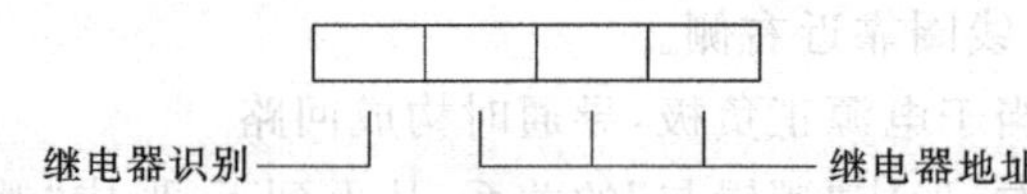


例如：X001 表示输入接点，接点的地址为 001；

R002 表示内部继电器，其地址为 002。

注意：PLC 的资源触点均有常开、常闭两种“软接点”。

## 四、可编程控制器内部资源的使用

1. 输入/输出继电器

输入/输出继电器分别与输入/输出接点一一对应，通常用 X 表示输入接点，用 Y 表示输出接点。在 X 或 Y 后，用数字确定输入或输出的地址。输入接点 X 直接对应 PLC 的物理输入点，因此输入点无线圈；输出继电器 Y 与 PLC 的物理输出对应，即可以用其一个触点驱动一个设备，但输出继电器的“软接点”可无限制地使用。无论输入还是输出，其接点都有常开/常闭方式。

输入继电器将外设(如限位开关或光电传感器)的信号送到 PLC。输出继电器输出 PLC 程序执行结果,并使外部设备如电磁阀或电动机动作。例如图 9-6 梯形图表示了如下功能:当外部输入信号 X0 闭合时,PLC 输出继电器 Y0 吸合,同时,Y0 的"软触点"与 X0 形成自锁。只有当 X1 闭合时,才可使 Y0 断开。

2. 内部继电器

内部继电器也称辅助继电器,常用字母 R 表示,如 R3。该种继电器与外界没有联系,仅在 PLC 内部起传递信号的作用,它可提供无数对的常开和常闭接点。内部继电器的线圈由 PLC 内各元素的接点来驱动,与输出继电器线圈的驱动方式相同,但内部继电器的接点不能直接驱动外部负载。

例如图 9-7 表示,当 X0 闭合时,内部继电器 R0 闭合,R0 的常开接点使输出继电器 Y0 闭合,而 R0 的常闭接点使输出继电器 Y1 断开。

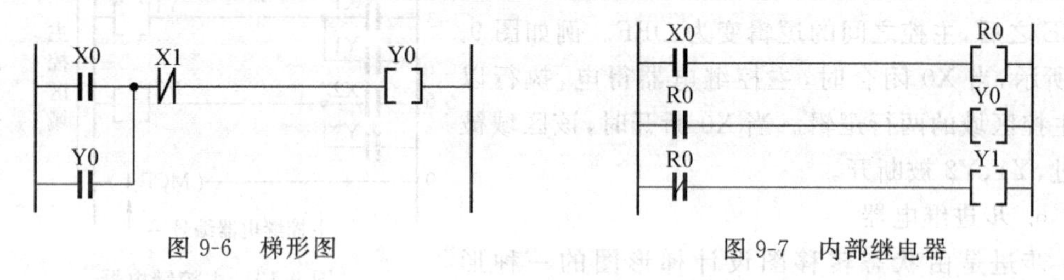


图 9-6　梯形图　　　　图 9-7　内部继电器

3. 定时器

定时器通常用 T 表示,松下 FP0 定时器的定时单位有 4 种,分别用 TML(0.001s)、TMR(0.01s)、TMX(0.1s)和 TMY(1s)表示。时间设定值是以单位时间数来表示。如时间设定值为 30,当使用 TML 计时器时,设定的时间实际是 30×0.001=0.03s;而当使用 TMX 计时器时,设定的时间实际是 30×0.1=3s。计时器的线圈由任意继电器逻辑来控制,它具有无数的常开接点和常闭接点。当继电器的逻辑接通定时器线圈时,定时器开始计时,计时值从 0 开始,当累计时间达到预置值时,它的接点开始动作。当继电器逻辑使定时器线圈断电时,定时器接点立即复位,定时器数值复零。例如图 9-8 所示,当 X0 闭合时,定时器 T5 得电,T0 的设定值为 30,时间单位为 0.1s,即实际时间为 3s,因此,3s 时间到时,T5 的接点动作,其常开接点闭合,Y0 线圈得电吸合。

4. 计数器

计数器通常用 C 表示,计数器用来提供计数操作,它有两个输入端:一个是计数的脉冲输入端,一个复位端。它们均可由任意继电器逻辑来控制。计数器的预置值是指要计的脉冲数。

计数器进行减计数操作,当计数脉冲端接通 1 次时,计数器计 1 次数,其数值减 1,当计数值减为 0 时,计数器的接点动作。当复位端接通时,计数器接点复位,计数值复原到预置值。复位端接通时,计数端不起作用。例如图 9-9 所示:当 X0 闭合 10 次时,计数器 C100 闭合,其接点动作,Y0 闭合,当 X1 闭合时,计数器 C100 复位,Y0 断开。

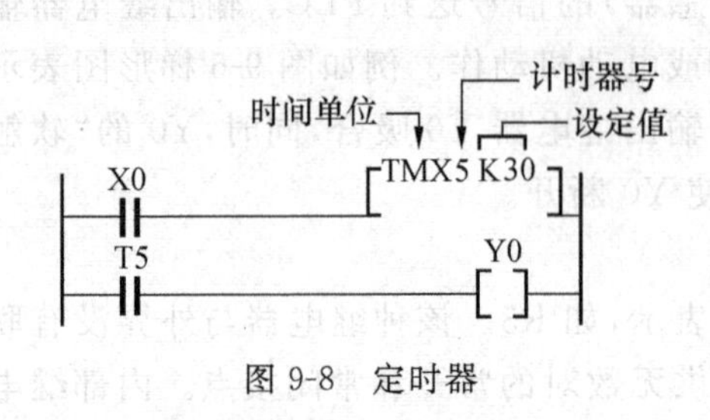

图 9-8 定时器

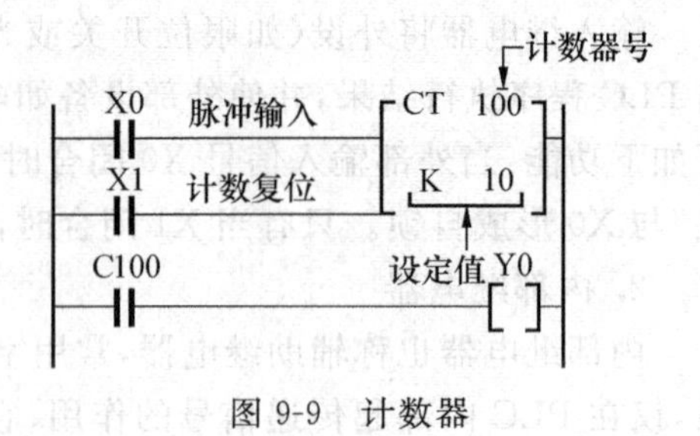

图 9-9 计数器

5. 主控继电器

在梯形图中，由一个接点或接点组控制多条逻辑行的电路称主控，通常用 MC 和 MCE 表示主控的开始和结束。当条件满足时，执行 MC 和 MCE 之间的逻辑语句，否则直接跳转到 MCE 之后，主控之间的逻辑变为 OFF。例如图 9-10 所示，当 X0 闭合时，主控继电器得电，执行以下主控区域的两行逻辑。当 X0 断开时，该区域被跳过，Y1、Y2 被断开。

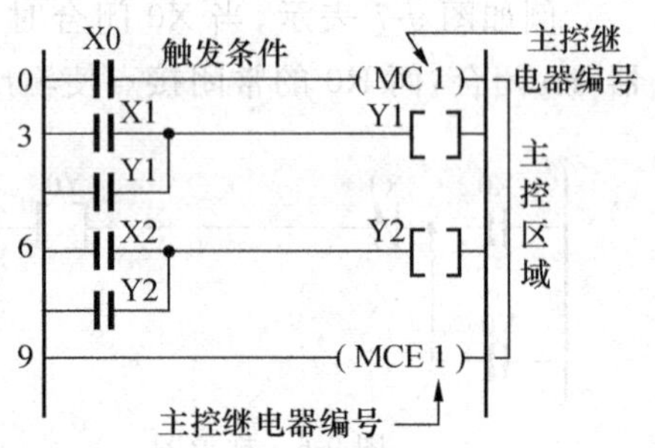

图 9-10 主控继电器

6. 步进继电器

步进是由状态转移图设计梯形图的一种形式，即步进表明了由一个状态到另一个状态的转变。对于不同的 PLC，其步进继电器的最多步数、附加控制条件等不同，以松下 FP0 为例，其步进继电器需表明 SSTP（步进开始）、NSTP（在触发条件的上升沿，执行步进处理）、NSTL（当逻辑条件满足时，每次扫描执行步进处理）、CSTP（复位指定的步进过程）、STPE（关闭步进）。例如图 9-11 所示，当 X0 闭合时，执行过程 1，Y0 输出，当 X1 闭合时，清除过程 1，执行过程 2。当 X3 闭合时，清除过程 50，步进程序执行结束。

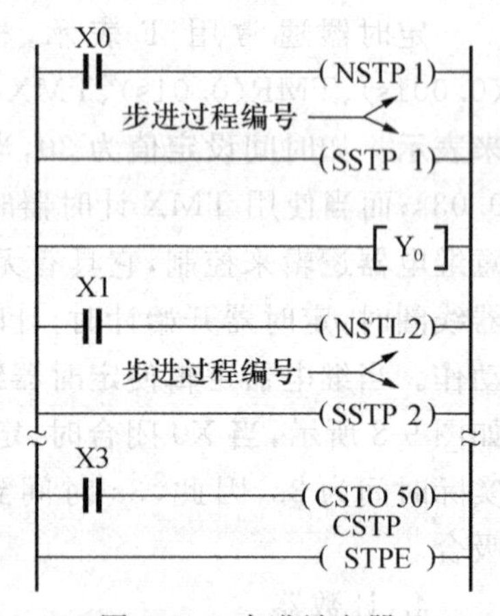

图 9-11 步进继电器

7. 特殊继电器

该继电器是有特殊用途的专用的内部继电器，在特定条件下特殊继电器会接通/关闭，它不能用于输出，在梯形图中对其写入操作可能是无效的。

## 第三节 可编程控制器的应用示例

在掌握了 PLC 的基本原理和编程技术的基础上，就可以结合实际问题进行 PLC 应用控制系统的设计了。

## 一、PLC 应用设计步骤

1. 确定控制对象及控制内容

(1) 深入理解和分析被控对象的工作原理、工艺流程；

(2) 列出该控制系统应具备的全部控制功能；

(3) 制定控制方案，在满足控制要求的情况下尽可能地保证系统的简单、经济、可靠。

2. PLC 机型的选择

机型选择的原则是在满足控制功能的前提下，保证系统可靠、安全、经济、使用和维护便利，特别注意以下几个方面：

(1) 确定 I/O 数：统计被控系统的所有输入/输出点数，选择合适的 PLC，并为以后系统的扩展留出一定的余量；

(2) 确定用户程序存储器的存储容量：存储器的容量与控制程序的复杂程度及编程水平有关，通常输入/输出点数越多，所需容量越大；

(3) 输入输出方式：根据系统输入/输出信号的形式，选择符合输入/输出要求的机型。

3. 硬件设计

确定各种输入设备及被控对象与 PLC 的连接方式，设计外围的辅助电路（如输出保护电路），画出输入输出端子接线图。

4. 软件设计

(1) 根据硬件确定的输入/输出接点，对 PLC 进行 I/O 端口定义；

(2) 根据被控系统的控制流程及各动作的逻辑关系，合理划分程序模块，编制梯形图。

5. 系统调试

编制完成的用户程序要经过模拟调试，经过修改、完善直至动作准确无误后，接到系统中，进行总装调试，直到达到设计指标要求。

## 二、应用设计举例

1. 鼠笼式电动机正反转控制

本例的继电控制电路如例图 8-15 及 8-16 所示，今用 PLC 来实现，其外部 I/O 数分配及定义、硬件接线图分别如表 9-2 和图 9-12 所示。

(1) 确定 I/O 点数及其分配

停止按钮 $SB_1$、正转启动按钮 $SB_F$、反转启动按钮 $SB_R$ 这三个外部按钮须接在 PLC 的三个输入端子上，分别分配 X0、X1、X2 来接收输入信号；正转接触器线圈 $KM_F$ 和反转接触器线圈 $KM_R$ 须接在两个输出端子上，分别分配 Y1 和 Y2。共需 5 个 I/O 点。即

表 9-2 PLC 控制正反转 I/O 分配

| 输入 | | 输出 | |
|---|---|---|---|
| $SB_1$ | X0 | $KM_F$ | Y1 |
| $SB_F$ | X1 | $KM_R$ | Y2 |
| $SB_R$ | X2 | | |

控制的原理或过程如下(参考图 9-12):按下正转按钮 $SB_F$,电动机正转;按下反转按钮 $SB_R$,则电动机反转。无论按 $SB_F$ 还是按 $SB_R$,电动机均可启动。但在正转时如要求反转,或在反转时要求正转,都必须先按下停止按钮 $SB_1$。控制系统中的自锁和互锁触点是利用 PLC 内部的"软"触点实现的。

(2)编制梯形图

本例的梯形图如图 9-13 所示。

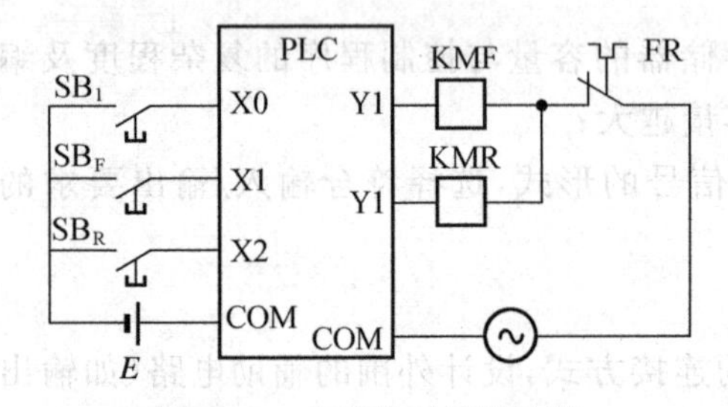


图 9-12 电机的正反转控制

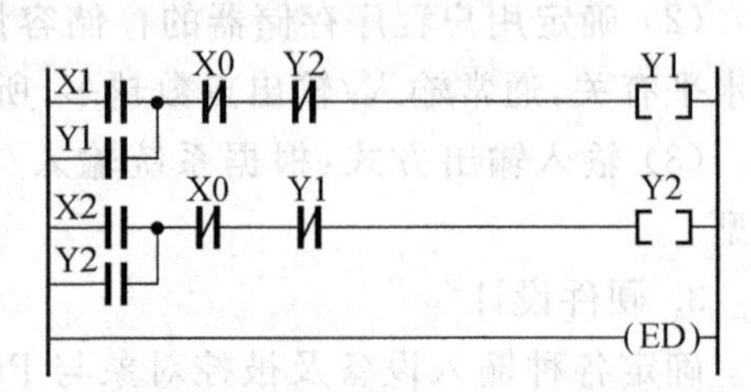


图 9-13 电机正反转控制的梯形图

2. 三相电机的 Y-△启动控制

三相电机的 Y-△启动控制继电控制系统电路参见图 8-14,今采用 PLC 实现的启动控制,系统的 I/O 定义及分配,硬件接线图分别如表 9-3 和图 9-14 所示。

(1) I/O 点分配

表 9-3 PLC 控制 Y-△启动 I/O 定义及分配

| 输入 | | 输出 | |
|---|---|---|---|
| $SB_1$ | X1 | $KM_1$ | Y1 |
| $SB_2$ | X2 | $KM_2$ | Y2 |
| | | $KM_3$ | Y3 |

(2)控制要求

按下启动按钮 $SB_2$ 时,电机以 Y 形联接降压启动,在电机工作一段时间后自动切换到△形联接,电机在额定电压下工作。

(3) 梯形图

控制系统的梯形图如图 9-15 所示。

(4)控制过程分析

启动时按下启动按钮 $SB_2$,PLC 输入继电器 X2 的常开触点闭合,辅助继电器 R0 和

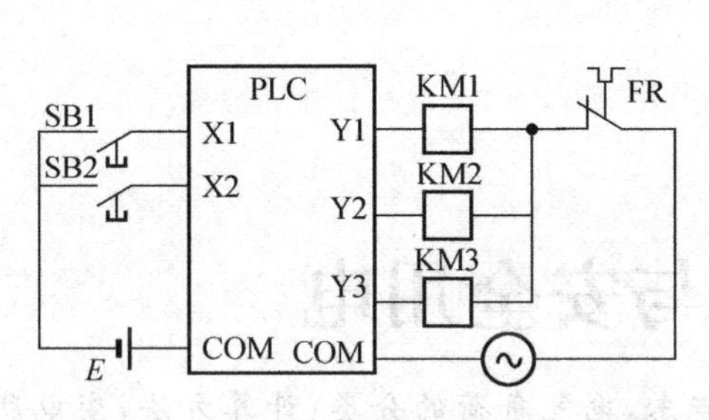


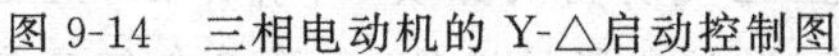
图 9-14　三相电动机的 Y-△启动控制图

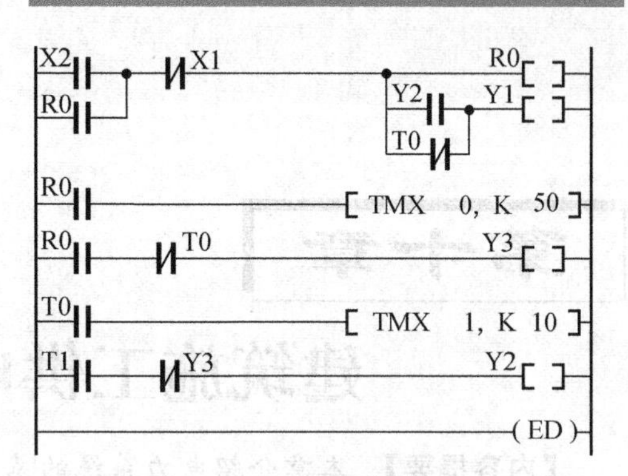


图 9-15　控制系统梯形图

输出继电器 Y1、Y3 均接通。此时将接触器 $KM_1$ 和 $KM_3$ 同时接通，则电动机按 Y 形联接进行降压启动。

同时，常开触点 R0 接通定时器 T0，开始延时，5s 后动作，其常闭触点断开，使输出继电器线圈 Y1 和 Y3 断开，即断开了 $KM_1$ 和 $KM_3$。同时，常开触点 T0 接通定时器 T1，开始延时，1s 后动作，线圈 Y2 和 Y1 相继接通，即接通 $KM_2$ 和 $KM_1$，电动机换接为△形联接，随后正常运行。

在本例中用了定时器 T1，避免发生 $KM_3$ 尚未断开时 $KM_2$ 就接通的现象，即两者不会同时接通而使电源短路。T0、T1 的延时时间可根据需要设定。

## 习　题

9-1　PLC 提供的逻辑部件主要有哪些？

9-2　PLC 与继电控制系统的差异是什么？

9-3　有两台三相鼠笼式电动机 $M_1$ 和 $M_2$，要求 $M_1$ 先启动，经过 5s 后 $M_2$ 启动；$M_2$ 启动后，$M_1$ 立即停止。试用 PLC 实现上述控制，画出硬件连接图，并画出控制的梯形图。

9-4　有三台三相鼠笼式电动机 $M_1$、$M_2$、$M_3$，按一定顺序启动和运行。满足条件：(1)$M_1$ 启动 1min 后 $M_2$ 启动；(2)$M_2$ 启动 2min 后 $M_3$ 启动；(3)$M_3$ 启动 3min 后 $M_1$ 停止；(4)$M_1$ 停止 30s 后 $M_2$、$M_3$ 停止；(5)备有启动按钮和总停按钮。设计用 PLC 实现控制的硬件连接图，编制实现上述控制要求的梯形图。

9-5　液位控制系统采用一个液位开关控制液位，当液位达到高限时，液位开关闭合，进料阀关闭，液位下降，使液位开关闭合，在闭合 1min 后，进料阀打开。试设计实现上述控制的控制电路，编制实现控制的梯形图。

# 第十章

# 建筑施工供电与安全用电

**【内容提要】** 本章介绍电力系统的基本概念，电气负荷的分类、计算方法，变电所的设计施工技术以及建筑施工用电的组织和电缆、保护电器的选择；还简单介绍了安全用电的一般知识和建筑防雷技术。

## 第一节　电力系统概述

现代生活中电能在工农业生产、城市建设和人们的日常生活中占有极为重要的地位。这是因为与其他形式的能量相比，电能具有易于产生、传输、分配、控制和测量等优点。而电能的产生到电力的应用，都包含着一系列的变换、传输、保护和控制过程。

### 一、电力系统的组成

发电厂是把自然界蕴藏的各种形式的非电能（如化学能、水流位能、原子能等）转换成电能的工厂。为了充分合理的利用自然资源、减少燃料运输环节、降低发电成本，火力发电厂一般建在燃料产地或交通运输方便的地方，而水力发电站通常建在江河、峡谷或水库等水力资源丰富的地方，例如我国长江三峡水电站就是目前世界上装机容量最大的水电站之一。

电能用户往往远离发电厂，为了经济的传输电能，需要采用高压输电。这是因为当输送功率一定时，提高电压等级，可以减少输电线路的电流，从而减少导线的电能损耗和电压损失，同时也可以减小输电线路的导线截面，减少有色金属消耗量。

由于发电机受绝缘材料的限制，发出的电压一般为 6～15kV，要实现远距离高压输电，就必须提高电压等级；而从用电方面考虑，受到用电设备的绝缘限制以及出于对使用者人身安全的考虑，又需要低压供电。这种电压等级变换的过程是借助于变压器来实现的。

把电压升高、降低并进行电能分配的场所叫做变电所，它是发电厂和用户之间不可缺少的中间环节。按电力变电器的性质和作用可分为升压变电所和降压变电所。仅装有受电、配电装置而没有电力变压器的场所称为**配电所**。

通常把联系发电厂和用户之间属于输送、变换和分配电能的中间环节称为**电力网**。按电压等级又分为高压电力网和低压电力网。从电能的产生、传输、变换、分配到使用的整个过程如图 10-1 所示，这种由各种电压的线路将一些发电厂、变电所和电力用户联系起来的发电、输电、变电、配电和用电的整体叫做**电力系统**。

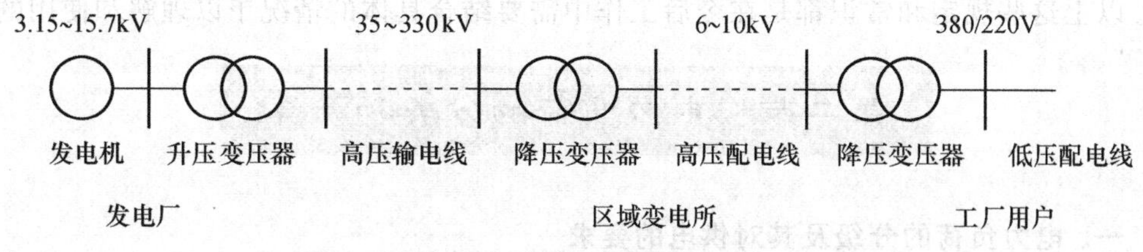


图 10-1 从发电厂到用户的送电过程示意图

随着工农业生产的发展和人们生活水平的提高，用电量在不断增长，电力系统的规模也在不断扩大。为更加经济合理地利用动力资源，提高系统的供电效率和设备的利用率，便于集中管理和统一调配电能，电力系统的发展趋势是把各种类型、不同容量的发电厂发出的电能经升压变压器变换成与相应电网等级相同的电压，再并入电网(即电力系统的并网)中去形成大型的电力系统。

## 二、电力系统的电压等级

电气设备的额定电压和电力网的额定电压都已标准化，国家根据国民经济需要、电力工业技术发展水平，经全面的技术经济分析后，统一制定了电力系统的标准电压等级。按国家标准规定，额定电压分为三类：

第一类为 100V 以下，如 12V、24V、36V 等主要用于安全照明，潮湿工地建筑内部的局部照明及小容量负荷之用。

第二类为 100V～1 000V 之间，如 127V、220V、380V、660V 等主要用于动力及照明设备。

第三类为 1 000V 以上，主要用于发电、输电及高压用电设备，有 6kV、10kV、35kV、110kV、220kV、330kV、500kV 等。

通常把 1kV 以下电压称为**低压**，高于 1kV 而低于 330kV 称为**高压**，330kV 以上称为**超高压**。三相电力设备的额定电压不作特别说明时均指线电压。

按国家标准规定，一般允许供电线路的电压偏移为±5%，即线路首端(电源端)电压应高于电网额定电压 5%，而线路末端电压可低于电网额定电压 5%，所以发电机额定电压规定高于同级电网额定电压 5%，如电网额定电压为 10 kV，则发电机额定电压为 10.5 kV。电力变压器的原边若直接与发电机连接，则其额定电压就等于发电机的额定电压，即比所处电网额定电压高 5%；若与长距离输配电线相连接，其额定电压就等于电力线路的额定电压。电力变压器的副边，则考虑到在运行额定负载时，二次绕组有约额定电压 5%的阻抗压降，当供电线路较长(如为高压电网)时，还应考虑线路允许 5%的电压损失，其二次侧额定电压应比电网额定电压高 10%；若供电线路不太长(如低压电网，或直接供电给高压设备的高压电网)，则只须考虑二次侧 5%的内阻抗压降，所以二次侧额定电压只需高于电网电压5%，如电网电压为380/220V，则变压器二次侧额定电压为400/230V。

以上这些规定和常识都是在今后工作中需要结合具体的情况予以理解和使用的。

## 第二节　电力负荷的分类和计算

### 一、电力负荷的分级及其对供电的要求

电力系统中，**负荷**是指用电设备所消耗的功率或线路中通过的电流。按用电设备对供电的可靠性以及中断供电在政治、经济上造成的影响和损失程度，将负荷分为三级。

1. 一级负荷：中断供电将造成人身伤亡者，或在政治、经济上将造成重大损失者，如重要铁路枢纽、通讯枢纽、重要宾馆、钢铁厂、医院手术室等。

对一级负荷，应采用两个独立电源供电，而且要求当任一电源发生故障或因检修停电时，另一个电源不至于同时受到影响。对一级负荷中特别重要的负荷，除要求有上述两个独立电源外，还要求需增设应急电源（如备用发电机组等）。

2. 二级负荷：中断供电将在政治、经济上造成较大损失者，以及公共场所秩序混乱者，如较大城市中人员密集的公共建筑、化工厂。对工期紧迫的建筑工程项目，可以按二级负荷考虑。

对二级负荷，应采用双回路供电，当取得双回路困难时，可采用一回路专线供电。

3. 三级负荷：凡不属于一级、二级负荷者，如一般机加工工业和一般民用建筑等。三级负荷对供电无特殊要求。

### 二、负荷计算

在实际工程进行配电系统的设计施工时，首先要解决的问题是用电量有多大，即负荷计算的问题。计算过大会造成设备和投资的浪费，计算过小会使线路设备发热严重、加速绝缘老化或损坏设备，为此需要引入“计算负荷”的概念。“计算负荷”就是用来按发热条件选择各种电器设备和导线截面的一个假定负荷值，用它来选择变压器、配电设备和导线截面比较符合实际情况。

负荷的计算方法有：需要系数法、二项式法、利用系数法等。其中，建筑电气系统设计施工中计算负荷最常采用的是需要系数法。

1. 设备容量$P_s$的确定

设备容量$P_s$是指折算到规定工作制下的设备额定容量，不包括备用设备的额定容量。

(1) 长期连续工作制及其设备容量的确定

该类设备长期连续运行，负荷较稳定，如通风机、水泵、空气压缩机、电炉等都属于

该类设备。其设备容量就是用电设备铭牌的容量，即 $P_s = P_N$。

(2) 断续周期工作制及其设备容量的确定

此类工作制设备的工作特点是工作时间具有周期性，时而工作时而停歇，其工作周期一般不超过 10min，如电焊机和起重设备等。对于断续周期工作制的设备，通常采用"暂载率"(又称负荷持续率)来表征其工作性质。

暂载率为一个工作周期内工作时间与工作周期的百分比比值，用 ε 表示：

$$\varepsilon = \frac{t}{T} \times 100\% = \frac{t}{t + t_0} \times 100\% \tag{10-1}$$

式中　$t$——一个周期内的工作时间；

$t_0$——一个周期内的停歇时间；

$T$——工作周期。

断续周期工作制的设备容量，就是将所有设备在不同的暂载率下的铭牌额定容量统一换算到一个规定的暂载率下的额定容量：

$$P_s = \sqrt{\frac{\varepsilon_N}{\varepsilon_{规}}} \cdot P_N = \sqrt{\frac{\varepsilon_N}{\varepsilon_{规}}} \cdot S_N \cdot \cos\varphi_N \tag{10-2}$$

式中　$P_N$、$S_N$——设备铭牌额定有功功率，kW；额定容量，kVA；

$\varepsilon_N$——设备铭牌标定的暂载率；

$\cos\varphi_N$——设备铭牌标定的功率因数；

$\varepsilon_{规}$——规定的暂载率，如电焊机为 100%，起重机为 25%。

(3) 照明装置设备容量的确定

① 白炽灯、碘钨灯类光源可以认为是电阻性负载，因此可得

$$P_s = P_N \tag{10-3}$$

② 荧光灯、高压水银灯等考虑到镇流器中的功率损耗约为额定功率的 20%，因此

$$P_s = 1.2P_N \tag{10-4}$$

(4)不对称单相负荷的设备容量

当有多台用电设备为单相负荷时，应将它们均匀分配到三相系统中去，力求三相负载平衡。国家有关规程规定：在计算范围内，单相用电设备的总容量不超过三相设备总容量的 15%时，可按三相平衡分配计算；如单相用电设备不对称，且总容量大于三相用电设备总容量的 15%时，设备容量 $P_s$ 应按 3 倍最大相负荷的原则进行换算。

① 单相负荷接于各相电压时

$$P_s = 3P_{s \cdot m\varphi} \tag{10-5}$$

式中　$P_s$——等效三相设备容量，kW；

$P_{s \cdot m\varphi}$——最大负荷相的单项设备容量，kW。

②单相负荷接于同一线电压时

$$P_s = \sqrt{3}P_{s \cdot \varphi} \tag{10-6}$$

式中　$P_{s\cdot\varphi}$——接于线电压的单相设备容量，kW。

2. 确定用电设备组的计算负荷

一个单位或一个系统的负荷计算不能简单的把各种用电设备的功率直接相加，在做负荷计算时应该结合实际情况，首先综合考虑以下几个因素：

① 整个系统的用电设备都同时运行的可能性，即需要考虑设备组的同时运行系数 $K_\sigma$；

② 每台设备不可能都工作在最大负荷下，即需要考虑设备组的负荷系数 $K_L$；

③ 各用电设备也要产生功率损耗，即需要考虑设备组的平均效率 $\eta_s$；

④ 配电线路也要产生功率损耗，即需要考虑配电线路的效率 $\eta_l$。

同时，工作条件以及工人操作水平等因素也要影响用电设备组的取用功率（计算负荷）。综合以上各种因素，根据实测统计，将所有影响负荷计算的因素合成一个小于1的系数，称为**需要系数法**，用 $K_x$ 表示。附录1中列出了土建施工中用电设备的需要系数和功率因数。

需要系数法就是将用电设备的设备容量乘上一个与附录1表中同性质、同类型设备的需要系数，所得结果即是计算负荷。

$$P_{js} = K_x \cdot \sum P_s \tag{10-7}$$

$$Q_{js} = P_{js} \cdot \tan\varphi \tag{10-8}$$

$$S_{js} = \sqrt{P_{js}^2 + Q_{js}^2} \tag{10-9}$$

$$I_{js} = S_{js}/(\sqrt{3}U_N) \tag{10-10}$$

式中　$P_{js}$——用电设备组的有功计算负荷，kW；

$Q_{js}$——用电设备组的无功计算负荷，kVar；

$S_{js}$——用电设备组的视在计算负荷，kVA；

$I_{js}$——用电设备组的计算电流，A；

$K_x$——用电设备组的需要系数；

$\sum P_s$——用电设备组的设备容量之和，kW；

$U_N$——用电设备组的额定电压，kV。

需要指出，当只有1～2台设备时，可取 $K_x=1$，$P_{js}=\sum P_s$；但对于电动机，由于其本身具有损耗，故需要考虑自身的效率 $\eta$，因此，当只有1台电动机时，$P_{js}=P_s/\eta$，$P_s$ 为电动机设备容量。

3. 多组用电设备计算负荷的确定

当所设计的系统中具有多组用电设备时，先将性质相同且具有相同的需要系数和功率因数的用电设备分组，按公式(10-7)、(10-8)求得每一个用电设备组的计算负荷。在此基础上，考虑各用电设备组的最大负荷一般不同时出现的因素，将各用电设备组的有功计算负荷分别相加，再乘以一个同时系数 $K_\sigma$，$K_\sigma$ 一般取0.7～1。其计算

公式为

$$P_{js} = K_{\sigma} \cdot \sum P_{js} \tag{10-11}$$

$$Q_{js} = K_{\sigma} \cdot \sum Q_{js} \tag{10-12}$$

$$S_{js} = \sqrt{P_{js}^2 + Q_{js}^2} \tag{10-13}$$

$$I_{js} = S_{js} / (\sqrt{3} U_N) \tag{10-14}$$

应该指出的是:上述公式及计算步骤不仅适用于拥有多组用电设备的干线的负荷计算,也适用于变电所低压母线上的负荷计算。在实际负荷计算时,为了便于核查和选择设备,负荷计算时常用表格的形式表示。

**【例 10-1】** 某施工工地用电设备清单如表 10-1 所列。试做负荷分析和计算。

**表 10-1 某施工工地用电设备清单**

| 设备编号 | 用电设备名称 | 台数 | 额定容量(kW) | 效率 | 额定电压(V) | 相数 | 备注 |
|---|---|---|---|---|---|---|---|
| 1 | 混凝土搅拌机 | 3 | 10 | 0.95 | 380 | 3 | |
| 2 | 砂浆搅拌机 | 1 | 4.5 | 0.9 | 380 | 3 | |
| 3 | 电焊机 | 4 | 22kVA | | 380 | 1 | $\varepsilon_N = 65\%$ |
| 4 | 起重机 | 2 | 30 | 0.92 | 380 | 3 | $\varepsilon_N = 25\%$ |
| 5 | 砾石洗涤机 | 1 | 7.5 | 0.9 | 380 | 3 | |
| 6 | 照明(白炽灯) | | 10 | | 220 | 1 | |

**【解】**

(1) 首先确定各用电器的设备容量 $P_s$,

混凝土搅拌机:$P_{s1} = 3 \times 10 = 30\text{kW}$,

砂浆搅拌机:$P_{s2} = 4.5\text{kW}$,

电焊机:(先把暂载率换算成 100%时的设备容量,取 $\cos\varphi = 0.45$)

$$P'_{s3} = \sqrt{\frac{\varepsilon_N}{\varepsilon_{规}}} \cdot S_N \cdot \cos\varphi = \sqrt{0.65/1} \times 22 \times 0.45\text{kW} = 7.98\text{kW}$$

电焊机是单相用电设备,其中 3 台均匀分接在三相中,剩下一台进行单相负荷计算:

$$P_{s3} = 3P'_{s3} + \sqrt{3}P'_{s3} = 3 \times 7.98 + \sqrt{3} \times 7.98\text{kW} = 37.8\text{kW}$$

起重机:(起重机的暂载率要求换算到 25%时,而本题中的起重机的暂载率已是 25%,不必换算。)

$$P_{s4} = 2 \times 30\text{kW} = 60\text{kW}$$

砾石洗涤机:$P_{s5} = 7.5\text{kW}$

照明设备:$P_{s6} = 10\text{kW}$(认为 10kW 的照明负荷平衡分配于三相线路中)

(2) 确定各组的计算负荷

混泥土搅拌机组：$K_x = 0.7, \cos\varphi = 0.65, \tan\varphi = 1.17$

$$P_{js1} = K_x \cdot P_{s1} = 0.7 \times 30\text{kW} = 21\text{kW}$$

$$Q_{js1} = P_{js1} \cdot \tan\varphi = 21 \times 1.17\text{kVar} = 24.57\text{kVar}$$

砂浆搅拌机：只有一台电动机，$K_x = 1$，考虑本身效率 $\eta = 0.9, \cos\varphi = 0.65$，$\tan\varphi = 1.17$

$$P_{js2} = P_s/\eta = 4.5/0.9\text{kW} = 5\text{kW}$$

$$Q_{js2} = P_{js2} \cdot \tan\varphi = 5 \times 1.17\text{kVar} = 5.85\text{kVar}$$

电焊机：$K_x = 0.45$，$\cos\varphi = 0.45$，$\tan\varphi = 1.98$

$$P_{js3} = K_x \times P_s = 0.45 \times 37.8\text{kW} = 17\text{kW}$$

$$Q_{js3} = 17 \times 1.98\text{kVar} = 33.66\text{kVar}$$

起重机：$K_x = 0.25, \cos\varphi = 0.7, \tan\varphi = 1.02$

$$P_{js4} = 0.25 \times 60\text{kW} = 15\text{kW}$$

$$Q_{js4} = 15 \times 1.02\text{kVar} = 15.3\text{kVar}$$

砾石洗涤机：只有一台电动机，$K_x = 1$，考虑本身的效率 $\eta = 0.9, \cos\varphi = 0.7$，$\tan\varphi = 1.02$

$$P_{js5} = 7.5/0.9\text{kW} = 8.33\text{kW}$$

$$Q_{js5} = 8.33 \times 1.02\text{kVar} = 8.5\text{kVar}$$

照明设备：认为所有照明设备不同时使用，$K_x = 0.75, \cos\varphi = 1, \tan\varphi = 0$

$$P_{js6} = 10 \times 0.75\text{kW} = 7.5\text{kW}$$

$$Q_{js6} = 7.5 \times 0\text{kVar} = 0\text{kVar}$$

(3) 确定总计算负荷，取 $K_\sigma = 0.9$

$$\begin{aligned} P_{js} &= K_\sigma(P_{js1} + P_{js2} + P_{js3} + P_{js4} + P_{js5} + P_{js6}) \\ &= 0.9 \times (21 + 5 + 17 + 15 + 8.33 + 7.5)\text{kW} \\ &= 66.45\text{kW} \end{aligned}$$

$$\begin{aligned} Q_{js} &= K_\sigma(Q_{js1} + Q_{js2} + Q_{js3} + Q_{js4} + Q_{js5} + Q_{js6}) \\ &= 0.9 \times (24.57 + 5.85 + 17 + 33.66 + 15.3 + 8.5 + 0)\text{kVar} \\ &= 79.1\text{kVar} \end{aligned}$$

$$S_{js} = \sqrt{66.45^2 + 79.1^2}\text{kVar} = 103.31\text{kVA}$$

$$I_{js} = \frac{S_{js}}{\sqrt{3}U_N} = \frac{103.31}{\sqrt{3} \times 0.38}\text{A} = 156.97\text{A}$$

计算负荷中视在功率的计算是选择变压器容量的依据，计算电流是选择导线截面和开关设备的依据。为清楚起见，将负荷计算结果列于表 10-2 内。这样就得到了进一步设计需要的基本数据。

表 10-2 负荷计算结果

| 序号 | 用电设备组名称 | 台数 | 设备容量/kW | $K_x$ | $\cos\varphi$ | $\tan\varphi$ | 计算负荷 $P_{js}$/kW | $Q_{js}$/kVar | $S_{js}$/kVA | $I_{js}$/A |
|---|---|---|---|---|---|---|---|---|---|---|
| 1 | 混凝土搅拌机 | 3 | 30 | 0.7 | 0.65 | 1.17 | 21 | 24.57 | | |
| 2 | 砂浆搅拌机 | 1 | 4.5 | 1($\eta$=0.9) | 0.66 | 1.17 | 5 | 5.85 | | |
| 3 | 电焊机 | 4 | 37.8 | 0.45 | 0.45 | 1.98 | 17 | 33.66 | | |
| 4 | 起重机 | 2 | 60 | 0.25 | 0.7 | 1.02 | 15 | 15.3 | | |
| 5 | 砾石洗涤机 | 1 | 7.5 | 1($\eta$=0.9) | 0.7 | 1.02 | 8.33 | 8.5 | | |
| 6 | 照明设备 | | 10 | 0.75 | 1 | 0 | 7.5 | 0 | | |
| | 小计 | 11 | 149.8 | | | | 73.83 | 87.88 | | |
| | 合计($K_{\sigma}=0.9$) | 11 | | | | | 66.45 | 79.1 | 103.31 | 156.97 |

# 第三节 小型变电所的设计与施工

变电所担负着从电力系统受电经过变压后分配电能的任务，是供电系统的枢纽，占有非常重要的地位。

## 一、变电所的类型、结构与所址选择

### 1. 变电所的类型及结构

变电所的类型很多，工业与民用建筑设施的变电所大都采用10kV进线，将10kV高压降为400/230V的低压，供用户使用。10kV变电所按其变压器及高低压开关设备安装位置，可分为：室内型、半室外型、室外型以及成套变电站等几种。图10-2、10-3、10-4分别是室内型、半室外型、室外型变电所结构形式。其中，室外型变电所又可分为杆架式和地台式。

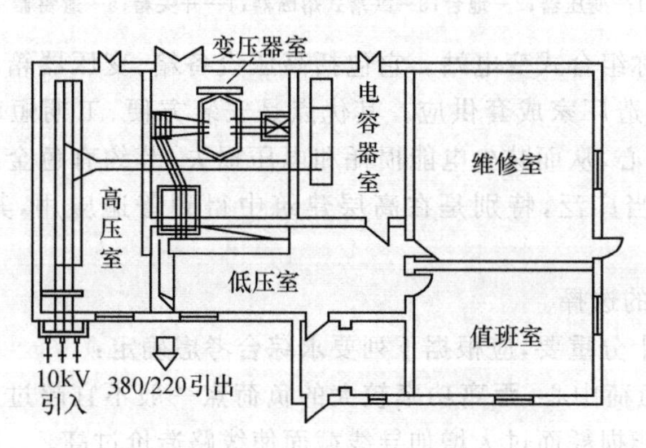


图 10-2 室内型变电所平面布置图

如图 10-2 所示，室内型变电所由高压室、变压器室、低压配电室、高压电容器室和值班室组成。其特点是变电所安全、可靠，受环境影响小，维护、监测、管理方便，但建筑费用高，一般用于大中型企业和高层建筑。

半室外型变电所的结构如图 10-3 所示，把低压配电设备放在室内，变压器和高压设备放在室外。其特点是建筑面积小，变压器散热通风条件好。

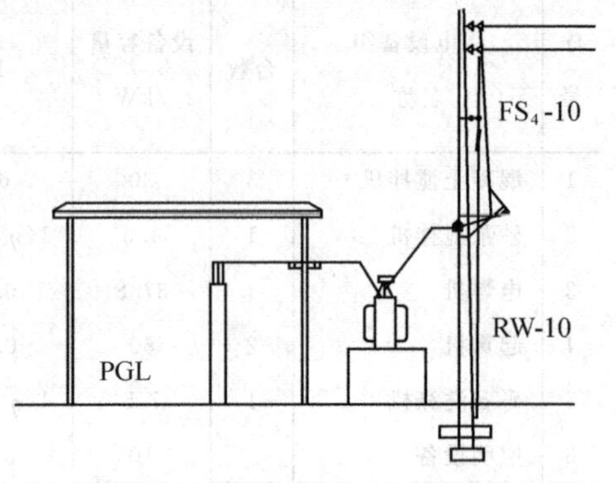

图 10-3　半室外型变电所结构图

室外型变电所是将全部高压设备设置在露天场合。图 10-4(a)、(b)分别是双杆式和地台式 10kV 室外变电所结构图，其特点是占地面积小、结构简单、进出线方便、变压器易于通风散热，适用于 320kVA 以下的变压器。多为建筑施工工地和城市生活区采用。主要高低压设备见图 10-4(b)所示。

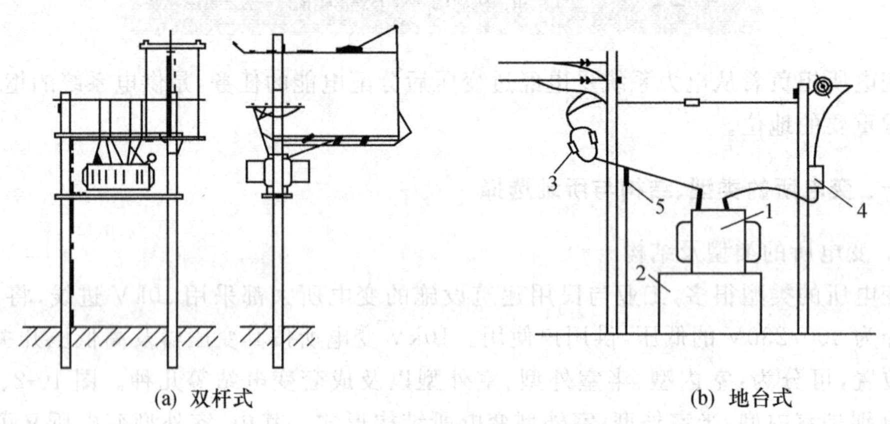

图 10-4　10kV 室外变电所结构图

1—变压器；2—地台；3—跌落式熔断器；4—开关箱；5—避雷器

成套变电站又称组合式变电站。它包括高压设备箱、变压器箱和低压配电箱三个单元，各单元均有制造厂家成套供应。其优点是安装方便、工期短、易搬迁、占地面积小，便于深入负荷中心，从而减少电能损耗和电压损失、节约有色金属、提高经济效益。在国内外应用已相当广泛，特别是在高层建筑中得到普遍应用，其变压器容量可达 1 000kVA。

2. 变电所位置的选择

变电所的位置十分重要，应根据下列要求综合考虑确定：

(1) 尽量靠近负荷中心，距离功率较大的负荷点一般不宜超过 300m，以免为限制线路电压损失和电能损耗而过大增加导线截面使线路造价过高。

(2) 尽量靠近高压线，保证进、出线方便。

(3) 保证运输方便，便于变压器和配电屏的搬运。

(4) 不能设在地势低洼可能积水处和有剧烈震动、有易燃易爆物质的场所。

(5) 不应设在多尘和有腐蚀性气体的场所。

(6) 应该有利于安全，不妨碍建筑施工。

## 二、建筑变配电系统常用电气设备

在变配电所中担负接受和分配电能任务的电路，称为**主电路和主结线**，或称**一次电路、一次主结线**。一次电路中的所有设备，称为**一次设备**。在变配电所中凡用来控制、指示、测量和保护一次设备运行的电路，称为**二次电路**或**二次回路**。二次回路是通过电流互感器和电压互感器与主电路相联系的。低压电器部分已在第八章中介绍，这里主要介绍建筑工地常用一次主结线中的一次设备。

1．高压隔离开关

高压隔离开关的主要任务是用来隔离高压电源，以保证其他电气设备的安全检修。它在结构上有这样的特点，断开后有明显可见的断开间隙，能够充分保证人身和设备的安全。但因隔离开关没有专门的灭弧装置，因此不允许带负荷操作，可用来通断一定的小电流。

2．高压负荷开关

高压负荷开关具有隔离开关的特点，在结构上有明显可见的断开间隙，同时由于高压负荷开关具有简单的灭弧装置，所以它能通断一定的负荷电流，当装有热脱扣器时，也能在过负荷时自动跳闸。但它不能开断短路电流，如有高压熔断器与之串联使用，则利用熔断器来做短路保护。

3．熔断器

这里扼要介绍几种供电系统中常用的高压熔断器。

(1) $RN_1$、$RN_2$型室内高压管式熔断器

$RN_1$和$RN_2$型基本相同，都是密闭管式结构，瓷质熔管内充以石英沙填料。$RN_1$型主要用作高压线路和设备的短路保护，也能做过负荷保护，其熔体通以主电路电流，结构尺寸较大。而$RN_2$型只用于高压电压互感器的短路保护，由于电压互感器二次侧全部接阻抗很大的电压线圈，所以它接近于空载工作，其熔体电流额定值一般只有0.5A，因此结构尺寸较小。

(2) RW型室外高压跌落式熔断器

跌落式熔断器适用于周围空间没有导电尘埃和腐蚀气体、没有易燃易爆危险及剧烈震动的户外场所，做6～10kV线路和变压器的短路保护，又可在一定条件下，直接用高压绝缘钩棒(俗称令克棒)来操作熔管的分合，以断开或接通小容量的空载变压器、空载线路及小负荷电流。如在其上部动、静触头处装上灭弧罩，还可带负荷操作。图10-5是RW4-10型跌落式熔断器的基本结构。

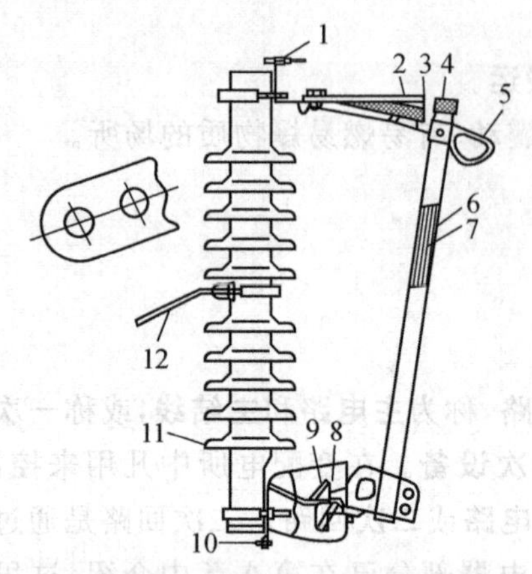


图 10-5 RW4-10 型跌落式熔断器基本结构

1—上部接线端子；2—上静触头；3—上动触头；4—管帽；5—操作环；6—熔管；7—铜熔丝；8—下动触头；9—下静触头；10—下部接线端子；11—绝缘瓷瓶；12—固定安装板

这种跌落式熔断器串接在线路上。正常运行时，其熔管下端动触头借熔丝张力拉紧后，将熔管上端动触头推入上静触头内锁紧，同时下动触头与下静触头也相互压紧，使电路接通。当过电流使熔丝熔断时，在熔管内套的消弧管内产生电弧，消弧管在电弧的灼热作用下，分解出大量气体使管内压力升高，气体高速向外喷出，使电弧迅速熄灭。由于熔丝熔断，故下动触头因失去张力而下翻，使锁紧机构释放熔管，在触头弹力及熔管自重作用下，回转跌开，造成明显可见的断开间隙，因此跌落式熔断器还具有高压隔离开关的作用。因跌落式熔断器在灭弧时，会喷出大量气体，并发出很大的响声，故一般在室外使用。

### 4. 阀型避雷器

阀型避雷器由火花间隙和阀片组成，装在密封的瓷套管内。火花间隙用铜片冲制而成，每对间隙用云母垫圈隔开，如图 10-6(a)所示。正常情况下，火花间隙阻止线路正常工频电流通过，但在雷电过电压作用下，火花间隙被击穿放电。阀片是用电工用金刚砂（炭化硅）颗粒制成的，如图 10-6(b)所示。它具有非线性特性，正常电压时，阀片电阻很大，过电压时，阀片电阻很小，如图 10-6(c)所示。因此阀型避雷器在线路上出现过电压（如雷电波）时，其火花间隙击穿，阀片能使雷电流顺畅地向大地泄放。图 10-7(a)和(b)分别是我国生产的 $FS_4$-10 型高压阀型闭雷器和 FS-0.38 型低压阀型闭雷器的结构图。

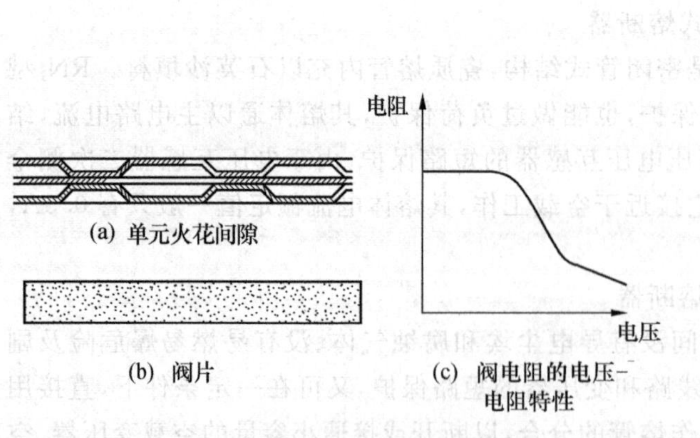


图 10-6 阀型避雷器组成部件及特性

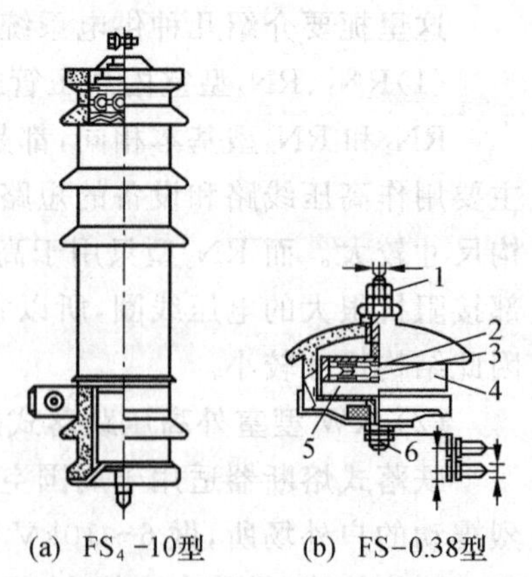


图 10-7 高低压阀型避雷器

1—上接线端；2—火花间隙；3—云母垫圈；4—瓷套管；5—阀片；6—下接线端

5. 低压配电装置

低压配电装置是按照一定的接线方案，将所用的低压电器组装成的一种低压配电成套设备。它由刀开关、熔断器、自动空气开关、交流接触器、电流互感器、计量设备以及金属柜架和面板等组成，如低压配电屏、动力配电箱、照明配电箱、控制箱等。

## 三、变电所的主结线

变电所的主结线是指由变压器、各种高低压配电设备、母线、电线电缆、补偿电器等电气设备，按一定顺序连接的接受电能、变换电压和分配电能的主电路。

对变电所主结线设计的基本原则应该满足：

- 安全性：要符合国家标准和有关技术规程的要求，能充分保证人身和设备的安全。
- 可靠性：要满足各级电力负荷，特别是一、二级负荷对供电可靠性的要求。
- 灵活性：能适应各种不同的运行方式的要求，便于检修、切换操作。
- 经济性：在满足以上要求的前提下，尽量使主结线简单，投资少，运行费用低。

主结线图是以规定电器设备图形符号用单线图的形式来表示的。在三相电路中设备分布不对称时，则局部用三线图表示。附录 2 中给出了主结线图中常用的图形符号。

主结线的确定与变电所电器设备的选择、配电装置的布置及运行的可靠性、灵活性和经济性有很密切的关系。其形式应由电源情况、负荷等级、容量大小及与邻近变配电所的联系等因素确定。这里重点介绍建筑工地常采用的 10kV 小容量变电所的两种主结线方式。

1. 高压侧采用隔离开关——熔断器或户外跌落式熔断器的变电所主结线方式

如图 10-8(a)、(b)、(c)所示，它们均采用熔断器来防止线路和变压器发生短路故障。由于受隔离开关和跌落式熔断器切断空负荷变压器容量的限制，一般只用于 500kVA 及以下容量的变电所中。这些主接线简单经济，但供电可靠性不高，当变压器或高压侧停电检修，整个变电所都要停电。由于隔离开关和跌落式熔断器不能带负荷操作，因此变电所停电和送电操作的程序比较麻烦，稍有疏忽，还容易发生带负荷拉闸的严重事故。在熔断器熔断后，更换熔体需一定时间，从而使在排除故障后恢复供电的时间延长，影响了供电的可靠性。主要应用于不重要的三级负荷的小容量变电所。

2. 高压侧采用负荷开关——熔断器的变电所主结线

如图 10-9 所示，由于负荷开关能带负荷操作，从而使变电所停电和送电的操作比第一种方案要简便灵活的多，也不存在大负荷拉闸的危险。在发生过负荷时，负荷开关有热脱扣器进行保护，使开关跳闸；但在发生短路故障时，仍然使熔断器熔断，仍然存在着排除故障后恢复供电时间较长的缺点。这种主结线也简单经济，且操作方便灵活，但供电可靠性仍然不高，一般也只用于三级负荷的变电所。

以上所介绍的两种主结线尽管供电可靠性不高，但对建筑施工现场的临时供电是相当适宜的。如果变电所低压侧有联络线与其他供电可靠性较高的变电所相联时，则可用于二级负荷。

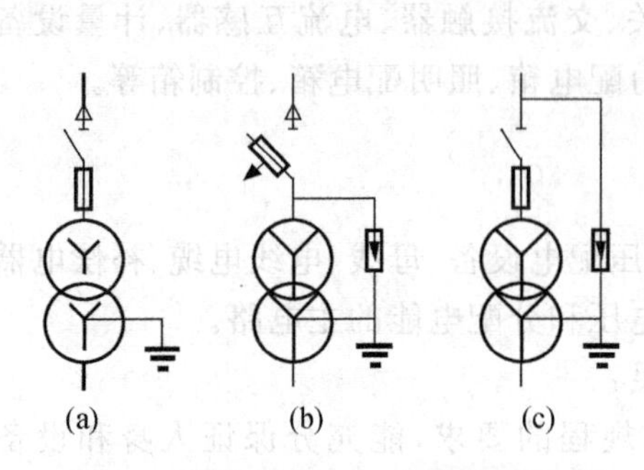


图 10-8　隔离开关——熔断器或户外跌落式熔断器的变电所主结线方式

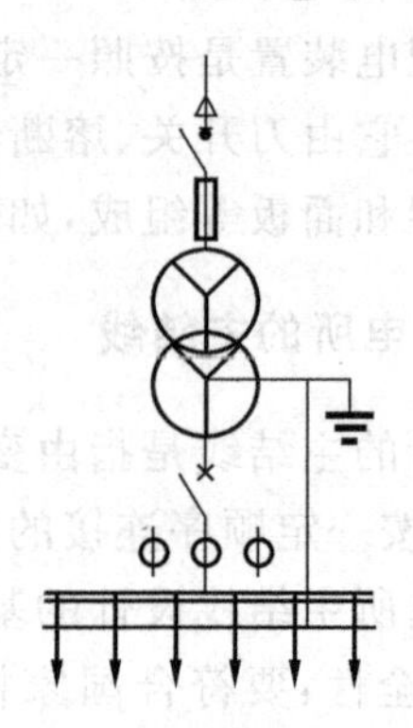

图 10-9　高压侧采用负荷开关——熔断器的变电所主结线方式

## 四、变压器的参数计算与选择

变压器是变电所中的主要设备，其作用是把由高压电网接受到的电压变换为用电设备所需的电压等级。选择得是否合理，直接影响到投资的多少、运行费用的高低、供电质量的好坏及供电的可靠性。

变压器的选择主要包括型号的选择，额定电压的确定以及容量的选择。在建筑供电系统中，广泛采用的是三相油浸式铝绕组电力变压器，主要有 $SL_7$ 系列，它具有体积小，重量轻，效率高，低损耗等优点。附录 3 为我国目前生产的 6～10kV $SL_7$ 系列 30～1 000kVA 三相降压变压器的主要技术数据，供大家参考。

变压器型式的选择应选节能型，同时也要考虑环境条件，如为建筑工地供电的变压器是处于露天多尘环境，宜选密闭式变压器。变压器原副边额定电压应根据电源提供的电压等级和用电设备所需的电压来确定，施工现场的变电所一般由 6～10kV 的高压电网引来经变压器降至 380/220V 所需电压，所以变压器高压侧的额定电压一般选 10kV，低压侧额定电压为 0.4kV。变压器容量的大小应根据用户低压侧用电量总计算负荷 $S_{js}$ 的大小、变压器台数来确定，一般三级负荷选一台变压器，则所选变压器的额定容量 $S_N$ 应满足全部低压侧用电设备总计算负荷的需要，即

$$S_N \geqslant S_{js} \tag{10-15}$$

例如在例 10-1 题中，施工现场低压侧总计算负荷为 103.31kVA。该施工现场为三级负荷，所以选一台变压器，考虑到变压器允许一定的过负荷，查附录 3 可选 $SL_7$-100/10型即可满足要求。需要注意的是单台供电的变压器（高压为 10kV，低压为 0.4kV）的容量不宜大于 1 000kVA。

在施工现场，如建设部门的工程项目属扩建项目，已拥有变电所，应根据其变压器容量的裕度和过负荷能力加以利用，否则应设立临时变电所。如建设部门的工程项目属新建项目，又需要建立自己的变电所，则应在施工组织设计中，先期安排变电所的施

工，然后加以利用。

## 第四节　施工供电低压配电系统及配电线路

低压配电线路是配电系统的重要组成部分，担负着将变电所380/220V的低压电能输送和分配给用电设备的任务。

### 一、低压配电线路的接线方式

1. 放射式接线

图10-10(a)是放射式接线的电路图。此接线方式是由变压器低压母线上引出若干条回路，再分别配电给各配电箱或用电设备。其特点是任一线路发生故障或检修时彼此互不影响，供电可靠性高。但变电所低压侧引出线多，有色金属消耗量大，采用的开关设备多，投资及运行费用高。这种接线方式多用于单台设备容量大或对供电可靠性要求高的场合。

2. 树干式接线

图10-10(b)是树干式接线。它是从变电所低压母线上引出干线，沿干线走向再引出若干条支线，然后再引至各用电设备。这种接线方式的特点正好与放射式接线相反，它使用的导线和开关设备较少，投资及运行费用低，有色金属消耗量少。但其供电可靠性差，如干线发生故障，该条干线总开关跳闸，所带负荷全部停电。这种接线方式适用于设备量少、负荷分布均匀且无特殊要求的三级负荷。建筑施工现场供电属于临时性供电，为节省费用，一般采用树干式配电。

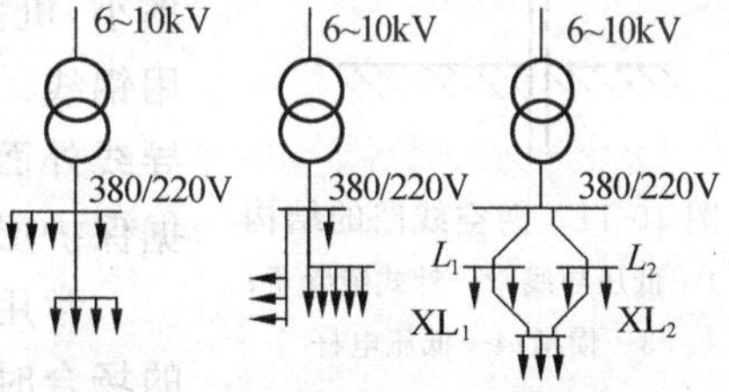

(a) 放射式　(b) 树干式　(c) 低压环

图10-10　低压配电线路的接线方式

3. 环形接线

图10-10(c)是由一台变压器供电的低压环形接线。环形接线实质上是两端供电的树干式接线方式的改进，相对单端供电的树干式接线，供电可靠性提高了。当$L_2$段出现故障或检修时，可以通过$L_1$、$L_3$段与$XL_2$联系的开关设备接通电源，继续对$XL_2$供电，即任何一段发生故障均可通过另一段联络线切换操作，恢复供电。但这种接线方式保护装置配合相当复杂，如配合不当，还会扩大故障范围，所以一般环形接线采用开环运行。

以上三种接线方式各有其优缺点，在实际应用中根据用电设备的分布情况、负荷等级、负荷大小、投资费用等多方面综合考虑，选出适宜的方式。

### 二、低压配电线路的敷设及要求

低压配电线路常见方式有架空线和电缆线两种，架空线具有投资少、安装容易、维护检修方便等优点，因而得以在施工现场中广泛使用。其缺点是受外界自然因素(风、雷、雨、雪)影响较大，故安全性、可靠性较差，并且不美观、有碍市容，所以其使用范围受到一定限制。电缆线与架空线相比，虽然具有成本高、投资大、维修不便等缺点，但它具有运行可靠、不受外界影响、不占地、不影响美观等优点，特别是在有腐蚀气体和易燃、易爆场所不易架设架空线时，只有敷设电缆线路。

1. 架空线

架空线由导线、电杆、横担、绝缘子、拉线及线路金具等组成。架空线结构如图10-11所示。

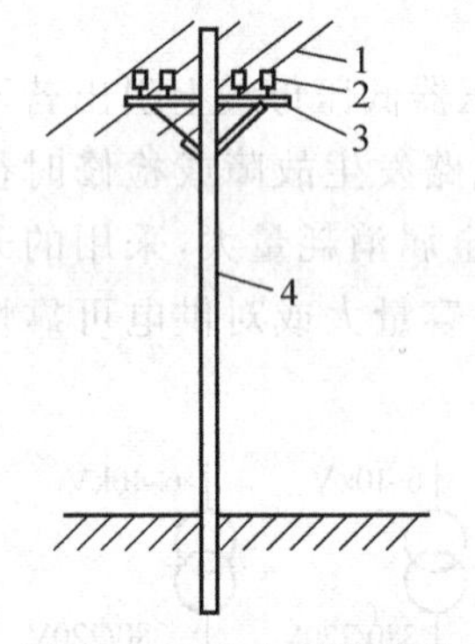

图 10-11　架空线路的结构
1—低压导线；2—针式绝缘子；3—横担；4—低压电杆

(1)导线

导线是线路的主体，担负着输送电能的任务。架设在杆上的导线由于受到自身重力和各种外力的作用，并受大气中有害气体的侵蚀，因此要求其具有良好的导电性，具有一定的机械强度和耐腐蚀性，且尽可能质轻。

导线的种类，按材料分有铜芯和铝芯两种。铜线电阻率小，机械强度大，但价格昂贵，为了减少投资，应尽量采用铝线。低压配电线还可分为裸导线和绝缘线两种。裸导线外面没有绝缘保护层，绝缘线外面有绝缘保护层。根据保护层的材料不同又分为橡胶绝缘线和塑料绝缘线。

常用低压架空线有铝绞线、铜绞线(在架设高度较低的场合时用绝缘线)。绞线是由多股导线组成，其韧性较单股好。附录4列出低压常用导线的型号、名称及用途。

(2) 绝缘子

绝缘子(又称瓷瓶)的作用，是用于支撑固定导线，保证导线与杆、导线与导线之间绝缘。要求具有良好的绝缘性和足够的机械强度。一般低压架空线路多采用低压针式绝缘子和低压蝶形绝缘子。

(3) 电杆

电杆是用来支持导线和绝缘子的，要求其应具有足够的机械强度和高度，以保证人身安全。低压架空线路目前大多使用水泥杆。

(4)横担

横担的主要作用是固定绝缘瓷瓶，并使每根导线保持一定的间距，防止风吹摆动而造成相间短路，常用的有铁横担和瓷横担，低压线路多用铁横担。

(5)拉线

拉线是为了平衡电杆各方面的作用力，抵抗风力以防倾倒之用，如终端杆、转角杆都装有拉线。

(6)线路金具

线路金具(又称铁件)是用来连接导线、安装横担和绝缘子等用。常用的有穿心螺钉、U形抱箍、调节拉线松紧的花篮螺丝等。

2. 电缆线

(1) 电缆的结构和种类

电缆的结构包括导电芯、绝缘层和保护层等几个部分，电缆的种类有很多，从导电芯来分有铜芯电缆和铝芯电缆；按芯数分有单芯、双芯、三芯、四芯等；按电压等级分有0.5kV、1kV、6kV、10kV、35kV等；由电缆的绝缘层和保护层不同，又可分为油浸绝缘铅包(铝包)电力电缆、聚氯乙烯绝缘护套电力电缆(全塑电缆)、橡皮绝缘护套电力电缆、通用橡套软电缆等。附录5、附录6、附录7分别列出了常用的几种型号的电缆规格和参数指标。

(2)电缆的敷设

敷设电缆常用方式有直接埋地(图10-12)，电缆沟(图10-13)，沿墙、梁、支架等架空敷设和穿管敷设等。

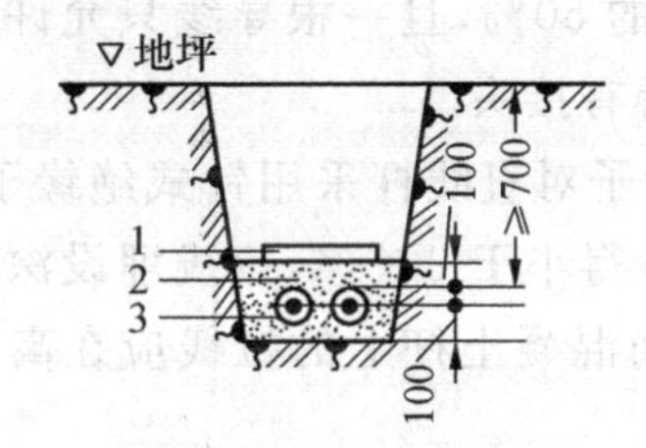


图10-12　直埋电缆

1—保护板(砖)；2—砂；3—电缆

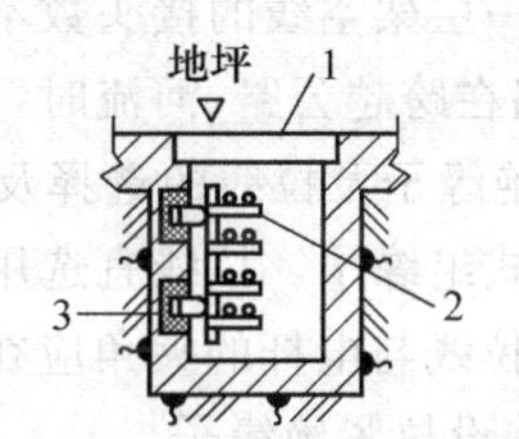


图10-13　电缆沟(户内)

1—盖板；2—电缆支架；3—预埋铁件

## 三、建筑施工现场低压配电线路的基本要求

建筑施工现场的供电属于临时性供电，其地形和环境复杂，为保证施工的顺利进行，做到安全、可靠、优质、经济地供电，对低压配电线路提出以下要求。

1. 架空线路

(1) 路径选择：路径应尽量架设在道路一侧，不妨碍交通，不妨碍塔式起重机的拆装、进出和运行。应力求路径短直、转角小，并保持线路接近水平，以免电杆受力不均而倾倒。

(2) 架空导线与邻近线路或设施的距离应符合表10-3的规定。

(3) 杆型的确定及施工要求：电杆宜采用水泥杆，水泥杆不得露筋、环向裂纹和扭曲，其梢径不得小于130mm。电杆的埋设深度宜为杆长的1/10加0.6m，但在松软土地处应当加大埋设深度或采用卡盘加固。

(4) 挡距、线距横担长度及间距要求：挡距是指两杆之间的水平距离，施工现场架空线挡距不得大于35m；线距是指同一电杆各线间的水平距离，线距一般不得小于0.3m。横担的长度应为：二线取0.7m，三线和四线取1.5m，五线取1.8m。横担间的最小垂直距离不得小于附录9中所列数值。

**表 10-3 架空线路与邻近线路或设施的距离**

<table>
<tr><td>项　目</td><td colspan="7">邻近线路或设施类别</td></tr>
<tr><td rowspan="2">最小净空距离,m</td><td colspan="3">过引线、接下线与邻线</td><td colspan="2">架空线与拉线电杆外缘</td><td colspan="2">树梢摆动最大时</td></tr>
<tr><td colspan="3">0.13</td><td colspan="2">0.65</td><td colspan="2">0.5</td></tr>
<tr><td rowspan="3">最小垂直距离,m</td><td rowspan="2">同杆架设下方的广播线路通讯线路</td><td colspan="3">最大弧垂与地面</td><td rowspan="2">最大弧垂与暂设工程顶端</td><td colspan="2">与邻近线路交叉</td></tr>
<tr><td>施工现场</td><td>机动车道</td><td>铁路轨道</td><td>1kV 以下</td><td>1～10kV</td></tr>
<tr><td>1.0</td><td>4.0</td><td>6.0</td><td>7.5</td><td>2.5</td><td>1.2</td><td>2.5</td></tr>
<tr><td rowspan="2">最小水平距离,m</td><td colspan="2">电杆至路基边缘</td><td colspan="3">电杆至铁路轨道边缘</td><td colspan="2">边线与建筑物突出部分</td></tr>
<tr><td colspan="2">1.0</td><td colspan="3">杆高＋3.0</td><td colspan="2">1.0</td></tr>
</table>

(5) 导线的形式选择及敷设要求:施工现场的架空线必须采用绝缘线,一般用铝芯线;架空线必须设在专用杆上,严禁架设在树木、脚手架上。为提高供电可靠性,在一个挡距内每一层架空线的接头数不得超过该层线条数的 50%,且一根导线只允许有一个接头;线路在跨越公路、河流时,电力线路挡距内不得有接头。

(6) 绝缘子及拉线的选择及要求:架空线的绝缘子对直线杆采用针式绝缘子,耐张杆采用蝶式绝缘子。拉线宜选用镀锌铁线,其截面不得小于 $3\times\varphi4$,拉线埋设深度不得小于 1m,拉线与电杆的夹角应在 45°～90°之间,钢筋混凝土杆上的拉线应在高于地面 2.5m 处装设拉紧绝缘子。

2. 接户线

当低压架空线向建筑物内部供电时,由架空配电线路引到建筑物外墙的第一个支持点(如进户横担)之间的一段线路,或由一个用户接到另一个用户的线路叫做**接户线**。其要求如下:

(1) 接户线应由供电线路电杆处接出,挡距不宜大于 25m,超过 25m 时应设接户杆,在挡距内不得有接头。

(2) 接户线应采用绝缘线,导线截面应根据允许载流量选择,不应小于附录 9 中所列数值。

(3) 接户线距地高度不应小于下列数值:通车街道为 6m,通车困难街道、人行道为 3.5m,胡同为 3m,最低不得小于 2.5m。

(4) 低压接户线间距离,不应小于附录 10 中所列数值。低压接户线的零线和相线交叉,应保持一定的距离或采取绝缘措施。

(5) 进户线进墙应穿管保护,并应采取防雨措施,室外端应采用绝缘子固定。

3. 电缆线路

(1) 路径选择

使电缆路径最短,尽量少拐弯;少受外界因素如机械的、化学的或地中电流等作用的损坏;散热条件好,尽量避免与其他管道交叉等。

(2) 敷设要求

建筑施工现场如因环境、空间的限制，需要采用电缆线路时，其干线应采用埋地或架空敷设，严禁沿地面明敷。埋地敷设电缆的接头应设在地面上的接线盒内，接线盒应能防水、防尘、防机械损伤且应远离易燃、易爆、易腐蚀场所。橡皮电缆架空敷设时，应沿墙壁或电杆位置，并用绝缘子固定，严禁使用金属作绑线，固定点间距应保持橡皮电缆能承受自重所带来的荷重；橡皮电缆的最大弧垂距地不得小于2.5m；电缆头应牢固可靠，并应做绝缘包扎，保证绝缘强度。

## 第五节　导线截面与熔断器的选择

### 一、配电导线截面的选择

为了保证供配电系统安全、可靠、优质、经济的运行，选择导线截面时，必须满足发热条件、允许电压损失和机械强度三个方面的要求。此外，对于绝缘导线和电缆，还应满足工作电压的要求。

按照现场的工作经验分析，低压动力线因其负荷电流较大，所以一般先按发热条件来选择截面，再按允许电压损失和机械强度校验。低压照明线，因其对电压水平要求较高，所以一般先按允许电压损失条件来选择截面，然后再按发热条件和机械强度校验。

1. 按发热条件选择导线截面

电流通过导线时，要产生电能损耗，使导线发热。裸导线的温度过高时，会使其接头处的氧化加剧，增大接触电阻，使之进一步氧化，如此恶性循环，甚至可发展到断线。而绝缘导线和电缆的温度过高时，可使绝缘损坏，甚至引起火灾。因此导线的截面大小应在通过正常最大负荷电流（即计算电流）时，不至使温度超出其正常运行时的最大允许值（即允许载流量），为此规定了不同类型的导线和电缆允许通过的最大电流，如附录11为500V铝芯绝缘导线长期连续负荷时的允许载流量。按发热条件选择导线截面就是要求计算电流不超过导线正常运行时的允许载流量，即

$$I_{js} \leqslant I_L \tag{10-16}$$

式中　$I_L$——不同型号、截面导线在不同温度、敷设方式下长期允许通过的载流量，A；

$I_{js}$——线路计算总电流，A。

由附录11可知，导线的允许载流量与环境温度有关，因此在选择导线时，应弄清导线安装地点的环境温度。按规定，选择导线所用的环境温度：室外，采用当地最热月平均最高气温；室内，可取当地最热月平均最高气温加5度。而选择电缆所用的环境温度：室外电缆沟，取当地最热月平均最高气温；土中直埋，取当地最热月平均气温。

上述选择是指相线截面，低压供配电系统的中性线（零线）和保护线截面的选择如下：

一般三相四线制或三相五线制中的中性线（$N$）的允许载流量，不应小于三相线路中的最大不平衡电流，中性线截面$S_0$一般应不小于相线截面$S_\varphi$的50%，即$S_0 \geqslant 0.5S_\varphi$。

由三相线路部分出的两相三线及单相线路中的中性线，由于其中性线的电流与相线电流相等，所以其中性线截面应与相线截面相同，即 $S_0=S_\varphi$。

保护线(PE)的截面不得小于相线截面的50%，但当 $S_\varphi \leqslant 16\text{mm}^2$ 时，保护线应与相线截面相等，即 $S_{PE}=S_\varphi$。

**【例10-2】** 某建筑施工工地需要电压为380/220V，计算电流为55A，现采用BLX-500型明敷线供电，试按发热条件选择相线及中性线截面。(环境温度按30℃计)

**【解】** 因所用导线为500V铝芯橡皮绝缘线，所以查附录11得气温为30℃时导线截面为 $10\text{mm}^2$ 的允许载流量为61A，大于计算电流55 A，满足发热条件，因此选相线截面 $S_\varphi=10\text{mm}^2$；

中性线截面，按 $S_0 \geqslant 0.5S_\varphi = 0.5\times 10 = 5\text{mm}^2$，所以选 $S_0$ 为 $6\text{mm}^2$。

2. 按机械强度选择导线截面

配电导线在正常运行时由于受其自身重量以及风、雨、雪、冰等外部作用力的影响，在安装过程中也要受到拉伸的作用力，为保证在安装和运行时不被折断而引发事故，有关部门规定了在各种不同的敷设条件下，导线按机械强度要求的最小截面，见附录13所列。

3. 按允许电压损失选择导线截面

由于线路存在着阻抗，所以在负荷电流通过线路时要产生电压损失，电压损失用线路的始端电压 $U_1$ 和末端电压 $U_2$ 的代数差与额定电压比值的百分数来表示，即

$$\Delta U\% = \frac{U_1 - U_2}{U_N}\times 100\% \tag{10-17}$$

式中 $U_1$——线路的始端电压，V；

$U_2$——线路的末端电压，V；

$U_N$——线路的额定电压，V。

线路上的电压损失导致用电设备承受的实际电压与其额定电压有偏移，偏移超过了规定值，将会严重影响用电设备的正常工作。为了保证用电设备的正常工作，有关标准规定了用电设备端子处电压偏移的允许范围为：

电动机：±5%；

照明灯：在一般工作场所±5%；在视觉要求较高的屋内场所+5%、-2.5%；在远离变电所的小面积一般工作场所，难以满足上述要求时，允许-10%；

其他用电设备无特殊规定时±5%。

为了保证线路末端电压偏移不超过规定的允许值，对线路的导线截面需要进行计算。如果线路的电压损失超过了允许值，则应适当加大导线的截面，以满足允许电压损失值的要求，因为输送功率和距离一定时，截面增大，电压损失将减小。

(1) 对于纯电阻性负载(如照明、电热设备)可用以下式来选择截面：

$$S = \frac{P_{js}\cdot L}{C\cdot \Delta U\%} = \frac{M}{C\cdot \Delta U\%} \tag{10-18}$$

式中 $S$ ——导线截面,mm²;

$P_{js}$ ——负载的计算负荷(三相或单相功率),kW;

$\Delta U\%$——允许电压损失(%);

$M$ ——负荷矩,kW·m;

$L$ ——导线长度,m;

$C$ ——由电路的相数,额定电压及导线材料的电阻率等因素决定的系数,叫做电压损失计算系数,参见附录12。

(2) 对于感性负载(如电动机)选择导线截面的计算公式为

$$S = B \times \frac{P_{js} \cdot L}{C \cdot \Delta U\%} = B \cdot \frac{M}{C \cdot \Delta U\%} \tag{10-19}$$

式中 $B$——感性负载线路电压损失的校正系数,参见附录14。

**【例 10-3】** 某工地照明干线的计算负荷共计 10kW,导线长 250m,采用 380/220V 三相四线制供电,设干线上的电压损失不超过 5%,敷设地点的环境温度为 30℃,明敷方式,试选择干线 BLX 的截面。

**【解】** (1)因是照明线,且线路较长,按允许电压损失条件来选择导线截面。查附录12,三相四线制铝线,电压损耗计算系数 $C=46.2$,根据公式(10-18),截面计算值为:

$$S = \frac{P_{js} \cdot L}{C \cdot \Delta U\%} = \frac{10 \times 250}{46.2 \times 5}\text{mm}^2 = 10.82(\text{mm}^2)$$

由计算值,查附录 11 选用 BLX 截面标准值为 16mm²。

(2) 校验发热条件

由 $S=16\text{mm}^2$ 查附录 11,其允许截流量为 80A。查附录 1,需要系数 $K_x=1$,$\cos\varphi=1$,得:

$$I_{js} = \frac{S_{js}}{\sqrt{3} \cdot U_N} = \frac{10}{\sqrt{3} \times 0.38}\text{A}^2 = 15.2(\text{A})$$

显然所选导线的允许载流量(80A)远大于计算电流 15.2A,满足发热条件。

(3) 校验机械强度

查表附录 13,架空绝缘铝线最小允许截面 16mm²,所选导线截面 16mm²,正好满足要求。

## 二、熔断器的选择

在建筑电气设计施工中,熔断器作为一种保护设备能在设备或线路发生短路时迅速切除电源,保护线路和设备不受损坏。为使其能对线路和设备作有效的保护,必须合理地选择熔断器。

熔断器选择的内容包括熔体额定电流、熔管额定电流和额定电压的选择,前后级熔体额定电流的配合,熔体电流与导线允许截流量的配合等。

1. 熔体额定电流的选择

(1) 照明负荷

对于照明负荷，只要求出它的计算电流 $I_{js}$，取熔体额定电流 $I_N$ 大于或等于它的计算电流即可，即

$$I_N \geqslant I_{js} \tag{10-20}$$

(2)动力负荷

对于动力负荷，其熔体额定电流必须同时满足以下条件：

① 正常运行情况应使熔体额定电流 $I_N$ 不小于回路的计算电流 $I_{js}$，以保证正常工作条件下熔体不会熔断，即

$$I_N \geqslant I_{js} \tag{10-21}$$

② 电动机启动时，熔体不应熔断。异步电动机在启动时电流为额定电流的 4～7 倍，如按额定电流选择熔断器，在启动时可能会熔断。如按启动电流的大小来选择，会使熔体选的过大，起不到短路保护作用。考虑到电动机启动持续时间不长，启动电流很快就会降为电机正常运行的额定电流，而熔断器熔断又需一定的时间，即熔体具有短时过载的能力，所以对动力负荷除满足公式(10-21)条件外，还应满足：

- 单台电动机

$$I_N \geqslant \frac{I_{st}}{2.5} \tag{10-22}$$

式中 $I_N$——熔体的额定电流，A；

$I_{st}$——被保护电动机的启动电流，A。

- 有多台(设有 $n$ 台)电动机

$$I_N \geqslant I_{js(n-1)} + \frac{I_{st\cdot max}}{2.5} \tag{10-23}$$

式中 $I_{js(n-1)}$——启动电流最大一台电动机除外的计算电流，A；

$I_{st\cdot max}$——启动电流最大一台电动机的启动电流，A。

③ 电焊机供电回路

单台电焊机

$$I_N \geqslant 1.2\frac{S_N}{U_N}\sqrt{\varepsilon_N} \times 10^3 \tag{10-24}$$

式中 $I_N$——熔体的额定电流，A；

$S_N$——电焊设备的额定容量，kVA；

$U_N$——电焊设备一次侧的额定电压，V；

$\varepsilon_N$——电焊设备的额定占载率。

接于单相电路上的多台电焊机

$$I_N = K \cdot \sum \frac{S_N}{U_N}\sqrt{\varepsilon_N} \times 10^3 \tag{10-25}$$

式中，$K$ 为系数，3 台及 3 台以下取 1，3 台以上取 0.65。

2. 熔管额定电流及额定电压的选择

熔管额定电流应大于或等于熔体的额定电流，额定电压应大于或等于线路的额定电压。

3. 前后两级熔断器熔体动作选择性配合

在低压配电线路中，在干线、支线等多处安装熔断器，进行多级保护。当发生故障时，应使最靠近短路点的熔断器熔断，把故障范围限制在最小范围。为此，要求前一级熔体电流应比下一级熔体电流大2～3级。

4. 熔体电流与被保护导线截面的允许截流量的配合

导线截面和熔断器确定后，熔断器还应与被保护的线路相配合，避免发生因过负荷或短路引起绝缘导线或电缆过热受损，甚至失火而熔断器不熔断的事故，因此要求被保护导线长期允许通过的截流量 $I_L$ 与熔断体电流 $I_N$ 满足以下关系：

做短路保护时：

$$I_N \leqslant 1.5 I_L \quad (\text{明敷}) \tag{10-26}$$

$$I_N \leqslant 2.5\ I_L \quad (\text{穿管明敷}) \tag{10-27}$$

做过载保护时：

$$I_N \leqslant I_L / 2.5 \tag{10-28}$$

**【例 10-4】** 例 10-1 题中的计算负荷 $S_{js} = 103.31\text{kVA}$，$P_{js} = 66.45\text{kW}$，$I_{js} = 156.97\text{A}$，如采用树干式配电，干线长100m，试选择BLX型干线截面和RT0型熔断器（环境温度30℃考虑，导线架空明敷，电压损失率 $\Delta U\% = 5\%$）。

**【解】** (1)选择干线截面

由于负载主要为动力，且干线只有100m，可先按发热条件选择。查附录11，选择BLX型线截面为 $50\text{mm}^2$，其允许载流量为164A，大于计算电流156.97A，满足发热条件。

校验电压损耗：附录12、附录14，得三相四线制铝线 $C = 46.2$，$B = 1.58(\cos\varphi = 0.7)$

所以，

$$\Delta U\% = B \cdot \frac{P_{js} L}{C \cdot S}\% = 1.58 \times \frac{66.45 \times 100}{46.2 \times 50}\% = 4.5\%$$

满足电压损耗的要求。

校机械强度：按施工现场临时供电对低压架空线的要求，导线截面应不小于 $16\text{mm}^2$，所选截面为 $50\text{mm}^2$，符合要求。

(2) 选择熔断器

由题意，应根据公式(10-23)来选，即：

$$I_N \geqslant I_{js(n-1)} + \frac{I_{st \cdot max}}{2.5}$$

从设备清单中知有两台起重机，考虑到两台起重机并非同时启动，除去一台，求出其他电动机的计算电流。其中起重机电动机为最大功率，功率为15kW，则：

$$\sum P_{(n-1)} = \sum P_s - P_{max} = 149.8 - 15\text{kW} = 134.8\text{kW}$$

干线上的 $K_x$、$\cos\varphi$ 按表中各设备的 $K_x$、$\cos\varphi$ 值取平均数得，$K_x = 0.6$，$\cos\varphi =$

0.65，干线上的计算电流

$$I_{\mathrm{js}(n-1)} = K_{\mathrm{x}} \cdot \frac{\sum P_{(n-1)}}{\sqrt{3} \cdot U_{\mathrm{N}} \cdot \cos\varphi} = 0.6 \times \frac{134.8}{\sqrt{3} \times 0.38 \times 0.65}\mathrm{A} = 189.1\mathrm{A}$$

15kW 起重用电动机的启动电流为（$\cos\varphi = 0.7, \eta = 0.95$）：

$$I_{\mathrm{st \cdot max}} = 6 \cdot I_{\mathrm{N}} = 6 \times \frac{P_{\mathrm{N}}}{\sqrt{3} \cdot U_{\mathrm{N}} \cdot \eta \cdot \cos\varphi} = 6 \times \frac{15}{\sqrt{3} \times 0.38 \times 0.95 \times 0.7}\mathrm{A} = 205.6\mathrm{A}$$

熔断器熔体额定电流计算值为：

$$I_{\mathrm{N}} = I_{\mathrm{js}(n-1)} + \frac{I_{\mathrm{st,max}}}{2.5} = 189.1 + \frac{205.6}{2.5}\mathrm{A} = 271.3\mathrm{A}$$

查附录 15，选择 RT0-400 型熔断器，熔体额定电流 $I_{\mathrm{N}} = 300\mathrm{A}$。

选择好导线和熔断器后，还必须将导线的允许载流 $I_L$ 与熔体额定电流作配合，校验所选熔断器能否能保护导线，否则应加大导线截面，直到满足配合条件。

## 第六节 建筑施工供电系统设计实例分析

为保证安全生产，加快施工进度，施工现场的供电质量是至关重要的。施工现场的供电既要符合供电的要求，又要注意到临时性的特点，这样才能做到既安全生产，又节约投资。因此施工供电应根据施工现场用电设备的安放位置，容量大小，周围环境，电源情况等资料进行合理的施工组织设计。

### 一、建筑施工供电系统组成

图 10-14 为某单位建筑工程施工现场供电系统的平面布置图，从图中可以看出，电源从东南角厂外道路旁的电力配电网 10kV 上取用，以架空线引至工厂内的降压变电所，通过降压变压器得到 380/220V 的低压，经过总配电箱后，用低压架空线配送到施

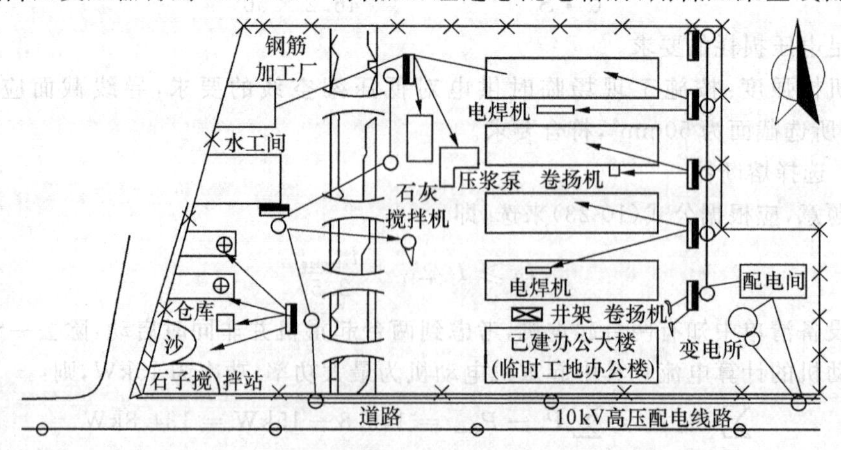


图 10-14 某建筑施工现场供电系统平面布置图

工现场各分配电箱，经分配电箱以三相四线制的形式为动力和照明混和供电，其供电系统如图 10-15 所示。由此可见，工地供电系统是由降压变电所、低压配电箱和低压配电线路等三部分组成。

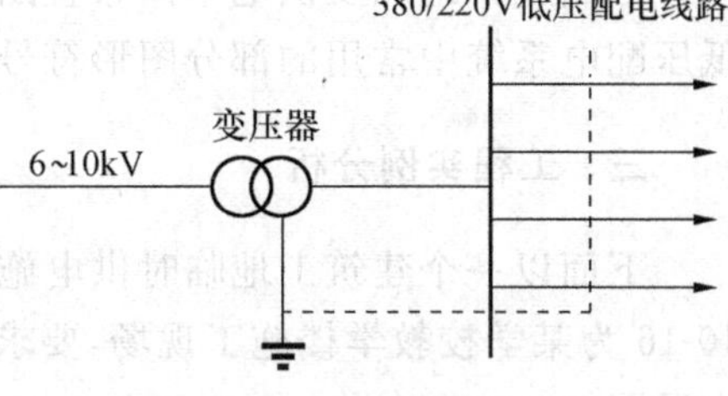


图 10-15　建筑供电系统

如果工地附近有 380/220V 的三相四线制低压配电网可以利用，则可直接从该低压配电网上将电力引入工地的总配电箱。

变电所的位置应靠近高压配电网和接近用电负荷中心，但为保证施工安全不宜将高压电源引至施工现场中心区域。由于用电设备是随建筑工地和机具的布置而分散安排的，因此需要从总配电箱引出数条干线、支线向各处供电，从而形成工地内部的临时低压配电线路。

## 二、施工现场临时供电施工组织设计

根据有关规定：施工现场临时用电设备在 5 台及以上者，设备总容量在 50kW 及以上者，均应编制临时供电施工组织设计，它是整个工程施工组织设计的一个重要组成部分。设计内容及步骤如下：

1. 收集原始资料

(1) 向建设部门了解基建规划，索取土建总体平面布置图(或施工组织平面布置图)；

(2) 作现场勘察，了解供电范围内的环境条件及电源情况(如电源引入点、电压等级和供电方式等)；

(3) 了解用电设备性质、特征、规模及布局，并列出设备清单，其中包括：设备名称、型号、容量大小、数量等；

(4) 了解当地气象条件资料。

2. 负荷计算：根据列出的动力、照明等用电设备清单，进行负荷计算，求各部分和总计算负荷。

3. 确定线路走向：根据设备位置选择最合理的电源方案及电源引入点，确定变电所、总配电箱、分配电箱的位置及配电线路的走向和敷设方式。

4. 拟定变配电所的电气主结线和整个工地的供电系统图。

5. 计算、选择变压器型号、容量、台数以及电气设备型号、规格和数量，并作变配电所的设计。

6. 选择导线型号、规格，并进行配电线路的设计。

7. 绘制施工组织及供电平面布置图。

8. 汇总设备材料表。

9. 编制工程概(预)算及编制技术经济指标。

10. 制定安全用电措施及电气防火措施。

绘制施工组织及供电平面布置图时，应该采用国家标准电气图形符号，附录16为低压配电系统中常用的部分图形符号。

## 三、工程实例分析

下面以一个建筑工地临时供电施工组织设计的实例来说明整个组织设计过程。图10-16为某学校教学楼施工现场，要求作出其施工组织供电设计，绘出其现场供电平面布置图。

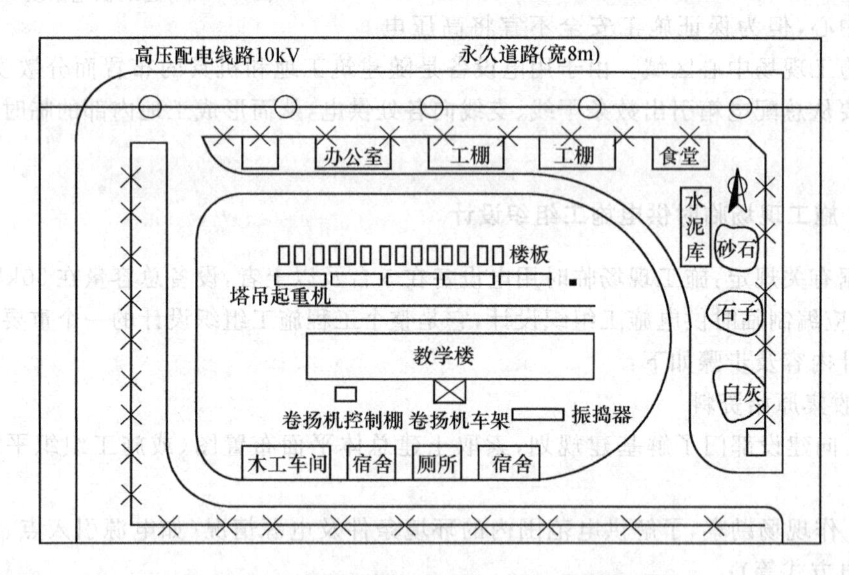


图10-16　某学校建筑工地施工组织平面布置图

1. 已知条件

(1) 施工用电设备统计

混凝土搅拌机2台，每台电动机功率10kW；卷扬机1台，电动机功率7.5kW；滤灰机2台，每台电动机功率2.8kW；电动打夯机3台，每台电动机功率1kW；振捣器4台，每台电动机功率2.8kW；塔式起重机1台，起重电动机功率22kW；行走电动机功率7.5kW×2；回转电动机功率3.5kW；$\varepsilon_N=25\%$；电焊机3台，每台22kVA，$\varepsilon_N=65\%$；照明用电15kW。

(2) 电动机

三相设备额定电压为380V；电焊机、照明为单相设备，电焊机额定电压为380V，照明额定电压为220V；但认为它们都是三相平衡分配于三相电路中。

(3) 电源

有10kV高压架空线经过工地西北侧附近，可以就近接用。

(4) 环境温度30℃

2. 设计步骤及计算

(1) 负荷计算

由于各组用电设备的类型不同，应先求出各组的计算负荷，而后再计算总的计算负荷。

各组的计算负荷如下：

混凝土搅拌机，$K_x = 0.8, \cos\varphi = 0.65, \tan\varphi = 1.17$

$$P_{js1} = K_x \cdot \sum P_s = 0.8 \times 2 \times 10\text{kW} = 16\text{kW}$$

$$Q_{js1} = P_{js1} \cdot \tan\varphi = 16 \times 1.17\text{kVar} = 18.72\text{kVar}$$

卷扬机，因只有一台电动机，$K_x = 1, \cos\varphi = 0.65, \tan\varphi = 1.17$

$$P_{js2} = K_x \cdot P_{s2} = 1 \times 7.5\text{kW} = 7.5\text{kW}$$

$$Q_{js2} = P_{js2} \cdot \tan\varphi = 7.5 \times 1.17\text{kVar} = 8.78\text{kVar}$$

滤灰机，$K_x = 0.7, \cos\varphi = 0.7, \tan\varphi = 1.02$

$$P_{js3} = K_x \cdot P_{s3} = 0.7 \times 2 \times 2.8\text{kW} = 3.92\text{kW}$$

$$Q_{js3} = P_{js3} \cdot \tan\varphi = 3.92 \times 1.02\text{kVar} = 4\text{kVar}$$

电动打夯机 3 台，$K_x = 0.75, \cos\varphi = 0.8, \tan\varphi = 0.75$

$$P_{js4} = 0.75 \times 3 \times 1\text{kW} = 2.25\text{kW}$$

$$Q_{js4} = P_{js4} \cdot \tan\varphi = 2.25 \times 0.75\text{kVar} = 1.7\text{kVar}$$

振捣器，$K_x = 0.7, \cos\varphi = 0.7, \tan\varphi = 1.02$

$$P_{js5} = 0.7 \times 4 \times 2.8\text{kW} = 7.84\text{kW}$$

$$Q_{js5} = 7.84 \times 1.02\text{kVar} = 8\text{kVar}$$

塔式起重机一台，需要系数较大，$K_x = 0.5, \cos\varphi = 0.65, \tan\varphi = 1.17, \varepsilon_N = 25\%$

$$P_{js6} = K_x \cdot \sum P_{s6} = 0.5 \times (22 + 2 \times 7.5 + 3.5)\text{kW} = 20.25\text{kW}$$

$$Q_{js6} = P_{js6} \cdot \tan\varphi = 20.25 \times 1.17\text{kVar} = 23.69\text{kVar}$$

电焊机，$K_x = 0.45, \cos\varphi = 0.45, \tan\varphi = 1.99$，因此 $\varepsilon_N = 65\%$，须对铭牌额定容量作换算

$$P_{s7} = \sqrt{\frac{\varepsilon_N}{\varepsilon_{规}}} \cdot S_N \cdot \cos\varphi_N = \sqrt{0.65} \times 22 \times 0.45\text{kW} = 7.98\text{kW}$$

因 3 台电焊设备均匀分接在 3 个线电压中，所以

$$P_{js7} = 0.45 \times 3 \times 7.98\text{kW} = 10.77\text{kW}$$

$$Q_{js7} = 10.77 \times 1.99\text{kVar} = 21.43\text{kVar}$$

照明，考虑所有负载不一定同时使用，$K_x = 0.7, \cos\varphi = 1, \tan\varphi = 0$，认为照明负荷均匀分配于三相线路中

$$P_{js8} = 0.7 \times 15\text{kW} = 10.5\text{kW}$$

$$Q_{js8} = 0$$

总计算负荷，取同时系数 $K_\sigma = 0.9$

$P_{js}=K_{\sigma}(P_{js1}+P_{js2}+P_{js3}+P_{js4}+P_{js5}+P_{js6}+P_{js7}+P_{js8})$

$=0.9\times(16+7.5+3.92+2.25+7.84+20.25+10.77+10.5)\text{kW}$

$=71.13\text{kW}$

$Q_{js}=K_{\sigma}(Q_{js1}+Q_{js2}+Q_{js3}+Q_{js4}+Q_{js5}+Q_{js6}+Q_{js7}+Q_{js8})$

$=0.9\times(18.72+8.78+4+1.7+8+23.69+21.43+0)\text{kVar}=77.69\text{kVar}$

$S_{js}=\sqrt{P_{js}^2+Q_{js}^2}=\sqrt{71.13^2+77.69^2}\text{kVA}=105.3\text{kVA}$

(2)选择变压器,确定变电所位置

根据总计算负荷 105.3kVA,考虑变压器具有一定的过载能力,选用一台 $SL_7$-100/10型三相电力变压器即可满足要求。

根据给出的施工组织平面图和 10kV 高压电线的位置,并考虑接近负荷中心、变压器进出线方便、交通运输方便等因素,将变电所址设在施工现场的西北角。

(3) 施工现场低电压配电设备位置安排及布线

① 塔式起重机配电盘设在铁轨的左端,便于电源进出线;

② 混凝土搅拌机位于水泥库旁边,所以其配电盘设在水泥库旁;

③ 卷扬机配电盘的位置与高车架的距离应等于或稍大于高车架的高度,并以能看清被吊物位置为宜;

④ 振捣机配电盘应布置在使用地点附近;

⑤ 滤灰机配电盘应布置在滤灰池附近;

⑥ 电焊机为可移动设备,采用专用回路供电,导线采用橡皮套软电缆。

按上述原则确定的各负荷点的位置,其低压配电线路分 3 路干线进行供电。

第一路干线(北路):线路上的负荷点是混凝土搅拌机,滤灰机,北路路灯、室内照明;

第二路干线(由西至南路):线路上的负荷是塔式起重机、卷扬机、电动打夯机、振捣机及路灯、室内照明;

第三路干线:电焊机。

(4)低压配电干线导线界面的选择

① 第一路干线

计算负荷为

$$P_{js}=K_{\sigma}\left(P_{js1}+P_{js3}+\frac{1}{2}P_{js8}\right)=0.9\times\left(16+3.92+\frac{1}{2}\times10.5\right)\text{kW}=22.65\text{kW}$$

$$Q_{js}=K_{\sigma}\left(Q_{js1}+Q_{js3}+\frac{1}{2}Q_{js8}\right)=0.9\times(18.72+4+0)\text{kVar}=20.45\text{kVar}$$

$$S_{js}=\sqrt{P_{js}^2+Q_{js}^2}=\sqrt{22.65^2+20.45^2}\text{kVA}=30.52\text{kVA}$$

$$I_{js}=\frac{S_{js}}{\sqrt{3}\cdot U_N}=\frac{30.52}{\sqrt{3}\times0.38}\text{A}=46.37\text{A}$$

因大部分是动力负荷,选择导线截面时,首先按发热条件选择,而后校验电压损耗和机械强度。因建筑工地临时施工，采用架空敷设，选 BLX 橡皮绝缘铝线较安全，查附录 11 选相线截面为 $10\text{mm}^2$，允许载流量为 61A（环境温度 30℃），满足发热条件。中性线截面为 $6\text{mm}^2$。

校验电压损失：为简化计算，把全部负荷集中在线路的末端来考虑，从图 10-17 得，从变电所低压母线至北路末端的距离 $L_1$ 约为 100m，规程规定 $\Delta U\%=5\%$，当采用三相四线制供电时，查附录得计算系数 $C=46.2$，校正系数 $B\approx1$，故 $10\text{mm}^2$ 的导线的电压损失值为

$$\Delta U\%=\frac{B\cdot P_{\text{js}}\cdot L_1}{C\cdot S}=\frac{1\times22.65\times100}{46.2\times10}=4.9\%<5\%$$

满足电压损耗的要求。

校验机械强度：

橡皮绝缘铝线架空敷设时，查附录可知其机械强度允许的最小截面为 $10\text{mm}^2$（支持杆间距为 25m 以下），所选相线截面正好满足机械强度的要求，但中性线截面未能满足机械强度的要求。

因此综合考虑，北路干线的相线与中性线选择为截面为 $10\text{mm}^2$ 的橡皮绝缘铝导线。

② 第二路干线：此路因塔式起重机负荷较大，而且该起重机离变电所较近，为节约有色金属消耗量，在选择导线截面时，全线不按统一截面计算，而分两段计算。

第一段由变压器低压母线至塔式起重机分支电杆，从图 10-17 量得 $L_{21}$ 约为 40m。由于距离较短，且为动力线，故按发热条件选择导线截面，再校验其他条件。

该段干线的计算负荷为

$$\begin{aligned}P_{\text{js}}&=K_\sigma\left(P_{\text{js2}}+P_{\text{js4}}+P_{\text{js5}}+P_{\text{js6}}+\frac{1}{2}P_{\text{js8}}\right)\\&=0.9\times\left(7.5+2.25+7.84+20.25+\frac{1}{2}\times10.5\right)\text{kW}\\&=38.78\text{kW}\\Q_{\text{js}}&=K_\sigma\left(Q_{\text{js2}}+Q_{\text{js4}}+Q_{\text{js5}}+Q_{\text{js6}}+\frac{1}{2}Q_{\text{js8}}\right)\\&=0.9\times(8.78+1.7+8+23.69+0)\text{kVar}\\&=37.95\text{kVar}\end{aligned}$$

$$S_{\text{js}}=\sqrt{P_{\text{js}}^2+Q_{\text{js}}^2}=\sqrt{38.78^2+37.95^2}\text{kVA}=54.26\text{kVA}$$

$$I_{\text{js}}=\frac{S_{\text{js}}}{\sqrt{3}\cdot U_{\text{N}}}=\frac{54.26}{\sqrt{3}\times0.38}\text{A}=82.44\text{A}$$

查附录 11，在环境温度为 30℃时，选截面为 $25\text{mm}^2$ 的 BLX 橡皮绝缘铝线，其允许截流量为 103A，满足发热条件，中性线截面为 $16\text{mm}^2$。

校验电压损失：

查附录得校正系数 $B=1.28$，计算系数仍为 $C=46.2$。

$$\Delta U\% = \frac{B \cdot P_{js} \cdot L_1}{C \cdot S} = \frac{1.28 \times 38.37 \times 40}{46.2 \times 25} = 1.72\% < 5\%$$

电压损失满足要求。

校机械强度：

从前面已知，橡皮绝缘铝线架空敷设时，机械强度允许最小截面为 $10mm^2$，所选截面相线和中性线均大于 $10mm^2$，满足要求。

因此，该段选择相线为 $25mm^2$，中线为 $16mm^2$ 的 BLX 线。

第二段由西路中段至门卫。此段从图 10-17 量得 $L_{22}=100m$，因其负荷主要集中在线路的中部分，在校电压损失时，$L_{22}$ 取 60m。对该段选择方法与第一段相同。

该段计算负荷为

$$\begin{aligned} P_{js} &= K_{\sigma}\left(P_{js2} + P_{js4} + P_{js5} + \frac{1}{2}P_{js8}\right) \\ &= 0.9 \times \left(7.5 + 2.25 + 7.84 + \frac{1}{2} \times 10.5\right)kW \\ &= 20.56kW \end{aligned}$$

$$\begin{aligned} Q_{js} &= K_{\sigma}\left(Q_{js2} + Q_{js4} + Q_{js5} + \frac{1}{2}Q_{js8}\right) \\ &= 0.9 \times (8.78 + 1.7 + 8 + 0)kVar \\ &= 16.63kVar \end{aligned}$$

$$S_{js} = \sqrt{P_{js}^2 + Q_{js}^2} = \sqrt{20.56^2 + 16.63^2}kVA = 26.44kVA$$

$$I_{js} = \frac{S_{js}}{\sqrt{3} \cdot U_N} = \frac{26.44}{\sqrt{3} \times 0.38}A = 40.17A$$

查附录 11 在环境温度为 30℃时，选取截面为 $6mm^2$ 的 BLX 铝芯橡皮绝缘线，允许载流量为 42A，满足发热条件。因是架空敷设，$6mm^2$ 的截面不满足机械强度的要求，故相线、中性线都选用 $10mm^2$ 的截面。

校验电压损失：

校正系数 $B=1$，计算系数 $C=46.2$

$$\Delta U\% = \frac{B \cdot P_{js} \cdot L_{22}}{C \cdot S} = \frac{1 \times 20.56 \times 60}{46.2 \times 10} = 2.7\% < 5\%$$

满足要求。

③ 第三路干线 该路干线直接从母线引出，为 3 台电焊机供电(图 10-17 中未表示)。因电焊机为可移动设备，并环境条件复杂，所以选四芯 YC 型橡套电缆。

计算该段负荷：

$$\begin{aligned} P_{js} &= 10.77kW \\ Q_{js} &= 21.43kVar \\ S_{js} &= \sqrt{P_{js}^2 + Q_{js}^2} = \sqrt{10.77^2 + 21.43^2}kVA = 23.98kVA \end{aligned}$$

$$I_{js} = \frac{S_{js}}{\sqrt{3} \cdot U_N} = \frac{23.98}{\sqrt{3} \times 0.38} A = 36.43A$$

查看有关手册，环境温度30℃，四芯YC型橡套电缆芯线截面为$6mm^2$时，允许载流量为40A，满足发热条件，考虑到电焊机为可移动设备，又是距离较远，电压损耗较大，所以选用YC-500(3×10+1×6)的橡套电缆。对电缆不校验机械强度。

(5)绘制施工组织电气平面布置图

在施工组织设计平面图上，按实际位置画出变电所安装位置，低压配电线路的走向和电杆位置。对于施工用的临时性架空线，挡距不宜大于30m，导线离地面的距离要满足规定要求。

在施工组织供电平面图上用规定符号画出配电箱，标明各主要负荷点位置。图10-17为施工组织供电平面图。

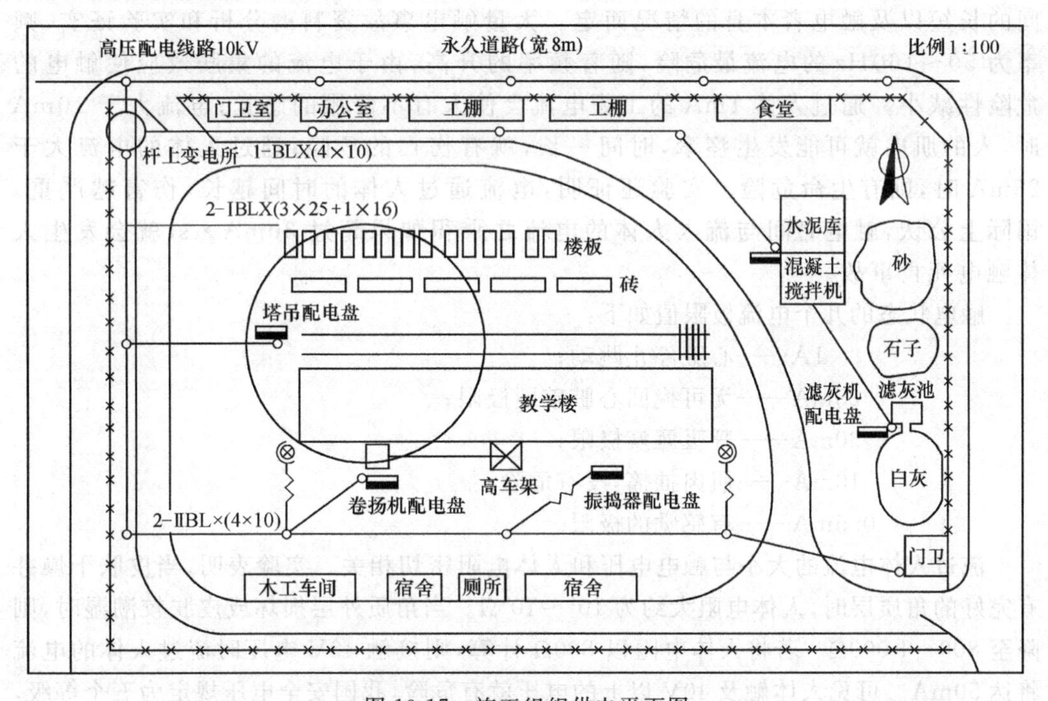


图10-17　施工组织供电平面图

## 第七节　安全用电技术

电能为人类做出了巨大的贡献，但是，如果使用不当也会造成巨大的设备损失或严重的人身伤害。因此，安全用电是劳动保护教育和安全生产中的重要组成部分。在学习和工作中除了掌握电的客观规律外，还应注意了解安全用电常识，遵守有关的安全规定，避免发生设备损坏或触电伤亡事故。

## 一、触电及影响触电伤害程度的因素

**触电**是指人体接触或接近带电体，引起人体局部受伤或死亡的现象。触电的案例及对人体的伤害部位千奇百怪，但按人体的受伤害程度不同，将其分成电伤和电击两种。

**电伤**是指人体外部皮肤受到电流的伤害，如电弧灼伤、烫伤以及大电流作用下而熔化的金属（含熔丝）对人体的烧伤等。电伤不损伤人体内部器官，但严重的电伤也可以致人死亡。

**电击**是指电流通过人体造成人体内部器官的损伤，在人体外表不一定留下电流痕迹。人体常因电击而死亡，它是最危险的触电事故。

电击伤人的严重程度由流过人体电流的频率、大小、流过人体的途径、通电时间的长短以及触电者本身的情况而定。大量触电事故资料的分析和实验证实，频率为 50～160Hz 的电流最危险，随着频率的升高，由于电流的集肤效应使触电的危险性减小。通过人体 1mA 的工频电流会使人有不舒服的感觉；电流大于 10mA 时，人的肌肉就可能发生痉挛，时间一长，就有伤亡的危险；通过人体的电流大于 25mA 时，则有生命危险。实验还证明，电流通过人体的时间越长，伤害越严重。国际上公认，触电时间与流入人体的电流之乘积如果超过 30mA・s，就会发生人体触电死亡事故。

触电状态的几个电流极限值如下：

1A——心脏停止跳动；
25mA——无可挽回心脏破裂极限；
30mA——呼吸瘫痪极限；
10mA——肌肉抽搐，没有危险；
0.5mA——有感觉的极限。

流过人体电流的大小与触电电压和人体电阻密切相关。实验表明，当皮肤干燥并有完好的角质层时，人体电阻大约为 $10^4 \sim 10^5\Omega$。当角质外层损坏或皮肤较潮湿时，则降至 800～1 000Ω。若将人体电阻以 800Ω 计算，则接触 40V 电压时流过人体的电流将达 50mA。可见人体触及 40V 以上的电压就有危险，我国安全电压规定为五个等级，即 42、36、24、12、6V。中国建筑业安全电压规定为三个等级，即 12、24、36V，供不同条件的场合使用。此外，各国的规定各不相同，IEC（国际电工委员会）规定 10mA 为摆脱阈值，50V 为交流安全电压。

## 二、常见触电方式及触电原因

1. 常见触电方式

常见触电方式有三种：

(1) 两线触电：如图 10-18 所示为两线触电。在低压系统中，人体两部分直接或通过导体间接分别触及电源的两相，在电源与人体间构成了电流的通路，此时人体承受线电压的作用，最为危险。

(2) 单线触电：如图 10-19 所示为单线触电。在低压系统中，由于人体的一部分直接或通过某种导体间接触及电源的一相，而人体的另一部分直接或间接触及大地，使电源通过人体和大地之间形成一个电流通路，此时人体承受相电压，也比较危险。

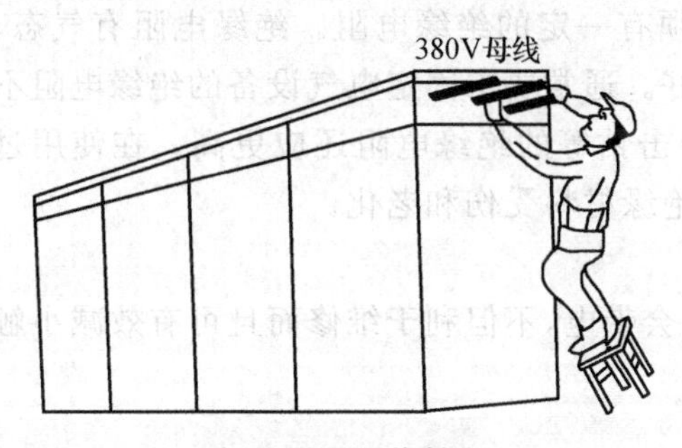


图 10-18　两线触电

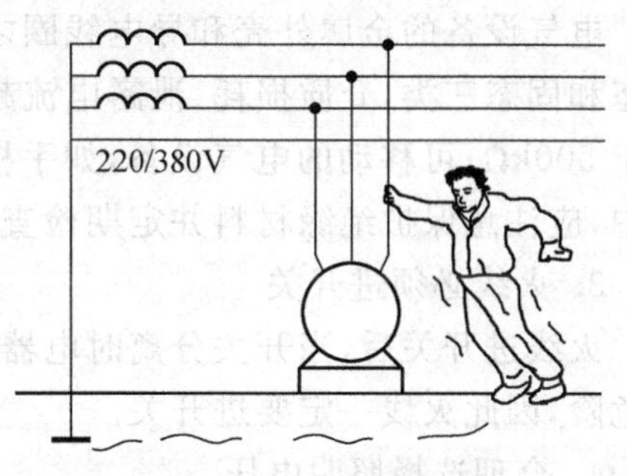


图 10-19　单线触电

(3) 跨步电压触电：在防雷接地点、高压电网接地点或由于高压火线断落（或绝缘损坏）而接地的位置，大电流流入地下时，接地点附近地面电位很高，越远离接地点则电位越低，如图 10-20 所示，当人的两脚踩在不同的电位点时，两脚之间的电位差形成了电压，称之为跨步电压。人遭受跨步电压袭击后，感到两脚发麻。步入险区后，应立即两脚并拢（或单腿）跳出，一般跳出 20m 以外就没有危险了。

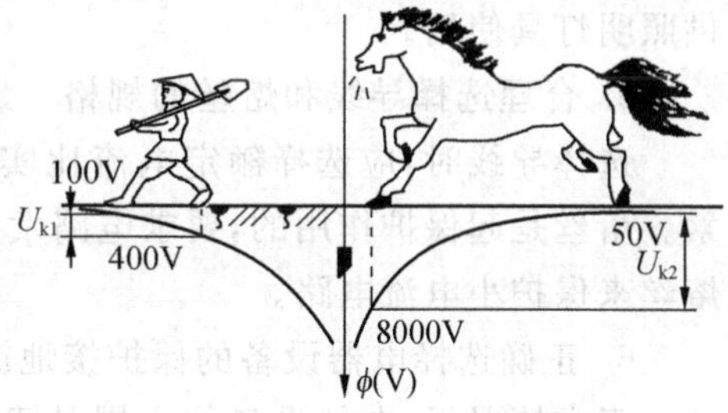


图 10-20　跨步电压触电的情况

2. 常见触电的原因

常见的触电原因主要有以下几个方面：首先是违章操作，冒险施工；其次是由于缺乏电气知识及安全用电常识；此外就是由于输电线路或用电设备的绝缘损坏，人体无意直接或间接接触而触电。

统计资料表明，触电也具有一定的规律：雨季时气候潮湿，造成电器设备绝缘电阻下降、人体电阻降低。所以，雨季触电事故较多，如 6、7、8、9 月份发生的触电事故占全年触电事故的 80%以上。由于人体直接接触低压较多，因此低压电比高压电触电概率高。此外，冶金、建筑、矿山等劳动密集型产业，手持电动工具进行操作的机会多，漏电触电的事故也就较多。

触电事故仅在一瞬间就会造成严重的后果，所以对触电事故应从思想上引起高度重视，制定严格的安全规范，采取合理的技术措施，积极预防触电事故的发生。

## 三、安全用电的主要措施

1. 建立完善的安全管理措施

为确保安全用电，防止触电事故的发生，必须建立完善的安全管理制度和规范。内容应包括：电气操作人员和维修人员的责任、义务及操作规程；手持工具、电器设备等的管理、检测规范以及熔断器、漏电保护器的安装规范；正确安装电器设备，采用护拦或阻拦物进行保护，对带电部分应加装防护罩等。

2. 电气设备要有符合要求的绝缘电阻

电气设备的金属外壳和导电线圈之间必须有一定的绝缘电阻。绝缘电阻有气态、液态和固态三类，介质损耗、泄露电流越小越好。通常要求固定电气设备的绝缘电阻不低于 500kΩ；可移动的电气设备，如手枪钻、冲击钻等的绝缘电阻还应更高。在使用过程中，应注意保护绝缘材料并定期检查，预防绝缘材料受伤和老化。

3. 火线必须进开关

火线进开关后，当开关分离时电器上就不会带电，不但利于维修而且可有效减小触电危险，因此火线一定要进开关。

4. 合理选择照明电压

一般工厂和家庭的照明灯具可选用 220V 电压供电；人体接触较多的机床照明灯应选用 36V 供电；在潮湿、粉尘及腐蚀气体的情况下，应选用 24V、12V 甚至 6V 电压来供照明灯具使用。

5. 合理选择导线和熔丝的规格

选择导线时，应选择额定电流比实际输电的电流大一些，并应考虑散热条件等因素。熔丝是起保护作用的，要求电路发生短路时能迅速熔断，不能选择额定电流很大的熔丝来保护小电流电路。

6. 正确选择电器设备的保护接地或保护接零

正常情况下，电气设备的金属外壳是不带电的，但在绝缘损坏时，外壳就会带电。为保证人触及外壳时不会触电，需根据具体情况正确的选择保护接地或保护接零。有关接地的内容将在后面详细讲述。

除此之外，在不同工作场合下，要合理使用各种保护用具，如绝缘手套、绝缘鞋等劳保用品，以及绝缘钎、棒、垫等专业工具。

## 四、电气系统接地的类型及其特点

所谓电气上的“**地**”，是指电位等于零的地方。电气设备的任何部分与土壤之间的良好联接称为“**接地**”。与土壤直接接触的金属物体，称为**接地体**，连接接地体及设备接地部分的导线称为**接地线**，接地体和接地线合称为**接地装置**。接地线应采用不少于两根导体在不同地点与接地体连接。

电力系统和电气设备的接地，按其功能分为工作接地、保护接地和为保证接地有效的重复接地三大类。**工作接地**是指为保证电力设备和电气设备达到正常工作要求而进行的接地，如变压器中性点的直接接地。**保护接地**是指为保障人身安全、防止间接触电而将设备的外露可导电部分进行接地。保护接地的形式有两种：一种是将设备的外露可导电部分经各自的保护线(PE线)或PEN线(工作零线兼保护线)分别直接接地;另外一种是将设备的外露可导电部分经公共的PE线或PEN线(工作零线兼保护线)接地。在我国,过去将前者称为保护接地,后者称为保护接零。

下面重点介绍我国低压配电系统中常用的TN系统、TT系统的保护接地。

1. TN系统组成及其特点

**TN方式供电系统**是指电源中性点直接接地,并引出N线,设备的外露可导电部分经公共的PE线或PEN线接地,属于三相四线制系统。该系统的保护原理是:一旦发生相线碰壳现象,则保护系统中的漏电电流是单相短路电流,这个电流很大,实际上就是单相对地短路故障,线路过电流保护装置动作,迅速切除故障。TN系统可节省原材料及施工工时,目前在我国和其他许多国家得到广泛地应用,根据其保护零线是否与工作零线分开而又将TN系统划分为TN-C、TN-S和TN-C-S系统。

(1) TN-C方式供电系统

该系统用工作零线兼作保护线,可以称为**保护性中性线**,所有设备的外露可导电部分均与该PEN线相接。如图10-21所示。该供电系统的特点是:

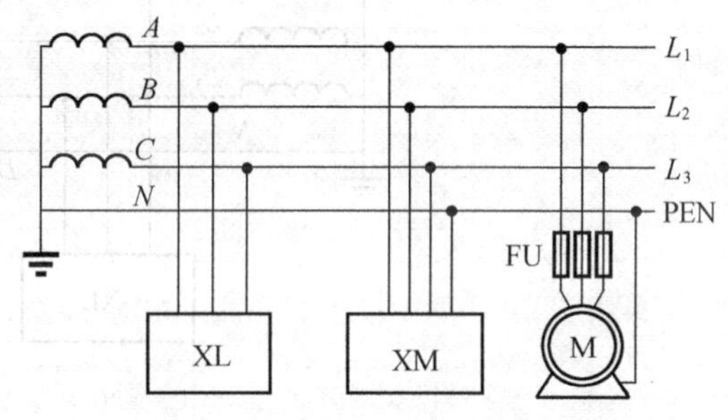

图10-21　TN-C方式供电系统

① 当三相负载不平衡时,工作零线上则有不平衡电流,对地有电压,所以与保护线所联接的电气设备金属外壳就有一定的电压;

② 如果工作零线断线,则保护接零的设备在漏电时其外壳带电,因此零线不允许加开关或熔断器;

③ TN-C供电系统适用于三相负载基本平衡的供电场所。

(2) TN-S方式供电系统

TN-S方式供电系统把工作零线N和专用保护线PE严格分开,所有设备的外露可导电部分均与PE线相接,俗称**三相五线制系统**。如图10-22所示。该系统的特点如下:

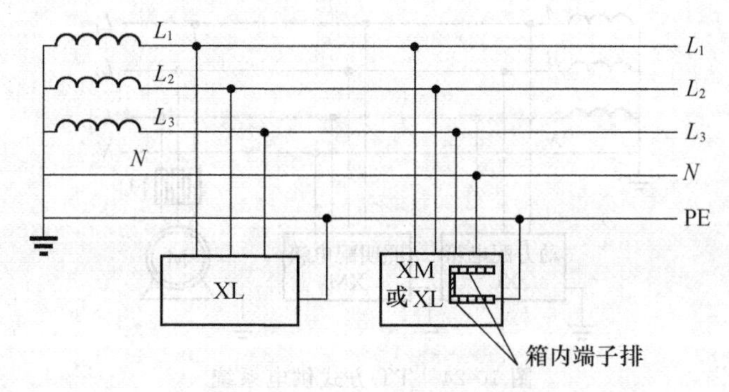

图10-22　TN-S方式供电系统

① 当系统正常运行时，专用保护线PE上无电流，若三相不均衡，只是工作零线上有不平衡电流，PE线对地无电压，电气设备金属外壳保护接在专用的保护线PE上，安全可靠，工作零线只用于构成单相电气负载的回路；

② 在该系统中专用保护线PE不许断线，也不许接入漏电保护开关，更不许与工作零线混用；

③ TN-S系统安全可靠，广泛应用于工业与民用建筑等低压供电系统。

(2) TN-C-S方式供电系统

在建筑施工临时供电中，若可用的已有电源为TN-C系统，而施工规范规定施工现场必须采用TN-S系统，则可在施工用电的总配电箱中引出PE线，如图10-23所示，这种系统称为**TN-C-S系统**。

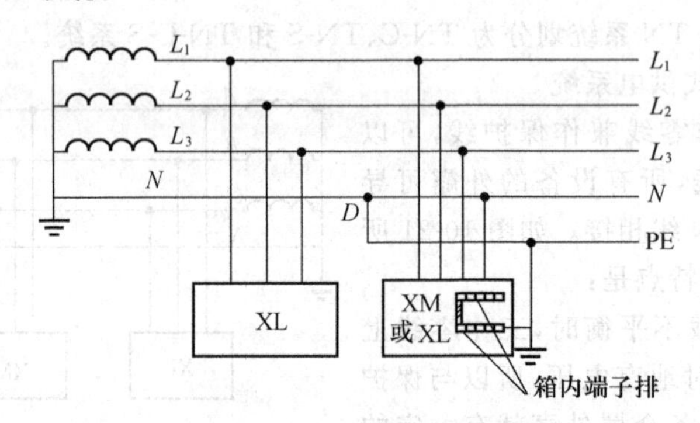


图10-23 TN-C-S供电系统

TN-C-S系统实际上是在TN-C系统上进行变通的一种形式，它适用于能从原有TN-C系统获得电源，而新建系统又不想采用TN-C系统，尤其是施工临时用电遇到的情况相当复杂，要用相对较安全的TN-S系统时，这种变通手段是必须的。

2. TT系统组成及其特点

TT方式的供电系统就是电源中性点直接接地，也引出N线，将电气设备的金属外壳直接接地的保护系统。如图10-24所示。这种供电系统的特点如下：

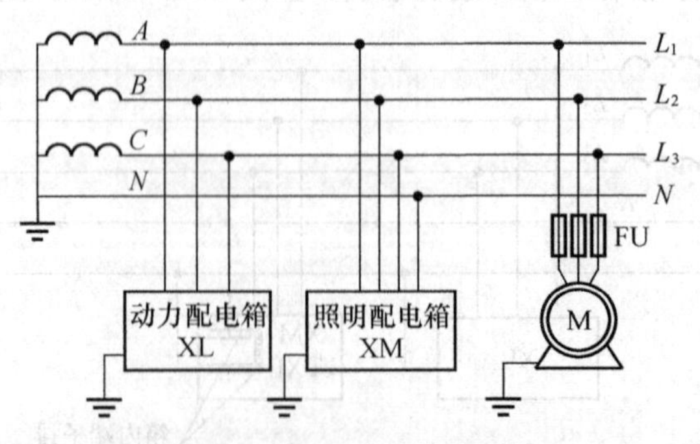


图10-24 TT方式供电系统

(1) 当电气设备的金属外壳带电(因相线绝缘损坏与外壳接触而漏电)时，由于有接地保护,可以大大减少触电的危险性。但是,低压断路器不一定能跳闸,造成漏电设备的外壳对地的电压高于安全电压,因此有触电危险。

(2) 当漏电电流比较小时,回路中即使有熔断器也不一定能熔断,所以还需要漏电保护器作保护。如果用电设备较多,TT 系统要求每个用电设备均设接地装置,耗用的钢材多而且难以回收,费工时和费料。

(3) TT 系统所有设备的外壳都是经过各自的 PE 线分别直接接地的,各自的 PE 线之间没有电磁联系,因此适用于对数据处理、精密检测装置等供电。

3. 工作接地和重复接地

由于电气系统运行的需要,在电源中性点与接地装置做金属连接称为**工作接地**。工作接地的意义很多,其中主要的一点是有利于安全,当电气设备有一相对地漏电时,其他两相对地电压是相电压;如果没有接地,有一相故障接地,则其他两相对地电压是线电压。

在 TN-S 系统中,PE 一处或多处再次与接地装置相连接称为**重复接地**。重复接地的作用非常重要:首先,一旦中线断了,可以保证人身安全,大大降低触电的危险程度。其次,它与工作接地电阻相并联,降低了接地电阻的总值,使工作零线对地电压漂移减小,同时增大了故障电流,使自动脱扣器动作更可靠。

在重复接地的应用中应注意以下几个技术要点:

(1) 重复接地电阻一般规定不得大于 10Ω,当其与防雷接地合一时,不得大于 4Ω;

(2) 在常用的 TN-S 供电系统中,在总配电箱、供电线路中点及每一个建筑物的进户线中的 PE 线都必须做重复接地;

(3) 接地装置的材料规格与其他接地装置相同;

(4) TN-C 供电系统中不存在重复接地,因为漏电开关不允许后面的中性线有重复接地,在 TN-S 供电系统中的 PE 线存在重复接地。

## 第八节　建筑工程防雷系统

雷电是一种由大气运动引起的非常壮观的自然现象,目前人类尚不能掌握和利用它。雷击的发生往往会造成极大的危害,如人畜伤亡、建筑损坏、火灾等等。高层建筑物的落雷概率较高,较易造成雷击伤害。加强防雷工作、采取有效的防雷措施是十分重要的。

### 一、雷电现象及其危害

一般认为,空气中的水蒸气受到强烈的上升热气流的作用,产生了水滴的分离,大水滴带正电荷下降,小水滴带负电荷上升并在云层中聚集起来形成带负电的雷云。带负电的雷云在大地表面感应有正电荷,云层与大地或云层与云层之间形成很强的电场,到一定程度后就会击穿空气,在云层与大地或云层与云层之间放电,发出强烈的弧光和声音，这就是通常所说的“闪电”和“打雷”。

一般来说，云层与云层之间的放电虽然有很大的声响和强烈的闪光，但对人的威胁不大；而云层对地面放电时就有可能产生强烈的破坏作用即所谓的雷击。

1. 雷电危害的分类

通常将雷电的危害分为三类：

(1) 直接雷击，即雷直接击在建筑物或其他地面物体上发生机械效应和热效应。直接雷击的电流可达200kA，可以导致火灾、生命伤害、物体爆裂和房屋倒塌，破坏作用很大。

(2) 感应雷击，即雷电流产生的电磁效应和静电效应。建筑物上空有雷云时，建筑物上会感应出与雷云所带电荷性质相反的电荷，雷云放电后，其与大地的电场消失了，但聚集在建筑物顶上的电荷不会立即散去，只能较慢的向地中流散，此时屋顶与地面有很高电位差，造成室内电线、金属设备等放电，危及设备和操作人员的安全甚至引起火灾和爆炸。

(3) 高电位引入，即雷电流沿电气线路或管道引入建筑物内部，使建筑物内部形成高电位，造成放电破坏。该高电位的形成可能是电气线路或管道受到直接雷击，也可能是接触到被雷击中的树木等物体，也可能是雷云在线路附近放电而使导线产生感应作用。

(4) 还有一种雷害称之为**球雷**，即雷雨季节偶尔会出现紫、灰、红等颜色的球状发光气团，常在地面滚动或在空中飘动前进，有时会从开着的窗户飘入，击之会释放出能量，造成人员烧伤或对建筑物及设备的严重破坏，球雷产生的概率较小。

雷击的发生具有一定的规律，即雷击具有一定的选择性。从气候上说，热而潮湿的地区与冷而干燥的地区相比，雷电的活动要多一些；从地域上看，山区多于平原；从时间上看，雷电活动主要出现在春夏和夏秋之交气温变化剧烈的日子。

2. 易遭雷击地区

下列地区容易遭到雷击：

(1) 雷击常常选择土壤电阻率小的地方，如有地下金属矿床、地下埋有金属管道等地区，以及金属结构较多的建筑物和内部有大量金属设备的厂房等。

(2) 排出导电尘埃的厂房和废气管道；地面上有突起的建筑物、结构物、大树等，尤其是旷野中的突起物(人、牲畜、大树等)。

(3) 建筑群中特别潮湿的建筑物和地下水位较高的地方。

(4) 建筑物屋顶上的输电导线、电视天线等也容易遭受雷击。

## 二、建筑物的防雷等级和分类

1. 民用建筑物的防雷分类

民用建筑根据其重要性、使用性质、发生雷电事故的可能性和后果，从防雷的角度出发将建筑物分为三类。

第一类:具有特别重要用途的属于国家级的大型建筑物,如国家级的会堂、办公建筑、博物馆、展览馆、火车站、航空港、通信枢纽、超高层建筑、国家重点保护文物类的建筑物和构筑物。该类建筑物设计中应达到防止直击雷、感应过电压和高电位引入等雷害的要求。

第二类:重要的或人员密集的大型建筑物,如省部级办公大楼,省级大型集会、展览、体育、交通、通信、商业、广播、剧场建筑等,以及省级重点保护文物类的建筑物和构筑物、19层以上的住宅建筑和高度超过50m的其他建筑物。该类建筑物主要应防止直击雷,条件许可也可以采取措施防止感应过电压和高电位引入。

第三类:凡不属第一、第二类的一般建筑物均属三类防雷要求,这类建筑物一般只在容易遭受直击雷的部分采取一定措施,进行重点保护。

2. 工业建筑物的防雷分类

工业建筑物根据其生产性质、发生雷电事故的可能性和后果,按对防雷的要求也分为三类(主管部门另有规定的除外)。

第一类:凡在建筑物中制造、使用、存放大量爆炸物质,如炸药、火药、可燃气体等,若因电火花引起爆炸,会造成房屋倒塌等巨大破坏和重大人身伤亡者。该类建筑物应防止直击雷、感应过电压和高电位引入。

第二类:凡在建筑物中制造、使用、存放大量爆炸物质,如炸药、火药、可燃气体等,但电火花不易引起爆炸或不至于造成巨大破坏和人身伤亡者。同样,该类建筑物主要防止直击雷,在具体情况下,条件许可也可以采取措施防止感应过电压和高电位引入。

第三类:根据雷击后对工业生产的影响,并结合当地气象、地形、地质及周围环境等因素,确定需要防雷的一般性爆炸危险场所或火灾危险场所;高度在15 m以上的烟囱、水塔等孤立的高耸建筑物等。该类建筑物一般只在容易遭受直击雷的部分采取一定措施,进行重点保护。

## 三、常见建筑物防雷措施

防雷措施应根据防护对象的等级、特点以及雷电的侵害方式和程度进行综合考虑。防雷系统的设计施工国家规范有具体的要求,这里仅做一些初步介绍。

1. 装设避雷针以防止直击雷

避雷针适用于保护细高的建筑物或构筑物,如烟囱和水塔等。所谓避雷针实际上是"引雷针",因为避雷针的高度总是高于被保护的建筑物,因此很容易将雷电流引向其尖端并通过引下线和接地体泄入大地,从而保护被保护的建筑物,使其免遭直击雷的侵害。

(1) 避雷针的组成

避雷针由三部分组成,第一部分是耸立于天空的尖端,是接受雷电用的,可以用圆钢或钢管制成,在顶端砸尖,以利于尖端放电,长约2m。独立避雷针适用于保护较低矮的建筑,特别是那些要求防雷导线与建筑物内各种金属及管线隔离的场合,高度在20m

以内的通常用木杆或水泥杆支撑，更高的则采用钢铁构架。第二部分是引下线，将雷电流引入地下，通常采用有足够截面的圆钢或扁钢，并需将靠近地面高度约2m左右这一段加以机械保护。第三部分是接地体，它与引入线相联接，将雷电流发散到大地。

避雷针直径不应小于表10-3所列范围。

**表10-3 常见避雷针直径要求**

| 针长/m | 圆钢直径/mm | 钢管/mm |
| --- | --- | --- |
| <1 | $\phi12$ | $\phi20$ |
| 1～2 | $\phi16$ | $\phi25$ |
| 用于烟囱顶 | $\phi20$ | $\phi40$ |

(2) 避雷针保护范围的计算

避雷针的保护范围，是以对直击雷所保护的空间来表示的。

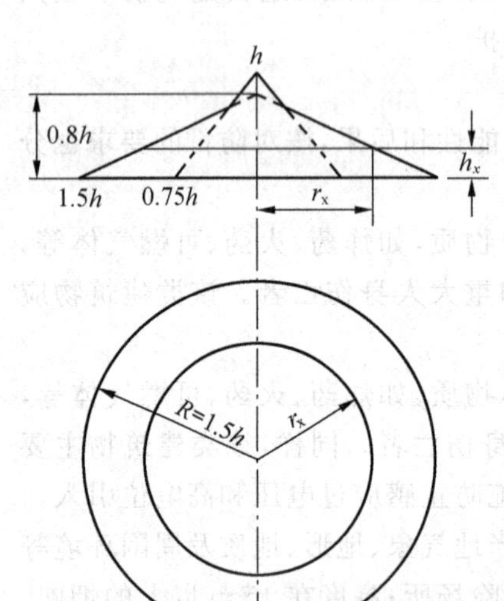


图10-25 单支避雷针的保护范围(山区)

对于山区，采用顶端保护角为37°的折线保护范围，如图10-25所示，图中$R$为避雷针对地面的保护半径，采用单支避雷针时的计算半径如下：

$$\text{当}\frac{h_x}{r_x}\leqslant 2.67\text{时}, h=1.25h_x+0.67r_x \quad (10\text{-}28)$$

$$\text{当}\frac{h_x}{r_x}\geqslant 2.67\text{时}, h=h_x+1.33r_x \quad (10\text{-}29)$$

式中 $h_x$——被保护物的高度；

$r_x$——$h_x$高度平面上的保护半径；

$h$——避雷针尖端离地面的距离。

对于平原地区，采用顶端保护角为45°的折线保护范围，如图10-26所示，采用单支避雷针时的计算半径如下：

$$\text{当}\frac{h_x}{r_x}\leqslant 1.5\text{时}, h=1.25h_x+0.63r_x \quad (10\text{-}30)$$

$$\text{当}\frac{h_x}{r_x}\geqslant 1.5\text{时}, h=h_x+r_x \quad (10\text{-}31)$$

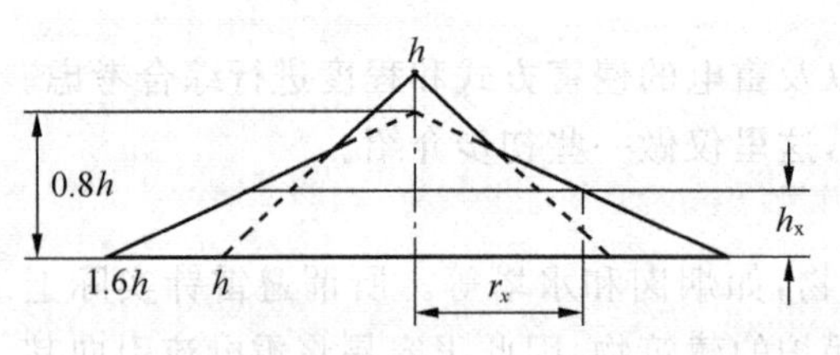


图10-26 单支避雷针的保护范围(平原)

如果单支避雷针的保护范围不够，可采用两支或多支避雷针，将欲保护的建筑物置于各避雷针的联合保护范围下。

装设避雷针和避雷网是民用建筑物防雷的主要形式，在有些大屋顶结构的古建筑物上，可以在屋角设置短针进行防雷，效果较好也不影响美观。

2. 采用良好的接地网以防止"感应雷击"

对有金属结构的屋顶，应采用多根引下线将屋顶与接地装置相连。对于第一类建筑物，可在非导电材料屋顶上敷设一个网格不大于8～10m的金属网，并将金属网与接地装置相连。防止感应雷的接地装置，要沿房屋四周敷设成闭合回路；如屋内有电气接地装置，可与接地保护装置相连，其总接地电阻要小于10Ω。

3. 安装避雷器以防止“高电位”侵入

避雷器是用来防护雷电产生的高电位沿线路侵入变配电所或其他建筑物内的。常用的有阀形避雷器、管形避雷器，它们主要用于变电所的防雷保护；一般建筑物的进户线可以采用简单的保护间隙进行保护。详细情况请参阅有关的手册和规范。

4. 安装避雷线保护输电线路

输电线路在进出变配电所前后，应在输电线路的上方架设避雷线，且通过引下线接地，以防输电线路遭受雷击。

### 四、各类建筑物的防雷设计要求及注意事项

一级防雷建筑的防雷设计要求有：

(1) 在屋顶上装设避雷针，或在屋角、屋脊、女儿墙和屋檐装设避雷带，并在屋面上装设不大于10m×10m的金属网格。

(2) 优先利用主筋做引下线，应利用建筑外廓各个角上的柱筋；专设引下线应不少于2根，引下线间距应不大于18m。

(3) 进入建筑的电气线路和金属管道应采用全线埋地引入，并在入口处将电缆的金属皮、钢管、金属管道与接地装置相连。

(4) 接地装置的冲击接地电阻要小于10Ω。

(5) 每三层利用混凝土圈梁的钢筋或散设在建筑物外墙内的扁钢作均压环，并与各种竖向金属管道及引下线相连。

(6) 当建筑物高度超过30m时，其30m以上的部分，应将外墙上的金属栏杆、金属门窗等较大金属物与防雷装置相连。所有垂直的金属管道及类似金属物应在底部与防雷装置相连。

二级防雷建筑的防雷设计要求与一级防雷建筑的要求(1)～(4)条相同，只是屋面金属网格不大于15m×15m，引下线间距应不大于20m。

三级防雷建筑的防雷设计要求与一级防雷建筑的要求(1)～(4)条相同，只是屋面金属网格不大于20m×20m，引下线间距应不大于25m。

防雷系统的各种钢材必须采用镀锌防锈钢材，连接方法要用焊接。圆钢搭接直径不小于6倍直径，扁钢搭接长度不小于2倍宽度。

### 五、野外工作防雷常识

对于经常在野外或露天工作的工程技术人员，了解和掌握一些防雷常识是十分必要的。

1. 雷雨时，不要靠近电杆、铁塔、架空线，也不要到距避雷设备接地点10m的范围内，以免遭受跨步电压的袭击。

2. 雷雨时，不要在空旷的地方行走或站立；不要在孤独的树下或屋旁避雨；不要站在烟囱旁，特别是冒烟的烟囱旁。

3. 雷雨时，对上述易遭雷击的地方，应避免逗留；一时来不及离开，应双脚并拢，在原地下蹲。

4. 若万一人员遭受雷击伤害，应抓紧时间按触电事故的救护方法进行抢救。

## 习　题

10-1　电力系统是由什么组成？它们的作用是什么？

10-2　什么是电力负荷？依据什么进行分级？分几级？各级电力负荷对供电要求是什么？

10-3　高压输电的优点是什么？

10-4　高压隔离开关和高压负荷开关的作用和特点各是什么？

10-5　什么是放射式、树干式、环形接线方式？试画图说明并比较其优缺点。

10-6　什么是TN-C、TN-S、TN-C-S低压配电系统？它们的特点各是什么？

10-7　什么是施工供电组织设计？它应包括哪些内容？

10-8　建筑现场施工用电线路的导线选择应依据哪几方面进行选择？

10-9　电缆线路适用于哪些场合？电缆线路的敷设方法依据哪些因素来选择？

10-10　某宿舍楼白炽灯照明负荷20kW，采用380/220V三相四线制供电，距离变电所250m远，用BLX线供电，要求电压损耗不超过5%，试选择导线的截面(环境温度30℃，明敷)。

10-11　触电的种类、原因和形式都有什么？影响触电严重程度的因素有哪些？

10-12　建筑用电规范安全电压的等级是什么？

10-13　自然界中，常见小鸟停在带电的高压输电裸线上，为什么不会触电？

10-14　某平原地区一工厂在其60m高的烟囱上安装2m高的避雷针，如图10-27所示，试分析厂房是否属于保护范围内。

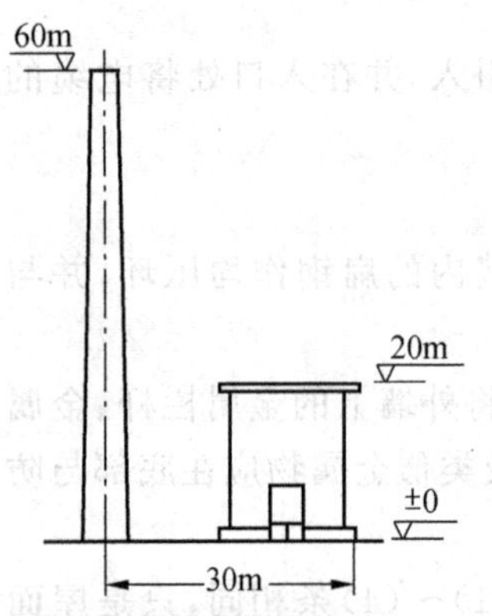

图10-27　厂房位置图

10-15　观察你周围的建筑物都采用了哪些防雷措施，各具有什么特点？

# 第十一章

# 模拟电子技术基础

**【内容提要】** 本章首先介绍电子电路中的基本器件半导体二极管和三极管，然后阐述模拟信号的放大原理，放大电路的基本分析方法以及集成运算放大器及其在信号的运算、处理等方面的应用，最后讨论了电子设备中常用的直流稳压电源等内容。

电子技术是研究半导体器件及其应用的一门学科。它包括模拟电子电路（简称模拟电路）和数字电子电路（简称数字电路）两大类。模拟电路所处理的信号是一种随时间连续变化的信号即所谓模拟信号，例如麦克风将声音转化成的电信号或温度、压力等传感器将非电量转换成的电信号都是模拟信号。而数字电路所处理的信号是只含有高低两个电平的数字信号。

## 第一节　半导体二极管

无论是制造单个的半导体器件还是制造集成电路，都离不开半导体材料。因此在介绍半导体器件之前，首先学习一些半导体的基本知识，以便加深对器件特性的理解。

### 一、半导体的导电特性

导电性能介于导体和绝缘体之间的物质称为**半导体**。常用的半导体材料是硅(Si)和锗(Ge)，它们都是四价元素，其中硅材料应用最广泛。下面以硅为例讨论半导体的导电特性。

1. 本征半导体

完全纯净、结构完整的半导体称为**本征半导体**。当把硅制成单晶时，每个原子最外层的四个价电子与相邻的其他四个原子之间组成共价键结构，形成排列整齐的晶体。如果温度升高或受到光照时，将有少量的价电子获得足够的能量，克服原子核的束缚成为自由电子。同时，在原来的共价键中留下了一个空位，称为**空穴**，如图 11-1 所示。在本征半导体中自由电子和空穴总是成对地出现，称为**电子空穴对**。当共价键中出现了空穴以后，附近共价键中的电子就容易填补到这个空位上，而在该价电子原来的位置上出现了新的空位，其他地方的价电子又有可能来填补这个新的空位，如图 11-2 所示。如此持续进行，就相当于有一个空穴在晶体中移动。当价电子离开原子时，留下空穴，原来中性的原子带上正电，可以认为是空穴带了正电荷。这种价电子填补空穴的运动就相当于带正电荷的空穴朝相反的方向运动。因为空穴移动是正电荷的移动，电子的运动是负电荷的运动，电子和空穴都能载运电荷，所以称它们是**载流子**。在室温下，载流子的数量极少，导电能力很弱。

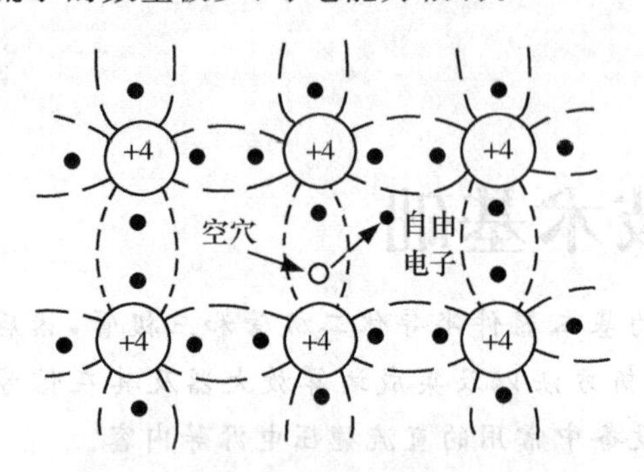


图 11-1 硅晶体中共价键结构示意图

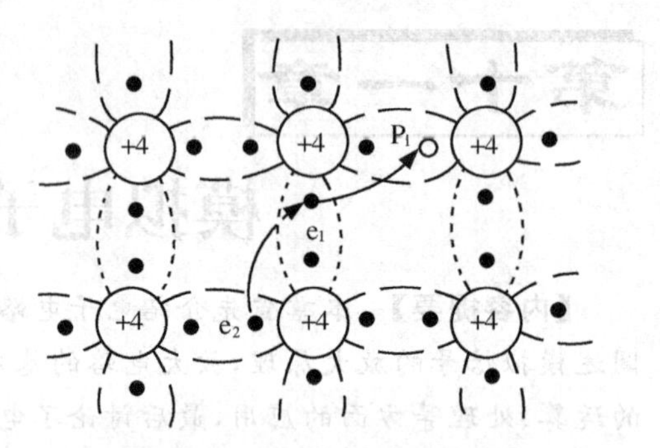


图 11-2 价电子填补空穴的运动

2. N 型半导体和 P 型半导体

在本征半导体中掺入某些微量元素（常称为杂质），其导电性能将发生显著变化，掺入了微量元素的半导体称为**杂质半导体**。根据所掺杂质的不同，把半导体分为 N 型和 P 型两类。

如果在＋4 价的本征硅中掺入少量的＋5 价元素磷后，由于磷原子有 5 个价电子，它与周围的四个硅原子组成共价键时，多余的一个电子很容易挣脱自身原子核的束缚成为自由电子，如图 11-3 所示。在这种杂质半导体中，自由电子的浓度（数量）远远大于空穴的浓度（数量），导电以电子为主，所以称为**电子型半导体**或 **N 型半导体**。其中自由电子称为**多数载流子**（简称多子），空穴称为**少数载流子**（简称少子）。

如果在本征半导体中掺入少量的＋3 价元素硼后，由于硼原子最外层有 3 个价电子，它与周围的四个硅原子组成共价键时由于缺少一个电子而形成空穴，如图 11-4 所示，这种杂质半导体中空穴的浓度远远大于电子的浓度，导电以空穴为主，所以称为**空穴型半导体**或 **P 型半导体**。其中空穴是多数载流子，电子是少数载流子。

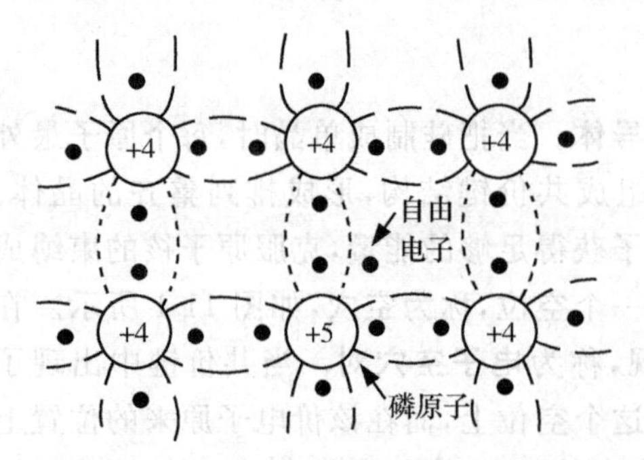


图 11-3 N 型半导体结构示意图

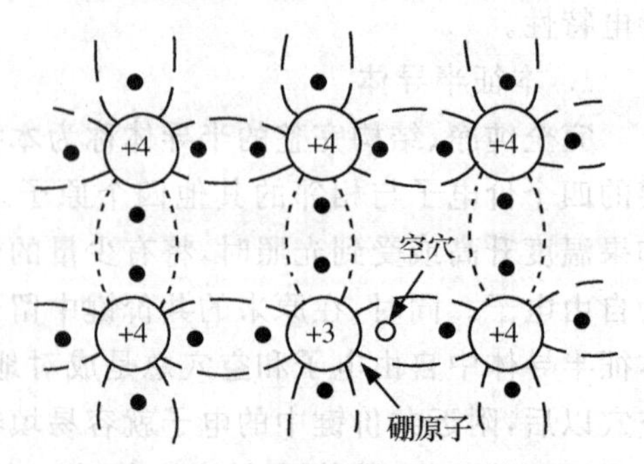


图 11-4 P 型半导体结构示意图

在杂质半导体中，多数载流子的浓度主要取决于掺入的杂质浓度，而少数载流子的浓度则随着温度的升高而增大。但不论是N型半导体还是P型半导体,它们虽然都有一种载流子占多数,但就整块半导体而言,它既没有获得电子,也没有失去电子,宏观上都保持电中性。

## 二、PN结及其单向导电性

### 1. PN结的形成

如果把一块半导体的一侧做成N型,另一侧做成P型。在P型和N型半导体的交界面两侧,N区的电子浓度很高,P区的电子浓度极小,由于浓度差,N区中的多数载流子电子将向P区扩散;同时,由于P区的空穴浓度很高,N区的空穴浓度极小,P区的多数载流子空穴将向N区扩散,如图11-5(a)所示,当电子和空穴相遇时会发生复合而消失。于是,在交界面两侧形成了一个由不能移动的正负离子组成的空间电荷区(又称耗尽层或阻挡层),即所谓的PN结。空间电荷区的正负离子层形成了一个从N区指向P区的电场,称为**内建电场**。由于空穴带正电,而电子带负电。所以内建电场的作用将阻止P区和N区的多子向对方扩散,而有利于两侧少子的运动。通常把少子在电场作用下的定向运动称为漂移运动。

当PN结没有外加电压时多子的扩散运动和少子的漂移运动达到动态平衡,空间电荷区的宽度达到稳定,平衡状态下的PN结如图11-5(b)所示。

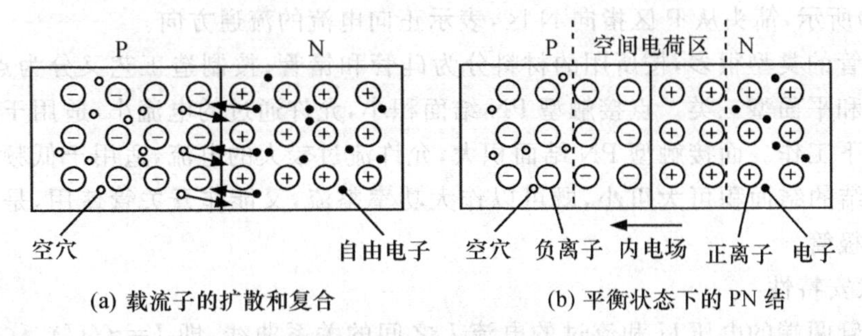

(a) 载流子的扩散和复合　　(b) 平衡状态下的PN结

图11-5　PN结的形成

### 2. PN结的单向导电性

如果PN结的P区接电源的正极、N区接电源负极,如图11-6所示,这种接法称为**PN结加正向电压或正向偏置**(简称正偏)。此时,外电场与内电场的方向相反,内电场被削弱,空间电荷区变窄,打破了PN结的动态平衡,载流子的(多子)扩散运动超过了(少子)漂移运动。形成了一个较大的正向电流从P区流向N区,当外加正向电压增加时内电场被进一步削弱,电流随之增大。为了防止电流过大而烧毁PN结,常在回路中接入限流电阻$R$。

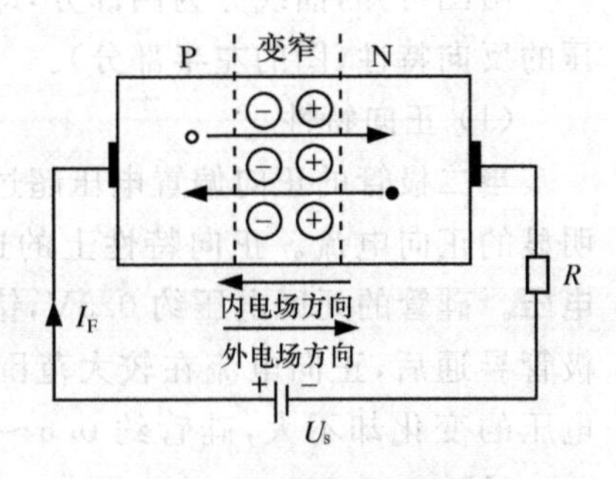

图11-6　PN结加正向电压

若把 P 区接电源的负极、N 区接电源的正极，如图 11-7 所示，称 **PN 结加反向电压或反向偏置**(简称反偏)。此时，外电场的方向和内电场的方向相同，内电场的作用被加强，空间电荷区变宽，这将阻止多子的扩散而有利于少子的漂移。由于少子的浓度很低，所以由少子形成的反向漂移电流远小于正向电流。当温度一定时，少子浓度一定，反向电流几乎不随外加电压的变化而变化，所以又称反向电流为反向饱和电流，用 $I_R$ 表示。当温度升高时少子的数量增加，故 $I_R$ 随温度的增加而增大。

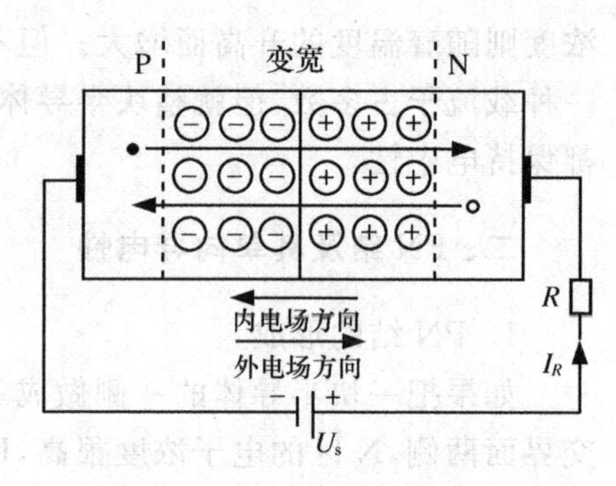

图 11-7 PN 结加反向电压

综上所述，PN 结正偏时，有较大的正向电流流过，称为**导通**；反偏时，流过的电流几乎为零，称为**截止**。这就是 PN 结的单向导电性。

## 三、半导体二极管

### 1. 结构和类型

将一个 PN 结的两个区分别加上电极引线，并用管壳封装起来，就制成了半导体二极管。P 区引出的电极称为阳极或正极，N 区引出的电极称为阴极或负极。其符号如图11-8(a)所示，箭头从 P 区指向 N 区，表示正向电流的流通方向。

二极管的类型很多，按所用的材料分为硅管和锗管；按制造工艺又分为点接触型、面接触型和平面型三类。点接触型 PN 结面积小，允许通过的电流小，适用于小电流整流和高频下工作。面接触型 PN 结面积大，允许流过较大的电流，适用于低频工作。平面型 PN 结的结面积可大可小，既可以作大功率整流，又能作开关管使用，是目前用量最多的二极管。

### 2. 伏安特性

二极管两端的电压 $U$ 和流过的电流 $I$ 之间的关系曲线，即 $I=f(U)$，称为**伏安特性**。典型的硅二极管的伏安特性如图 11-8(b)所示。

由图可知，曲线分为两部分，即加正向电压的正向特性(图的右半部分)和加反向电压的反向特性(图的左半部分)。

(1) 正向特性

当二极管的正向偏置电压超过某一数值后，才有明显的正向电流。正向特性上的这一数值称为**死区电压**。硅管的死区电压约 0.5V，锗管约 0.1V。当二极管导通后，正向电流在较大范围变化时，二极管端电压的变化却不大，硅管约 0.6～0.7V，锗管约 0.2～0.3V。

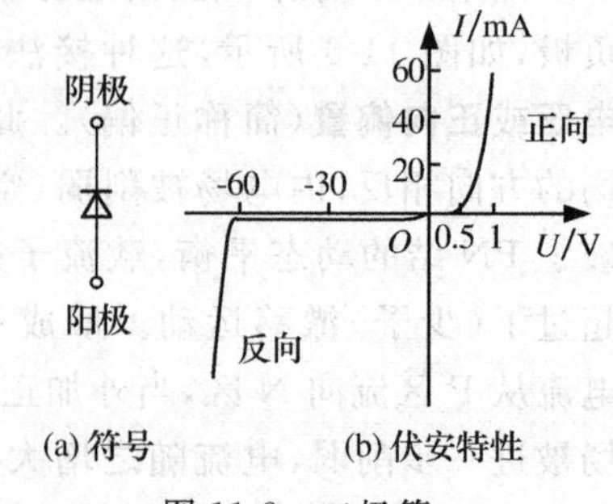

图 11-8 二极管

(2) 反向特性

当二极管所加的反向电压在比较大的范围内变化时，反向电流很小，且基本上不随反向电压的变化而变化。小功率硅管反向电流在纳安(nA)数量级，锗管为微安($\mu$A)级。当反向电压超过某一数量时，反向电流急剧增大，这种现象称为**击穿**。发生击穿时的电压称为**反向击穿电压**，此时二极管失去单向导电性。当反向击穿时，只要电流不是很大，不超过允许功耗值，二极管就不会损坏，当电压减小时，二极管又恢复到原来状态。

3. 主要参数

半导体器件的参数用来定量描述器件的性能和极限使用条件，是合理选择、正确使用器件的依据。二极管的主要参数有：

① 最大整流电流 $I_F$

$I_F$是二极管长期运行时允许通过的最大正向平均电流。其值由PN结的面积和散热条件所决定。若平均电流超过此值会导致二极管因过热而损坏。通常$I_F$在几十毫安至一千安之间。

② 最高反向工作电压 $U_{RM}$

$U_{RM}$是指二极管在使用时所允许加的最大反向电压，超过此值二极管可能被反向击穿而失去单向导电性，甚至还可能被损坏。所以常将反向击穿电压的一半作为$U_{RM}$。通常$U_{RM}$在几十伏至数千伏之间。

③ 反向电流 $I_R$

$I_R$指室温下，二极管两端加上规定的反向电压时的反向电流。反向电流越小，二极管的单向导电性越好。由于$I_R$由少子形成，所以受温度的影响很大。

4. 含二极管电路的分析举例

由于二极管是非线性器件，为了简化分析，在一定条件下常将其等效处理。若忽略二极管的正向压降和反向漏电流，二极管可理想化为一开关。当正偏时，二极管导通，其压降为零，相当于开关闭合。当反偏时，二极管截止，反向电流等于零，相当于开关断开。这种理想化的二极管通常称为**理想二极管**。

**【例11-1】** 分析图11-9(a)电路的输出电压波形。设VD为理想二极管，电源变压器副边电压 $u_2=\sqrt{2}U_2\sin\omega t$。

**【解】** 在$u_2$的正半周(上正下负)，二极管正偏导通，此时二极管相当于一个闭合的开关

$$u_0 = u_2$$

在$u_2$的负半周(下正上负)，二极管反偏截止，此时二极管相当于一个断开的开关

$$u_0 = 0\ \text{V}$$

二极管反偏时承受的最高反向工作电压为$\sqrt{2}U_2$。

因为流过二极管的电流为单向脉动电流，所以，该电路具有将交流电变为直流

电的作用，这一过程称为**整流**。又因为在交流电的一个周期中负载 $R_L$ 上只有半个周期有电流，所以称为**半波整流电路**。输出电压的波形如图 11-9(b)所示。

**【例 11-2】** 在图 11-10(a)中，设 VD 为理想二极管，$u_i = 10\sin \omega t$V，画出输出电压 $u_o$ 的波形。

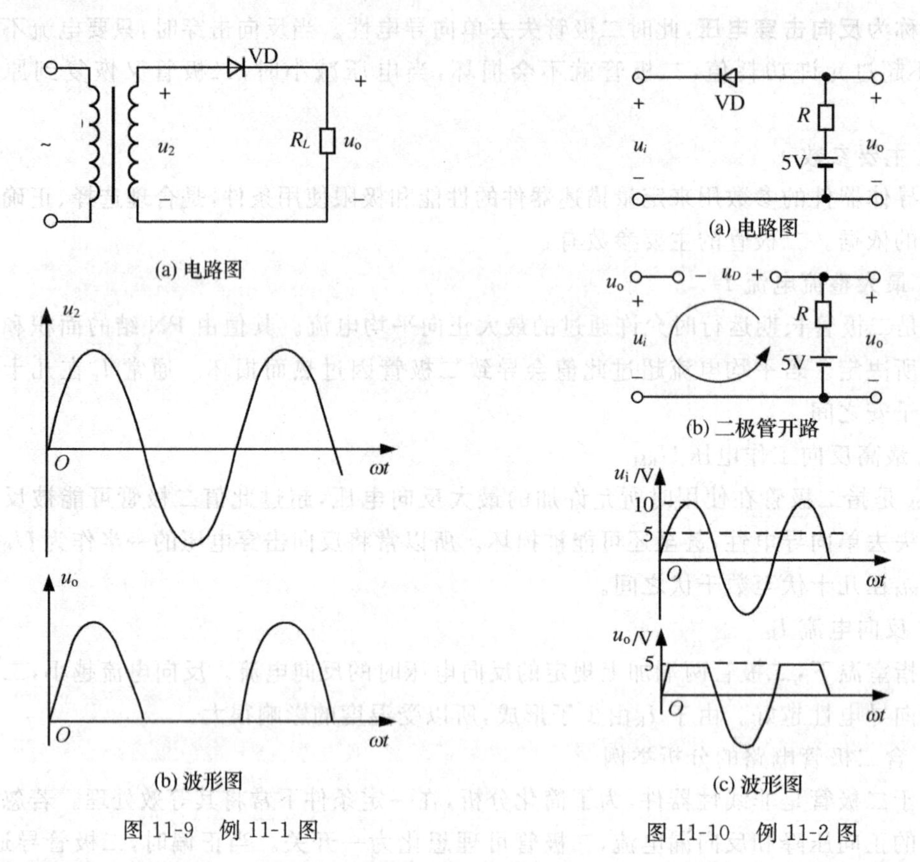


图 11-9 例 11-1 图　　　　图 11-10 例 11-2 图

**【解】** 首先断开二极管，如图 11-10(b)所示，然后求出二极管的开路电压，由开路电压判断二极管在何时正偏导通，何时反偏截止，即可画出输出波形。根据图中的参考方向二极管的开路电压 $u_{VD} = 5 - u_i$。显然当 $u_i < 5$ V 时，$u_{VD} > 0$，二极管正向导通，$u_o = u_i$；当 $u_i \geqslant 5$ V 时，$u_{VD} \leqslant 0$，二极管截止，$u_o = 5$ V。由上面的分析画出输出波形如图 11-10(c)所示。由于该电路的输出电压幅值不超过 5 V，所以该电路是限幅器。

## 四、特殊二极管

### 1. 稳压二极管

稳压二极管是用硅材料制作的特殊二极管。其伏安特性和普通二极管没什么本质的区别，只是工作区域不同。稳压管通常工作在击穿区，且击穿电压比普通二极管低，通常为 2 伏到几百伏。由二极管的伏安特性可知：当反向击穿时，反向电流变化很大，而管子两端的击穿电压变化却很小，相当于一个恒压源，因此具有稳压作用。稳压管的符号和伏安特性如图 11-11 所示。

稳压管的主要参数如下：

(1) 稳定电压 $U_Z$

$U_Z$是稳压管在规定的测试电流下，两端的反向击穿电压值。由于制造工艺的原因即使是同一型号的稳压管，$U_Z$也会不同。产品手册中常给出 $U_Z$ 的范围。例如 2CW15 在测试电流为 5 mA 时，$U_Z$ 在 7～8.5V之间均为合格品。

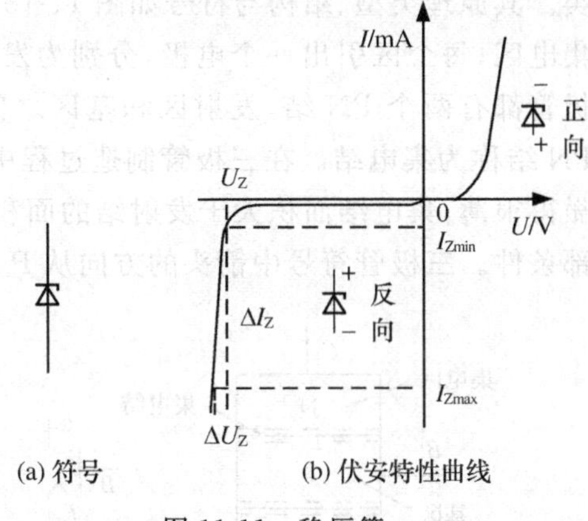


(a) 符号　(b) 伏安特性曲线

图 11-11　稳压管

(2) 稳定电流 $I_Z$

稳定电流 $I_Z$是指稳压管工作至稳压状态时流过的电流。当稳压管稳定电流小于最小稳定电流 $I_{Zmin}$时，稳压性能变差；大于最大稳定电流 $I_{Zmax}$时，稳压管因过流而损坏。

(3) 耗散功率 $P_{Zm}$

$P_{Zm}$ 等于稳压管的最大工作电流与相应的工作电压的乘积，即 $P_{Zm}=U_Z I_{Zmax}$。如果稳压管工作时消耗的功率超过了这个数值，稳压管将会损坏。通常 $P_{Zm}$ 在几百毫瓦到几瓦之间。因此，用稳压管构成的稳压电路只适应于小电流负载稳压。

实际使用中除了不能超过其极限参数外，还应选择合适的限流电阻与稳压管串联，负载与稳压管并联。

2. 发光二极管

发光二极管的符号如图 11-12 所示。它是用化合物半导体材料制成的一种新型器件，能将电能直接转换成光能，简称 LED(Light Emitting Diode)。发光二极管和普通二极管一样具有单向导电性，正向导通时才能发光。发光颜色有红、绿、黄等多种，其正向工作电压一般在 1.5～3 V，允许通过的电流为 2～20 mA，电流的大小决定发光的亮度。发光二极管具有体积小、可靠性高、耗电省、寿命长等优点，被广泛用于信号指示等电路中。

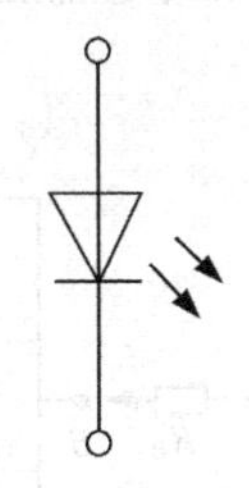

图 11-12　发光二极管的符号

## 第二节　半导体三极管

半导体三极管又称为**晶体三极管**，简称为**三极管**或**晶体管**，是放大电路的最基本元件，本节对其工作原理，特性等作简要介绍。

### 一、结构和特点

三极管由硅材料或锗材料制成，不论使用哪种材料按结构可分为 PNP 和 PNP 两类。其原理类型、结构与符号如图 11-13 所示，每一类分为三个区域——发射区、基区、集电区；每个区引出一个电极，分别为发射极 $E$、基极 $B$ 和集电极 $C$。NPN 和 PNP 三极管都有两个 PN 结，发射区和基区之间的 PN 结称为发射结，基区和集电区之间的 PN 结称为集电结。在三极管制造过程中，发射区掺杂浓度很高，基区掺杂浓度很低且做得很薄，集电结面积大于发射结的面积。这些特点是三极管具有电流放大作用的内部条件。三极管符号中箭头的方向从 P 区指向 N 区，表示正向导通时电流的方向。

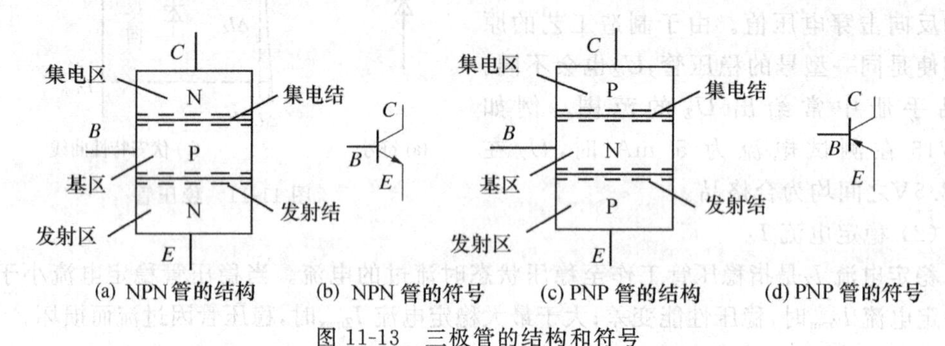


图 11-13 三极管的结构和符号

NPN 型和 PNP 型三极管的工作原理相同，只是使用中电源的极性不同。下面以 NPN 管为例来讨论三极管的电流放大作用、特性曲线和主要参数。

## 二、电流放大作用

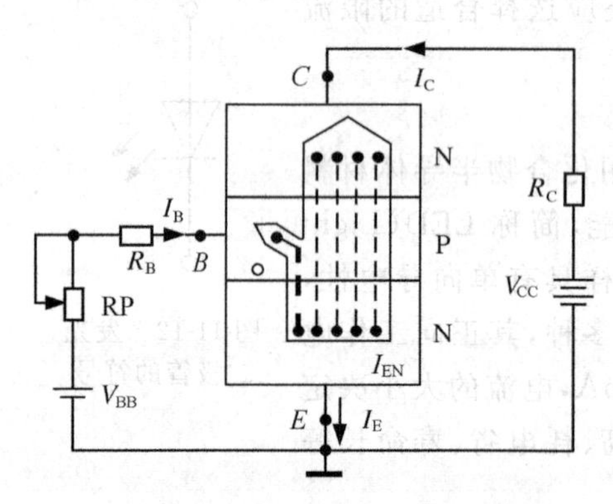


图 11-14 NPN 管中载流子传输示意图

三极管组成的放大电路如图 11-14 所示。调整图中的电位器 RP 使三极管的 $U_C > U_B > U_E$，即发射结加上正向电压，集电结加上反向电压，这是三极管能够实现放大的外部条件。图中两个回路以发射极为公共端，所以称为**共发射极接法**。下面以 NPN 型三极管为例，分析三极管内部载流子的运动及电流分配关系。

当发射结加正向电压时，空间电荷区变薄，发射区的多子——电子便会向基区扩散，形成电子电流 $I_{EN}$。同时，基区的多子——空穴，也会向发射区扩散形成空穴电流 $I_{EP}$，由于基区的掺杂浓度远小于发射区的掺杂浓度，空穴电流和电子电流相比可忽略不计，这样发射极电流 $I_E = I_{EN} + I_{EP} \approx I_{EN}$。

由发射区扩散到基区内的电子，首先在靠近发射结的边界处积累起来，而靠近集电结的电子数很少，这样就形成了浓度差，所以电子将由发射结向集电结方向继续扩散。在扩散过程中，有一部分电子与基区的空穴相遇而复合，形成基极电流 $I_B$。由于基区宽度很窄且掺杂浓度低，所以复合掉的电子数量很少，绝大部分电子扩散到集电结边缘。

因集电结加反向电压，电子在电场加速下漂移过集电结到达集电区，形成集电极电流 $I_C$，显然 $I_C$ 远大于 $I_B$。电流分配关系为

$$I_E = I_B + I_C \tag{11-1}$$

令

$$\bar{\beta} = \frac{I_C}{I_B} \tag{11-2}$$

$\bar{\beta}$ 称为共射直流电流放大系数。当扩散通过发射结的电子浓度一定时，显然，基区越薄、掺杂浓度越少，在基区复合掉的电子也越少，到达集电区的电子就越多，$\bar{\beta}$ 就越大，若改变电压 $V_{BB}$ 的值，扩散过发射结的电子数量就有一变化量。相应地，在基区复合掉的电子和到达集电区的电子都有一变化量。也就是 $I_B$ 有一变化量 $\Delta I_B$，$I_C$ 有一变化量 $\Delta I_C$，令

$$\beta = \frac{\Delta I_C}{\Delta I_B} \tag{11-3}$$

$\beta$ 称为共射交流电流放大系数，它表明基极电流有一微小变化，引起集电极电流的相应变化量。这就是晶体管的电流放大作用。

实际上，除多数载流子的运动以外，还有少数载流子的运动。由于集电结加反向电压，集电区的少数载流子（空穴）和基区的少数载流子（电子）将发生漂移运动，形成集电结的反向电流 $I_{CBO}$。可以证明考虑了 $I_{CBO}$ 的影响后

$$I_C = \bar{\beta} I_B + (1 + \bar{\beta}) I_{CBO} \tag{11-4}$$

由于 $I_{CBO}$ 随温度的变化而变化，所以 $I_C$ 受温度的影响较大。

## 三、三极管共发射极特性曲线

三极管的特性曲线表示三极管各极间电压和各极电流之间的关系，它们是分析三极管电路的依据。特性曲线分为输入和输出两组，可用逐点测试法获得。测试电路如图 11-15 所示。

1. 输入特性曲线

**输入特性**是指 $U_{CE}$ 为常数时，$I_B$ 和 $U_{BE}$ 之间的关系曲线，即 $I_B = f(U_{BE})|_{U_{CE}=常数}$。图 11-16 是硅 NPN 管的输入特性曲线。

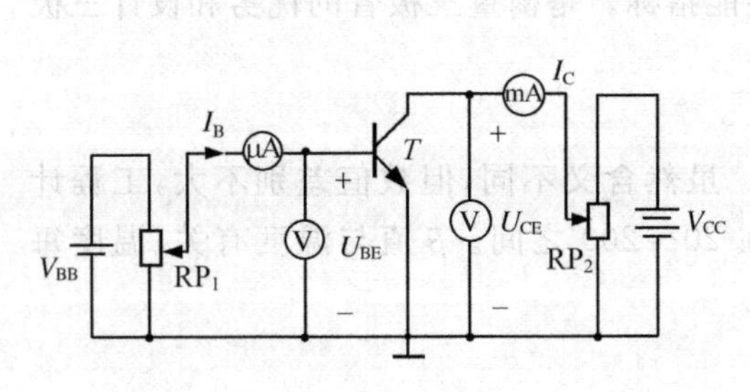


图 11-15　共发射极特性的测试电路

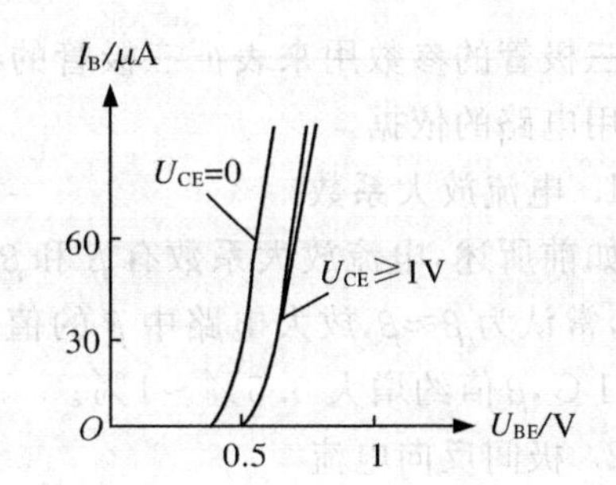


图 11-16　三极管的共射输入特性曲线

由特性曲线可知：$U_{CE}$增大时，曲线右移，$U_{CE} \geqslant 1$ V时（三极管已进入放大状态），曲线基本重合；此时三极管的输入特性曲线与二极管正向特性曲线相似，其死区电压值、工作电压值也近似与二极管相同，即：硅管的死区电压为0.5 V，锗管为0.1 V；硅管的工作电压为0.6～0.7 V，锗管为0.2～0.3 V。

2. 输出特性曲线

当$I_B$为常数时，$I_C$和$U_{CE}$之间的关系曲线称为**共射输出特性**。

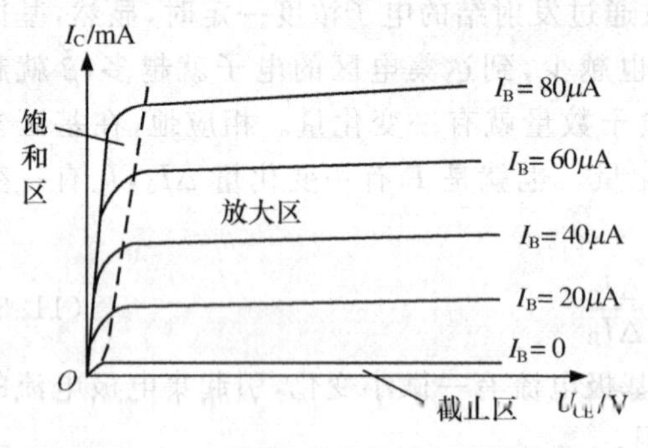


图 11-17　三极管的共射输出特性曲线

即：$I_C = f(U_{CE})|_{I_B=常数}$，图 11-17 是NPN型三极管的输出特性曲线。曲线簇分为三个区域：

(1) 截止区：$I_B \leqslant 0$ 的区域称为截止区。此时发射结和集电结都反向偏置，$I_C \approx 0$。实际上发射结电压小于死区电压时，二极管已截止，但为了可靠截止，常将发射结也反偏。截止时三极管的 $C$ 和 $E$ 两极之间相当于一个断开的开关。

(2) 放大区：发射结正偏、集电结反偏的区域称为放大区，即图中曲线的平坦部分。在放大区 $I_C$基本不随$U_{CE}$的变化而变化；$I_C$仅与$I_B$有关，$I_C$相当于一个受$I_B$控制的电流源，即 $I_C = \beta I_B$。

(3) 饱和区：$I_C$曲线上$U_{CE} = U_{BE}$（即$U_{CB} = 0$）时对应各点的连线称为**临界饱和线**。临界饱和线以左的区域$U_{CE} < U_{BE}$（即$U_{CB} < 0$）称为**饱和区**。此时发射结和集电结均正偏，$I_C$不随$I_B$的增大而按比例增大，即 $I_C \neq \bar{\beta} I_B$，三极管失去电流放大作用。小功率硅管$C$、$E$间的饱和压降约0.3V。饱和时三极管的$C$和$E$两极之间相当于一个闭合的开关。

综上所述，三极管作为放大元件使用时，必须工作在放大区；三极管作为开关元件使用时必须工作在饱和区或截止区；只要控制集电结和发射结的偏置电压就可以使三极管工作在放大状态或开关状态。

## 四、主要参数

三极管的参数用来表征三极管的各种性能指标。是衡量三极管的优劣和设计三极管应用电路的依据。

1. 电流放大系数

如前所述，电流放大系数有$\bar{\beta}$和$\beta$两种。虽然含义不同，但数值差别不大，工程计算时，常认为$\bar{\beta} \approx \beta$，放大电路中$\beta$的值通常在20～200之间。$\beta$值与温度有关，温度每升高1℃，$\beta$值约增大0.5%～1%。

2. 极间反向电流

(1) $I_{CBO}$表示发射极开路时，集电极与基极间的反向电流，也就是PN结的反向漏电流。室温下，小功率锗管是微安数量级，硅管是纳安数量级。由于反向漏电流是少子形成的，所以受温度的影响大，造成三极管的稳定性差。实验表明，温度每升高 10℃，$I_{CBO}$约增加一倍，故使用中最好选用硅管。

(2) $I_{CBO}$表示基极开路时，流过集电极与发射极间的电流。因为它是从集电极直接穿过三极管到达发射极的，所以又称为穿透电流。令式(11-4)的 $I_B=0$ 可得

$$I_C = I_{CEO} = (1+\bar{\beta})I_{CBO} \tag{11-5}$$

$I_{CBO}$随温度的变化规律和 $I_{CBO}$类似。

3. 极限参数

(1) 集电极最大允许电流 $I_{CM}$

集电极电流 $I_C$超过一定值时，$\beta$ 会随 $I_C$的增大而下降。$I_{CM}$是指 $\beta$ 下降到其正常值的三分之二时所对应的集电极电流。当 $I_C > I_{CM}$时，三极管的特性变坏，甚至有可能烧毁。

(2) 集电极最大允许功耗 $P_{CM}$

$P_C=U_{CE}I_C$称为三极管的**集电极耗散功率**，这个功率将导致集电结发热、结温升高，结温过高将导致三极管的性能变坏，甚至烧毁。因此，必须限制集电结的耗散功率，该限定值就称为集电极最大耗散功率 $P_{CM}$。

$P_{CM} \geqslant 1$ W 的三极管称为大功率管，小于 1 W 的称为**小功率管**。

(3) 反向击穿电压

基极开路时，集电极与发射极之间的反向击穿电压为 $U_{(BR)CEO}$；发射极开路时，集电极与基极之间的反向击穿电压为 $U_{(BR)CBO}$；集电极开路时，发射极与基极之间的反向击穿电压为 $U_{(BR)EBO}$。

它们之间的大小关系为：$U_{(BR)CBO} > U_{(BR)CEO} > U_{(BR)EBO}$。$U_{(BR)CEO}$通常为几十伏至数百伏，而小功率管的 $U_{(BR)EBO}$只有几伏。

## 第三节　基本放大电路

在电子学中，把变化的电压、电流和功率统称为**电信号**，简称**信号**。放大电路的功能是把微弱的电信号增大到所需要的数值，从而推动负载工作。例如，扩音机就是最常见的放大电路，声音信号经话筒变成微弱的电信号，电信号经放大电路放大后送给喇叭(负载)。喇叭发出的声音比送入话筒的声音大得多，也就是说喇叭输出的能量比原声音能量大得多。从表面上看，似乎放大电路放大了能量，其实这是不可能的。放大电路只是在输入信号的作用下，通过三极管等控制元件把直流电源的能量转换成输出信号的能量，所以放大的实质是能量的控制作用。放大电路既可由三极管等分立器件构成，也可由集成电路构成。但对放大电路最基本的要求是，对信号有足够大的放大能力和尽可能小的失真。

## 一、单管共射基本放大电路的组成

图 11-18 是基本的单管共射放大电路。各个元件的作用如下：三极管 VT 是放大电路的核心，起电流放大和能量转换作用。$V_{BB}$使三极管的发射结正偏，并且它和$R_B$一起为放大电路提供合适的基极偏置电流。$V_{CC}$使三极管的集电结反偏，并提供信号能量，$V_{CC}$通常为几伏到几十伏。$R_C$是集电极负载电阻，其作用是将三极管集电极电流的变化转换成电压的变化，配合三极管实现电压放大。$R_C$通常为几千欧姆到几十千欧姆。$C_1$、$C_2$把信号源、放大电路及负载电阻三者连接起来，称为耦合电容，其值较大，通常为几微法到几十微法，交流信号可以无衰减地通过它，但它隔断了放大器和信号源及负载之间的直流通路。所以 $C_1$、$C_2$的作用是“隔直(流)传交(流)”。图 11-18 电路称为**阻容耦合单管共射放大电路**。

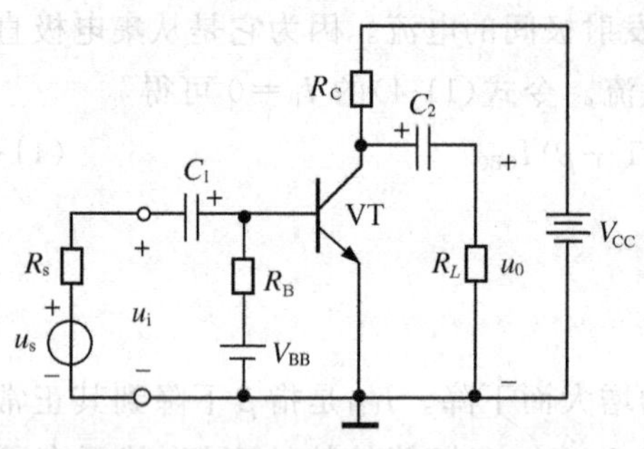


图 11-18 单管共射放大电路原理图

由于该电路使用两组电源，很不经济。若使 $V_{BB}=V_{CC}$，将$R_B$连到$V_{CC}$上，就可省掉电源$V_{BB}$。另外，为了作图简洁常不画出电源回路，只标出$V_{CC}$正极对地的电位值，如图 11-19(a)所示。

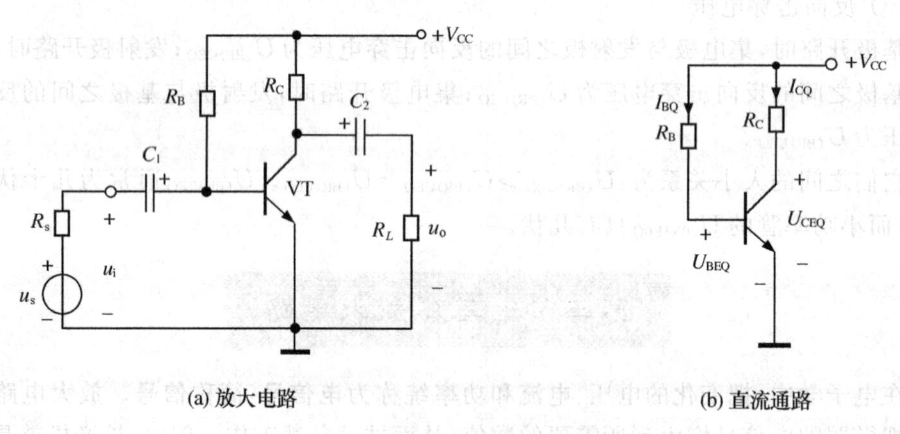


图 11-19 单电源供电的基本放大电路

## 二、放大电路的分析

对放大电路的分析可分为静态和动态两种情况。通常先进行静态分析，在此基础上再进行动态分析。

### (一) 静态分析

放大电路不加输入信号($u_i=0$)时的状态称为**静态**。静态时放大电路中只有直流电源作用，由此产生的所有电流、电压都为直流量，因此静态又称为**直流状态**。静态时三极管各极电流和极间电压分别用 $I_{BQ}$、$I_{CQ}$、$U_{BEQ}$、$U_{CEQ}$表示。这些量在三极管的输入、输出特性曲线上各确定了一点，称为**静态工作点**，简称 $Q$ 点。

静态时直流电流通过的路径称为**直流通路**。由于 $C_1$、$C_2$的隔直作用。放大电路的直流通路如图 11-19(b)所示，由直流通路可估算静态工作点，即

$$I_{BQ}=\frac{V_{CC}-U_{BEQ}}{R_B} \tag{11-6}$$

$U_{BEQ}$的取值为：硅管约为 0.7V，锗管约为 0.3V。

当 $V_{CC}\gg U_{BEQ}$时

$$I_{BQ}\approx\frac{V_{CC}}{R_B} \tag{11-7}$$

由式(11-4)可得静态时的集电极电流

$$I_{CQ}\approx\bar{\beta}I_{BQ}\approx\beta I_{BQ} \tag{11-8}$$

$$U_{CEQ}=V_{CC}-I_{CQ}\cdot R_C \tag{11-9}$$

由上分析可知：由于 $U_{BEQ}$的值已知，所以求静态工作点就是求 $I_{BQ}$、$I_{CQ}$、$U_{CEQ}$这三个量。

**【例 11-3】** 在图 11-19(a)所示电路中，已知：三极管 $\beta=50$，$V_{CC}=12$ V，$R_B=470$ kΩ，$R_C=4$ kΩ，$R_L=4$ kΩ。求静态工作点的电流和电压。

**【解】** 该电路的直流通路如图 11-19(b)所示，由图可知

$$I_{BQ}=\frac{V_{CC}-U_{BEQ}}{R_B}=\frac{12-0.7}{470\times10^3}=24\mu\text{A}$$

$$I_{CQ}=\beta I_B=50\times24\times10^{-6}\text{A}=1.2\text{mA}$$

$$U_{CEQ}=V_{CC}-I_CR_C=12\text{V}-1.2\times10^{-3}\times4\times10^3\text{V}=7.2\text{V}$$

$$I_{EQ}\approx I_C=1.2\text{mA}$$

### (二) 动态分析

1. 放大电路中电流电压符号使用规定

在直流电源作用的同时，在放大电路的输入端加上交流信号 $u_i$，这时电路中除了有直流电压和直流电流外还将产生交流电压和交流电流，放大电路的这种工作状态称为**动态**。动态时电路中的电流和电压由两部分叠加组成：一部分是直流分量，另一部分是交流分量。为了清楚地表示这些电量，将放大电路中电流、电压的符号作了规定，见表 11-1。

**表 11-1 放大电路中电压与电流的符号**

| 名称 | 直流量 | 交流量 | | | 总电流或总电压 |
|---|---|---|---|---|---|
| | | 瞬时值 | 相量 | 有效值 | 瞬时值 |
| 基极电流 | $I_B$ | $i_b$ | $\dot{I}_b$ | $I_b$ | $i_B$ |
| 集电极电流 | $I_C$ | $i_c$ | $\dot{I}_c$ | $I_c$ | $i_C$ |
| 发射极电流 | $I_E$ | $i_e$ | $\dot{I}_e$ | $I_e$ | $i_E$ |
| 集射极电压 | $U_{CE}$ | $u_{ce}$ | $\dot{U}_{ce}$ | $U_{ce}$ | $u_{CE}$ |
| 基射极电压 | $U_{BE}$ | $u_{be}$ | $\dot{U}_{be}$ | $U_{be}$ | $u_{BE}$ |

2. 放大原理

放大电路的放大过程是:若在放大电路的输入端加入一个微小的电压信号 $u_i$,则三极管的发射结电压也随之发生变化,产生 $\Delta u_{BE}$,该电压的变化引起基极电流的变化 $\Delta i_B$,在放大区集电极电流会产生更大的变化 $\Delta i_C$ ($=\beta\Delta i_B$),这个集电极电流在电阻 $R_C$ 上产生变化的电压 $\Delta i_C R_C$。由于 $u_{CE}=V_{CC}-i_C R_C$,当 $V_{CC}$ 一定时,$\Delta i_C R_C$ 的增大必然导致 $u_{CE}$ 减小,所以 $u_{CE}$ 的变化量和 $R_C$ 上电压的变化量大小相等,极性相反,即 $\Delta u_{CE}=-\Delta i_C R_C$,而 $\Delta u_{CE}=u_o$。

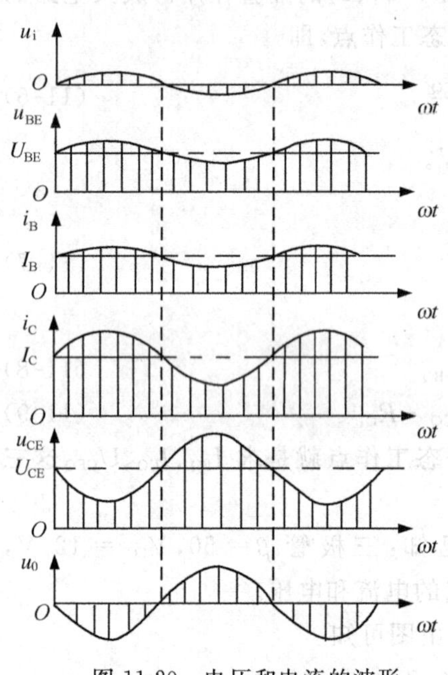

图 11-20 电压和电流的波形

综上可知,电压放大过程是 $u_i \to \Delta u_{BE} \to \Delta i_B \to \Delta i_C \to \Delta u_{CE} \to u_o$,在电路参数满足一定的条件下,$u_o$ 比 $u_i$ 大得多,实现了电压放大。

设输入信号 $u_i$ 为正弦量,则放大电路中各电量的波形如图 11-20 所示。由图可知:

(1) 动态时放大电路中的总电流、电压与交流量和直流量之间的关系为

$$u_{BE}=U_{BE}+u_{be},\Delta u_{BE}=u_{be}$$

$$i_B=I_B+i_b,\Delta i_B=i_b$$

$$i_C=I_C+i_c,\Delta i_C=i_c$$

$$u_{CE}=U_{CE}+u_{ce},\Delta u_{CE}=u_{ce}=u_o$$

即动态时,总瞬时量 $u_{BE}$、$i_B$、$i_C$、$u_{CE}$ 都是在原来静态量的基础上叠加了一个正弦交流量,即由直流和交流两个分量组成。其大小随输入信号的变化而变化,而方向和极性却保持不变,始终为正值。这里直流分量是正常放大的基础,交流分量是放大的对象,交流量搭载在直流上进行传输和放大。

(2) 当 $u_i$ 随时间增大时,$i_B$、$i_C$ 都相应增大,而 $u_{CE}$ 却减小。所以 $u_{be}$、$i_b$、$i_c$ 与 $u_i$ 同相,$u_o$ 与 $u_i$ 反相。这是共发射极电路的一个重要特点。

(3) 由于电容 $C_2$ 的隔直作用,仅 $u_{CE}$ 的交流分量能传送到输出端,所以 $u_o=u_{ce}$。放大是指输出交流分量与输入信号的关系,不包括直流成份。

3. 静态工作点的作用

由图 11-20 可知,交流信号是搭载在直流上进行传输和放大的。如果没有静态分量电路还能正常放大信号吗?为了说明该问题,把图 11-19 中的偏置电阻 $R_B$ 去掉,成为图 11-21 的电路。此时静态 $I_B=0$,$u_i$ 直接加到三极管的发射结上。由于三极管发射

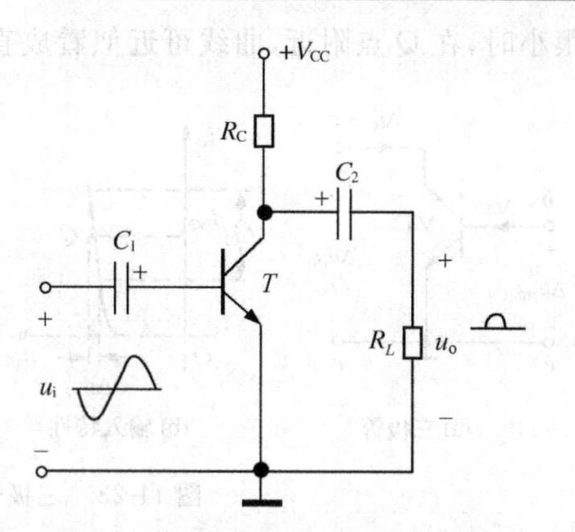

图 11-21　无直流偏置的放大电路

结存在死区电压，所以在输入信号 $u_i$ 的一个周期内，仅当 $u_i$ 大于死区电压时，才有 $i_b$，而 $u_i$ 小于死区电压的部分和负半周，三极管截止，电路没有输出，这时电路的输出波形相对于输入波形发生了畸变，称为**失真**。因为它是三极管工作在非线性区（截止区和饱和区）引起的，所以称为**非线性失真**。由上述分析可知，放大电路必须要设置静态工作点。

其次，要合理地设置静态工作点，否则也会引起输出信号的失真。由图 11-20 可以看出，$u_{ce}$ 是以静态值 $U_{CEQ}$ 为基础上下变化的，因为 $u_{CE}=V_{CC}-i_C R_C$，所以 $u_{ce}$ 的变化范围（即 $u_o$ 的变化范围）在 $0\sim V_{CC}$ 之间。设 $u_i$ 为正弦信号时放大电路的输出波形如图 11-22(a)所示。

如果增大 $I_{CQ}$，则 $U_{CEQ}$ 减小，静态工作点靠近饱和区，当 $u_i$ 不变时，在交流负半周因三极管有一段时间进入了饱和区而出现失真，这种削去底部的失真称为**饱和失真**，波形如图 11-22(b)所示。同理，减小 $I_{CQ}$，则 $U_{CEQ}$ 增大，静态工作点靠近截止区，在输入信号不变时，输出出现了削去顶部的失真，这是因为在交流正半周三极管有一段时间进入了截止区而引起的，故称为**截止失真**，波形如图 11-22(c)所示。

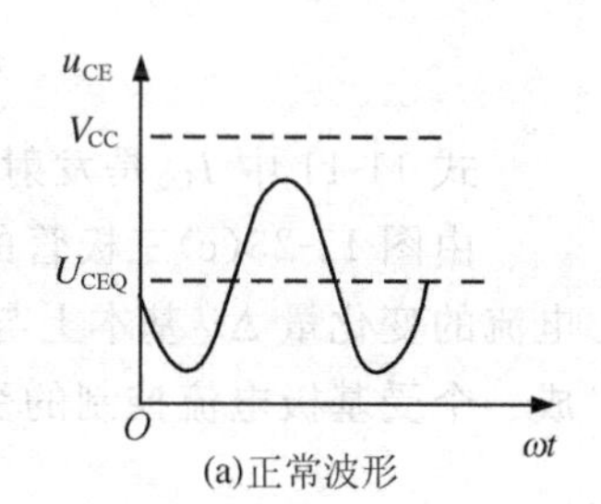

(a)正常波形

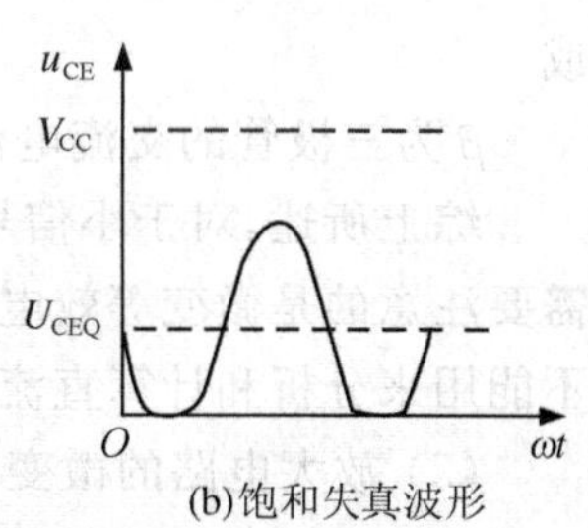

(b)饱和失真波形

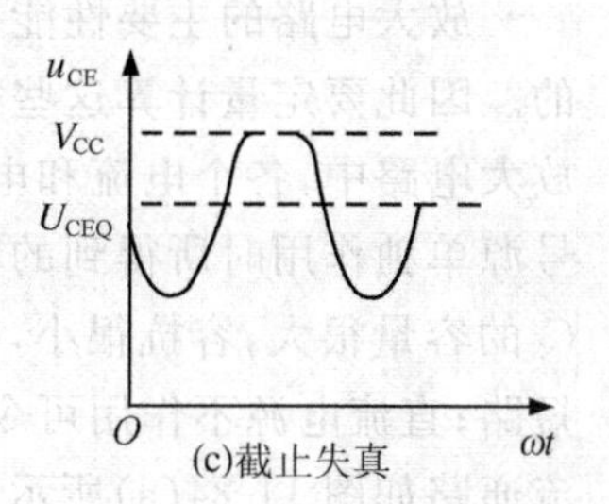

(c)截止失真

图 11-22　$u_{CE}$ 的波形

综上所述，在交流放大电路中，必须设置偏置电路建立静态工作点，并且要合理设置静态工作点，以保证放大信号不失真，这就是建立静态工作点的必要性和合理性。

4. 微变等效电路法

由于三极管的输入、输出特性曲线都是非线性的，因此三极管是非线性器件，由它组成的放大电路也是非线性电路。定量分析、计算放大电路的电压放大倍数，输入、输出电阻等动态指标很不方便。

微变等效电路法是在三极管的静态工作点附近一个微小的范围内，用一小段直线近似代替那一段曲线，把非线性元件三极管等效成一个线性元件。这样就把非线性电路的分析转换成线性电路的分析。

(1) 三极管的微变等效电路

在图 11-23(b)三极管的输入特性曲线中，当输入信号很小时，在 $Q$ 点附近，曲线可近似看成直线。此时可认为 $\Delta i_B$ 与 $\Delta u_{BE}$ 成正比。

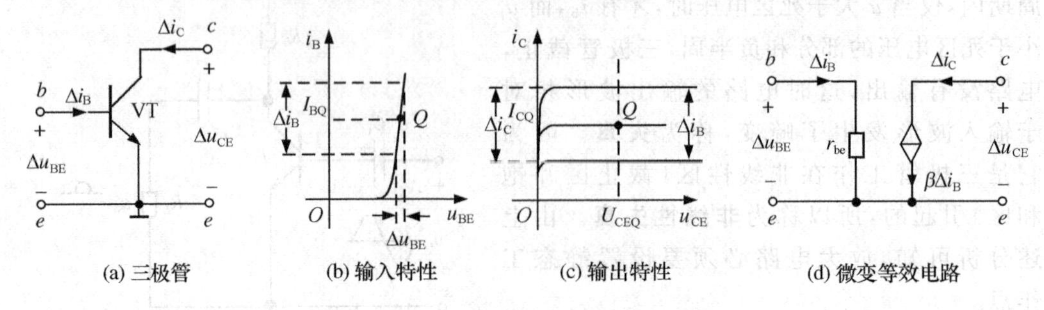


图 11-23　三极管及其特性曲线的线性化

令

$$r_{be} = \frac{\Delta u_{BE}}{\Delta i_B} = \frac{u_{be}}{i_b} \tag{11-10}$$

$r_{be}$ 称为三极管的输入电阻。显然，$r_{be}$ 与静态工作点的位置有关。低频小功率三极管的输入电阻 $r_{be}$ 常用式 11-11 来估算

$$r_{be} = 300 + (1+\beta)\frac{26(\text{mV})}{I_{EQ}(\text{mA})}(\Omega) \tag{11-11}$$

式 11-11 中 $I_{EQ}$ 是发射极电流的静态值。$r_{be}$ 一般为几百欧姆至几千欧姆。

由图 11-23(c)三极管的输出特性曲线可知，在基极电流变化量 $\Delta i_B$ 一定时，集电极电流的变化量 $\Delta i_C$ 基本上与 $u_{CE}$ 无关。因此，从三极管的 $CE$ 端看进去，三极管可等效成一个受基极电流控制的受控电流源(用菱形表示受控源)，表达式为

$$\Delta i_C = \beta \Delta i_B \tag{11-12}$$

或

$$i_c = \beta i_b \tag{11-13}$$

$\beta$ 为三极管的交流电流放大系数。

综上所述，对于小信号，图 11-23(a)中的三极管可等效成图 11-23(d)所示的电路。需要注意的是微变等效电路是交流信号的等效电路，只能进行交流分量的分析和计算，不能用来分析和计算直流分量。

(2) 放大电路的微变等效电路

放大电路的主要性能指标如放大倍数、输入电阻、输出电阻都是针对信号来讨论的。因此要定量计算这些指标，就要从交流信号分量入手。在图 11-19(a)的单管共射放大电路中，各个电流和电压都是信号源和直流电源共同作用的结果，当只考虑交流信号源单独作用时所得到的电路称为放大电路的交流通路。在交流通路中隔直电容 $C_1$、$C_2$ 的容量很大，容抗很小，流过信号电流时其上的压降可以忽略，因此对交流信号视为短路；直流电源不作用可令 $V_{CC}=0$，即电源接地。这样就得到单管共射放大电路的交流通路如图 11-24(a)所示。将交流通路中的三极管用微变等效电路代替，即可得到放大电路的微变等效电路如图 11-24(b)所示。设输入信号为正弦量，则图中的各个电量

都可用相量表示。运用该等效电路可以对放大电路的动态指标进行定量分析。

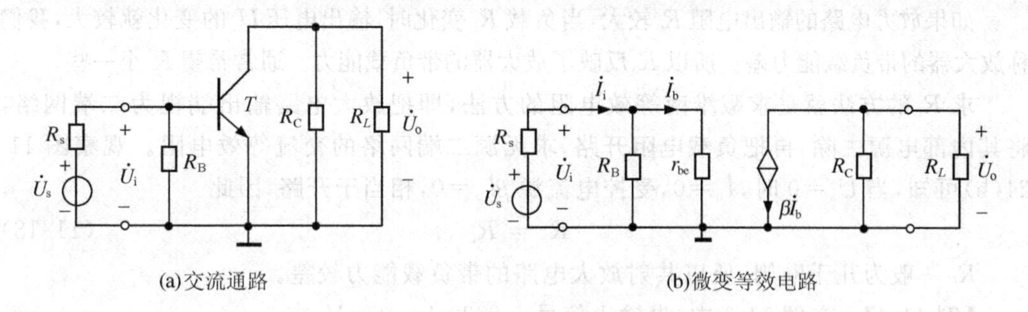


(a)交流通路　　(b)微变等效电路

图 11-24　图 11-19(a)的交流通路及微变等效电路

① 电压放大倍数

放大电路的电压放大倍数 $\dot{A}_u$ 定义为放大电路的输出电压和输入电压之比，即

$$\dot{A} = \frac{\dot{U}_o}{\dot{U}_i} \tag{11-14}$$

由图 11-24(b)所示的微变等效电路可知

$$\dot{U}_i = \dot{I}_b \cdot r_{be}$$

$$\dot{U}_o = -\dot{I}_C R'_L = -\beta \dot{I}_b R'_L \qquad 式中：R'_L = R_C \ /\!/ \ R_L$$

所以电压放大倍数

$$\dot{A}_u = \frac{\dot{U}_o}{\dot{U}_i} = -\beta \frac{R'_L}{r_{be}} \tag{11-15}$$

式中的负号表示输出电压和输入电压反向。

② 输入电阻

把信号源加到放大电路输入端时，放大电路就成为信号源的负载，这个负载用等效电阻 $R_i$ 表示，称为**放大电路的输入电阻**，它是从放大电路输入端看进去的交流等效电阻。$R_i$ 定义为放大器输入端口处的电压 $\dot{U}_i$ 和电流 $\dot{I}_i$ 之比，即

$$R_i = \frac{\dot{U}_i}{\dot{I}_i} \tag{11-16}$$

由图 11-24(b)可得

$$R_i = \frac{\dot{U}_i}{\dot{I}_i} = R_B \ /\!/ \ r_{be} \approx r_{be} \tag{11-17}$$

从输入回路可知 $U_i = \dfrac{R_i}{R_s + R_i} U_s$；$R_i$ 越大，放大电路从信号源汲取的电流越小，放大电路的输入电压 $U_i$ 越接近信号电压 $U_s$。所以 $R_i$ 反映了放大电路对信号源电压的衰减程度。在应用中，总希望 $R_i$ 大一些。由式(11-17)可知，单管共射放大电路的输入电阻不高。

③ 输出电阻

放大电路向负载提供信号电流和电压，对负载而言它就是电源，电源的内阻 $R_o$ 称为

**放大器的输出电阻**。由于$R_o$的存在，所以放大电路带上负载$R_L$后，输出电压会降低。

如果放大电路的输出电阻$R_o$较大，当负载$R_L$变化时，输出电压$U_o$的变化就较大，我们称放大器的带负载能力差。所以$R_o$反映了放大器的带负载能力。通常希望$R_o$小一些。

求$R_o$的方法就是求戴维南等效电阻的方法，即把放大电路输出端视为二端网络，将其内部电源去除，再把负载电阻开路，求无源二端网络的交流等效电阻。观察图11-24(b)可知，当$\dot{U}_s=0$时，$\dot{I}_b=0$，受控电流源$\beta\dot{I}_b=0$，相当于开路，因此

$$R_o = R_C \tag{11-18}$$

$R_C$一般为几千欧姆，所以共射放大电路的带负载能力较差。

**【例11-4】** 在例11-3中，设输入信号$u_i=20\sin\omega t$ mV，求：

(1) 接入$R_L$和不接$R_L$时的电压放大倍数$\dot{A}_u=\dot{U}_0/\dot{U}_i$及输出电压$\dot{U}_o$；

(2) 输入电阻$R_i$和输出电阻$R_o$；

(3) 接入负载$R_L$时的$\dot{A}_{us}=\dot{U}_o/\dot{U}_s$。

**【解】** (1) 由式(11-12)可知

$$r_{be} = 300 + (1+\beta)\frac{26}{I_E} = 300 + 51 \times \frac{26}{1.2}\Omega \approx 1.4\ \text{k}\Omega$$

接$R_L$时

$$R'_L = R_C /\!/ R_L = 4 /\!/ 4\ \text{k}\Omega = 2\ \text{k}\Omega$$

$$\dot{A}_u = \frac{\dot{U}_o}{\dot{U}_i} = -\beta\frac{R'_L}{r_{be}} = -50 \times \frac{2}{1.4} = -71.4$$

$$\dot{U}_o = \dot{A}_u\dot{U}_i = (-71.4) \times \frac{0.02}{\sqrt{2}}\ \text{V} \approx -1\ \text{V}$$

不接$R_L$时(即$R_L=\infty$)

$$\dot{A}_u = -\beta\frac{R_C}{r_{be}} = -50 \times \frac{4}{1.4} = -142.8$$

$$\dot{U}_o = \dot{A}_u\dot{U}_i = -142.8 \times \frac{0.02}{\sqrt{2}}\text{V} \approx -2\ \text{V}$$

(2) 输入电阻

$$R_i = R_B /\!/ r_{be} = 470 /\!/ 1.4 \approx 1.4\ \text{k}\Omega$$

输出电阻

$$R_o = R_C = 4\ \text{k}\Omega$$

需要注意的是放大电路的输出电阻不包括负载电阻$R_L$。

(3) 当考虑信号源内阻的影响后，放大电路的电压放大倍数称为**源电压放大倍数**，用$\dot{A}_{us}$表示

$$\dot{A}_{us} = \frac{\dot{U}_o}{\dot{U}_s} = \frac{\dot{U}_o}{\dot{U}_i} \cdot \frac{\dot{U}_i}{\dot{U}_s}$$

由于$\frac{\dot{U}_o}{\dot{U}_i}=\dot{A}_u$，而$\frac{\dot{U}_i}{\dot{U}_s}=\frac{R_i}{R_i+R_s}$，所以$\dot{A}_{us}=\frac{\dot{U}_0}{\dot{U}_s}=\frac{R_i}{R_i+R_s}\cdot\dot{A}_u=\frac{R_i}{R_i+R_s}\cdot\left(-\beta\frac{R'_L}{r_{be}}\right)$

将数据带入上式得

$$\dot{A}_{us}=-83.3$$

由上述计算结果可知，放大电路接入负载后，电压放大倍数比不接负载下降许多；放大电路的输入电阻越小，信号源内阻对电压放大倍数的影响越大。

### 三、工作点稳定电路

从前面的讨论可知静态工作点对放大器的性能有很大影响，它不仅与放大倍数、输入电阻等指标有关，而且设置不合理还会引起输出信号的失真。这就要求静态工作点既要设置合理又要保持稳定。影响工作点稳定的因素较多，主要因素是环境温度。

在三极管的参数中，$\beta$ 和 $I_{CBO}$ 的值都会随温度的变化而变化，由式(11-4)可知这些量的变化最终导致 $I_C$ 的变化，$I_C$ 又会引起 $U_{CE}$ 变化，即静态工作点 $Q$ 发生变化，严重时可能导致 $Q$ 点进入饱和区或截止区，使输出电压产生失真。由此可知，稳定静态工作点的实质就是稳定 $I_C$。前面介绍的共射基本放大电路由于其基极偏置电流 $I_B=\frac{V_{CC}-U_{BE}}{R_B}\approx\frac{V_{CC}}{R_B}$，当 $V_{CC}$、$R_B$ 确定后，$I_B$ 基本不变，所以这种电路又称**固定式偏置**。由于 $I_B$ 不变时 $I_C$ 的值随温度变化，因此该电路的 $Q$ 点是不稳定的。

图 11-25 是工作点稳定的实用电路，称为**分压式偏置电路**。它与固定式偏置电路的主要差别是多了电阻 $R_{B2}$、$R_E$ 和 $C_E$。该电路的直流通路如图 11-26 所示。

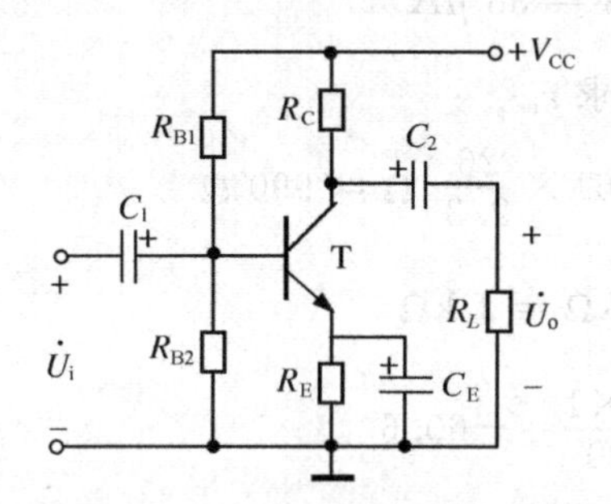


图 11-25　分压式偏置电路

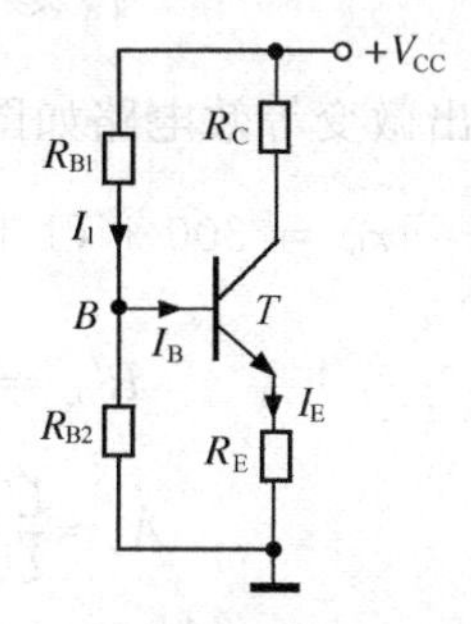


图 11-26　分压式偏置电路的直流通路

稳定 $Q$ 点的原理如下：

(1) $I_1\gg I_B$，则基极电压

$$U_B\approx\frac{R_{B2}}{R_{B2}+R_{B1}}V_{CC}\tag{11-19}$$

$U_B$ 近似为常数，发射极电流 $I_E=\frac{U_B-U_{BE}}{R_E}$。

(2) 若满足 $U_B\gg U_{BE}$，则

$$I_C\approx I_E\approx\frac{U_B}{R_E}\tag{11-20}$$

此式表明 $I_C$ 与三极管的参数无关，也就是说基本不受温度的影响，达到了稳定工

作点的目的。

分压式偏置电路稳定工作点的物理过程可表示如下：

温度升高→$I_C$↑→$U_E$↑（因为$U_B$不变）→$U_{BE}$↓→$I_B$↓→$I_C$↓，从而达到稳定工作点的目的。这个过程称为**电流负反馈**，$R_E$称为反馈电阻。

**【例 11-5】** 在图 11-25 中，已知：$R_{B1}=15\ \text{k}\Omega$，$R_{B2}=5\text{k}\Omega$，$R_E=1\text{k}\Omega$，$R_L=R_C=2\text{k}\Omega$，$V_{CC}=12\text{V}$，三极管的$\beta=60$，电容对交流可视为短路。

(1) 估算放大电路的静态工作点。

(2) 求电压放大倍数和输入和输出电阻。

(3) $C_E$开路时对放大电路会产生什么影响？

**【解】** (1) 估算静态值

$$U_B=\frac{R_{B2}}{R_{B1}+R_{B2}}V_{CC}=\frac{5\times10^3\times12}{(15+5)\times10^3}\text{V}=3\ \text{V}$$

$$I_E=\frac{U_B-U_{BE}}{R_E}=\frac{3-0.7}{1}\text{mA}=2.3\ \text{mA}$$

$$I_C\approx I_E=2.3\ \text{mA}$$

$$U_{CE}=V_{CC}-I_CR_C-I_ER_E\approx V_{CC}-I_C(R_C+R_E)$$
$$=12-2.3\times10^{-3}\times3\times10^3\ \text{V}=5.1\ \text{V}$$

$$I_B\approx\frac{I_C}{\beta}=\frac{2.3}{60}\times10^3\ \mu\text{A}=38\ \mu\text{A}$$

(2) 画出微变等效电路如图 11-27(a)所示，先求 $r_{be}$

$$r_{be}=300+(1+\beta)\frac{26}{I_{EQ}}=\left(300+61\times\frac{26}{2.3}\right)\Omega=990\ \Omega$$

$$R'_L=\frac{R_C\times R_L}{R_C+R_L}=\frac{2\times2}{2+2}\text{k}\Omega=1\ \text{k}\Omega$$

所以，
$$\dot{A}_u=\frac{\dot{U}_o}{\dot{U}_i}=-\frac{\beta R'_L}{r_{be}}=-\frac{60\times1}{990}=-60.6$$

$$R_i=R_{B1}\,//\,R_{B2}\,//\,r_{be}=15\,//\,5\,//\,0.99=783\ \Omega$$

$$R_o=R_C=2\ \text{k}\Omega$$

有 $C_E$时 $\dot{A}_u$的表达式与固定式偏置电路相同。

(3) $C_E$开路对放大电路的静态没有影响，其微变等效电路如图 11-27(b)所示。由

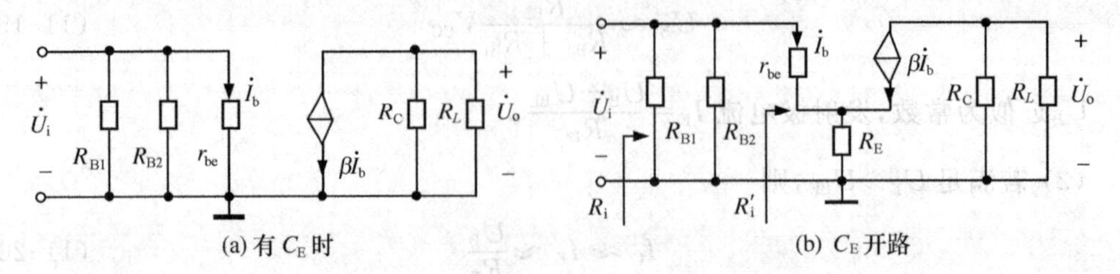


图 11-27 分压式偏置电路的微变等效电路

图可知

$$\dot{A}_u=\frac{\dot{U}_o}{\dot{U}_i}=-\frac{\beta\dot{I}_bR'_L}{\dot{I}_b\cdot r_{be}+(1+\beta)\dot{I}_b\cdot R_E}$$

$$=-\frac{\beta R'_L}{r_{be}+(1+\beta)R_E}=-\frac{60\times1}{0.99+61\times1}=-0.97$$

$$R_i=R_{B1}\,/\!/\,R_{B2}\,/\!/\,R'_i=R_{B1}\,/\!/\,R_{B2}\,/\!/\,[r_{be}+(1+\beta)R_E]$$

$$=15\,/\!/\,5\,/\!/\,(0.99+61\times1)=3.53\ \text{k}\Omega$$

$$R_o=R_C=2\ \text{k}\Omega$$

可见接了$R_E$后，如果$C_E$开路，将使电压放大倍数$|\dot{A}_u|$减小，输入电阻$R_i$增大。因此$C_E$的作用是旁路$R_E$上的信号压降，消除$R_E$对$|\dot{A}_u|$的影响，$C_E$称为**旁路电容**。

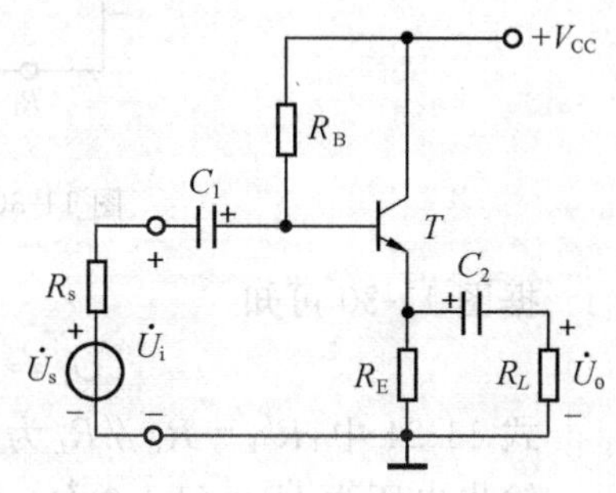


图 11-28　共集电极放大电路

### 四、共集电极放大电路

图 11-28 是共集电极放大电路。图 11-29(a)和(b)分别是其直流通路与交流通路。由交流通路可知：集电极是输入信号和输出信号的公共端，所以称为共集电极电路，又因为输出信号从发射极引出，所以又称为射极输出器。

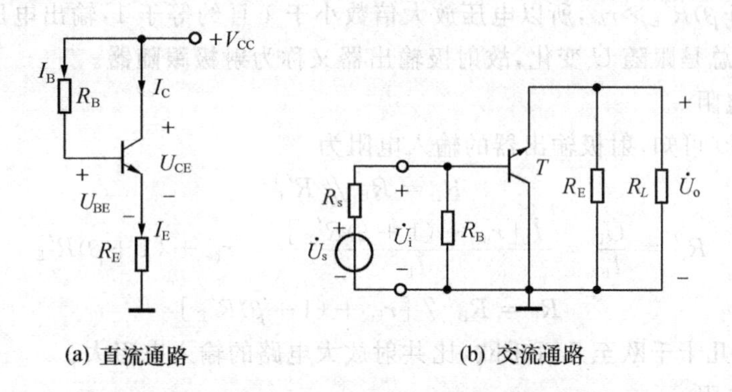


图 11-29　共集电极电路的直流通路和交流通路

1. 静态工作点的计算

由射极输出器的直流通路可以得到

$$V_{CC}=I_BR_B+U_{BE}+(1+\beta)I_BR_E$$

$$I_B=\frac{V_{CC}-U_{BE}}{R_B+(1+\beta)R_E}\tag{11-21}$$

$$I_C=\beta I_B\tag{11-22}$$

$$U_{CE}\approx V_{CC}-I_C\cdot R_E\tag{11-23}$$

2. 电压放大倍数

由射极输出器的交流通路得到其微变等效电路如图 11-30 所示。

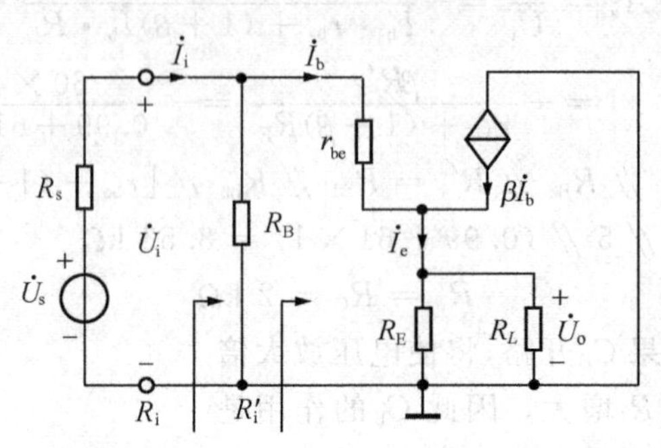


图 11-30 射极输出器的微变等效电路

据图 11-30 可知

$$\dot{U}_i = \dot{I}_b \cdot r_{be} + (1+\beta)\dot{I}_b \cdot R'_E \tag{11-24}$$

式 11-24 中：$R'_E = R_E // R_L$ 为射极输出器的负载电阻。

输出电压为 $\dot{U}_o = (1+\beta)\dot{I}_b \cdot R'_E$

$$\dot{A}_u = \frac{\dot{U}_o}{\dot{U}_i} = \frac{(1+\beta)\dot{I}_b \cdot R'_E}{\dot{I}_b \cdot r_{be} + (1+\beta)\dot{I}_b \cdot R'_E} = \frac{(1+\beta)R'_E}{r_{be} + (1+\beta)R'_E} \tag{11-25}$$

通常，$(1+\beta)R'_E \gg r_{be}$，所以电压放大倍数小于 1 且约等于 1，输出电压和输入电压同相位，即 $\dot{U}_o$ 总是跟随 $\dot{U}_i$ 变化，故射极输出器又称为**射极跟随器**。

3. 输入电阻

由图 11-30 可知，射极输出器的输入电阻为

$$R_i = R_B // R'_i$$

而

$$R_i' = \frac{\dot{U}_i}{\dot{I}_b} = \frac{\dot{I}_b[r_{be} + (1+\beta)R'_E]}{\dot{I}_b} = r_{be} + (1+\beta)R'_E$$

故

$$R_i = R_B // [r_{be} + (1+\beta)R'_E] \tag{11-26}$$

$R_i$ 通常为几十千欧至几百千欧，比共射放大电路的输入电阻大。

4. 输出电阻

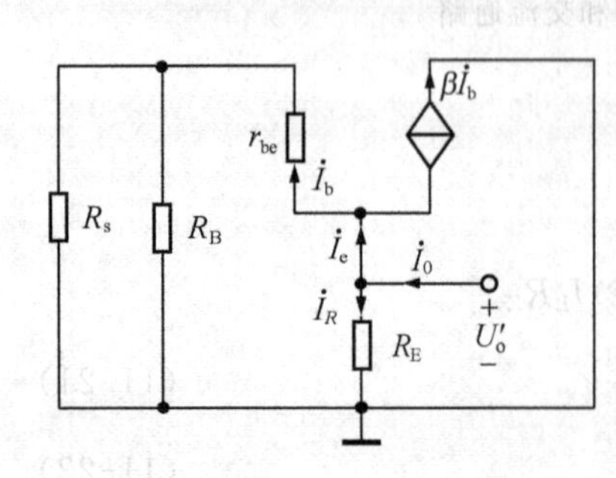


图 11-31 计算 $R_0$ 的等效电路

将负载开路，信号源短路，射极输出器的输出电阻 $R_o$ 由图 11-31 所示电路求出。设外加电压为 $\dot{U}'_o$，流入电路的电流为 $\dot{I}_o$，则有

$$\dot{I}_o = \dot{I}_e + \dot{I}_R = \dot{I}_b + \beta\dot{I}_b + \dot{I}_R = \dot{I}_b(1+\beta) + \dot{I}_R$$

$$\dot{I}_o = \frac{\dot{U}_o}{r_{be} + R'_s}(1+\beta) + \frac{\dot{U}_o}{R_E}$$

式中：$R'_s = R_s // R_B$。由此得到输出电阻为

$$R_o = \frac{\dot{U}_o}{\dot{I}_0} = \frac{r_{be} + R'_s}{1+\beta} // R_E \tag{11-27}$$

通常，$R_E \gg \frac{r_{be}+R'_s}{1+\beta}$，故

$$R_o \approx \frac{r_{be}+R'_s}{1+\beta} \tag{11-28}$$

$R_o$一般为几十欧姆至几百欧姆，比共射放大电路的输出电阻小。

综上所述，共集电极电路的特点是：输入电阻高输出电阻低，输出电压与输入电压近似相等，相位相同。

在多级放大电路中，由于共集电极放大电路输入电阻高，常作为第一级以减轻信号源的负担；输出电阻小可作为输出级以提高带负载能力；在前级输出电阻高后级输入电阻低的情况下，它常作为中间级起缓冲作用。虽然它没有电压放大作用，但有电流放大作用（输出电流 $\dot{I}_e$ 比输入电流 $\dot{I}_i$ 大的多），即有功率放大能力，所以得到了广泛的应用。

## 五、多级放大电路及其耦合方式

由一个三极管构成的基本放大电路的电压放大倍数通常只有几十倍，往往不能满足电子设备对放大倍数和其他性能指标的要求。所以实际电路常常将若干个基本电路串接起来，组成多级放大电路。

多级放大电路级与级之间的连接方式称为**耦合**。下面介绍两种常用的耦合方式：阻容耦合和直接耦合。

### 1. 阻容耦合

图 11-32 是两级放大电路，由两个共射基本放大电路组成，第一级与第二级通过电容和电阻相连接，所以称为**阻容耦合放大电路**。由于电容器的隔直作用，各级的静态工作点互不影响，可以分别计算和调试。其缺点是，当信号频率较低时，电容的容抗较大，会使交流信号衰减，放大倍数下降，所以不适合放大变化缓慢的信号和直流信号。由于集成电路中不能制作大容量的电容，所以也不适于集成化。阻容耦合方式多用于分立元件组成的放大电路中。

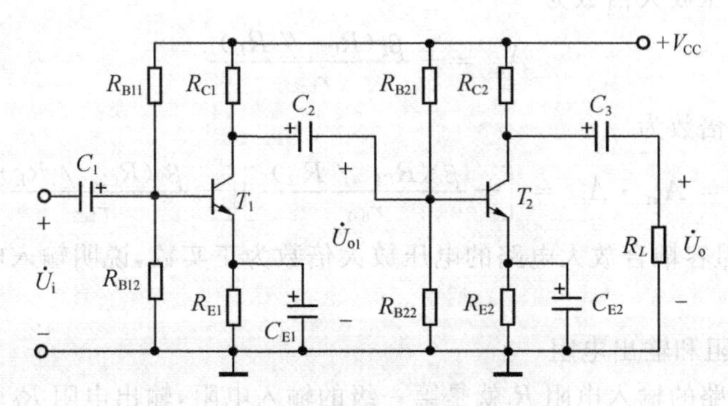

图 11-32　两级阻容耦合放大电路

(1) 静态分析

由于阻容耦合放大电路的静态工作点互不影响，所以根据各级的直流通路分别计

算静态工作点。

(2) 动态分析

以图 11-32 为例讨论多级放大电路的动态指标。图 11-33 是其微变等效电路。

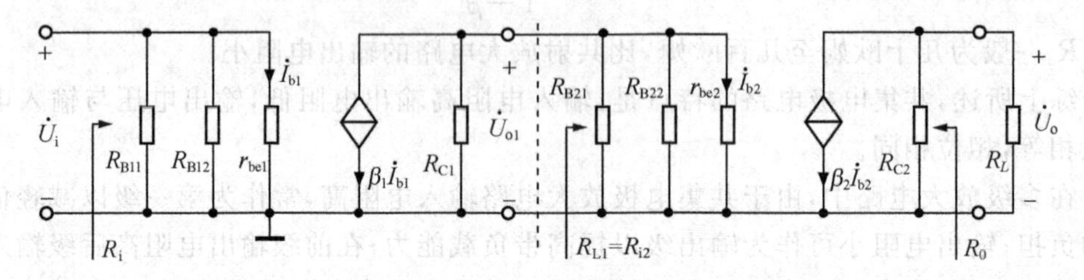


图 11-33　图 11-32 电路的微变等效电路

由图 11-32 可知第一级放大电路的输出电压 $\dot{U}_{o1}$ 就是第二级的输入电压，所以总的电压放大倍数为

$$\dot{A}_u = \frac{\dot{U}_o}{\dot{U}_i} = \frac{\dot{U}_{o1}}{\dot{U}_i} \cdot \frac{\dot{U}_o}{\dot{U}_{o1}} = \dot{A}_{u1} \cdot \dot{A}_{u2}$$

将以上结果推广到 $n$ 级放大电路，便可得到 $n$ 级放大电路总的电压放大倍数等于各级电压放大倍数的乘积，即

$$\dot{A}_u = \dot{A}_{u1} \cdot \dot{A}_{u2} \cdot \dot{A}_{u3} \cdot \cdots \cdot \dot{A}_{un} \tag{11-29}$$

在计算每一级的电压放大倍数时，必须考虑后级对前级的影响，即把后一级的输入电阻作为前一级的负载电阻。

图 11-32 中第一级的电压放大倍数为

$$\dot{A}_{u1} = -\frac{\beta_1 (R_{C1} \,/\!/\, R_{i2})}{r_{be1}} \tag{11-30}$$

式 11-30 中，$R_{i2}$ 是第二级的输入电阻

$$R_{i2} = R_{B21} \,/\!/\, R_{B22} \,/\!/\, r_{be2} \tag{11-31}$$

第二级的电压放大倍数为

$$\dot{A}_{u2} = -\frac{\beta_2 (R_{C2} \,/\!/\, R_L)}{r_{be2}} \tag{11-32}$$

总电压放大倍数为

$$\dot{A}_u = \dot{A}_{u1} \cdot \dot{A}_{u2} = \left[-\frac{\beta_1 (R_{C1} \,/\!/\, R_{i2})}{r_{be1}}\right]\left[-\frac{\beta_2 (R_{C2} \,/\!/\, R_L)}{r_{be2}}\right] \tag{11-33}$$

显然，两级阻容耦合放大电路的电压放大倍数为正实数，说明输入电压与输出电压同相。

(3) 输入电阻和输出电阻

多级放大电路的输入电阻 $R_i$ 就是第一级的输入电阻，输出电阻 $R_0$ 就是最后一级的输出电阻。由图 11-33 可求得输入电阻

$$R_i = R_{B11} \,/\!/\, R_{B12} \,/\!/\, r_{be1} \tag{11-34}$$

输出电阻为

$$R_o = R_{C2} \tag{11-35}$$

2. 直接耦合

将前级的输出端直接通过电阻或导线连接到下一级的输入端，这种连接方式称为**直接耦合**。图 11-34 是两级直接耦合放大电路。第一级是 NPN 管构成的共发射极电路，第二级为 PNP 管构成的共发射极电路。图中采用正负两组电源，可以实现零输入时零输出。

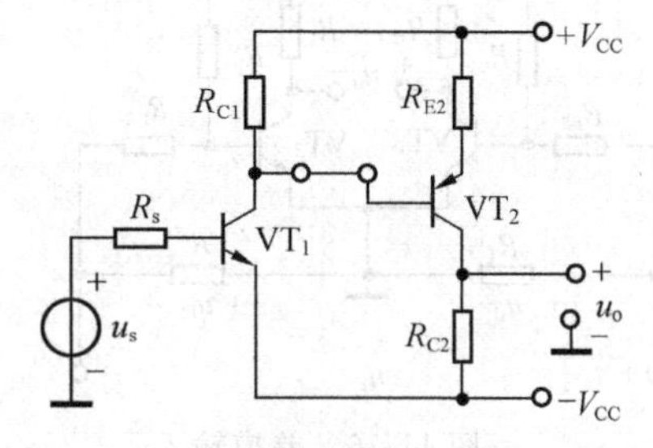


图 11-34 两级直接耦合放大电路

由于没有隔直电容，所以直接耦合放大电路能放大缓慢变化的信号，也适于集成化。但直接耦合存在两个特殊的问题，其一是各级的静态工作点互相影响；其二是零点漂移。所谓**零点漂移**（简称零漂），是指输入信号为零时，输出电压偏离静态值随时间的增长和温度的改变出现忽大忽小的不规则变化。产生零漂的原因，除了元器件参数的老化、电源电压的波动以外，最主要的原因是三极管的参数随温度的变化而引起的。在多级直接耦合放大电路中，前级工作点的微小变化能像信号一样被后面逐级放大，在输出端产生一个缓慢变化的漂移信号电压。放大倍数越高，零点漂移就越大。当输入信号较小时，会造成输出端漂移电压和有用信号难以区分的情况。因此减小零点漂移，尤其是第一级的零点漂移尤为重要。

减小零点漂移除了采用高稳定度的稳压电源以及对元器件进行老化处理和筛选外，最常用的方法是采用差动式放大电路。

## 六、差动式放大电路

图 11-35 是基本差动放大电路原理图。它是由两个左右完全对称的单管共射放大电路组成。三极管 $VT_1$、$VT_2$ 的特性相同，集电极和基极对应的电阻也相等。从两管基极输入信号，从两管集电极之间输出信号，这种接法称为**双端输入双端输出**。

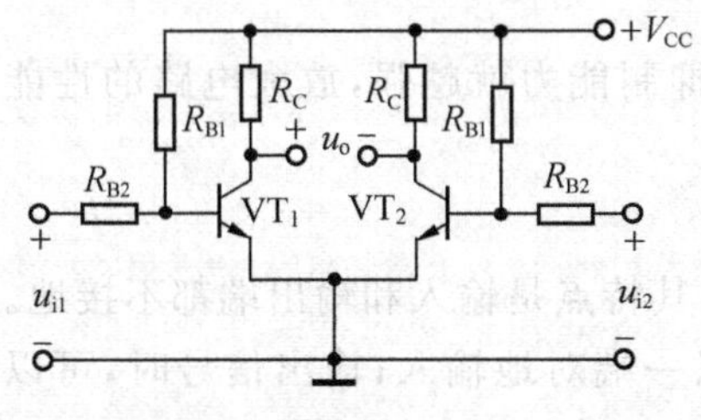


图 11-35 基本差动放大电路

1. 工作原理

(1) 静态时，$u_{i1}=u_{i2}=0$，即两输入端分别接地。因电路结构和参数对称，所以 $U_{CE1}=U_{CE2}$，$u_o=U_{CE1}-U_{CE2}=0$，电路静态时为零输出。

(2) 加共模输入信号。加在两个输入端的信号电压大小相等，极性相同，即 $u_{i1}=u_{i2}=u_{ic}$，称为**共模输入电压**，电路对共模电压的放大倍数称为**共模电压放大倍数**，记作 $A_{uc}$。对于完全对称的差动放大电路，在共模信号的作用下，每个三极管对应的电流、电压的变化量也必然相同，即 $\Delta I_{C1}=\Delta I_{C2}$，$\Delta U_{C1}=\Delta U_{C2}$，因此，$\Delta u_o=\Delta U_{CE1}-\Delta U_{CE2}=0$。而 $A_{uc}=\Delta u_o/u_i$，故 $A_{uc}=0$。即理想对称的差动放大电路双端输出时对共模信号没有放大能力。

环境温度的变化，外界的干扰信号对三极管 $VT_1$、$VT_2$ 的影响基本相同。这些影响可等效为共模信号，所以差动放大电路对它们有很强的抑制能力。

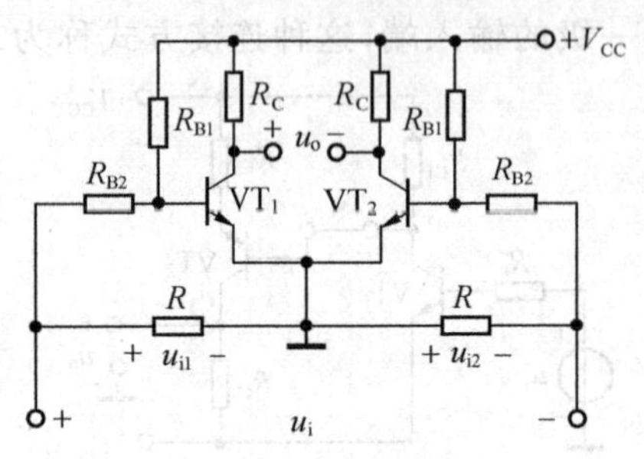

图 11-36 差摸输入

(3) 加差模输入信号。在图 11-36 中，外加输入电压 $u_i = u_{id}$，由于电路结构对称，$VT_1$ 和 $VT_2$ 基极得到的输入电压大小相等，极性相反，即 $u_{i1} = -u_{i2}$，$u_{id}$ 称为**差模输入电压**。电路对差模电压的放大倍数记作 $A_{ud}$。

由于 $T_1$、$T_2$ 的输入电压分别为 $u_{i1} = \frac{1}{2}u_{id}$，$u_{i2} = -\frac{1}{2}u_{id}$。设两个管子的电压放大倍数相等，即 $A_{u1} = A_{u2} = A_u$，因此每个管子的输出电压分别为

$$\Delta U_{C1} = A_{u1} u_{i1} = \frac{1}{2} A_u u_{id}$$

$$\Delta U_{C2} = A_{u2} u_{i2} = -\frac{1}{2} A_u u_{id}$$

放大电路的输出电压 $u_o = \Delta U_{C1} - \Delta U_{C2} = A_u u_{id}$；

所以差模电压放大倍数 $A_{ud} = \frac{u_o}{u_{id}} = A_u$。 (11-36)

由此可知，差动放大电路对差模信号具有放大作用，其差模电压放大倍数等于单管共射放大电路的电压放大倍数。

(4) 共模抑制比

在理想情况下差动放大电路的共模放大倍数 $A_{uc} = 0$。实际上电路不可能作到完全对称，所以 $A_{uc} \neq 0$。为了衡量差动放大电路对共模信号的抑制能力，对差模信号的放大能力，引入了共模抑制比的概念，用 CMRR 表示。

$$\text{CMRR} = \left| \frac{A_{ud}}{A_{uc}} \right| \tag{11-37}$$

显然 CMRR 越大，差动放大电路对共模信号的抑制能力就越强，放大电路的性能也越好，理想情况下，$A_{uc} = 0$，$\text{CMRR} \to \infty$。

2. 差动放大电路的其他接法

前面讨论的双端输入双端输出的差动放大电路，其特点是输入和输出端都不接地。而在实际应用中，差动放大电路可以双端输入也可以一端对地输入；输出信号时，可以双端输出也可以一端对地输出。因此差动放大电路有四种不同的输入输出方式，即双入双出、双入单出、单入双出、单入单出。而实际电路中为了稳定静态工作点，使单端输出时仍能克服零点漂移，差动放大电路通常在发射极接入恒流源，由于篇幅所限，这里不再赘述。

# 第四节 集成运算放大器及其应用

前面介绍的分立元件电路，是把彼此独立的三极管、二极管、电阻等元器件用导线连接而成的电子电路。而半导体集成电路是把电路中的元器件及它们之间的连接线全部制作在一块微小的半导体基片上，构成特定功能的电子电路。集成电路与分立器件电路相比具有体积小、重量轻、功耗小、可靠性高、价格低等特点。半导体集成电路按电路的功能又分为数字集成电路和模拟集成电路两大类。模拟集成电路按其特点又分为运算放大器、电压比较器、功率放大器、模拟乘法器、稳压器、数模转换器、模数转换器等，其中集成运算放大器的应用最广泛。

## 一、集成运算放大器简介

集成运算放大器(简称集成运放或运放)是一种具有高放大倍数、高输入电阻、低输出电阻、采用直接耦合的多级放大电路。因为其最早应用于电子模拟计算机的数值运算，所以称为**运算放大器**。随着电子技术的发展，实际运放的应用早已超出数值运算的范围，它在信号测量、信号产生、信号处理及波形变换等方面都得到了广泛的应用。

集成运放的种类很多，内部电路形式也不尽相同，但整个电路大体上都可分为输入级、中间级、输出级和偏置电路四部分，如图11-37所示。

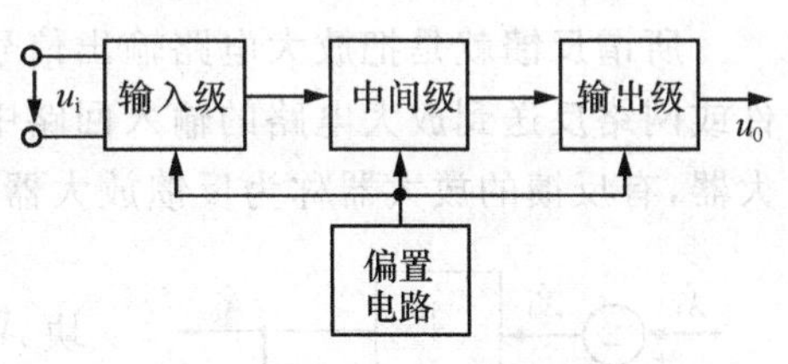


图 11-37 集成运放的组成框图

输入级常采用差动放大电路，以减小零点漂移和抑制干扰。差动放大电路中两个三极管的基极即为集成运放的两个输入端。中间级通常由共发射极电路组成，以获得足够高的电压放大倍数。输出级直接和负载相连，因此要求其输出电阻小、输出功率大、且有过载保护功能，该级通常由共集电极电路构成的互补对称式电路组成。偏置电路为各级提供合适的静态工作电流。集成运放的符号如图 11-38 所示。图(a)中，$R_W$是外接的调零电位器，调整它可实现零输入时零输出，$C_P$是外接的补偿电容，用于消除自激振荡；▷表示信号的传送方向，$A$ 表示放大器。$u_+$与 $u_-$分别称为同相输入端和反相输入端，即 $u_+$与 $u_0$成同相关系；$u_-$与 $u_0$成反相关系；运放通常使用正负两组电源，使用时电源电压不能超过规定值，且极性不能接反；输出端的最大负载电流也不能超过手册规定的数值，更要防止对地短路，以免损坏运放。对于使用者来说，重点不是详细了解运放的内部电路结构及制造中采用了那些新工艺、新技术，而要将注意力转向运放的应用，包括运放在使用中的一些注意事项。

集成运放的放大倍数很高，例如国产集成运算放大器 CF741 的电压放大倍数大于$10^5$，有些运放的放大倍数可达 $10^9$。这样高的放大倍数，使输入信号的变化范围很小。

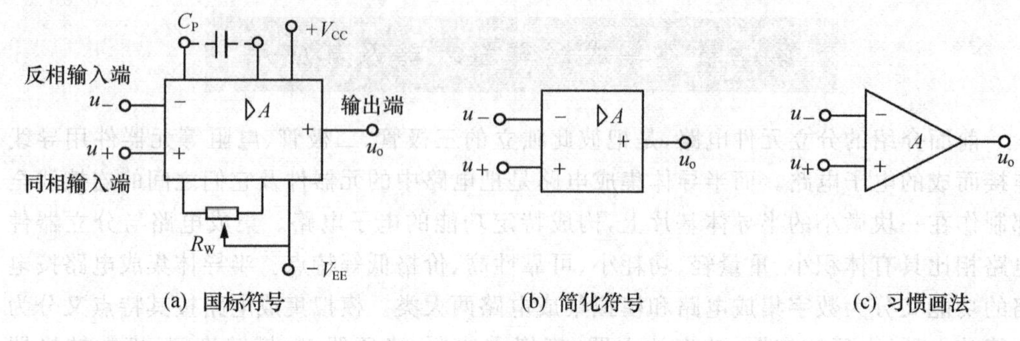


图 11-38 集成运放的符号

设 CF741 的最大输出电压为 12V，那么输入信号的最大值 $u_{im}=\frac{12V}{10^5}=0.12\ mV$，如果输入信号超过 0.12 mV，输出波形就会失真。实际上由于温漂、干扰等的影响，运放将无法稳定地工作。因此为了使运放实现线性放大，改善放大电路的性能，必须在电路中引入负反馈。

## 二、集成运放构成的负反馈放大电路

### 1. 反馈的基本概念

所谓**反馈**就是把放大电路输出信号(电压或电流)的一部分或全部，通过一定的元件或网络反送到放大电路的输入回路中。没有反馈的放大器称为开环放大器或基本放大器，有反馈的放大器称为反馈放大器或闭环放大器。

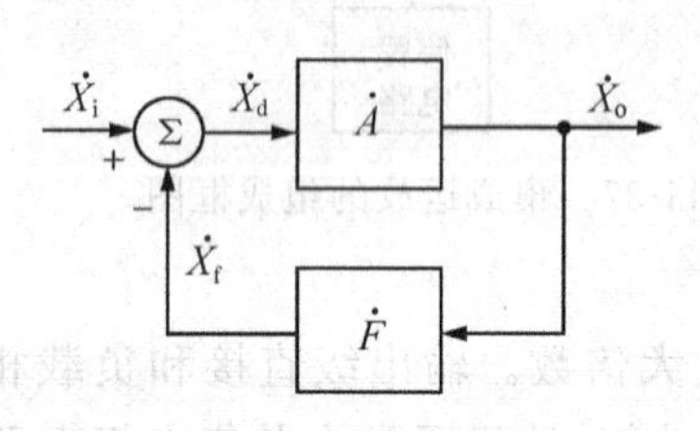


图 11-39 反馈放大器的方框图

反馈放大器的方框图如图 11-39 所示。图中方块 $\dot{A}$ 表示开环放大器，方块 $\dot{F}$ 表示反馈网络，$\dot{X}$ 表示正弦量(电压或电流)，用相量表示。其中：$\dot{X}_i$、$\dot{X}_o$ 和 $\dot{X}_f$ 分别表示输入、输出和反馈信号；符号Σ表示 $\dot{X}_i$ 和 $\dot{X}_f$ 在此进行叠加。按图中所标的"+"、"−"极性所得的差值信号 $\dot{X}_d=\dot{X}_i-\dot{X}_f$ 称为净输入信号，显然 $\dot{X}_d$、$\dot{X}_i$、$\dot{X}_f$ 具有相同的量纲。箭头表示信号的传输方向。

判断电路是否存在反馈，要看放大电路的输出端和输入端之间是否存在反馈元件，即是否有架在输出、输入间的"桥梁"元件，或既在输入回路又在输出回路的元件。观察图 11-40 可知，图(a)不存在反馈，图(b)和(c)均存在反馈。

### 2. 反馈的分类

反馈放大电路形式多样，不同类型的反馈具有不同的特点，在电路中所起的作用也不同，为了对反馈作较深入的讨论，对照图 11-39 对反馈放大电路进行分类。

(1) 若反馈到放大电路输入回路的信号 $\dot{X}_f$ 是交流量，则称为交流反馈；若反馈信号 $\dot{X}_f$ 是直流量则称为直流反馈。在很多情况下，两种反馈同时存在。例如图 11-40(b)

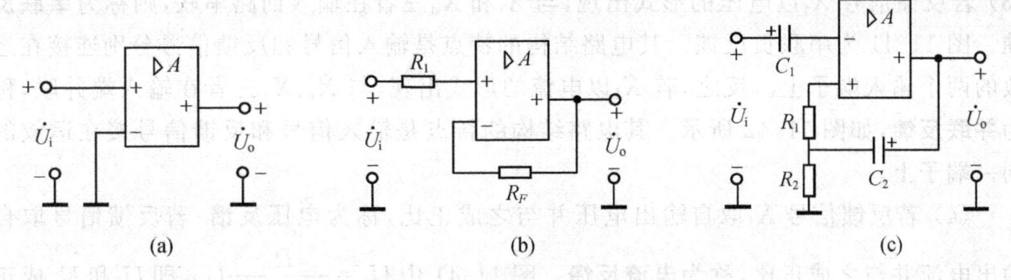

图 11-40　有无反馈的判别

中 $R_F$ 构成的反馈通路可以把输出的交、直流成分反馈到运放的反相输入端，所以是交、直流兼有的反馈。图 11-40(c)中，由于 $C_2$ 的隔直作用，因此，只有交流反馈。

(2) 如果反馈信号 $\dot{X}_f$ 和输入信号 $\dot{X}_i$ 叠加的结果使 $|\dot{X}_d|<|\dot{X}_i|$，从而减小了放大倍数称为**负反馈**。反之，若 $|\dot{X}_d|>|\dot{X}_i|$，使放大倍数增大称为**正反馈**。一个实用的放大电路通常都引入负反馈。

区分正负反馈通常用“瞬时极性法”。即先假定输入信号对地为某一瞬时极性(用⊕或⊖表示其瞬时极性)经过放大器的放大，再经反馈网络传输，最后得到反馈信号的瞬时极性(也用⊕或⊖表示)。如果反馈信号使 $|\dot{X}_d|<|\dot{X}_i|$，则为**负反馈**；反之，若反馈信号使 $|\dot{X}_d|>|\dot{X}_i|$，则为**正反馈**。

在图 11-41 中，假设 $u_s$ 的瞬时极性为⊕。经同相放大后，输出电压的瞬时极性也为⊕。而 $R_1$ 两端电压 $\dot{U}_f$ 是 $R_F$ 和 $R_1$ 对 $\dot{U}_o$ 分压后得到的。该电压就是反馈到放大器输入端的电压，即反馈电压。所以 $\dot{U}_f$ 的瞬时极性也为正，运放两个输入端的电压(即净输入电压)$\dot{U}_d$ 为输入电压与反馈电压之差，所以 $|\dot{U}_d|<|\dot{U}_i|$，是负反馈。若将图 11-41 中集成运放的同相端和反相端交换位置，读者可以自行证明，电路引入的是正反馈。

在图 11-42 中，假设 $u_s$ 的瞬时极性为⊕，经反相放大后，输出电压的瞬时极性为⊖，经 $R_F$ 反馈回来信号的瞬时极性也为⊖，因此，该电路引入的是负反馈。引入直流负反馈的目的是稳定静态工作点，例如本章 11.3 节中学习过的工作点稳定电路；引入交流负反馈虽然使放大倍数下降，但是能改善放大电路的动态性能，所以后面重点讨论交流负反馈。

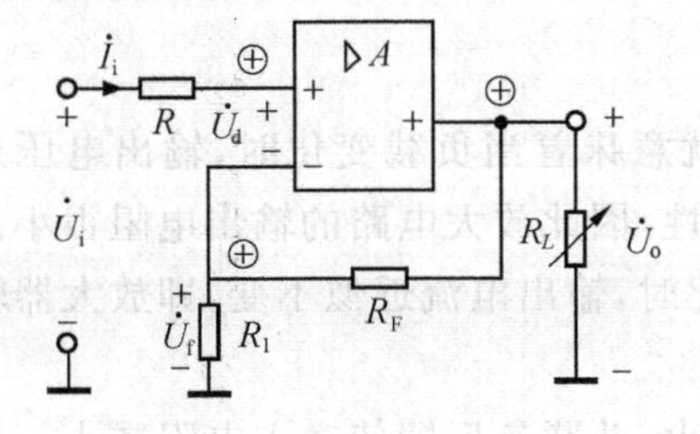
图 11-41　电压串联负反馈

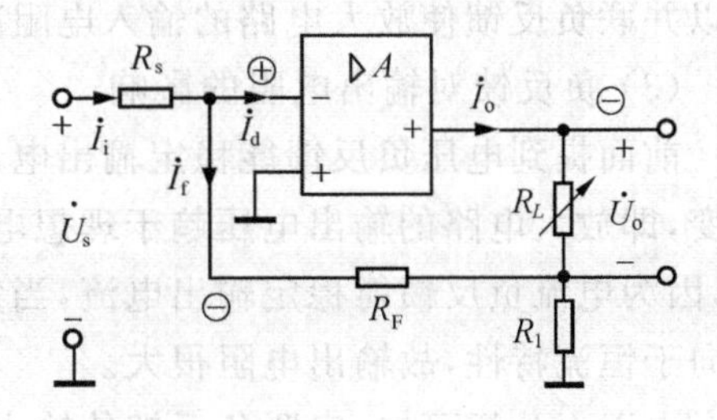
图 11-42　电流并联负反馈

(3) 若反馈信号 $\dot{X}_f$ 以电压的形式出现，与 $\dot{X}_i$ 和 $\dot{X}_d$ 三者在输入回路串联，则称为**串联反馈**。图 11-41 为串联负反馈。其电路结构的特点是输入信号和反馈信号分别连接在运放的两个输入端子上。反之，若 $\dot{X}_f$ 以电流的形式出现，与 $\dot{X}_i$、$\dot{X}_d$ 三者在输入端并联，称为**并联反馈**，如图 11-42 所示。其电路结构的特点是输入信号和反馈信号接在运放的同一端子上。

(4) 若反馈信号 $\dot{X}_f$ 取自输出电压并与之成正比，称为**电压反馈**；若反馈信号取自输出电流并与之成正比，称为**电流反馈**。图 11-41 中 $U_f=\dfrac{R_1}{R_2+R_1}U_o$，即 $U_f$ 和 $U_o$ 成正比，所以是电压反馈。图 11-42 中，由于集成运放的输入电阻很高，所以流入运放的电流 $I_d\approx0$，因而运放反相端电压 $U_-\approx0$，反馈电流 $I_f=-\dfrac{R_1}{R_1+R_F}I_o$，反馈信号与输出电流成正比，故是电流反馈。

判断放大电路引入了电压反馈还是电流反馈，可假设输出端短接。若反馈信号消失则为电压反馈，反之为电流反馈。

由上面的讨论可知：对交流负反馈，根据反馈信号和输入信号、输出信号的关系有不同的组合(称组态)。图 11-41 引入了电压串联负反馈，图 11-42 引入了电流并联负反馈。

3. 负反馈对放大电路性能的影响

交流负反馈虽然使放大电路的放大倍数下降，但却改善了放大电路的各项性能，下面只做简单的分析。

(1) 电压负反馈能稳定输出电压，电流负反馈能稳定输出电流。由图 11-39 可知：在 $\dot{X}_i$ 一定时，由于某种因素引起 $\dot{X}_o$ 发生变化，例如 $|\dot{X}_o|$ 增大，则有下面的反馈过程：$|\dot{X}_o|\uparrow\rightarrow|\dot{X}_f|\uparrow\rightarrow|\dot{X}_i|-|\dot{X}_f|=|\dot{X}_d|\downarrow\rightarrow|\dot{X}_o|\downarrow$。

(2) 负反馈对输入电阻的影响

由图 11-41 可知，串联负反馈从输入信号往里看，运放的输入电阻为 $R_i=U_d/I_i$，而反馈放大电路的输入电阻为 $R_{if}=U_i/I_i$，因为 $U_i>U_d$，故 $R_{if}>R_i$，所以串联负反馈使放大电路的输入电阻增大；对于图 11-42 的并联负反馈，从输入信号往里看，运放的输入电阻为 $R_i=U_i/I_d$，而反馈放大电路的输入电阻是 $R_{if}=U_i/I_i$，因为 $I_i>I_d$，故 $R_{if}<R_i$，所以并联负反馈使放大电路的输入电阻减小。

(3) 负反馈对输出电阻的影响

前面提到电压负反馈能稳定输出电压。这就意味着当负载变化时，输出电压近似不变，即放大电路的输出电压趋于理想电压源特性，因此放大电路的输出电阻很小。同理，因为电流负反馈能稳定输出电流，当负载变化时，输出电流近似不变，即放大器输出趋向于恒流特性，故输出电阻很大。

由以上分析可知：串联负反馈使输入电阻增大，并联负反馈使输入电阻减小。电压负反馈能稳定输出电压，减小输出电阻；电流负反馈能稳定输出电流，增大输出电阻。在实际应用中应根据不同的需要在放大电路中引入不同的负反馈。例如：希望放大电路向信号源吸取的电流小并增强带负载能力，可引入电压串联负反馈。

此外，负反馈放大电路还可以减小输出波形的非线形失真，展宽通频带等。总之，负反馈能改善放大电路性能是以减小放大倍数为代价的。

### 三、集成运放工作在线性区的特点

由于运放的开环电压放大倍数非常高，为了保证工作在线性区必须引入深度负反馈，以减小直接施加在运放两个输入端的净输入电压。运放工作在线性区有以下特点：

1. $u_+=u_-$（见图 11-43），即反相端与同相端的电位相等。这种两个输入端没有短接，而电位相等的情况称为“虚短”。

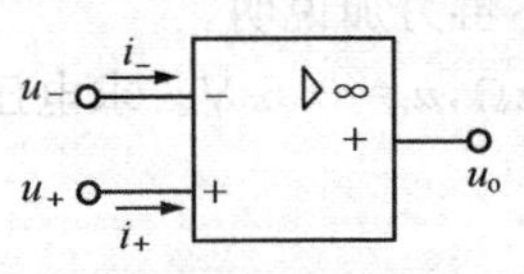

图 11-43　理想集成运放的符号

这是因为在线性区 $u_o=A_u(u_+-u_-)$，或写为 $u_+-u_-=\dfrac{u_o}{A_u}$；输出电压为有限值，开环放大倍数 $A_u$ 非常大，可近似认为 $A_u\to\infty$，所以有 $u_+-u_-=0$。

2. $i_+=i_-=0$，即运放的两个输入端均没有电流流过，相当于断路，但电路并未断开，故称为“**虚断**”。

这是因为集成运放的输入电阻 $R_i$ 很高，可近似认为 $R_i\to\infty$，因而有 $i_+=i_-=0$。

3. 输出电阻 $R_o=0$，即输出端是理想的电压源。

应注意上述得出的结论是根据集成运放的开环放大倍数高、输入电阻高、输出电阻低的特点作了理想化处理得出的。这样处理后在计算时会存在一些误差，但误差很小，工程上是允许的。利用上述结论在分析集成运放组成的各种线性应用电路时，既简单又方便，因此必须牢固掌握。

### 四、集成运放的线性应用

1. 反相比例运算电路

电路如图 11-44 所示，输入信号 $u_i$ 经电阻 $R_1$ 输入到运放的反相端，$R_F$ 为负反馈电阻。由“虚断”可知 $i_+=i_-=0$，故 $R_2$ 上电压 $u_+=0$；又根据“虚短”可得 $u_+=u_-$，即 $u_-$ 也是零电位。这种反相端没有接“地”，但却等于“地”电位的情况称为“**虚地**”。

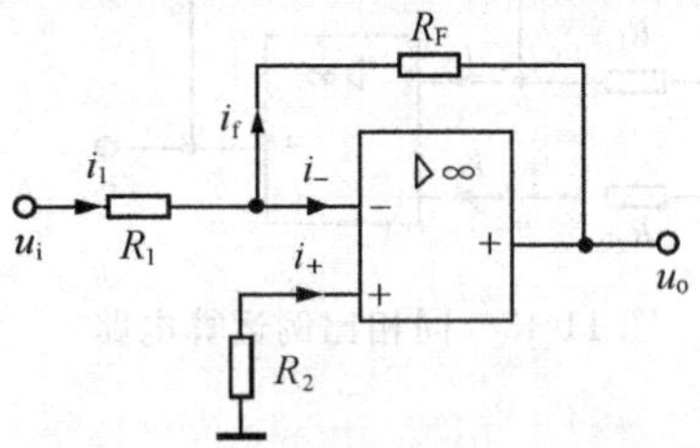

图 11-44　反相比例运算电路

因此有

$$i_1=i_f$$

即

$$\frac{u_i-u_-}{R_i}=\frac{u_--u_o}{R_F};$$

因 $u_-=0$，得

$$u_o=-\frac{R_F}{R_1}u_i \tag{11-38}$$

所以反相比例运算电路的电压放大倍数

$$A_{uf}=\frac{u_o}{u_i}=-\frac{R_F}{R_1} \tag{11-39}$$

式中的负号表示输入信号 $u_i$ 接入反相端时，输出电压 $u_0$ 和输入电压 $u_i$ 反相。该式还表明运放加负反馈后的(闭环)电压放大倍数只与外接电阻 $R_F$ 和 $R_1$ 有关，与运放本身的参数无关，所以电路具有很高的稳定性。当选用不同值的 $R_F$ 和 $R_1$ 时就可得到不同的电压放大倍数，当 $R_F=R_1$ 时，$A_{uf}=-1$，该电路称为反相器。

$R_2$ 是平衡电阻，当 $u_i=0$ 时，为了保持差动放大电路的对称结构，应使运放的反相输入端到地之间的等效电阻等于同相输入端到地之间的等效电阻，即 $R_1//R_F=R_2$。本小节将要介绍的其他电路的平衡电阻的求法与此相同，以后不再另加说明。

**【例 11-6】** 图 11-44 所示的电路，设 $R_F=100\ \text{k}\Omega$，$R_1=10\ \text{k}\Omega$，$u_i=0.5\ \text{V}$。求电压放大倍数 $A_{uf}$ 及输出电压 $u_o$。

**【解】** 由式(11-40)得

$$A_{uf}=-\frac{R_F}{R_1}=-\frac{100}{10}=-10$$

由式(11-39)得

$$u_o=A_{uf}u_i=-10\times 0.5\ \text{V}=-5\ \text{V}$$

2. 同相比例运算电路

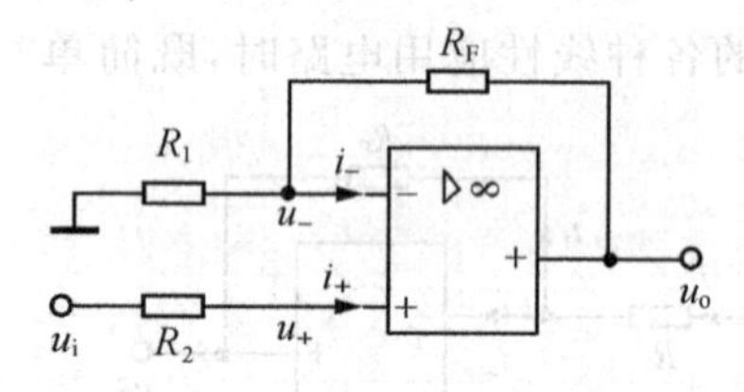


图 11-45 同相比例运算电路

电路如图 11-45 所示，输入信号加在同相输入端，根据“虚断”可知

$$i_+=i_-=0$$

根据“虚短”可知

$$u_-=u_+=u_i$$

因此有

$$u_i=\frac{R_1}{R_F+R_1}\cdot u_o \tag{11-40}$$

即

$$A_{uf}=\left(1+\frac{R_F}{R_1}\right) \tag{11-41}$$

可见同相比例运算电路的电压放大倍数始终大于或等于 1，公式中没有负号表明输出电压与输入电压同相位。当 $R_1$ 开路($R_1\to\infty$)时，$A_f=1$，即 $u_o=u_i$，该电路称为**电压跟随器**。电路如图 11-46 所示，图(a)和图(b)是等价的。

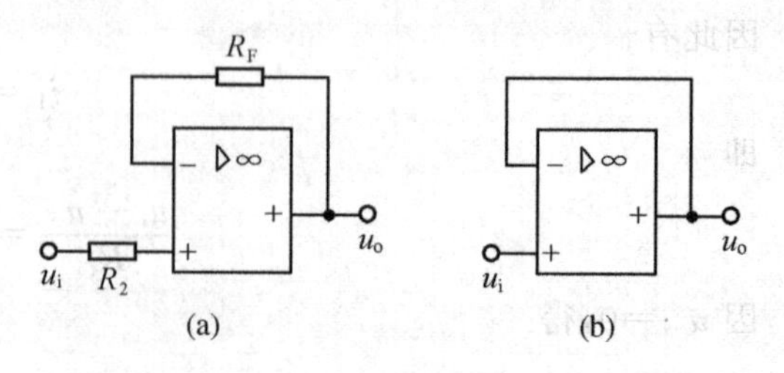


图 11-46 电压跟随器

电压跟随器引入的是电压串联负反

馈，因此输入电阻很高，输出电阻约等于零，在电路中常作为隔离级，应用很广泛。

3. 差动比例运算电路（减法运算电路）

电路如图 11-47 所示，信号 $u_1$、$u_2$ 分别加到运放的反相输入端和同相输入端上。由叠加原理知，输出电压 $u_o$ 可看作是两个输入电压 $u_1$、$u_2$ 分别作用的代数和。

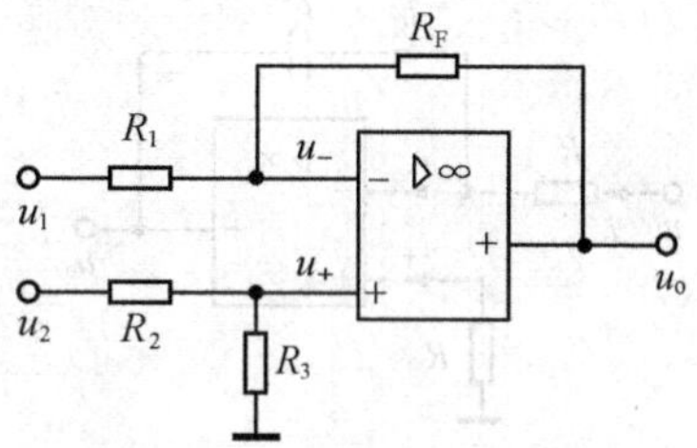


图 11-47 差动比例运算电路

当 $u_1$ 单独作用时，令 $u_2=0$。该电路就是反相比例运算电路。输出电压

$$u'_o=-\frac{R_F}{R_1}u_1$$

当 $u_2$ 单独作用时，令 $u_1=0$，该电路就是同相比例运算电路。输出电压

$$u''_o=\left(1+\frac{R_F}{R_1}\right)u_+=\left(1+\frac{R_F}{R_1}\right)\left(\frac{R_3}{R_2+R_3}\right)u_2$$

$$\therefore \quad u_o=u'_o+u''_o$$

$$=-\frac{R_F}{R_1}u_1+\left(1+\frac{R_F}{R_1}\right)\left(\frac{R_3}{R_2+R_3}\right)u_2 \tag{11-42}$$

当 $R_1=R_2$，$R_F=R_3$ 时，则上式为

$$u_o=\frac{R_F}{R_1}(u_2-u_1)=A_{uf}(u_2-u_1) \tag{11-43}$$

此时，闭环电压放大倍数为

$$A_{uf}=\frac{R_F}{R_1} \tag{11-44}$$

当 $R_F=R_1$，则得

$$u_o=(u_2-u_1) \tag{11-45}$$

可见输出电压只与两个输入电压 $u_1$、$u_2$ 之差成比例，从而实现了减法运算。

【例 11-7】 在图 11-47 电路中，设 $u_1=2.5\text{V}$，$u_2=2.3\text{V}$，$R_F=R_3=300\ \text{k}\Omega$，$R_2=R_1=20\ \text{k}\Omega$，求 $A_{uf}$ 和 $u_o$ 之值。

【解】 由式(11-45)可知

$$A_{uf}=\frac{R_F}{R_1}=\frac{300}{20}=15$$

由式(11-44)可得到输出电压

$$u_o=A_{uf}(u_2-u_1)=15\times(2.3-2.5)=-3\ \text{V}$$

4. 反向输入求和电路

电路如图 11-48 所示。由于 $i_-=0$，可得

$$i_1+i_2+i_3=i_f$$

又因 $u_-$ 为“虚地”，所以

$$\frac{u_1}{R_1}+\frac{u_2}{R_2}+\frac{u_3}{R_3}=-\frac{u_o}{R_F}$$

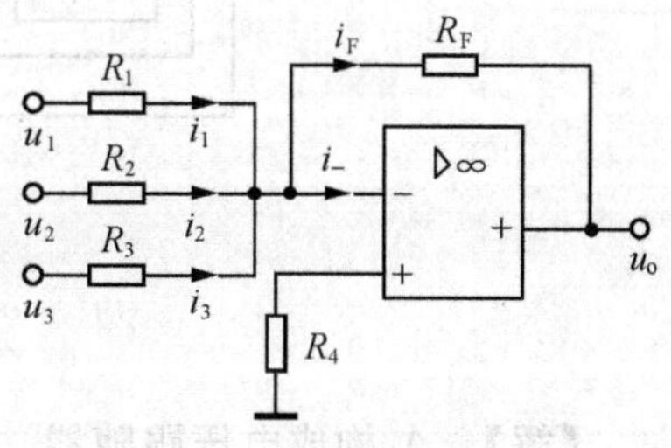


图 11-48 反向输入求和电路

$$u_o = -\left(\frac{R_F}{R_1}u_1 + \frac{R_F}{R_2}u_2 + \frac{R_F}{R_3}u_3\right) \tag{11-46}$$

电路实现了反向求和运算。

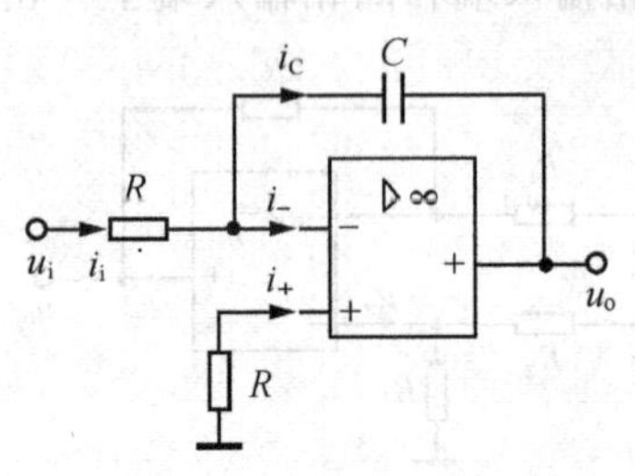


图 11-49　积分运算电路

5. 积分运算电路

电路如图 11-49 所示，设电容的初始电压为零。因为运放反相输入端为"虚地"，$i_-=0$，故

$$i_i = i_C = \frac{u_i}{R}$$

$$u_o = -u_C = -\frac{1}{C}\int i_C \mathrm{d}t = -\frac{1}{RC}\int u_i \mathrm{d}t \tag{11-47}$$

上式表明电路的输出电压和输入电压成积分关系。当 $u_i$ 为常数 $U_i$ 时

$$u_o = -\frac{1}{RC}\int u_i \mathrm{d}t = -\frac{U_i}{RC}t \tag{11-48}$$

输出电压 $|u_o|$ 将随时间线性增大，直到达到最大值（接近于电源电压），进入非线性工作区。

**【例 11-8】** 在图 11-49 的积分电路中，已知：$R=100\ \mathrm{k\Omega}$，$C=10\mu\mathrm{F}$，电容的初始电压为零。该电路在 $t=0$ 时刻接入 $u_i=-2\mathrm{V}$ 的输入电压，求经过多长时间输出电压 $u_o=5\mathrm{V}$。

**【解】** 由式(11-48)得

$$5 = -\frac{-2\mathrm{V}}{100\times10^3\ \Omega\times10\times10^{-6}\mathrm{F}}t$$

解得

$$t = 2.5\ \mathrm{s}$$

经过 2.5 s 的延时输出电压达到 5V。

**【例 11-9】** 试求图 11-50 电路中 $u_{o1}$、$u_{o2}$、$u_{o3}$ 和 $u_i$ 的运算关系。

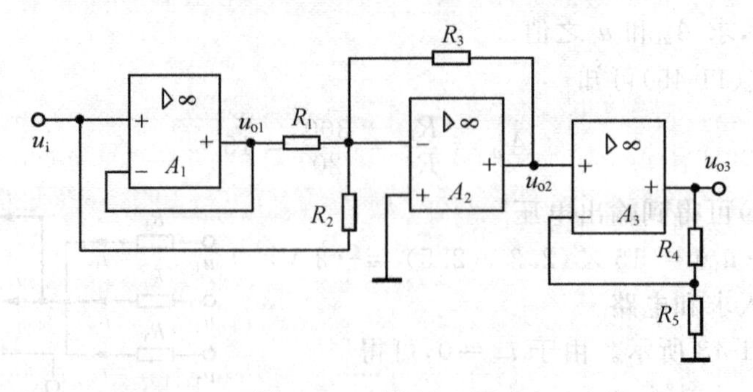


图 11-50　例 11-9 图

**【解】** $A_1$ 构成电压跟随器

$$u_{o1} = u_i$$

$A_2$构成反相求和运算电路

$$u_{o2}=-\left(\frac{R_3}{R_1}u_{o1}+\frac{R_3}{R_2}u_i\right)=-\left(\frac{1}{R_1}+\frac{1}{R_2}\right)R_3u_i$$

$A_3$构成同相比例运算电路

$$u_{o3}=\left(1+\frac{R_4}{R_5}\right)u_{o2}=-\left(1+\frac{R_4}{R_5}\right)\left(\frac{1}{R_1}+\frac{1}{R_2}\right)R_3u_i$$

## 五、集成运放的非线性应用——电压比较器

电压比较器是将输入端的模拟信号和一个参考电压进行幅度比较，输出高低电平(压)的电路，如图11-51所示。图中$U_R$是直流基准电压，即参考电压，加在同相输入端，输入电压$u_i$加在反相输入端，集成运放处在开环状态。由于理想运放的开环放大倍数$A_u=\infty$，所以只要运放两个输入端之间有电位差，则输出立刻达到饱和值，即

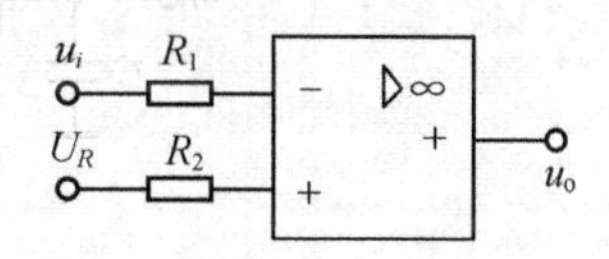


图11-51　电压比较器

$$u_i>U_R\text{ 时}，u_o=-U_{om}$$
$$u_i<U_R\text{ 时}，u_o=U_{om}$$

$U_{om}$是集成运放输出的最大电压，它们的数值分别比正、负电源电压$V_{CC}$和$V_{EE}$低1～2V。当参考电压$U_R$为零时称为过零比较器。

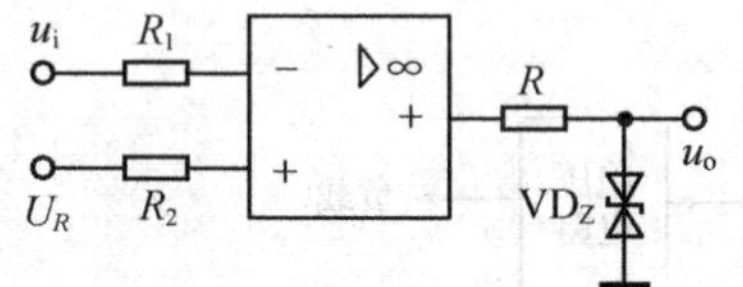


图11-52　利用稳压管限幅的电压比较器

在实际应用中当所需要的电压幅度比电压比较器的输出电压$U_{om}$低时，可采用图11-52的电路。图中$VD_Z$是两个背靠背的稳压管，$R$是限流电阻。设两个稳压管的击穿电压都是$U_Z$，当忽略其正向导通电压时，可得

$$u_i>U_R\text{ 时}，u_o=-U_z$$
$$u_i<U_R\text{ 时}，u_o=U_z$$

以上的电压比较器采用反相输入，如果需要，也可以采用同相输入方式。

电压比较器广泛用于信号处理和检测、波形产生电路等。下面介绍电压比较器的应用。

在图11-52的电路中设$U_R=0$，当$u_i$为正弦波时，输出是方波，实现了波形变换，输入输出波形如图11-53所示。

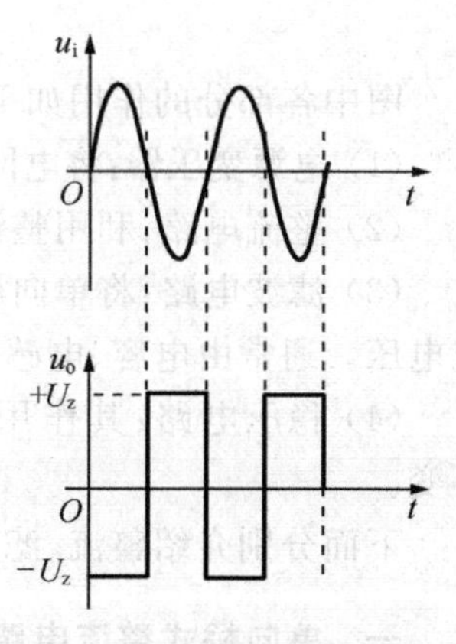


图11-53　电压比较器的波形变换作用

图11-54是监控报警电路，可以实现对温度、压力等参数的监控。传感器将温度、压力等非电量转换成电信号$u_i$，该信号通常只有毫伏数量级，所以需要后接放大器进行放大，放大的信号$u_{o1}$和参考电压$U_R$进行比较，当$u_{o1}$大

于$U_R$时(说明温度或压力已超过规定值),比较器$A_2$输出高电平,三极管导通,报警灯亮;反之,当$u_{01}$小于$U_R$时(说明温度或压力没有超过规定值),比较器输出低电平,三极管截止,报警灯不亮。二极管VD的作用是在比较器输出低电平时,保证三极管的发射结不会发生反向击穿。

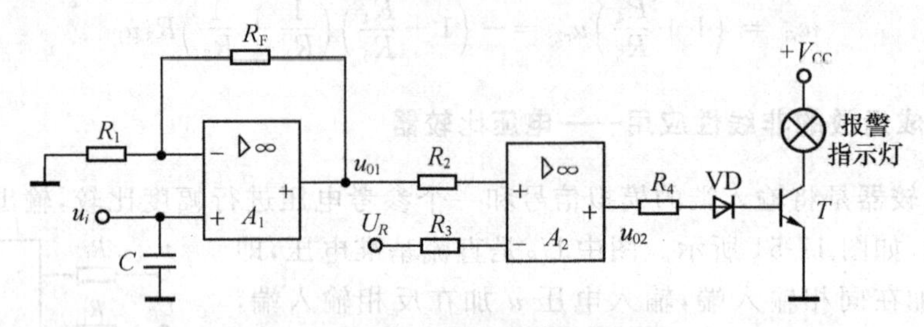


图 11-54 监控报警电路

## 第五节 直流电源

前面介绍的电子电路都要用直流电源供电。这种电源除了少数使用干电池以外,绝大多数情况下都是把交流电源变换成直流电源。将交流电变成直流电一般要经过图11-55的过程。

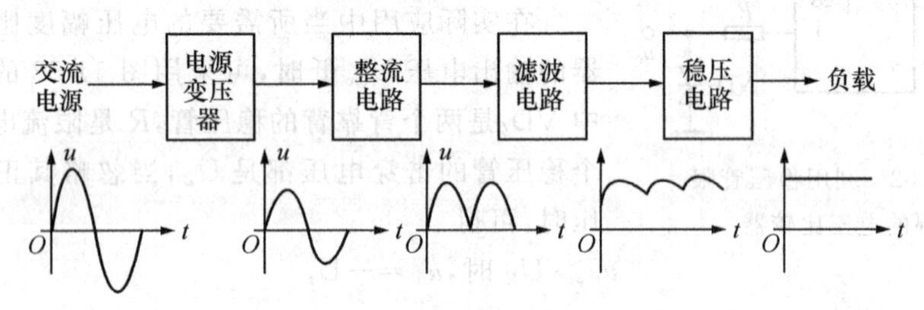


图 11-55 直流电源的组成原理图

图中各部分的作用如下:

(1) 电源变压器:将电网交流电压变换为整流电路所需要的交流电压(通常是低压)。

(2) 整流电路:利用整流元件的单向导电性,把交流电压变换为单向的脉动电压。

(3) 滤波电路:将单向脉动电压中的交流分量滤掉,使输出电压变为比较平滑的直流电压。通常由电容、电感等储能元件组成。

(4) 稳压电路:其作用是当电网电压波动或负载变化时,保持输出的直流电压不变。

下面分别介绍整流、滤波、稳压电路的具体电路和工作原理。

### 一、单向桥式整流电路

单相整流电路除了第一节介绍过的半波整流电路外,还有全波和桥式整流电路。

下面只介绍在小功率整流电路中应用较多的桥式整流电路，如图 11-56 所示，图中 $T_r$ 是电源变压器，$R_L$ 是要求直流供电的负载电阻。四只二极管接成了电桥的形式，所以称为**桥式整流电路**。

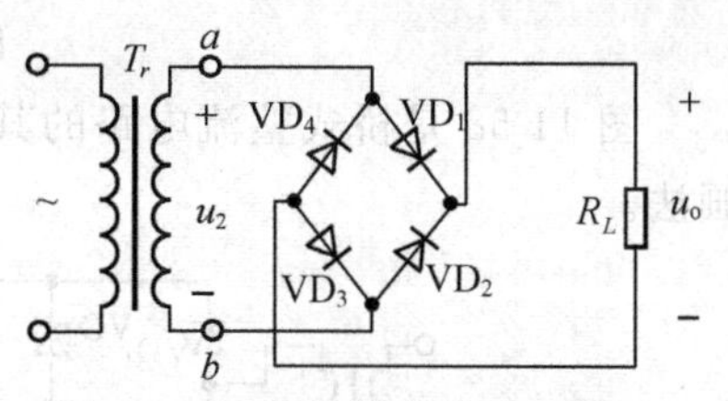


图 11-56　单向桥式整流电路

1. 工作原理

设变压器的副边电压 $u_2=\sqrt{2}U_2\sin\omega t$，为简化分析，将二极管视为理想元件，即认为它的正向导通电阻为零，反向电阻为无穷大。在 $u_2$ 的正半周（$a$ 端为正，$b$ 端为负），$VD_1$ 和 $VD_3$ 因正偏而导通；$VD_2$、$VD_4$ 因反偏而截止。电流的通路可表示为 $a$ 端→$VD_1$→$R_L$→$VD_3$→$b$ 端；$u_2$ 的负半周时（$b$ 端为正，$a$ 端为负）电流的通路是 $b$ 端→$VD_2$→$R_L$→$VD_4$→$a$ 端。

对于负载电阻 $R_L$ 来说无论在 $u_2$ 的正半周还是负半周都有电流流过，且方向不变。所以这是一种全波整流电路。桥式整流的电流电压波形如图 11-57 所示。

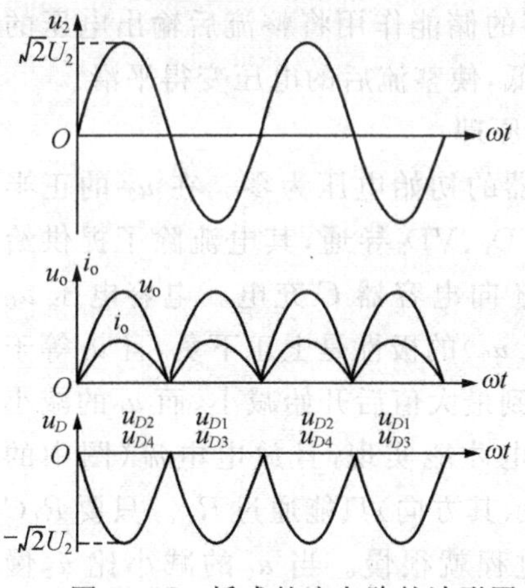


图 11-57　桥式整流电路的波形图

2. 计算负载电压和电流的平均值

由图 11-57 可知，负载上的电压 $u_o$ 是一单向脉动电压，它在一个周期内的平均值 $U_o$ 为

$$U_o=\frac{1}{\pi}\int_0^{\pi}\sqrt{2}U_2\sin\omega t\,\mathrm{d}(\omega t)=\frac{2\sqrt{2}}{\pi}U_2\approx 0.9U_2 \tag{11-49}$$

负载电流的平均值为

$$I_o=\frac{U_o}{R_L}=0.9\frac{U_2}{R_L} \tag{11-50}$$

3. 整流二极管的选择

由于四个整流二极管在 $u_2$ 的一个周期中只导通半个周期，所以流过每个二极管的平均电流 $I_D$ 为 $I_o$ 的一半，即

$$I_D=\frac{1}{2}I_o=0.45\frac{U_o}{R_L} \tag{11-51}$$

由图 11-56 可知，每个二极管截止时，它两端承受的最高反向工作电压 $U_{RM}$ 就是 $u_2$ 的峰值，即

$$U_{RM}=\sqrt{2}U_2 \tag{11-52}$$

所以，在选择二极管时必须要满足下列条件：

二极管的最大整流电流

$$I_F\geqslant I_D=0.45\frac{U_2}{R_L}$$

二极管的最高反向工作电压

$$U_R \geqslant U_{RM} = \sqrt{2}U_2$$

图 11-58 是桥式整流电路的其他画法，图(a)是另一种常用的画法，图(b)是简化的画法。

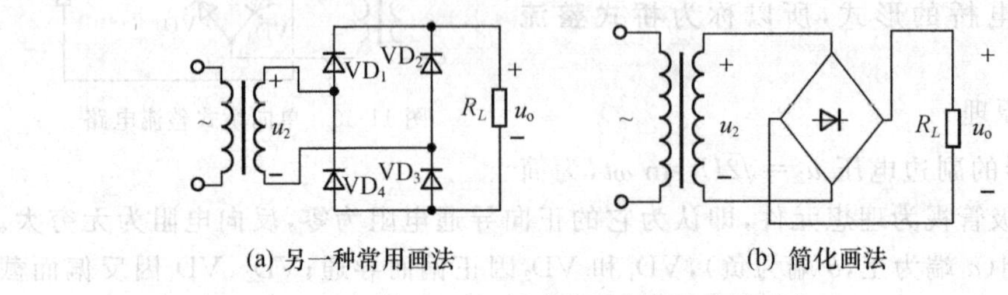


(a) 另一种常用画法　　(b) 简化画法

图 11-58　桥式整流电路的其他画法

## 二、电容滤波电路

在小功率整流电路中用的最多的是电容滤波电路，如图 11-59(a)所示。它是在整流电路的输出端并联一个大容量的电容器，利用电容的储能作用将整流后输出电压的脉动成分降低，使整流后的电压变得平滑。

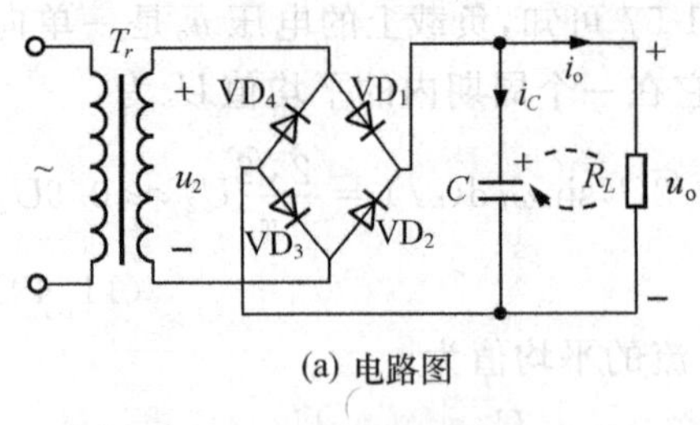


(a) 电路图

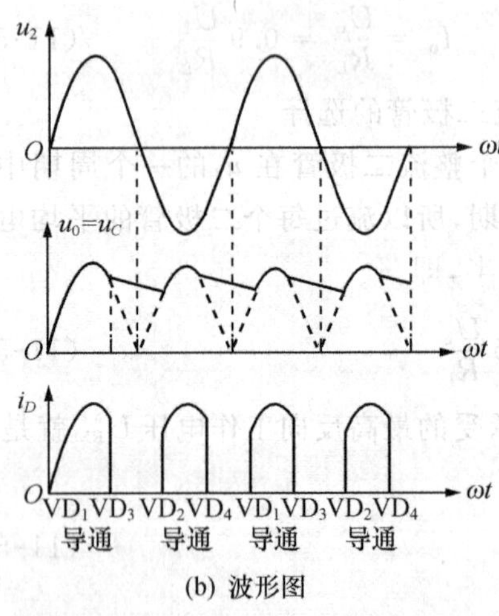


(b) 波形图

图 11-59　桥式整流电容滤波电路

1. 工作原理

设电容器的初始电压为零。在 $u_2$ 的正半周，二极管 $VD_1$、$VD_3$ 导通，其电流除了提供给负载 $R_L$ 外，还向电容器 $C$ 充电。电容电压 $u_C$（即输出电压 $u_0$）的极性是上正下负，且 $u_C$ 等于 $u_2$。当 $u_2$ 达到最大值后开始减小，而 $u_C$ 的减小必须通过放电才能实现，且放电电流（图中的虚线箭头表示其方向）只能通过 $R_L$。只要 $R_LC$ 很大，放电过程就很慢。当 $u_C$ 的减小比 $u_2$ 慢时，即当 $u_2 < u_C$ 时，二极管 $VD_1$、$VD_3$ 因反偏而截止，$u_C$ 按指数规律下降，直到下一个半波来到，$|u_2| > u_C$ 时，$VD_2$、$VD_4$ 导通，$C$ 再度充电，过程同上，这个过程周而复始，我们就能得到图 11-59(b)的输出电压波形。

2. 滤波电容的选择和负载上直流电压的估算

从以上分析可知：电容滤波的效果主要取决于放电时间常数 $R_LC$。$R_LC$ 越大，电容放电愈慢，$u_0$ 的脉动越小，滤波效果就越好，如图 11-60 所示。为了得到较好的滤波效果，通常取

$$R_LC \geqslant (3 \sim 5)\frac{T}{2} \qquad (11\text{-}53)$$

其中 $T$ 为输入电压 $u_2$ 的周期。当 $R_L$ 一定时，由式(11-53)估算滤波电容 $C$ 的值。$C$ 的容量一般在几十微法至几千微法，常选用有极性的电解电容器，电容的正极接到整流电路输出的高电位，负极接低电位。电容的额定电压(耐压值)应大于$\sqrt{2}U_2$。

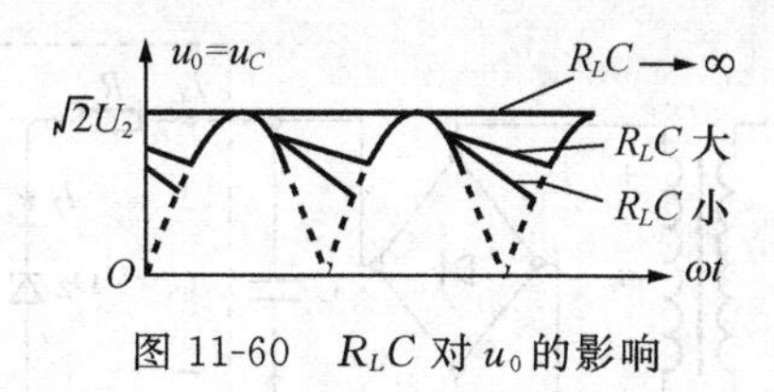


图 11-60　$R_LC$ 对 $u_0$ 的影响

当 $R_LC$ 满足式(11-53)时，近似认为输出电压的平均值

$$U_o = 1.2U_2 \qquad (11\text{-}54)$$

**【例 11-10】** 已知单相桥式整流电容滤波电路，交流电源的频率为 50Hz，要求直流输出电压 $U_o=15\text{V}$，负载电流 $I_o=300\text{mA}$，选择二极管的型号和滤波电容的大小。

**【解】** 选择二极管的型号：流过二极管的平均电流为

$$I_D = \frac{I_o}{2} = 150 \text{ mA}$$

取

$$U_o = 1.2U_2$$

二极管承受的最高反向工作电压为

$$U_{RM} = \sqrt{2}U_2 = \frac{\sqrt{2}U_0}{1.2} = \frac{\sqrt{2}}{1.2}\times 15 \text{ V} \approx 18 \text{ V}$$

由附录 17(1)可知，选 2CP31 能满足要求。

选择滤波电容

利用式(11-55)，取

$$R_LC = 5\times\frac{T}{2}$$

因为

$$R_L = \frac{U_0}{I_0} = \frac{15}{300} = 0.05 \text{ k}\Omega$$

$$T = \frac{1}{f} = \frac{1}{50} = 0.02\text{s}$$

所以

$$C = \frac{5T}{2R_L} = \frac{5\times 0.02}{2\times 50}\text{F} = 0.001\text{F} = 1000 \ \mu\text{F}$$

可选用标称值为 1000μF，耐压为 25V 的电解电容器。

## 三、稳压电路

### 1. 稳压管稳压电路

由稳压管组成的最简单的稳压电路如图 11-61 所示。$U_i$ 是经整流滤波后的电压，稳压管与负载电阻并联，所以称**并联型稳压电路**。电阻 $R$ 起限流保护和调整电压的作用。

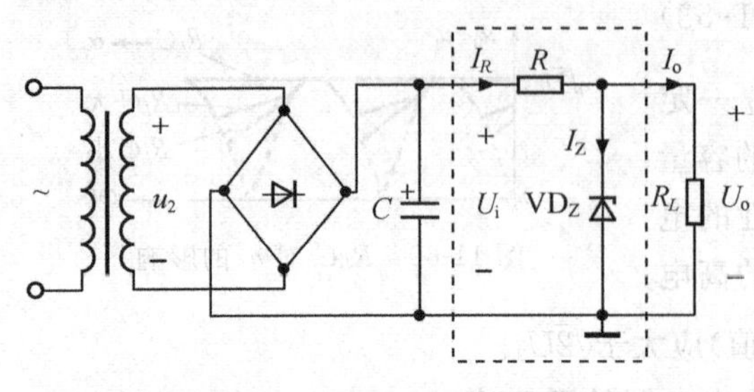


图 11-61　稳压管稳压电路

由稳压管的伏安特性可知，稳压管反向击穿后流过的电流在很大范围内变化时，管子两端的电压变化却很小，近似恒压特性，当负载与它并联时就能得到稳定的电压。

设负载不变时，因电网电压波动导致$U_i$增大，它将引起$U_Z$（等于$U_o$）增加。由稳压管的伏安特性可知，只要稳压管两端电压增加很小的数值，流过稳压管的电流就会有较大的增加，从而使$I_R$增加，引起电阻$R$上电压增大，使输出电压基本保持不变。同理，当电网电压不变（即$U_i$不变）时，设负载电阻减小使输出电流增大，这时流过稳压管的电流会减小去补偿负载电流的增加，使$I_R$基本不变，输出电压保持稳定。

综上所述，无论电网电压变化，还是负载变化都会引起稳压管电流$I_Z$发生变化，只要$I_Z$的变化在$I_{Zmin}$和$I_{Zmax}$之间，$U_Z$（即$U_o$）就能保持相对稳定。

2. 集成稳压器

所谓集成稳压器，就是将复杂的稳压电路与其保护电路全部集成在一块半导体芯片上，经封装而成的单片模拟集成电路。它具有体积小、价格低、可靠性高、使用方便等许多优点，因而得到愈来愈广泛的应用，基本上取代了由分立元件组成的稳压电路。

集成稳压器按外部引脚的数目不同有三端、多端之分；按输出电压的可调性，有固定式、可调式之分；按输出电压的对地极性，有正稳压器、负稳压器和能同时输出两种极性电压的双极性稳压器。下面介绍目前广泛使用的三端固定正输出集成稳压器W7800系列（又称为W78××）。图11-62是W7800系列集成稳压器的外形、电路符号和接线图。在图(c)中，$U_i$是经过整流滤波后的电压，电容$C_1$用于消除高频自激，$C_1$的容量通常为0.33μF；$C_2$用于改善负载的暂态响应，即减小由于负载瞬时增减所引起的输出电压的波动，$C_2$的容量通常取1μF。W7800系列的输出电压分为5V、6V、9V、12V、15V、18V、24V七个等级。型号的后两位数字表示稳压器的输出电压值（例如：W7809表示该稳压器的输出电压是9V）。如适当加装散热片，该系列稳压器的最大输出电流可达1.5A。

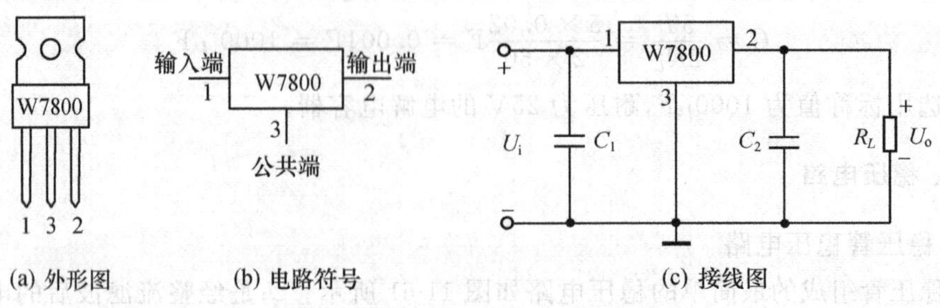


图 11-62　三端集成稳压器

# 习　题

11-1　二极管组成的电路如图 11-63 所示，设二极管是理想的，求输出电压 $U_o$。

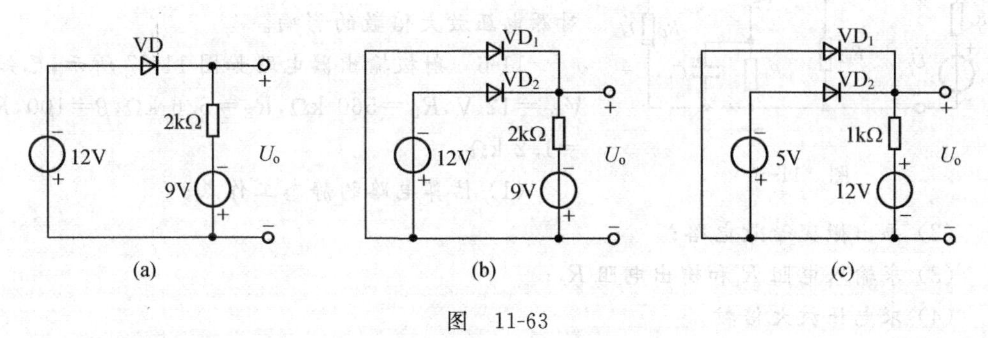


图　11-63

11-2　设有两个稳压管的稳压值分别是 6 V 和 7 V，正向压降均是 0.7 V。如果将它们用不同的方法串联后接入电路，可能得到几种不同的稳压值？试画出各种不同的串联方法。

11-3　判断图 11-64 中各电路是否能放大交流信号？为什么？

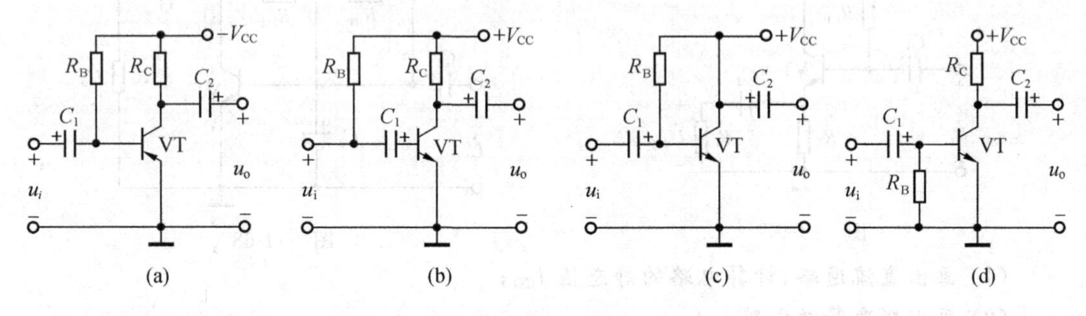


图　11-64

11-4　如图 11-65 所示电路，已知 $V_{CC}=12\text{V}$，$R_B=300\text{k}\Omega$，$R_C=4\text{k}\Omega$，$\beta=50$。

(1) 估算电路的静态工作点；

(2) 画出微变等效电路；

(3) 求输入电阻 $R_i$ 和输出电阻 $R_o$；

(4) 求电压放大倍数 $\dot{A}_u$；

(5) 求输出端接有负载 $R_L=4\text{k}\Omega$ 时的电压放大倍数，并说明负载电阻 $R_L$ 对放大倍数的影响。

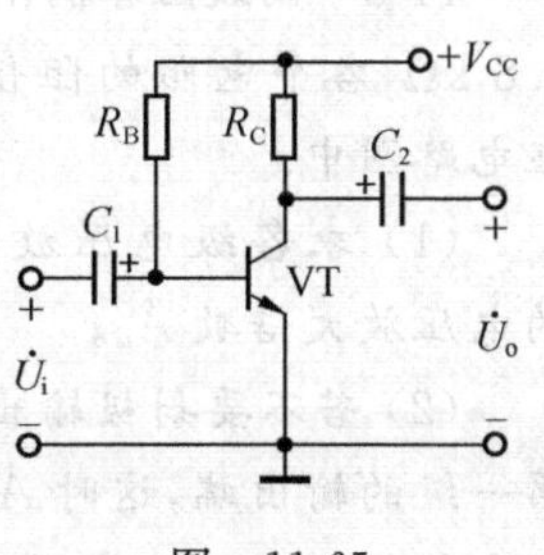


图　11-65

11-5　如图 11-66 所示电路，已知 $V_{CC}=12\text{ V}$，$R_{B1}=33\text{ k}\Omega$，$R_{B2}=10\text{ k}\Omega$，$R_C=2\text{ k}\Omega$，$R_L=2\text{ k}\Omega$，$R_E=1\text{ k}\Omega$，$\beta=50$。$U_s=10\text{ mV}$，$R_s=1\text{ k}\Omega$。

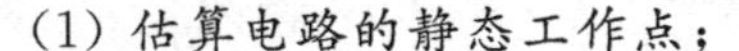

(1) 估算电路的静态工作点；

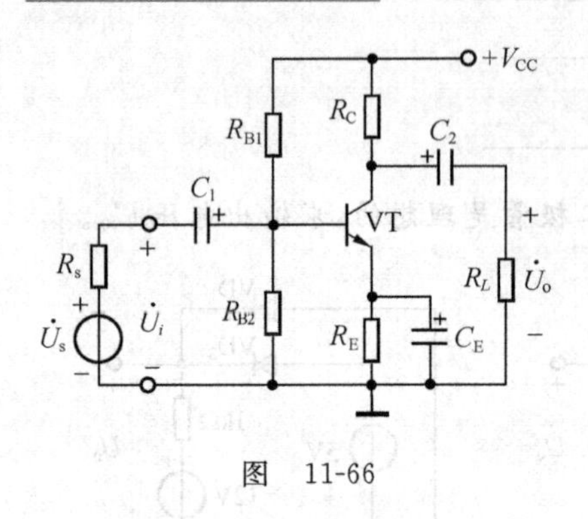


图 11-66

(2) 画出微变等效电路；

(3) 求输入电阻 $R_i$ 和输出电阻 $R_o$；

(4) 计算 $U_i$ 和 $U_o$；

(5) 若 $R_s=0$，再求 $U_o$，并说明信号源内阻 $R_s$ 对源电压放大倍数的影响。

11-6 射极输出器电路如图 11-67 所示，已知：$V_{CC}=12\ V$，$R_B=560\ k\Omega$，$R_E=5.6\ k\Omega$，$\beta=100$，$R_L=1.2\ k\Omega$。

(1) 估算电路的静态工作点；

(2) 画出微变等效电路；

(3) 求输入电阻 $R_i$ 和输出电阻 $R_o$；

(4) 求电压放大倍数。

11-7 如图 11-68 所示电路，已知 $V_{CC}=12\ V$，$R_{B1}=R_{B2}=75\ k\Omega$，$R_C=2\ k\Omega$，$R_L=2\ k\Omega$，$\beta=50$。

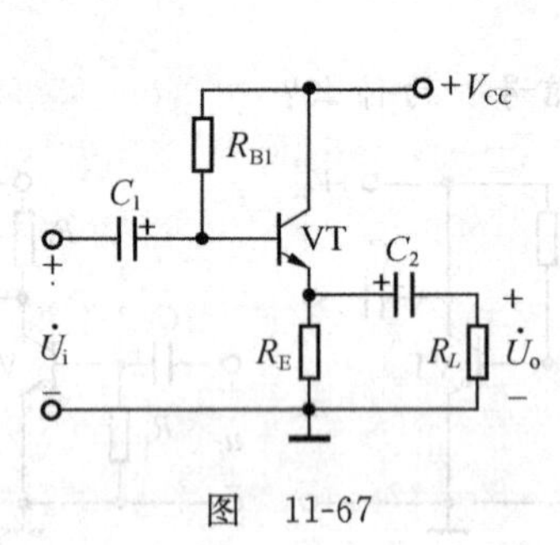


图 11-67

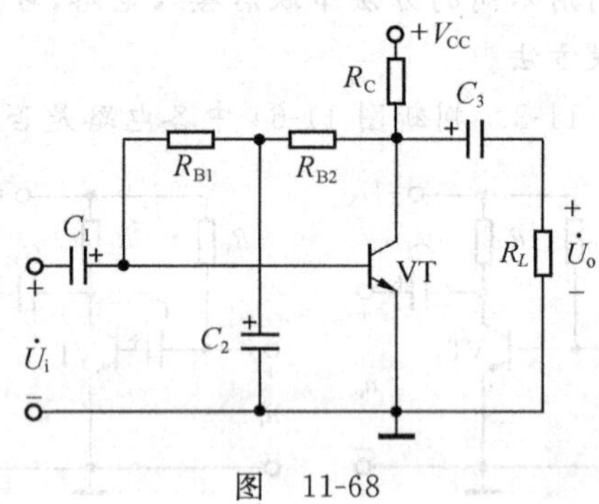


图 11-68

(1) 画出直流通路，计算电路的静态值 $I_{CQ}$；

(2) 画出微变等效电路；

(3) 求 $\dot{A}_u$、$R_i$ 和 $R_o$。

11-8 两级阻容耦合放大电路如图 11-69 所示，已知 $\beta_1=\beta_2=40$，$r_{be1}=1.2\ k\Omega$，$r_{be2}=0.8\ k\Omega$，各个电阻的阻值及电源电压都已标在电路图中。

(1) 求各级电压放大倍数 $\dot{A}_{u1}$、$\dot{A}_{u2}$ 及总的电压放大倍数 $\dot{A}_u$；

(2) 若不要射极输出器，将负载直接接到第一级的输出端，这时 $\dot{A}_{u1}$ 是多少？由计算结果分析接入射极输出器的好处。

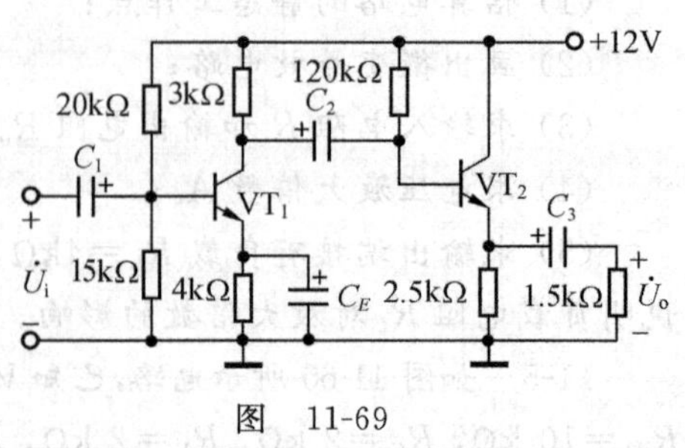


图 11-69

11-9 集成运放组成的电路如图 11-70 所示，试计算开关 S 断开和闭合时的电压放大倍数 $A_{uf}$。

11-10　求图 11-71 中运放的输出电压 $u_{21}$。

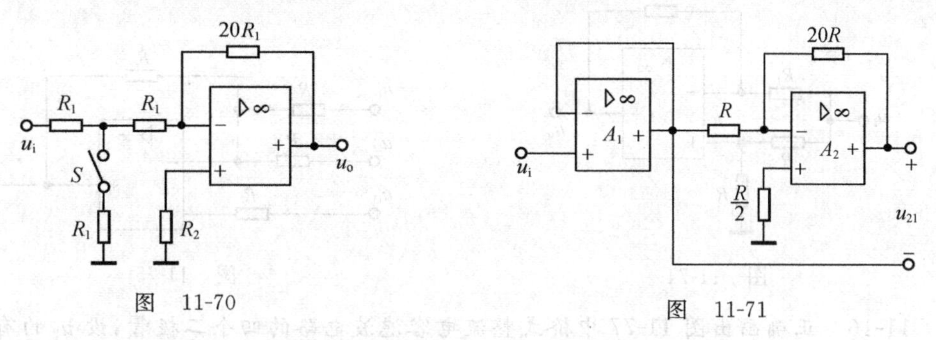


图　11-70　　　　　　　　　　　　图　11-71

11-11　求图 11-72 电路输出电压 $u_o$ 与输入电压 $u_{i1}$、$u_{i2}$ 的函数式。

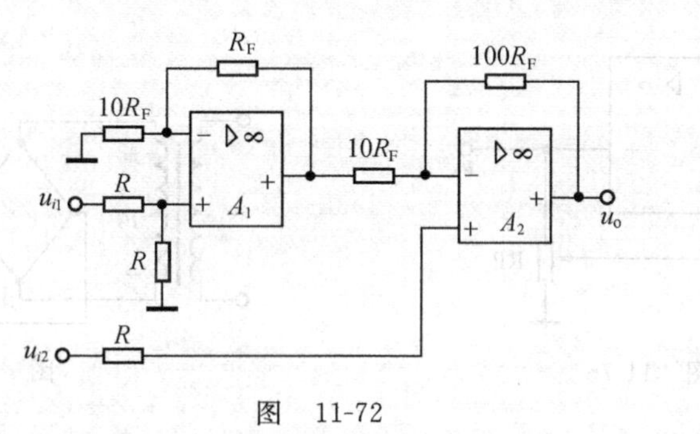


图　11-72

11-12　在图 11-73 中，已知 $R_1=10\ \text{k}\Omega$，$R_2=20\ \text{k}\Omega$，$R_3=10\ \text{k}\Omega$，$R_4=1\ \text{M}\Omega$，$C=1\ \mu\text{F}$。(1) 求 $u_{01}$ 和 $u_{i1}$、$u_{i2}$ 的关系式；(2) 求 $u_o$ 和 $u_{i1}$、$u_{i2}$ 的关系式。

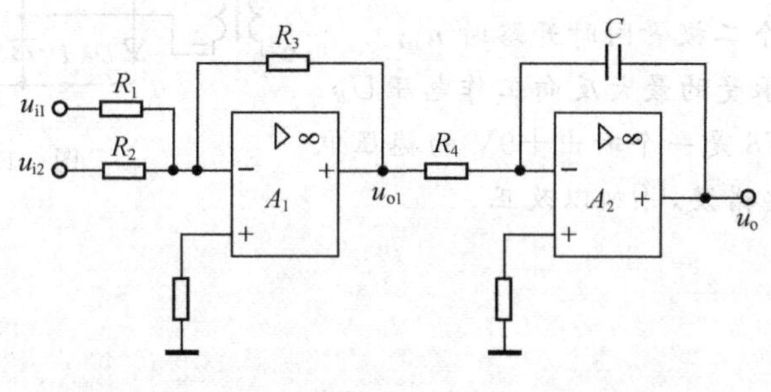


图　11-73

11-13　在图 11-74 中已知 $R_F=4R_1$，求 $u_o$ 和 $u_i$ 的关系。

11-14　电路如图 11-75 所示，求出输出电压 $u_o$ 与输入电压 $u_{i1}$、$u_{i2}$、$u_{i3}$ 之间的运算关系。

11-15　图 11-76 所示电路，运放的最大输出电压为 ±12V。求：

(1) RP 滑动端在最上端时 $u_o$ = ?

(2) RP 滑动端在最下端时 $u_o$ = ?

(3) RP 滑动端在中间位置时 $u_o$ = ?

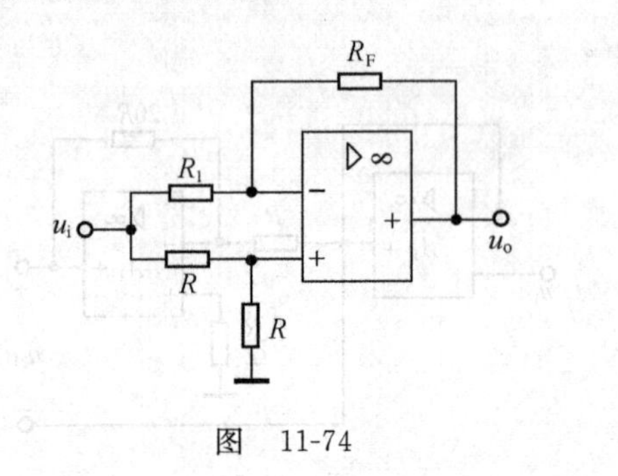


图 11-74

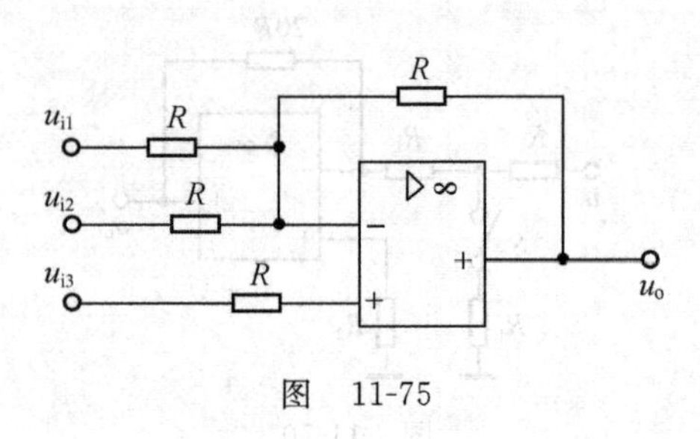


图 11-75

11-16 正确画出图 11-77 中桥式整流电容滤波电路的四个二极管，设 $u_2$ 的有效值 $U_2=12\text{V}$，估算：

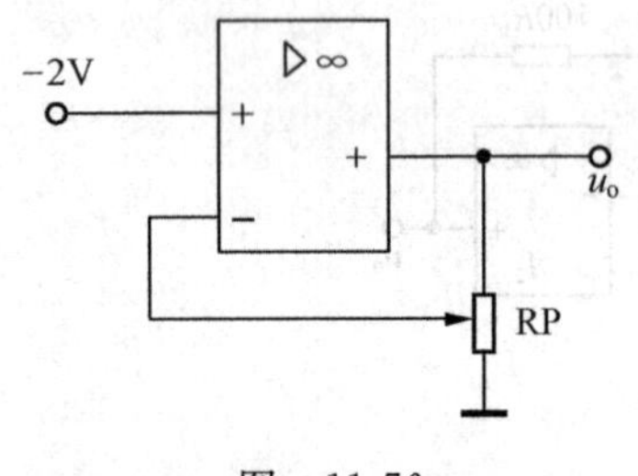


图 11-76

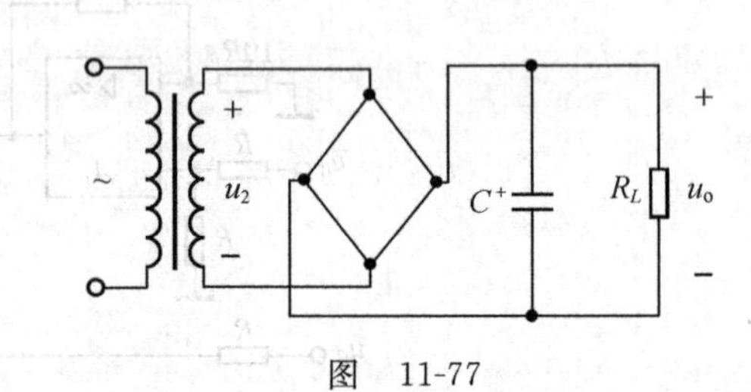


图 11-77

(1) 输出电压 $u_o$；

(2) 电容开路时的 $u_o$；

(3) 只有负载开路时的 $u_o$；

(4) 电容和一个二极管同时开路时 $u_o$；

(5) 二极管所承受的最大反向工作电压 $U_R$。

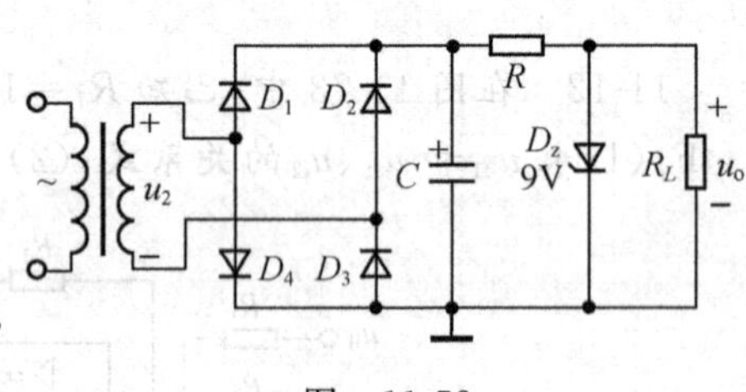


图 11-78

11-17 图 11-78 是一个输出＋9V 的稳压电路，指出图中有哪些错误，并加以改正。

# 第十二章

# 数字电子技术基础

**【内容提要】** 本章介绍逻辑代数基础、逻辑门电路、组合逻辑电路、触发器、时序逻辑电路、555定时器等相关知识。

数字电路的工作信号是不连续变化的数字信号，所以在数字电路中三极管通常工作在截止区或饱和区，而放大区只是其过渡状态。数字电路主要研究电路输出信号与输入信号之间的逻辑关系，所以数字电路的主要分析工具是逻辑代数。数字电路的单元电路为具有不同逻辑关系的开关电路。另外数字电路不仅能对输入信号进行算术运算，还能进行逻辑运算。

## 第一节　逻辑门电路

门电路，就是实现某种逻辑关系的电路。基本的逻辑关系有三种，逻辑“与”、逻辑“或”、逻辑“非”。基本的门电路有“与门”、“或门”、“非门”。

### 一、基本逻辑关系

1. 逻辑“与”

如图12-1所示照明电路。以开关合上为条件，灯亮作为事件发生，则只有当条件全部具备，即开关 $A$、$B$ 都合上时，事件才发生，即灯 $Z$ 才亮。换言之，只有当决定某种事件发生的条件全部满足时，事件才会发生，这种因果关系称为逻辑“与”。

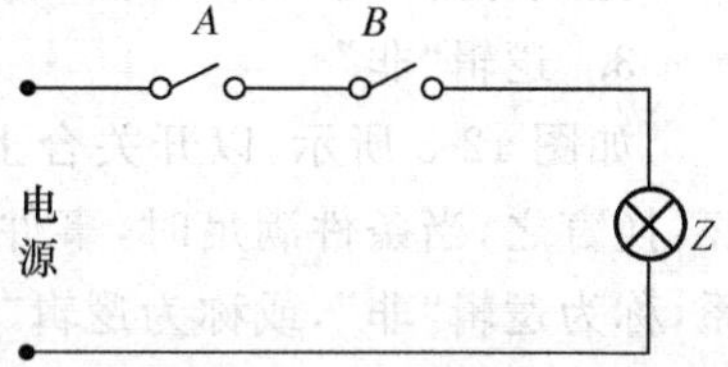

图12-1　“与”逻辑关系

如果用“1”表示条件存在或事件发生，用“0”表示条件不存在或事件未发生。则图12-1的逻辑关系可用表12-1表示。

表中，$A$、$B$ 表示逻辑条件，称为输入变量；$Z$ 表示逻辑结果，称为输出变量，又称为输出函数。这种将输入变量和输出函数的所有可能的逻辑关系完整地描述出来的表格，称为**真值表**。

**表12-1　逻辑“与”真值表**

| 输入 | | 输出 |
|---|---|---|
| $A$ | $B$ | $Z$ |
| 0 | 0 | 0 |
| 0 | 1 | 0 |
| 1 | 0 | 0 |
| 1 | 1 | 1 |

由真值表看出，只有当变量 $A$、$B$ 全为1时，函数 $Z$ 才为1，因此，逻辑“与”关系可用逻辑表达式表示为

$$Z = A \cdot B \quad 或 \quad Z = AB \tag{12-1}$$

上式称为“与”逻辑运算或逻辑乘法。

用1表示条件存在或事件发生，用0表示条件不存在或事件未发生，称为正逻辑。若用0表示条件存在或事件发生，用1表示条件不存在或事件未发生，称为负逻辑。通常采用正逻辑，在本书中，没有特别声明外，都使用正逻辑。

2. 逻辑“或”

如图12-2所示照明电路，以开关合上为条件，灯亮作为事件，则只要开关 $A$、$B$ 中有一个合上，灯 $Z$ 就亮。换言之，在决定某种事件发生的条件中，只要有一个条件存在，事件就会发生的这种因果关系，称为逻辑“或”。逻辑“或”的真值表如表12-2所示。

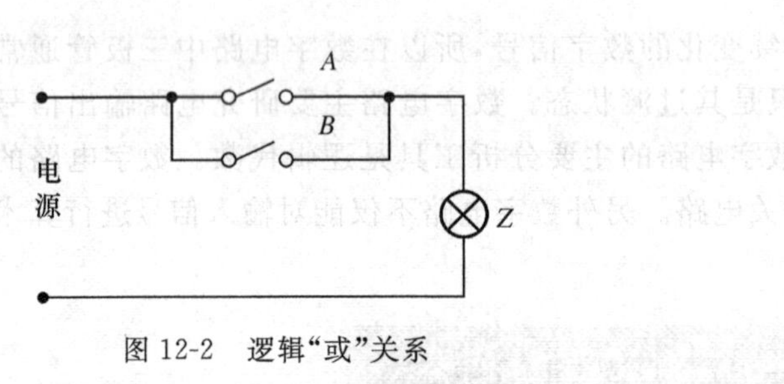


图12-2 逻辑“或”关系

表12-2 逻辑“或”真值表

| 输入 | | 输出 |
|---|---|---|
| A | B | Z |
| 0 | 0 | 0 |
| 0 | 1 | 1 |
| 1 | 0 | 1 |
| 1 | 1 | 1 |

由真值表看出，只要变量 $A$、$B$ 中有一个为1，函数 $Z$ 就为1，因此，逻辑“或”关系可用逻辑表达式表示为

$$Z = A + B \tag{12-2}$$

上式称为“或”逻辑运算或逻辑加法。

3. 逻辑“非”

如图12-3所示，以开关合上为条件，灯亮作为结果，则当开关 $A$ 闭合时，灯 $Z$ 不亮，换言之，当条件满足时，事件未发生，而当条件不满足时，事件却发生，这种因果关系，称为逻辑“非”，或称为逻辑“反”。

逻辑“非”的真值表如表12-3所示。

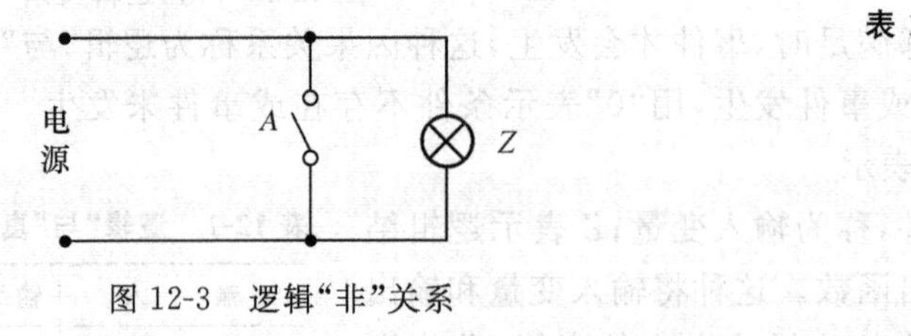


图12-3 逻辑“非”关系

表12-3 逻辑“非”真值表

| 输入 | 输出 |
|---|---|
| A | Z |
| 0 | 1 |
| 1 | 0 |

由真值表看出，只要 $A$ 为1，函数 $Z$ 就为0，因此，逻辑“非”的关系可用逻辑表达式表示为

$$Z = \overline{A} \tag{12-3}$$

在逻辑关系中，除逻辑“与”、“或”、“非”外，还有“与非”、“或非”、“与或非”、“异或”、

"同或"等逻辑关系，其逻辑表达式和真值表分别见表12-4～12-7。

4. 与非运算：逻辑表达式为

$$Z=\overline{A\cdot B} \tag{12-4}$$

真值表见表12-4。

5. 或非运算：逻辑表达式为

$$Z=\overline{A+B} \tag{12-5}$$

真值表见表12-5。

**表12-4　与非逻辑真值表**

| 输入 | | 输出 |
|---|---|---|
| $A$ | $B$ | $Z$ |
| 0 | 0 | 1 |
| 0 | 1 | 1 |
| 1 | 0 | 1 |
| 1 | 1 | 0 |

**表12-5　或非逻辑真值表**

| 输入 | | 输出 |
|---|---|---|
| $A$ | $B$ | $Z$ |
| 0 | 0 | 1 |
| 0 | 1 | 0 |
| 1 | 0 | 0 |
| 1 | 1 | 0 |

6. 异或运算：逻辑表达式为

$$Z=A\oplus B=A\cdot\overline{B}+\overline{A}\cdot B \tag{12-6}$$

真值表如表12-6所示。

7. 同或运算：逻辑表达式为

$$Z=A\odot B=A\cdot B+\overline{A}\cdot\overline{B} \tag{12-7}$$

真值表如表12-7所示。

**表12-6　异或逻辑真值表**

| 输入 | | 输出 |
|---|---|---|
| $A$ | $B$ | $Z$ |
| 0 | 0 | 0 |
| 0 | 1 | 1 |
| 1 | 0 | 1 |
| 1 | 1 | 0 |

**表12-7　同或逻辑真值表**

| 输入 | | 输出 |
|---|---|---|
| $A$ | $B$ | $Z$ |
| 0 | 0 | 1 |
| 0 | 1 | 0 |
| 1 | 0 | 0 |
| 1 | 1 | 1 |

## 二、二极管与门、或门和三极管非门

### 1. 二极管与门

由二极管构成的与门电路及逻辑符号如图12-4所示。其中 $A$、$B$ 为输入端，$Z$ 为输出端。它的两个输入端是用高低电平（电平即电位）表示。设高电平为3V，低电平为0V。

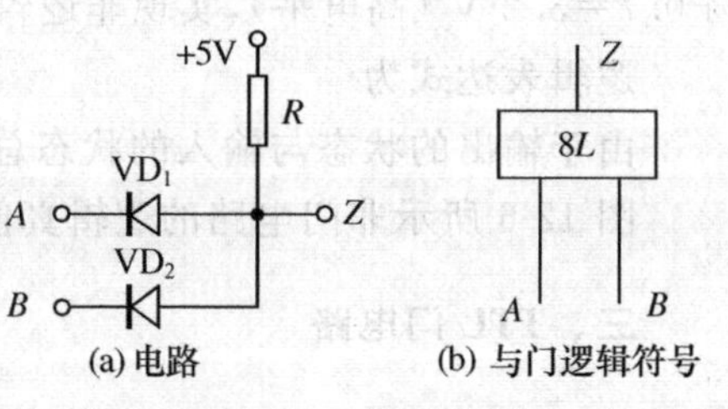


(a) 电路　　(b) 与门逻辑符号

图12-4　二极管与门

当 $A$、$B$ 二个信号全为高电平(3V)时,电源 $E_C$ 为 +5 V,二只二极管 $VD_1$、$VD_2$ 都导通,输出端 $Z=3+0.7=3.7$ V(高电平)。

当 $A$、$B$ 二个信号中有一个为低电平(0 V)时,假设 $A$ 为低。由于 $VD_1$ 两端所加电压较大,$VD_1$ 首先导通,输出端 $Z=0.7$ V(低电平)。这时 $VD_2$ 由于加反向电压而截止。

采用正逻辑,列出二极管与门电路的逻辑真值表,与表 12-1 相同。只有当输入信号 $A$、$B$ 全为"1"时,输出才为"1",实现"与"的逻辑关系。

逻辑表达式为 $$Z=A\cdot B$$

图 12-4 所示与门电路的逻辑真值表见表 12-1。

2. 二极管或门

由二极管构成的或门电路及逻辑符号如图 12-5 所示。其中,$A$、$B$ 为输入端,$Z$ 为输出端。仿照对二极管与门电路的分析,直接列出图 12-5 所示电路的逻辑真值表如表 12-2 所示。

由表 12-2 可看出,只要输入信号 $A$、$B$ 中有一个为高电平,输出信号就为高电平,实现"或"的逻辑关系。

逻辑表达式为 $$Z=A+B$$

图 12-5 所示或门电路的逻辑真值表如表 12-2 所示。

3. 三极管非门

三极管构成的非门电路及逻辑符号如图 12-6 所示。

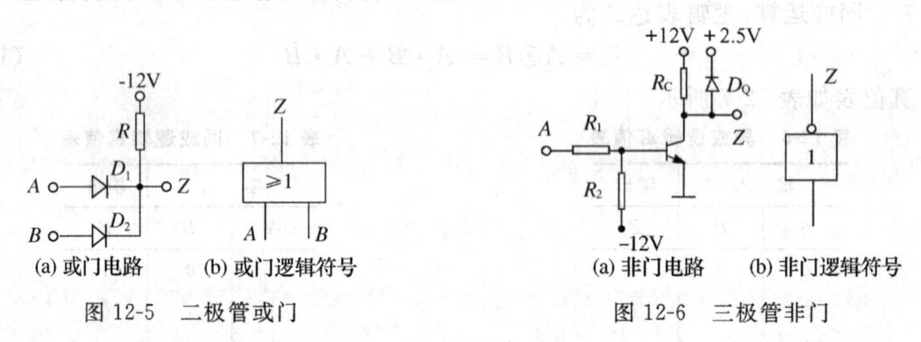


(a) 或门电路 (b) 或门逻辑符号

图 12-5 二极管或门

(a) 非门电路 (b) 非门逻辑符号

图 12-6 三极管非门

当输入端 $A$ 为高电平时(+3 V),三极管饱和导通,输出端 $Z=U_{CES}=0.3$ V(低电平);当输入端 $A$ 为低电平时(0V),三极管处于截止状态,二极管 $D_Q$ 导通,输出 $Z=2.5+0.7=3.2$ V (高电平),实现非逻辑关系。

逻辑表达式为 $$Z=\overline{A}$$

由于输出的状态与输入的状态总是相反的,所以非门又叫反相器。

图 12-6 所示非门电路的逻辑真值表见表 12-3。

## 三、TTL 门电路

前面介绍的门电路,都是由单个二极管、三极管、电阻、电容等分立元器件组成的,称为分立元件门电路。随着半导体技术的发展,目前大多采用集成电路。TTL 门电路是一种单片集成电路，即把组成门电路的所有元器件及连接导线都制作在同一块半导体基片上。TTL 型门电路的输入端和输出端都采用了晶体管的结构，所以称为晶体管—晶体管逻辑电路，简称 TTL 电路。TTL 门电路的种类很多，在此只介绍 TTL 与非门电路。

TTL 与非门电路如图 12-7 所示。TTL 门电路由三部分组成：第一部分为由多发射极三极管 $VT_1$ 和电阻 $VR_1$ 组成的输入级，$VT_1$ 叫做多发射极晶体管，其等效电路如图 12-8 所示，$VT_1$ 的发射极作为与门的输入端，实现与的逻辑功能。第二部分由三极管 $VT_2$ 和电阻 $R_2$、$R_3$ 组成中间级，从 $VT_2$ 的集电极和发射极同时输出两个相位相反的信号，作为 $VT_3$ 和 $VT_5$ 的驱动信号，确保 $VT_4$ 和 $VT_5$ 中一个导通时另一个截止。第三部分由三极管 $VT_3$、$VT_4$、$VT_5$ 和电阻 $R_4$、$R_5$ 组成。

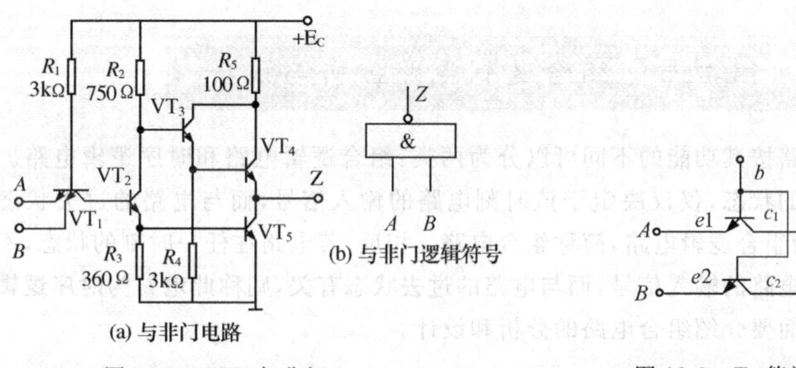


(a) 与非门电路　　(b) 与非门逻辑符号

图 12-7　TTL 与非门　　　　图 12-8　$T_1$ 等效电路

1. 当输入全为"1"时

当输入全为高电平（3.6 V）时，电源 $E_C$ 通过 $R_1$、$VT_1$ 的集电结，向 $VT_2$ 和 $VT_5$ 提供基极电流，使 $VT_2$、$VT_5$ 饱和，输出为低电平。

此时，$T_1$ 的基极电位为

$$U_{B1} = U_{BC1} + U_{BE2} + U_{BE5} = 2.1\text{V}$$

$VT_1$ 的发射结处于反向偏置，而集电结处于正向偏置，所以 $VT_1$ 处于倒置工作状态。由此，估算出 $VT_2$ 的集电极电位为

$$U_{C2} = U_{CES2} + U_{BE5} = 0.3 + 0.7 = 1\text{V}$$

由于 $VT_2$ 集电极电位同时又是 $VT_3$ 基极电位，所以 $VT_3$ 导通。而 $VT_3$ 的发射极电位即为 $VT_4$ 的基极电位，为

$$U_{E3} = U_{B4} = 1 - 0.7 = 0.3\text{V}$$

所以 $VT_4$ 截止。由于 $VT_5$ 饱和，输出电压为

$$U_o = U_{CES5} = 0.3\text{V}$$

输出为低电平。

2. 当输入中有一个为"0"时

当输入信号中有一个或几个为低电平（0.3 V）时，如设 $A$ 为低电平，则 $VT_1$ 的发射

结首先导通，$VT_1$基极电位等于输入的低电平加发射结电压，为

$$U_{B1}=0.3+0.7V=1V$$

$U_{B1}$加到$VT_1$的集电结和$VT_2$、$VT_5$的发射结上，使$VT_2$、$VT_5$截止，输出为高电平。

由于$VT_2$截止，$E_C$通过$R_2$向$VT_3$提供基极电流，使$VT_3$、$VT_4$导通，输出电压$U_o \approx E_C - U_{BE3} - U_{BE4} = 3.6V$。

输出为高电平。

综合以上情况，当输入信号全为高电平时，输出为低电平。当输入信号中有一个或几个为低电平时，输出为高电平，实现与非逻辑关系。

逻辑表达式为　　$Z=\overline{A \cdot B}$

图12-7所示与非门电路的逻辑真值表见表12-4。

## 第二节　组合逻辑电路分析与设计

各种逻辑电路按其功能的不同可以分为两类：组合逻辑电路和时序逻辑电路。若电路在任一时刻的状态，仅仅决定于该时刻电路的输入信号，而与电路的过去状态无关，则称此电路为组合逻辑电路，简称**组合电路**。相反，若电路在任一时刻的状态，不仅仅决定于该时刻电路的输入信号，而与电路的过去状态有关，则称此电路为**时序逻辑电路**。在这一节中简要介绍组合电路的分析和设计。

### 一、逻辑代数的基本概念

逻辑代数是英国数学家布尔(G.BOOL)在19世纪创立的，因而又叫布尔代数或开关代数。它是分析和设计数字逻辑电路的数学工具。

逻辑代数和普通代数一样，也是用字母表示变量，但是逻辑代数中，变量的取值只有两个：0和1，并且0和1不表示数值的大小，只是表示两种不同的状态。

(一) 逻辑代数的公式、定律

1. 0和1之间的关系

0和1之间的关系见表12-8。

**表12-8　0和1之间的关系**

| 与逻辑 | | 或逻辑 | | 非逻辑 |
|---|---|---|---|---|
| $0 \cdot 0=0$ | $0 \cdot A=0$ | $0+0=0$ | $0+A=A$ | $\overline{0}=1$ |
| $1 \cdot 0=0$ | $1 \cdot A=A$ | $0+1=1$ | $1+A=1$ | $\overline{1}=0$ |
| $1 \cdot 1=1$ | $A \cdot \overline{A}=0$ | $1+0=1$ | $A+\overline{A}=1$ | |

2. 与普通代数相似的定律

(1) 交换律：$A \cdot B = B \cdot A$；$A+B=B+A$　　(12-8)

(2) 结合律：$A \cdot (B \cdot C) = (A \cdot B) \cdot C$；　$A + (B + C) = (A + B) + C$　(12-9)

(3) 分配律：$A \cdot (B + C) = A \cdot B + A \cdot C$；　$A + B \cdot C = (A + B) \cdot (A + C)$　(12-10)

3. 逻辑代数特有的定律

(1) 同一律：　$A \cdot A = A$；$A + A = A$　(12-11)

(2) 德·摩根定理：$\overline{A \cdot B} = \overline{A} + \overline{B}$；　$\overline{A + B} = \overline{A} \cdot \overline{B}$　(12-12)

(3) 还原律：$\overline{\overline{A}} = A$　(12-13)

(4) 互补律：$A + \overline{A} = 1$；　$A \cdot \overline{A} = 0$　(12-14)

4. 几个常用的公式

(1) $A + A \cdot B = A$　(12-15)

(2) $A + \overline{A} \cdot B = A + B$　(12-16)

证明：　$A + \overline{A} \cdot B = (A + \overline{A}) \cdot (A + B) = A + B$

(3) $A \cdot B + \overline{A} \cdot C \cdot D + B \cdot C \cdot D = A \cdot B + \overline{A} \cdot C \cdot D$　(12-17)

证明：

$$
\begin{aligned}
& A \cdot B + \overline{A} \cdot C \cdot D + B \cdot C \cdot D \\
&= A \cdot B + \overline{A} \cdot C \cdot D + B \cdot C \cdot D \cdot (A + \overline{A}) \\
&= A \cdot B + \overline{A} \cdot C \cdot D + A \cdot B \cdot C \cdot D + \overline{A} \cdot B \cdot C \cdot D \\
&= A \cdot B + \overline{A} \cdot C \cdot D
\end{aligned}
$$

(二) 利用逻辑代数化简逻辑函数

**【例 12-1】** 试证明：

$$A \cdot \overline{B} + C + \overline{A} \cdot \overline{C} \cdot D + B \cdot \overline{C} \cdot D + B \cdot C \cdot D = A \cdot B + C + D$$

**【证明】**

$$
\begin{aligned}
& A \cdot \overline{B} + C + \overline{A} \cdot \overline{C} \cdot D + B \cdot \overline{C} \cdot D + B \cdot C \cdot D \\
&= A \cdot \overline{B} + \overline{A} \cdot \overline{C} \cdot D + C + B \cdot D \\
&= A \cdot \overline{B} + C + \overline{A} \cdot D + B \cdot D \\
&= A \cdot \overline{B} + \overline{A} \cdot D + \overline{B} \cdot D + C + B \cdot D \\
&= A \cdot \overline{B} + \overline{A} \cdot D + C + D \\
&= A \cdot \overline{B} + C + D
\end{aligned}
$$

**【例 12-2】** 简化逻辑式：$Z = \overline{A} \cdot B + \overline{A} \cdot \overline{B} \cdot \overline{C} + A \cdot B \cdot C$

**【解】**

$$
\begin{aligned}
Z &= \overline{A} \cdot B + \overline{A} \cdot \overline{B} \cdot \overline{C} + A \cdot B \cdot C \\
&= \overline{A} \cdot (B + \overline{B} \cdot \overline{C}) + A \cdot B \cdot C \\
&= \overline{A} \cdot (B + \overline{C}) + A \cdot B \cdot C \\
&= \overline{A} \cdot B + \overline{A} \cdot \overline{C} + A \cdot B \cdot C \\
&= \overline{A} \cdot \overline{C} + B \cdot (\overline{A} + A \cdot C) \\
&= \overline{A} \cdot \overline{C} + B \cdot (\overline{A} + C) \\
&= \overline{A} \cdot \overline{C} + \overline{A} \cdot B + B \cdot C \\
&= \overline{A} \cdot \overline{C} + B \cdot C
\end{aligned}
$$

## 二、组合电路的分析与设计

### （一）组合电路的分析方法

组合电路的分析，就是根据已给出的组合电路，求出其逻辑功能，即求出输出变量和输入变量之间的逻辑函数关系。组合电路的分析步骤如下：

1. 根据逻辑图，写出各输出端的函数表达式；
2. 利用逻辑代数的知识，化简和变换函数表达式；
3. 根据简化的函数表达式，列出真值表；
4. 根据真值表或函数表达式，概括出该组合电路的逻辑功能。

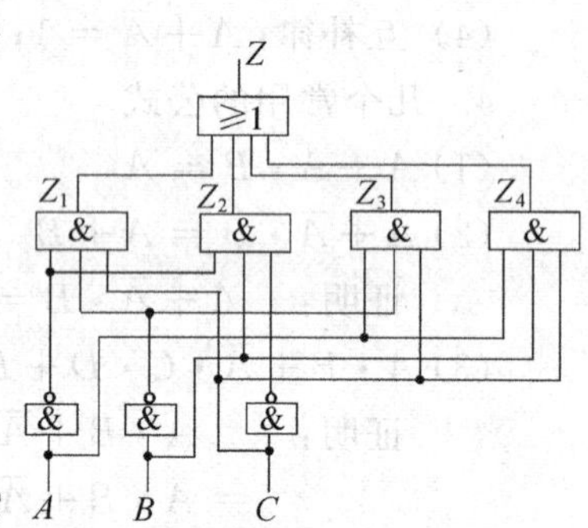

图 12-9 例 12-3 图

**【例 12-3】** 分析如图 12-9 所示组合电路。

**【解】** （1）根据逻辑图，写出函数表达式。

$Z_1 = \overline{A}\cdot\overline{B}\cdot C \qquad Z_2 = \overline{A}\cdot B\cdot\overline{C}$

$Z_3 = A\cdot\overline{B}\cdot\overline{C} \qquad Z_4 = A\cdot B\cdot C$

$$Z = Z_1 + Z_2 + Z_3 + Z_4$$
$$= \overline{A}\cdot\overline{B}\cdot C + \overline{A}\cdot B\cdot\overline{C} + A\cdot\overline{B}\cdot\overline{C} + A\cdot B\cdot C$$

（2）此函数表达式已是最简式。

（3）根据函数表达式，列出真值表：

三个输入变量，有八种取值方式，对应的函数值见表 12-9。

**表 12-9 例 12-3 的逻辑真值表**

| $A$ | $B$ | $C$ | $Z$ | $A$ | $B$ | $C$ | $Z$ |
|---|---|---|---|---|---|---|---|
| 0 | 0 | 0 | 0 | 1 | 0 | 0 | 1 |
| 0 | 0 | 1 | 1 | 1 | 0 | 1 | 0 |
| 0 | 1 | 0 | 1 | 1 | 1 | 0 | 0 |
| 0 | 1 | 1 | 0 | 1 | 1 | 1 | 1 |

（4）分析逻辑功能：由真值表看出当输入的三个变量中有奇数个高电平时，输出为高电平，否则为低电平。故组合电路为判奇电路。

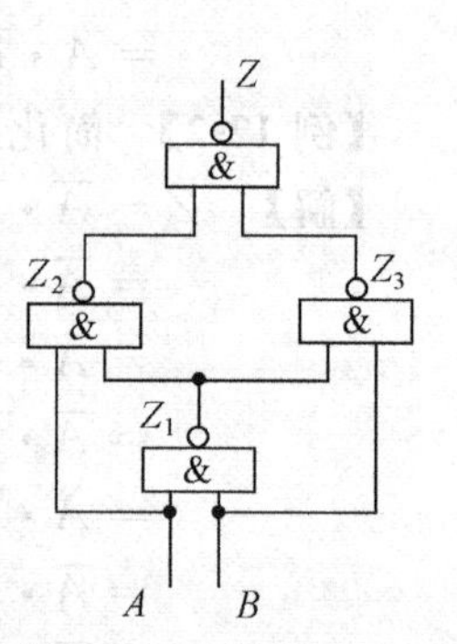

图 12-10 例 12-4 图

**【例 12-4】** 分析如图 12-10 所示组合电路。

**【解】**

（1）根据逻辑图，写出函数表达式

$Z_1 = \overline{A\cdot B} = \overline{A} + \overline{B}$

$Z_2 = \overline{Z_1\cdot A} = \overline{(\overline{A}+\overline{B})\cdot A} = \overline{A\cdot\overline{B}}$

$Z_3 = \overline{Z_1\cdot B} = \overline{(\overline{A}+\overline{B})\cdot B} = \overline{\overline{A}\cdot B}$

$$Z = \overline{\overline{Z_1} \cdot \overline{Z_3}} = \overline{\overline{A \cdot \overline{B}} \cdot \overline{\overline{A} \cdot B}} = A \cdot \overline{B} + \overline{A} \cdot B$$

(2) 根据函数表达式，列出真值表 12-10。

**表 12-10　逻辑真值表**

| $A$ | $B$ | $Z$ |
|---|---|---|
| 0 | 0 | 0 |
| 0 | 1 | 1 |
| 1 | 0 | 1 |
| 1 | 1 | 0 |

(3) 由逻辑真值表看出，当输入变量取不同值时，输出为1；取相同值时，输出为 0。故该电路具有“异或”功能，又称为“异或”门。

(二) 组合逻辑电路的设计

与分析逻辑电路的过程相反，组合逻辑电路的设计是根据已知的逻辑功能，设计出能实现这一逻辑功能的最简逻辑电路。设计步骤为：

1. 根据功能要求，列出真值表；
2. 根据真值表，写出函数表达式；
3. 利用逻辑代数知识化简函数表达式；
4. 根据化简后的函数表达式，画出相应的逻辑图。

**【例 12-5】**　设计一个多数表决电路。该电路有四个输入端 $A$、$B$、$C$、$D$ 和一个输出端 $Z$，当四个输入端中的 $A$ 同意时，则其余输入端中只要有二个表示同意，该议案即可通过。

**【解】** (1) 逻辑功能要求：设输入变量为 $A$、$B$、$C$、$D$，输出变量为 $Z$，并设真值表中同意为 1，不同意为 0。列真值表如表 12-11。

**表 12-11　例 12-5 逻辑真值表**

| $A$ | $B$ | $C$ | $D$ | $Z$ | $A$ | $B$ | $C$ | $D$ | $Z$ |
|---|---|---|---|---|---|---|---|---|---|
| 0 | 0 | 0 | 0 | 0 | 1 | 0 | 0 | 0 | 0 |
| 0 | 0 | 0 | 1 | 0 | 1 | 0 | 0 | 1 | 0 |
| 0 | 0 | 1 | 0 | 0 | 1 | 0 | 1 | 0 | 0 |
| 0 | 0 | 1 | 1 | 0 | 1 | 0 | 1 | 1 | 1 |
| 0 | 1 | 0 | 0 | 0 | 1 | 1 | 0 | 0 | 0 |
| 0 | 1 | 0 | 1 | 0 | 1 | 1 | 0 | 1 | 1 |
| 0 | 1 | 1 | 0 | 0 | 1 | 1 | 1 | 0 | 1 |
| 0 | 1 | 1 | 1 | 0 | 1 | 1 | 1 | 1 | 1 |

(2) 根据真值表，写出函数表达式。

① 挑出使 $Z$ 取值为 1 的输入变量组合，分别是 1011、1101、1110、1111。

② 在使 $Z$ 取值为 1 的输入变量取值组合中，当输入变量取值为 1 时用原变量表示，取值为 0 时，用反变量表示。因此输入变量的四种取值组合可表示为 $A\overline{B}CD$、$AB\overline{C}D$、$ABC\overline{D}$、$ABCD$。

③ 把四个乘积项加起来，就得到了的函数表达式

$$Z = A\overline{B}CD + AB\overline{C}D + ABC\overline{D} + ABCD$$

④ 化简或变换函数表达式。

$$\begin{aligned} Z &= A\overline{B}CD + AB\overline{C}D + ABC\overline{D} + ABCD \\ &= A\overline{B}CD + ABC\overline{D} + ABD(C + \overline{C}) \end{aligned}$$

$$= A\bar{B}CD + ABC\bar{D} + ABD$$
$$= A\bar{B}CD + AB(C + D)$$
$$= A\bar{B}CD + ABC + ABD$$
$$= AC(\bar{B}D + B) + ABD$$
$$= ABC + ABD + ACD$$

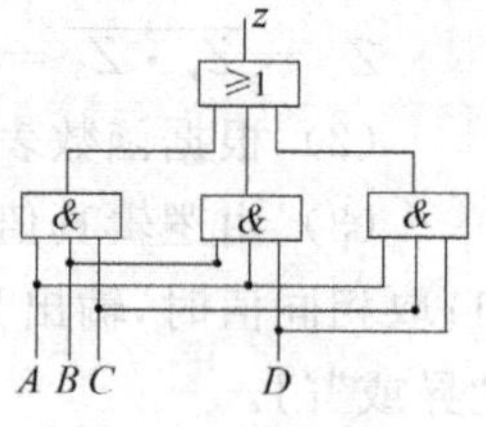


图 12-11 例 12-5 图

(3) 根据化简后的函数表达式画逻辑图。如图 12-11 所示。

## 第三节 双稳态触发器

前面介绍的各种门电路是一种无记忆的逻辑电路，即电路在任一时刻的输出状态仅取决于该时刻的输入信号，而与电路过去的状态无关。与此相反，触发器是一种记忆元件，它能记住和保持以前的状态。触发器有两个稳定的状态，一个是“0”状态，一个是“1”状态，所以叫双稳态触发器。

触发器的种类很多，按其逻辑功能分为 *RS*、*JK*、*D* 和 *T* 触发器等。按电路结构的不同，可分为基本 *RS* 触发器、同步 *RS* 触发器、主从触发器和维持阻塞触发器。

### 一、基本 *RS* 触发器

1. 基本 *RS* 触发器结构及原理

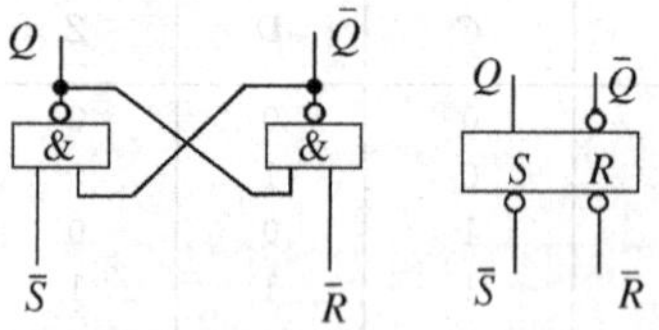

(a) 逻辑原理图　(b) 逻辑符号

图 12-12 基本 *RS* 触发器

把两个 TTL“与非”门交叉连接，即构成基本 *RS* 触发器。逻辑原理图和逻辑符号如图 12-12 所示。

触发器有两个输出端，分别用 $Q$ 和 $\bar{Q}$ 表示，在正常情况下，$Q$ 端和 $\bar{Q}$ 端的电平总是相反的，把 $Q$ 端和 $\bar{Q}$ 的状态作为触发器的状态。触发器有两个输入端，分别用 $\bar{S}$ 和 $\bar{R}$ 表示，其中 $\bar{S}$ 称为**直接置 1 端或置位端**，$\bar{R}$ 称为**直接置 0 端或复位端**。由于基本 *RS* 触发器是采用低电平时触发使 $Q$ 端状态反转，所以在 $R$ 和 $S$ 上加“－”，在逻辑符号图中用小圆圈表示，即表示低电平触发。

2. 基本 *RS* 触发器的逻辑功能

由图 12-12 可看出，当 $\bar{S}$ 和 $\bar{R}$ 均为高电平时（不输入信号），触发器输出状态不变；当 $\bar{S}=1$，$\bar{R}=0$ 时，触发器输出端 $Q=0$，$\bar{Q}=1$（“0”状态）；当 $\bar{S}=0$，$\bar{R}=1$，触发器输出端 $Q=1$，$\bar{Q}=0$（“1”状态）；当 $\bar{S}=0$，$\bar{R}=0$ 时，触发器输出端 $Q=1$ 和 $\bar{Q}=1$，而且当输入端信号同时撤消后，触发器的状态不能确定，所以这种情况不允许出现。

基本 *RS* 触发器的逻辑功能可列成真值表，如表 12-12 所示。其中 $Q^n$ 表示触发信号作用之前触发器的状态又称**原状态**，$Q^{n+1}$ 表示触发信号作用之后触发器的状态又称**次态或新状态**。在这个表中，由于触发器的状态 $Q^n$ 作为输入变量，所以表 12-12 又称为**状态真值表**，简称**状态表**。

表 12-12　基本 $RS$ 触发器状态表

| $Q^n$ | $\overline{R}$ | $\overline{S}$ | $Q^{n+1}$ | $Q^n$ | $\overline{R}$ | $\overline{S}$ | $Q^{n+1}$ |
|---|---|---|---|---|---|---|---|
| 0 | 0 | 0 | 不定 | 1 | 0 | 0 | 不定 |
| 0 | 0 | 1 | 0 | 1 | 0 | 1 | 0 |
| 0 | 1 | 0 | 1 | 1 | 1 | 0 | 1 |
| 0 | 1 | 1 | 0 | 1 | 1 | 1 | 1 |

基本 $RS$ 触发器的逻辑功能还可以用工作波形图表示，如图 12-13 所示。

## 二、同步 *RS* 触发器

基本 $RS$ 触发器输入端的信号直接控制触发器的状态。而在实际工作中，往往希望人为控制触发器的状态，即需要一个控制信号，当输入端上有信号时，触发器的状态不立即改变，而只有在控制信号到达时，触发器的状态才受输入端信号的控制，通常把这个控制信号称为**时钟控制信号**，简称**时钟脉冲**，用 CP 表示。

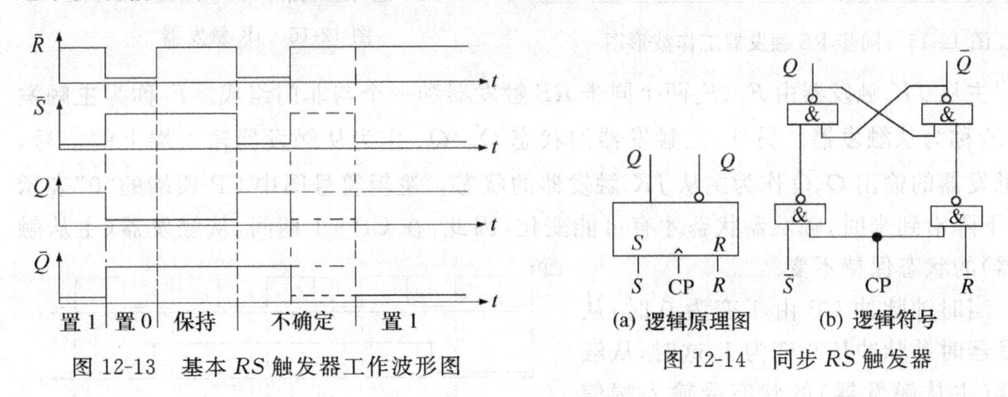


图 12-13　基本 $RS$ 触发器工作波形图

图 12-14　同步 $RS$ 触发器

图 12-14 所示为同步 $RS$ 触发器逻辑图及逻辑符号。

由图 12-14 可以看出，在时钟脉冲 CP＝0 期间，无论输入端 $R$、$S$ 上电平如何变化，触发器的状态保持不变；而当时钟脉冲到来后 CP＝1，触发器的输出电平将受输入端 $R$、$S$ 电平的控制，并且同步 $RS$ 触发器的逻辑功能与基本 $RS$ 触发器相同。由此可见，触发器状态的改变是和 CP＝1 同步的，所以称为**同步 *RS* 触发器**。其逻辑功能关系可用状态表 12-13 表示(CP＝1)。

表 12-13　同步 $RS$ 触发器的状态表

| $Q^n$ | $R$ | $S$ | $Q^{n+1}$ | $Q^n$ | $R$ | $S$ | $Q^{n+1}$ |
|---|---|---|---|---|---|---|---|
| 0 | 0 | 0 | 0 | 1 | 0 | 0 | 1 |
| 0 | 0 | 1 | 1 | 1 | 0 | 1 | 1 |
| 0 | 1 | 0 | 0 | 1 | 1 | 0 | 0 |
| 0 | 1 | 1 | 不定 | 1 | 1 | 1 | 不定 |

同步 $RS$ 触发器的工作波形图如图 12-15 所示。

## 三、主从 *JK* 触发器

图 12-16 为主从 $JK$ 触发器的原理图及逻辑符号。

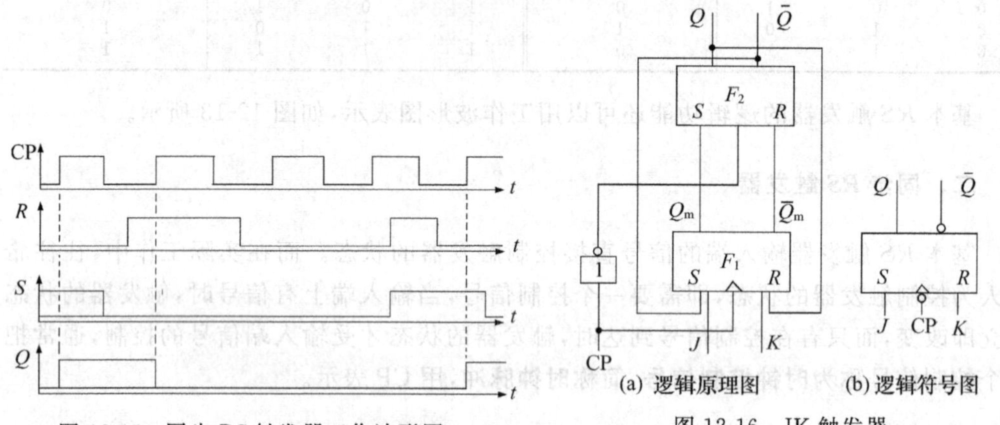


图 12-15 同步 RS 触发器工作波形图

图 12-16 JK 触发器

主从 $JK$ 触发器由 $F_1$、$F_2$ 两个同步 $RS$ 触发器和一个与非门组成。$F_1$ 称为**主触发器**，$F_2$ 称为**从触发器**。另外，主触发器的状态 $Q_m$、$\overline{Q}_m$ 作为从触发器输入端上的信号，从触发器的输出 $Q$、$\overline{Q}$ 作为主从 $JK$ 触发器的状态。逻辑符号图中 CP 顶端的"0"表示 CP 下降沿到来时，触发器状态才有可能变化，因此，在 CP＝1 期间，从触发器(主从触发器)的状态保持不变。

当时钟脉冲 CP 由 1 变为 0 时，从触发器时钟脉冲从 0 变为 1，这时，从触发器(主从触发器)的状态受输入端信号($R$、$S$)的控制，要么置 0，要么置 1。

主从 $JK$ 触发器的工作波图如 12-17 所示。

主从 $JK$ 触发器的逻辑功能由状态真值表 12-14 表示。

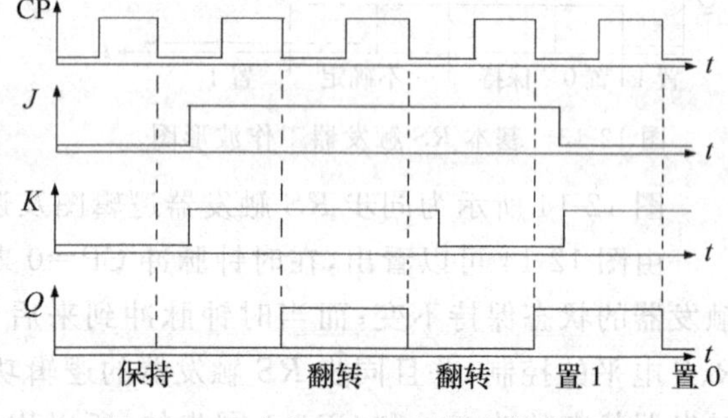


图 12-17 主从 $JK$ 触发器工作波形图

**表 12-14 主从 $JK$ 触发器状态表**

| $Q^n$ | $J$ | $K$ | $Q^{n+1}$ | $Q^n$ | $J$ | $K$ | $Q^{n+1}$ |
|---|---|---|---|---|---|---|---|
| 0 | 0 | 0 | 0 | 1 | 0 | 0 | 1 |
| 0 | 0 | 1 | 0 | 1 | 0 | 1 | 0 |
| 0 | 1 | 0 | 1 | 1 | 1 | 0 | 1 |
| 0 | 1 | 1 | 1 | 1 | 1 | 1 | 0 |

由状态真值表可知：

(1) 当 $J=K=1$ 时，如果触发器原状态 $Q^n=0$，CP 下降沿到来后，触发器新的状态 $Q^{n+1}=1$；如果触发器原状态 $Q^n=1$，CP 下降沿到来后，触发器新的状态 $Q^{n+1}=0$。

即 CP 下降沿到来后，$Q^{n+1}=\overline{Q^n}$，称为**翻转**，这时 $JK$ 触发器叫做 **$T'$ 触发器**。逻辑符号如图 12-18 所示。

(2) 当 $J=K=0$ 时，主从触发器状态保持不变。

把具有(1)(2)逻辑功能的触发器称为 $T$ 触发器。逻辑符号如图 12-19 所示。

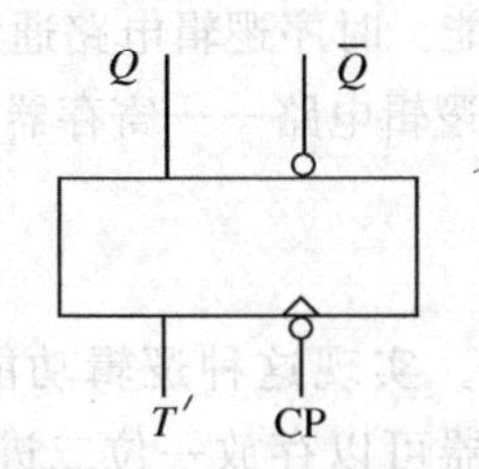


图 12-18　$T'$ 触发器逻辑符号

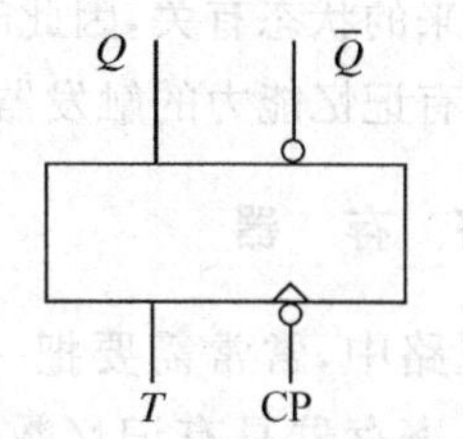


图 12-19　$T$ 触发器逻辑符号

## 四、D 触发器

在时钟脉冲作用下，具有置 1、置 0 功能的触发器，称为 **D 触发器**。图 12-20 为 $D$ 触发器的逻辑图及逻辑符号。CP 顶端没有"0"，表示触发器状态的改变发生在 $CP$ 脉冲的上升沿。

$D=0$，时钟脉冲 CP=0 时，由于门 $C$、$D$ 输出为 1，触发器状态保持原状态不变。当时钟脉冲到来后(CP=1)，由于 $D=0$，门 $A$ 输出为 1，门 $B$ 输出为 0，门 $C$ 输出为 0，门 $D$ 输出为 1，触发器状态为"0"。

$D=1$，仿照 $D=0$ 的分析可知，不论触发器状态如何，当时钟脉冲 CP 上升沿到后，触发器状态为"1"。

$D$ 触发器的逻辑真值表如表 12-15 所示。

工作波形图如图 12-21 所示。

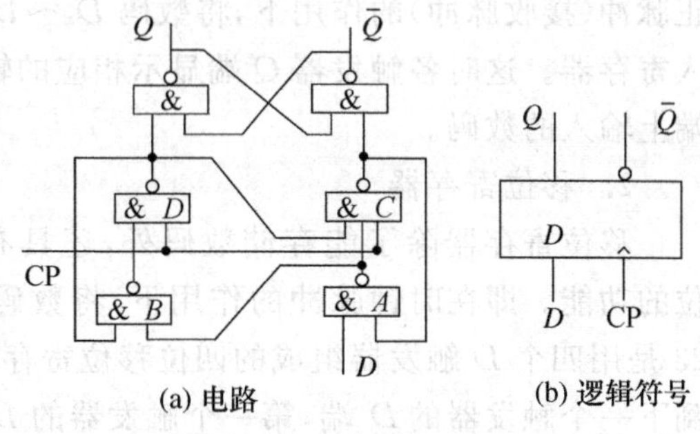


图 12-20　$D$ 触发器

**表 12-15　D 触发器的状态表**

| $Q^n$ | $D$ | $Q^{n+1}$ |
| --- | --- | --- |
| 0 | 0 | 0 |
| 0 | 1 | 1 |
| 1 | 0 | 0 |
| 1 | 1 | 1 |

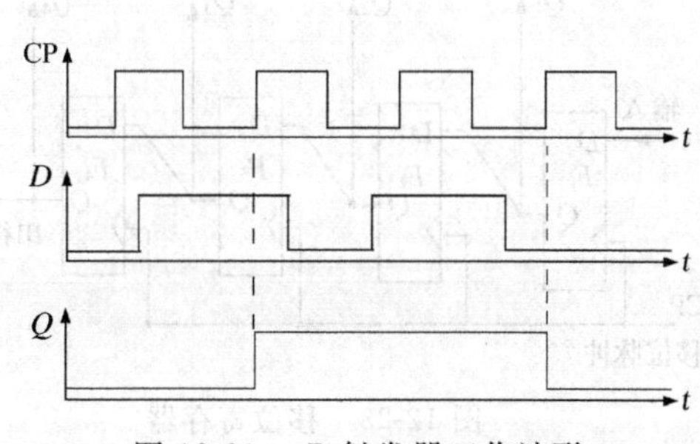


图 12-21　$D$ 触发器工作波形

# 第四节 时序逻辑电路

在时序逻辑电路中，电路在某一时刻的输出状态不仅与该时刻的输入状态有关，而且还与该电路原来的状态有关，因此时序逻辑电路具有记忆功能。时序逻辑电路通常由组合逻辑电路和具有记忆能力的触发器组成。本节介绍两种时序逻辑电路——寄存器、计数器。

## 一、寄 存 器

数字电路中，常常需要把一些指令或数码存储起来。实现这种逻辑功能的部件称为**寄存器**。寄存器具有记忆数码的功能，由于一个触发器可以存放一位二进制数码，所以二进制数码的寄存器一般由触发器和起控制作用的门电路组成。

1. 基本寄存器

图 12-22 是用四个 $RS$ 触发器组成的四位二进制数码寄存器。寄存器的数码输入端为 $D_4 \sim D_1$。存入数码前首先用清零负脉冲对电路进行清零，清除原来存储的数码，然后在时钟正脉冲（接收脉冲）的作用下，将数码 $D_4 \sim D_1$ 存入寄存器。这时各触发器 $Q$ 端显示相应的输入端上输入的数码。

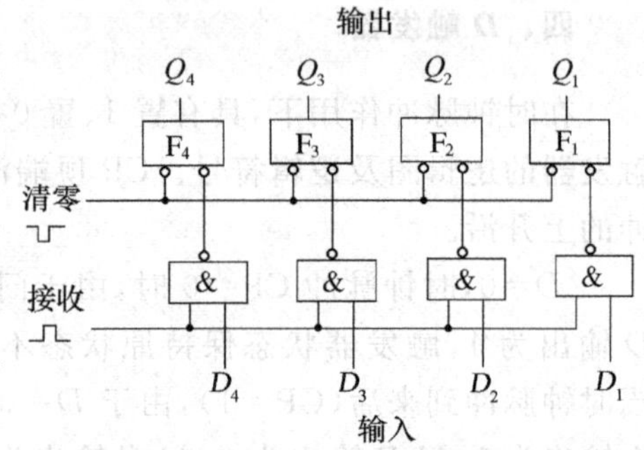


图 12-22 基本寄存器

2. 移位寄存器

移位寄存器除了能存储数码外，还具有移位的功能。即在时钟脉冲的作用下，将数码或指令移入寄存器或移出寄存器。图 12-23 是用四个 $D$ 触发器组成的四位移位寄存器。其中每个 $D$ 触发器的输出端 $Q$ 依次接到下一个触发器的 $D$ 端，第一个触发器的 $D$ 端接收数码。

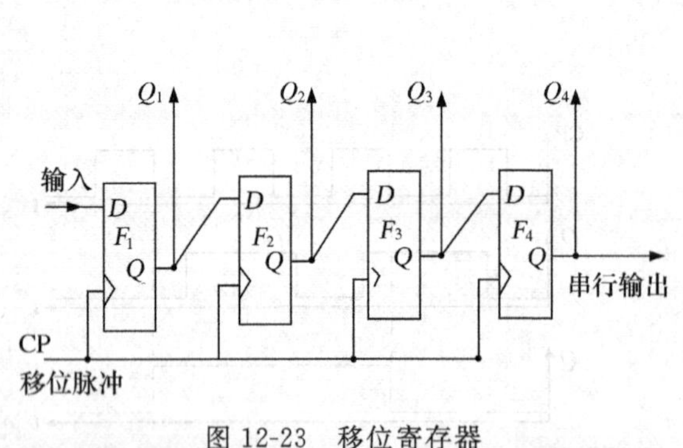


图 12-23 移位寄存器

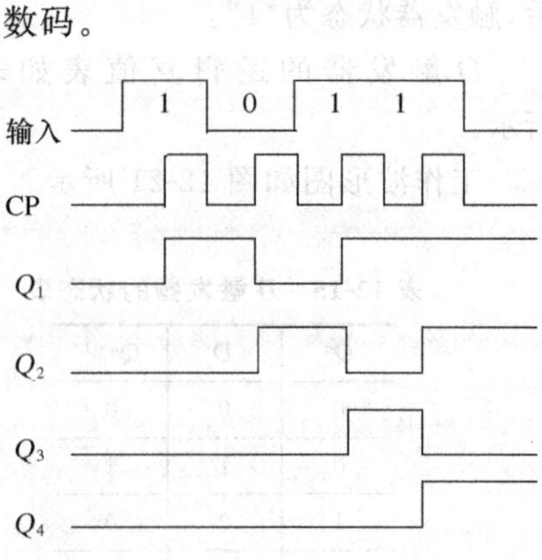

图 12-24 移位寄存器工作波形图

当时钟脉冲 CP 的前沿到达时，输入数码移入触发器 $F_1$，同时每个触发器的状态也移给下一个触发器。假设输入数码为1011，那么在移位脉冲作用下，移位寄存器中数码的移动情况如图12-24所示。

由上图可以看出，各触发器的初始状态都为"0"态，而$D_1$端数码为1。当四个移位脉冲到达后，1011这四个数码全部移到$Q_4Q_3Q_2Q_1$端。

## 二、计　数　器

数字电路中，常常需要计算输入的脉冲个数，实现这种逻辑功能的部件，称为**计数器**。实际上计数器不仅具有计数的功能，而且还具有分频等功能。

计数器的种类很多，按计数器中各个触发器翻转的先后次序分类，可以把计数器分为同步计数器和异步计数器；按计数过程中数字的增减趋势分类，又分为加法计数器、减法计数器和可逆计数器；按计数器经历的独立状态数（进制数）分类，又分为二进制计数器、十进制计数器和任意进制计数器。下面只介绍异步二进制计数器。

1. 异步二进制加法计数器

图12-25所示是由四个$JK$触发器($J=1$，$K=1$，构成$T'$触发器)构成的异步二进制加法计数器的逻辑电路。

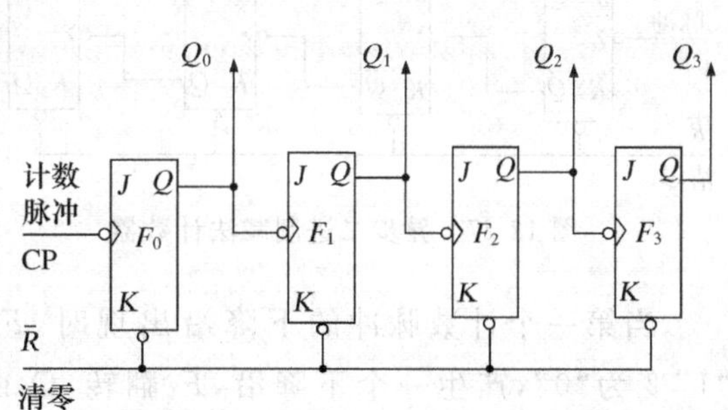

图12-25　异步二进制加法计数器

CP是计数脉冲输入端，$\overline{R}$是清零端，各触发器的$Q$端作为状态输出端。每来一个计数脉冲，最低位触发器翻转一次，高位触发器在相邻的低位触发器进位时翻转。由于各个触发器的翻转和进位不是同时进行，而是逐级进行，所以称为异步计数器。

计数前在$\overline{R}$端输入负脉冲，使各个触发器初始状态均为零，即$Q_3Q_2Q_1Q_0=0000$。当第一个计数脉冲下降沿出现时，$F_0$翻转，$Q_0$由"0"变为"1"，$F_1$、$F_2$、$F_3$不变，计数器的状态为$Q_3Q_2Q_1Q_0=0001$。当第二个计数脉冲的下降沿出现时，$F_0$再翻转一次，$Q_0$由"1"变为"0"，$F_1$时钟脉冲的下降沿出现，$F_1$翻转，$Q_1$由"0"变为"1"，$F_2$、$F_3$不变，计数器的状态为$Q_3Q_2Q_1Q_0=0010$。当第三个计数脉冲的下降沿出现时，$F_0$再翻转，$Q_0$由"0"变为"1"，$F_1$、$F_2$、$F_3$状态不变，计数器状态为$Q_3Q_2Q_1Q_0=0011$。等到第十五个计数脉冲到来时，计数器的状态变为$Q_3Q_2Q_1Q_0=1111$，当输入第十六个计数脉冲后，计数器的状态就会返回初始状态$Q_3Q_2Q_1Q_0=0000$，完成一个计数循环。如果再输入计数脉冲，计数器就会进入新的一轮循环。

图12-26为异步二进制加法计数器的工作波形图。

综上所述：

(1) 每输入一个计数脉冲，计数器就进行一次加法运算，所以计数器为加法计数器。

(2) 计数器由四个触发器构成，计数器循环经历的独立状态数$N=2^4$。如果计数

器由 $n$ 个触发器构成，计数器循环经历的独立状态数为 $N=2^n$。

(3) 由工作波形图可知，$Q_0$ 的输出频率是输入的计数脉冲频率的 1/2；而 $Q_1$ 的输出频率是 $Q_0$ 的 1/2；$Q_2$ 的输出频率是 $Q_1$ 的 1/2，……，即各级触发器的输出频率是输入频率的二分频，因此计数器可用作分频器。图 12-25 所示的电路可用作 16 分频器。

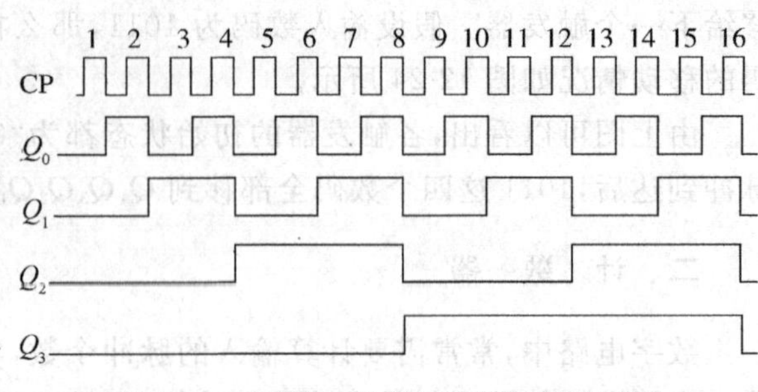


图 12-26 异步二进制加法计数器波形图

2. 异步二进制减法计数器

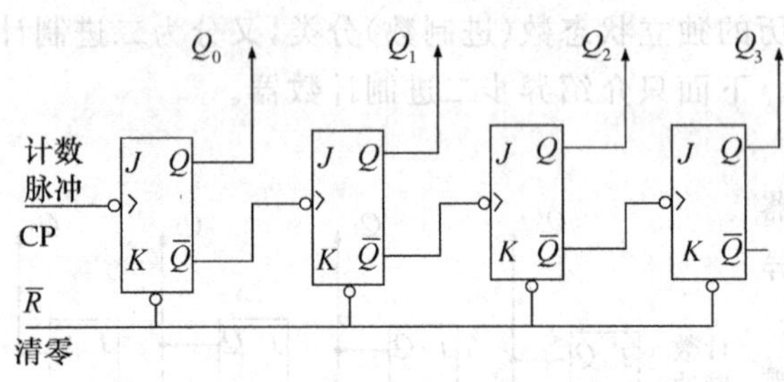


图 12-27 异步二进制减法计数器

图 12-27 所示是由四个 $JK$ 触发器构成的异步二进制减法计数器的逻辑电路。CP 是计数脉冲输入端，$\overline{R}$ 是清零端，各触发器 $Q$ 端作为状态输出端。

计数器工作之前，先用 $\overline{R}$ 脉冲使计数器复位，计数器状态为 $Q_3Q_2Q_1Q_0=0000$。

当第一个计数脉冲的下降沿出现时，$F_0$ 翻转。$Q_0$ 由"0"变为"1"，同时，$\overline{Q_0}$ 由"1"变为"0"，产生一个下降沿，$F_1$ 翻转，$Q_1$ 由"0"变为"1"，由于 $\overline{Q_1}$ 由"1"变为"0"，$F_2$ 翻转，$Q_2$ 由"0"变为"1"，同样，由于 $\overline{Q_2}$ 由"1"变为"0"，$F_3$ 翻转，$Q_3$ 由"0"变为"1"，计数器状态为 $Q_3Q_2Q_1Q_0=1111$。当第二个计数脉冲的下降沿出现时，$F_0$ 翻转，$Q_0$ 由"1"变为"0"，同时 $\overline{Q_0}$ 由"0"变为"1"，产生一个上升沿，$F_1$、$F_2$、$F_3$ 不变。计数器状态为 $Q_3Q_2Q_1Q_0=1110$。随着计数脉冲的不断输入，计数器逐次进行减一运算，当输入第十六个计数脉冲时，计数器状态为 $Q_3Q_2Q_1Q_0=0000$，再输入一个计数脉冲，计数器进入新一轮循环。

图 12-28 为异步二进制减法计数器的工作波形图。

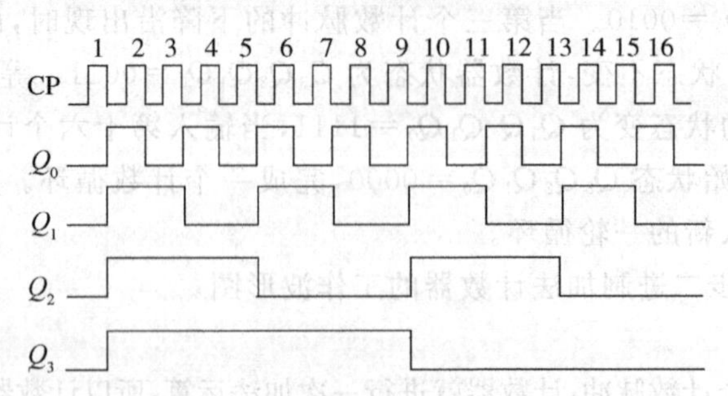


图 12-28 步二进制减法计数器波形图

# 第五节　555 集成定时器

定时器是一种应用十分广泛的单片集成电路，由于能确定时间，所以又叫时基电路。其功能灵活，只需外接少量的阻容器件，就可构成各种功能的电路。目前生产的555定时器有双极型和CMOS两种，这两类定时器的结构和功能基本相似，下面以双极型集成定时器为例进行介绍。

## 一、组成及外引线排列图

图12-29是555集成定时器的电路和外引脚排列。表12-16是555各个引出端的功能说明。

表12-16　引出端功能说明表

| 符号 | 功能 | 符号 | 功能 |
|---|---|---|---|
| $\overline{TR}$ | 低触发端 | TH | 高触发端 |
| OUT | 输出 | D | 放电端 |
| $\overline{R}$ | 复位 | CO | 控制电压 |

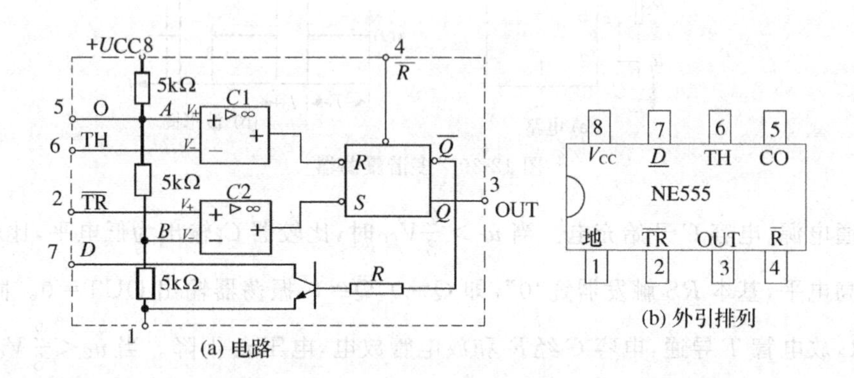


图12-29　555集成定时器

由图12-29可见，555集成定时器由以下几部分组成：

1. *RS*触发器

$\overline{R}$是外部置0端，当$\overline{R}=0$时，$Q=0$，$\overline{Q}=1$。

2. 比较器

$C_1$、$C_2$是两个双极型比较器，比较器有两个输入端，分别用$V_+$、$V_-$表示相应输入端上的输入电压，当$V_+>V_-$时，输出为高电平，当$V_+<V_-$时，输出为低电平。

3. 分压器

三个阻值均为5kΩ的电阻串联起来构成分压器，为比较器$C_1$、$C_2$提供参考电压，$C_1$的“+”端$V_+=\frac{2}{3}V_{CC}$，$C_2$的“-”端$V_-=\frac{1}{3}V_{CC}$。如果电压控制端$CO$端另加控制电压,则可改变 $C_1$、$C_2$ 的参考电压。工作中如果不用 $CO$ 端,可通过一个 0.01μF 的电容接地,以旁路高频干扰。

4. 放电管

三极管 $T$ 构成开关,其状态受 $\overline{Q}$ 的控制。当 $\overline{Q}$ 为高电平时,三极管 T 导通,如果在"放电端"外接电容,则由此放电。

## 二、集成定时器的应用举例

1. 多谐振荡器

多谐振荡器是一种产生矩形脉冲的电路,矩形波中包含有极其丰富的谐波,所以这种电路称为多谐振荡器。

图 12-30 为由 555 定时器构成的多谐振荡器电路和工作波形图。其中 $R_1$、$R_2$、$C$ 为外接定时元件。

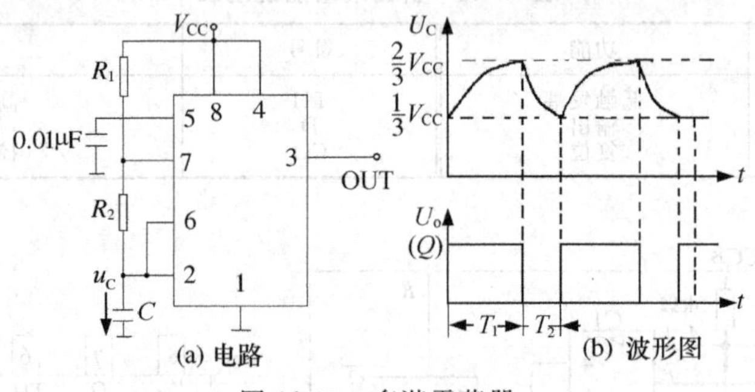


图 12-30 多谐震荡器

接通电源,电容 $C$ 开始充电。当 $u_C > \frac{2}{3}V_{CC}$ 时,比较器 $C_1$ 输出为低电平,比较器 $C_2$ 输出为高电平,基本 $RS$ 触发器置"0",即 $Q=0$,$\overline{Q}=1$,振荡器输出 OUT=0。同时,由于 $\overline{Q}=1$,放电管 $T$ 导通,电容 $C$ 经 $R$ 和放电管放电,电压 $u_C$ 下降。当 $u_C < \frac{2}{3}V_{CC}$ 时,比较器 $C_1$ 输出为高电平,比较器 $C_2$ 输出为低电平,基本 $RS$ 触发器置"1",即 $Q=1$,$\overline{Q}=0$。同时,由于三极管 $T$ 截止,电容又开始充电。如此周而复始,振荡器输出电压为连续的矩形脉冲。

振荡周期可按下式计算:

$$T = T_1 + T_2 \approx 0.7(R_1 + R_2)C + 0.7R_2C = 0.7(R_1 + R_2)C$$

2. 单稳态触发器

前面讨论的触发器有两个稳定的状态,"0"和"1"。单稳态触发器则不然,它有一个状态是稳定的,而另一个状态是暂稳的。在外加触发脉冲的作用下,单稳态触发器可以由一个状态变为另一个状态,并且经过一段暂态过程后,触发器又自动返回原来的状态。

图 12-31 为 555 定时器构成的单稳电路和工作波形图。

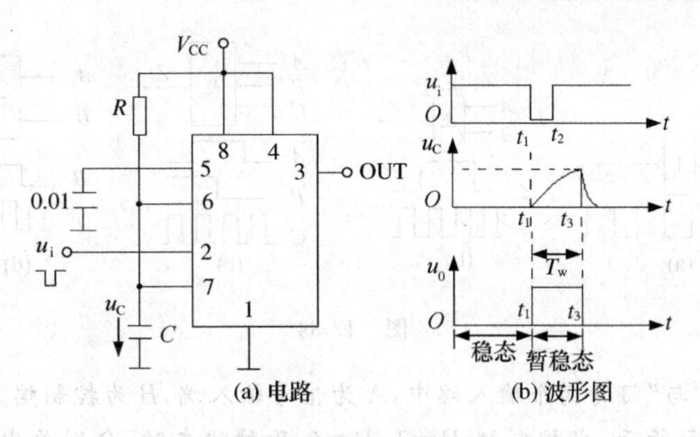


(a) 电路　　(b) 波形图

图 12-31　单稳态电路

稳态时，$u_i$为高电平，基本 $RS$ 触发器处在 0 状态，$\overline{Q}=1$，放电管 $T$ 导通，$u_C=0$，输出 OUT＝0。

触发信号到来时，$V_i$为低电平，比较器 $C_2$ 输出为低电平，基本 $RS$ 触发器置“1”，即 $Q=1$，$\overline{Q}=0$，放电管 $T$ 截止，电容 $C$ 充电，$u_C$上升，当 $u_C>\frac{2}{3}V_{CC}$时，比较器 $C_1$ 输出为低电平，电路又回到原来的稳定状态，即 $Q=0$，$\overline{Q}=1$，同时电容 $C$ 通过放电管 $T$ 放电。

输出脉冲的宽度可由下式计算：

$$T_T \approx RC\ln 3 \approx 1.1RC$$

## 习　题

12-1　列出图 12-32 电路的真值表并写出 $Z_1$、$Z_2$ 的逻辑表达式。

12-2　在图 12-32 中，如果输入信号的波形如图 12-33 所示，画出输出端 $Z_1$、$Z_2$ 的波形。

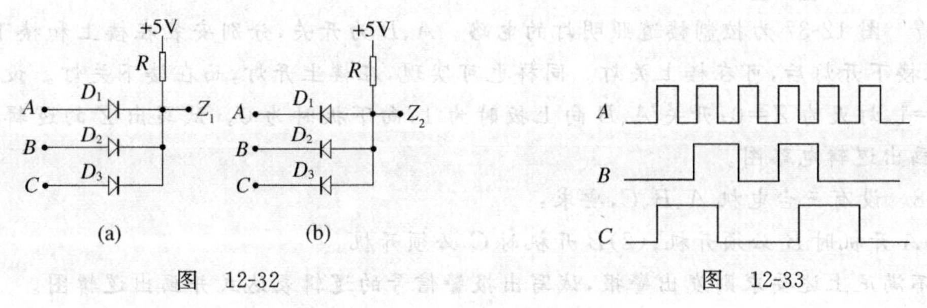


图　12-32　　图　12-33

12-3　如图 12-34，分别画出 $Z$ 端的波形。

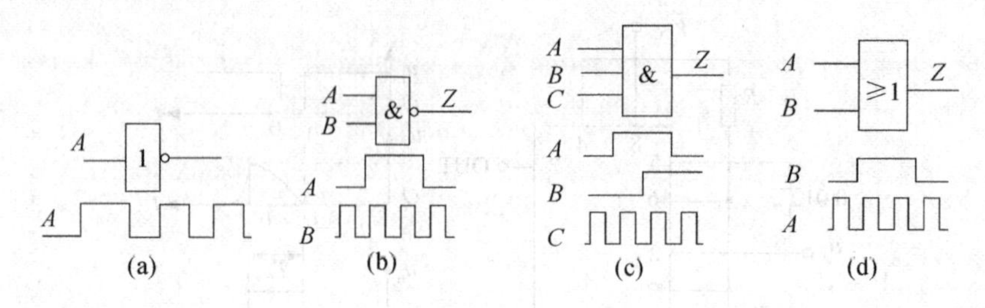


图 12-34

12-4 如果“与”门的两个输入端中，$A$ 为信号输入端，$B$ 为控制端。设输入 $A$ 的信号波形如图 12-35 所示，当控制端 $B=1$、$B=0$ 两种状态时，分别画出输出端的波形。如果是“与非”门、“或”门、“或非”门则又如何？分别画出输出端的波。

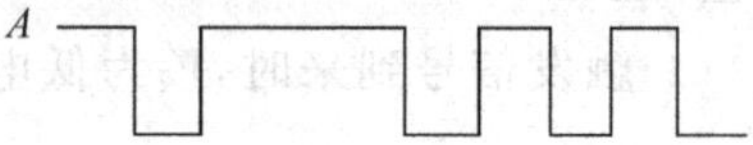

12-5 证明：

(1) $ABC+\overline{A}B+AB\overline{C}=B$

(2) $\overline{A}B+\overline{A}BCD(E+F)=\overline{A}B$

(3) $AB+\overline{A}C+\overline{B}C=AB+C$

(4) $ABC+\overline{A}\overline{B}\overline{C}+AB\,\overline{C}=AB+B\overline{C}$

(5) $AB+BCD+\overline{A}C+\overline{B}C=AB+C$

(6) $AB(C+D)+D+\overline{D}(A+B)(\overline{B}+\overline{C})=A+B\overline{C}+D$

A

图 12-35

12-6 写出图 12-36 所示组合电路的逻辑表达式，列出真值表并说明其实现的功能。

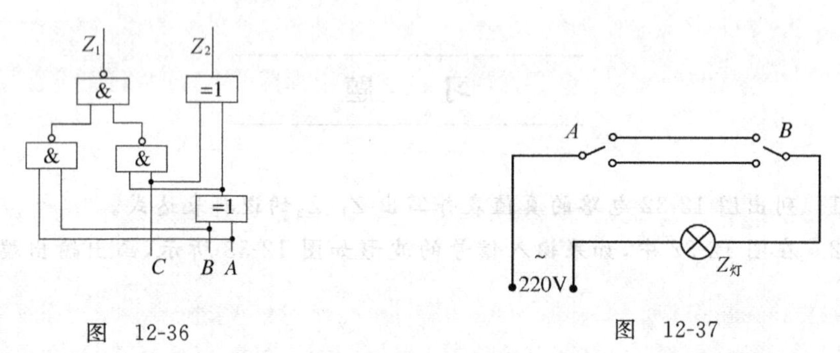


图 12-36　　　　图 12-37

12-7 图 12-37 为控制楼道照明灯的电路。$A$、$B$ 为开关，分别安装在楼上和楼下，这样，在楼下开灯后，可在楼上关灯。同样也可实现，在楼上开灯，而在楼下关灯。设灯亮为 $Z=1$，灯灭为 $Z=0$；开关 $A$、$B$ 向上扳时为 1，向下扳时为 0。试写出 $Z$ 的逻辑表达式并画出逻辑电路图。

12-8 设有三台电机 $A$、$B$、$C$，要求：

(1) $A$ 开机时 $B$ 必须开机；(2) $B$ 开机时 $C$ 必须开机。

如不满足上述要求则发出警报，试写出报警信号的逻辑表达式并画出逻辑图。

12-9 在图 12-13 所示基本 $RS$ 触发器中，$\overline{R}$、$\overline{S}$ 端的波形如图 12-38 所示，试对应

画出 $Q$、$\overline{Q}$ 端的波形。

12-10　在 12-15 所示同步 $RS$ 触发器中，CP、$R$、$S$ 端的波形如图 12-39 所示，试对应画出 $Q$ 端的波形。触发器起始状态为 0。

12-11　在 12-17 所示主从 $JK$ 触发器中，CP、$J$、$K$ 端的波形如图 12-40 所示，试对应画出 $Q$、$\overline{Q}$ 端的波形。触发器起始状态为 1。

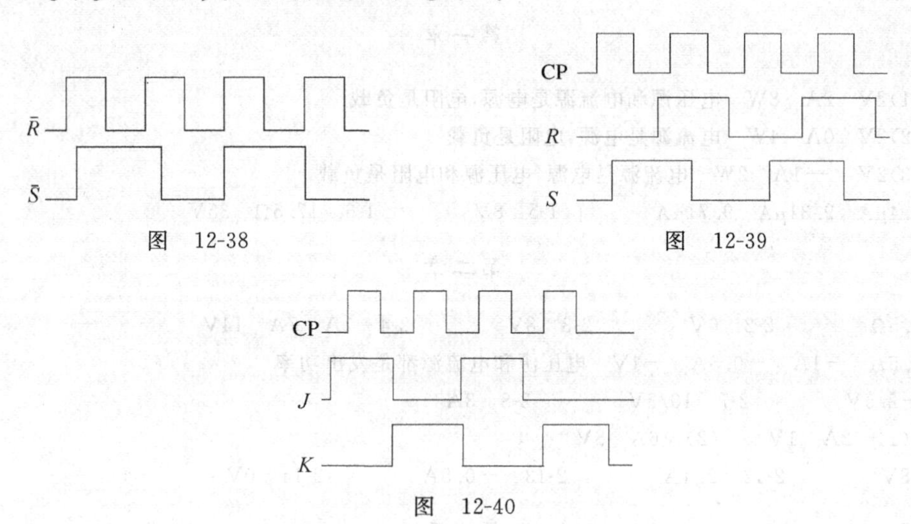


图　12-38

图　12-39

图　12-40

# 习题参考答案

## 第一章

1-1　(1)2V　2A　8W　电压源和电流源是电源，电阻是负载

　　(2)2V　0A　4W　电流源是电源，电阻是负载

　　(3)2V　−1A　2W　电流源是电源，电压源和电阻是负载

1-2　0.4μA　9.31μA　9.71μA　　　1-5　8V　　　1-6　17.5Ω　35V

## 第二章

2-1　1.5Ω　　　2-2　6V　　　2-3　8V　　　2-4　1A　7A　14V

2-5　4.5A　−1A　−0.5A　−1V　电压源和电流源都是发出功率

2-6　−2.5V　　　2-7　10/3V　　　2-8　3A

2-10　(1)　2A　1V　　(2)　6A　8V

2-11　8V　　　2-12　2.4A　　　2-13　−0.5A　　　2-14　0V

## 第三章

3-1　(1)$i=100\text{A}$　$i_1=0$　$i_2=100\text{A}$　$U_C=0$　　(2)$i=1\text{A}$　$i_1=1\text{A}$　$i_2=1\text{A}$　$U_C=99\text{V}$

3-2　$i_C=2.5\text{A}$　　闭合后　$u_L=0$　$i_L=0$　$i_C=2.5\text{A}$　　稳态时　$U_L=0$　$i_L=2.5\text{A}$　$i_C=0$

3-3　$u_{C(0)}=6\text{V}$　$i_C=0$　$i_C=-1.2\text{A}$

3-4　(1)$i_1=i_2=2-2\text{e}^{-100t}\text{A}$　　　(2)$i_1=3-\text{e}^{-100t}\text{A}$　$i_2=2\text{e}^{-50t}\text{A}$

3-5　$i=\frac{9}{5}-\frac{18}{5}\text{e}^{-\frac{5}{9}t}\text{A}$

3-6　$i_L=(5-3\text{e}^{-2t})\text{A}$　$i_1=(2-\text{e}^{-2t})\text{A}$　$i_2=(-3+2\text{e}^{-2t})\text{A}$

## 第四章

4-1　(1)$I_{1\text{m}}=20\text{A}$　$I_{2\text{m}}=30\text{A}$　$I_1=14.14\text{A}$　$I_2=21.2\text{A}$　$\omega_1=\omega_2=314\text{rad/s}$　$f_1=f_2=50\text{Hz}$

　　$T_1=T_2=0.02\text{s}$　$\varphi_1=30°$　$\varphi_2=-20°$

　　(2) $\dot{I}_1=14.14\angle 30°\text{ A}$　$\dot{I}_2=21.2\angle -120°\text{A}$

4-2　$u=67.68\sqrt{2}\sin(1000t+42.82°)\text{V}$

4-3　设 $u=220\angle 0°\text{ V}$　$i=19.1\sqrt{2}\sin 314t\text{ A}$　$R=11.52\ \Omega$

4-4　$R=8\Omega$　$L=65.25\text{mH}$

4-5　(1)$Z=5+\text{j}25.12\Omega$　(2)$i=8.6\sqrt{2}\sin(314t-78.74°)\text{A}$

4-6　$i=0.01\sqrt{2}\sin(1000t+60°)\text{A}$　$Q=0.1\text{Var}$

4-7　$R=9193.48\Omega$　$U_2=0.5\text{V}$

4-8　$R=30\Omega$　$L=0.127\text{H}$　$\cos\varphi=0.6$　$P=580.8\text{W}$　$Q=773\text{Var}$

4-9 (1) $i=22\sqrt{2}\sin\omega t$ A $u_1=149.6\sqrt{2}\sin(\omega t+62.23°)$ V

$u_2=103.84\sqrt{2}\sin(\omega t-58°)$ V $u_3=93.28\sqrt{2}\sin(\omega t+45°)$ V

(3) $P=4191.56$ W $Q=2420$ Var $S=4840$ VA $\cos\varphi=0.866$

4-10 $\omega_0=17733$ Hz $Z_0=R=500\Omega$

4-11 $\dot{I}=10\angle 53.13°$ A $\dot{I}_1=10\angle 0°$ A $\dot{I}_2=8.94\angle 116.56°$ A $P=2000$ W $\cos\varphi=1$

4-12 $|Z|=20\Omega$ 4-13 $Z=(20-\mathrm{j}10)\Omega$ 4-14 $Z=(10\pm \mathrm{j}10)\Omega$

4-15 $I=0.25$ A $U_R=132.16$ V $U_{rL}=152.14$ V $P=40.63$ W $Q=37.29$ Var $S=55.15$ VA

$\cos\varphi_1=0.74$ $C=0.8\mu$F

## 第五章

5-1 $u_A=220\sqrt{2}\sin(\omega t+30°)$ V $u_B=220\sqrt{2}\sin(\omega t-90°)$ V $u_C=220\sqrt{2}\sin(\omega t+150°)$ V

5-2 (1)Y 接

(2) $i_A=11\sqrt{2}\sin(314t-53.3°)$ A $i_B=11\sqrt{2}\sin(314t-173.3°)$ A

$i_C=11\sqrt{2}\sin(314t+66.87°)$ A

5-3 $\dot{I}_A=5\angle -120°$ A $\dot{I}_B=5\angle -150°$ A $\dot{I}_C=5\angle 180°$ A $\dot{I}_N=13.66\angle -150°$ A

5-4 $\dot{I}_A=0.273\angle 0°$ A $\dot{I}_B=0.273\angle -120°$ A $\dot{I}_C=0.553\angle 85.3°$ A $\dot{I}_N=0.364\angle 60°$ A

5-5 (1)Y 接 (2) $I_L=10$ A $I_N=0$ (3) $I_A=5$ A $I_B=7.5$ A $I_C=10$ A $I_N=4.33$ A

5-6 $\dot{I}_{AB}=7.6\angle -53.13°$ A $\dot{I}_{BC}=7.6\angle -173.13°$ A $\dot{I}_{CA}=7.6\angle 66.87°$ A

$\dot{I}_A=13.16\angle -83.13°$ A $\dot{I}_B=13.16\angle 156.87°$ A $\dot{I}_C=13.16\angle 36.87°$ A

5-7 $Z=(15+\mathrm{j}35)\Omega$

5-8 (1)$\Delta$ (2) $I_L=8.41$ A $I_P=4.86$ A (3) $Z=(66.46+\mathrm{j}41.2)\Omega$

5-9 $\dot{I}_{AB\Delta}=27.5\angle -36.9°$ A $\dot{I}_{BC\Delta}=27.5\angle -156.9°$ A $\dot{I}_{CA\Delta}=27.5\angle 83.1°$ A

$\dot{I}_{AY}=12.7\angle -30°$ A $\dot{I}_{BY}=12.7\angle -150°$ A $\dot{I}_{CY}=12.7\angle 90°$ A $\dot{I}_A=58.28\angle -59.4°$ A

$\dot{I}_B=58.28\angle -179.4°$ A $\dot{I}_C=58.28\angle 60.6°$ A

5-10 (1) $A_1=A_3=5.77$ A $A_2=10$ A (2) $A_2=0$ $A_1=A_3=8.66$ A

## 第六章

6-1 (1) $N_2=400$ 匝 (2) $I_{1N}=3.03$ A $I_{2N}=45.45$ A (3) $n=166$ 盏

6-2 (1) $N_{21}=220$ 匝 $N_{22}=88$ 匝 (2) $I_1=5$ A $I_{21}=10$ A $I_{22}=0$ 6-3 $P=87.61$ mW

6-4 (1) $K=8.37$ (2) $U_1=5$ V $U_2=0.6$ V $I_1=8.92$ mA $I_2=75$ mA (3) $P=44.64$ mW

6-5 $P_{Fe}=89.2$ W $\cos\varphi=0.15$

6-6 (1) $I_{1N}=92.38$ A $I_{2N}=307.92$ A (2) $I_{1P}=92.38$ A $I_{2P}=177.8$ A

## 第七章

7-1 $P=2$ $S=0.0267$

7-2 (1) $E_{20}=20$ V $I_{20}=242.54$ A $\cos\varphi_{20}=0.243$

(2) $E_2=1$ V $I_2=49$ A $\cos\varphi_2=0.98$

7-3 (1)$I_N=84.18A$ (2)$S_N=0.013$ (3)$T_N=290.4Nm$ (4)$T_{max}=638.8Nm$ (5)$T_{st}=551.8Nm$

7-4 (1)$n_2=30r/min$ (2)$T_N=194.9Nm$ (3)$\cos\varphi_N=0.88$

7-5 (1)$I_{stY}=134.2A$ $T_{stY}=78Nm$

(2)$0.7T_N=136.4>78$ 所以不能起动；$0.3T_N=58.5<78$ 所以可以起动。

7-6 (1)$K=1.19$ $I_{stA}=338.2A$ $I'_{stA}=284.2A$ 7-7 (1)$T_{max}=88.74Nm$；不能。

7-8 (1)$\eta=0.833$ $\cos\varphi_1=0.82$ (2)$\eta=0.625$ $\cos\varphi_1=0.506$

## 第十一章

11-1 (a)$-9V$;(b)$0V$;(c)$-5V$ 11-2 4种 11-3 只有(a)能放大

11-4 (1)$I_B=38\mu A, I_C=1.9mA, U_{CE}=4.5V$；(2)$r_{be}=0.99k\Omega$；

(3)$R_i=0.987k\Omega, R_0=4k\Omega$； (4)$-203$； (5)$-102$

11-5 (1)$V_B=2.79V, I_C\approx I_E=2.1mA, I_B=41\mu A, U_{CE}=5.8V$；

(3)$r_{be}=0.934k\Omega, R_i=0.833k\Omega, R_0=2k\Omega$； (4)$u_i=4.5mV, A_u=-54, u_0=-241mV$；

(5)$u_0=-540mV$

11-6 (1)$I_B=10\mu A, I_C=1mA, U_{CE}=6.32V$； (3)$r_{be}=2889.75k\Omega, R_i=86.78k\Omega, R_0=29\Omega$；

(4)$A_u=0.97$

11-7 (1)$I_B=44.8\mu A, I_C=2.24mA$； (3)$r_{be}=892\Omega, A_u=-56, R_i\approx r_{be}, R_0\approx r_{be}, R_0\approx 2k\Omega$

11-8 (1)$A_{u1}=-91, A_{u2}=0.98, A_u=-89$； (2)$A_u=-33.3$

11-9 (1)$A_{uf}=-10$;(2)$A_{uf}=-20/3$

11-10 $u_{21}=-21u_i$ 11-11 $u_0=11u_{i2}-5.5u_{i1}$

11-12 (1)$u_{01}=-u_{i1}-0.5u_{i2}$； (2)$\int(u_{i1}+0.5u_{i2})dt$

11-13 $u_0=-1.5u_i$ 11-14 $u_0=3u_{i3}-u_{i2}-u_{i1}$

11-15 (1)$u_0=-2V$;(2)$-12V$;(3)$-4V$

11-16 (1)14.4V;(2)10.8V;(3)17V;(4)5.4V;(5)17V

## 第十二章

12-1 $Z_1=A+B+C$ $Z_2=ABC$

12-4 当$B=1$时，与门输出端的波形与输入端$A$的波形相同；

当$B=0$时，与门输出低电平。

12-6 $Z_1=AB+(A\oplus B)C$ 全加器的进位信号； $Z_2=A\oplus B\oplus C$ 全加器的和。

12-7 $Z=\overline{A}\overline{B}+AB$ 12-8 $F=A\overline{B}+B\overline{C}$

12-9 假设起始状态为0 12-10 假设起始状态为0 12-11 假设起始状态为1

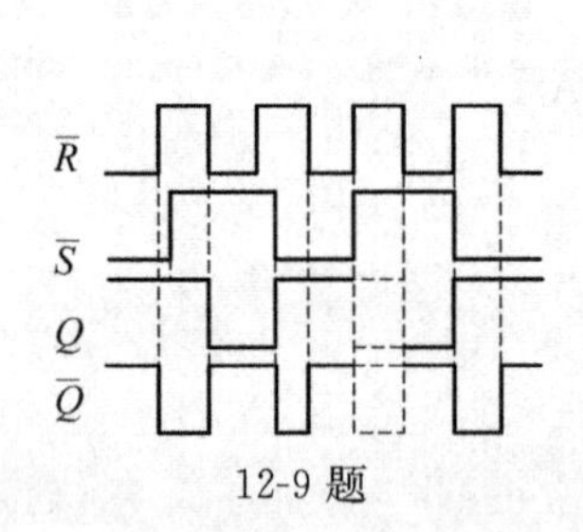

12-9题

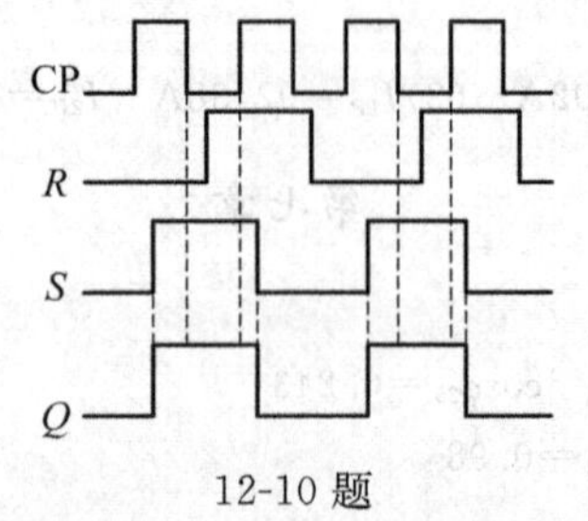

12-10题

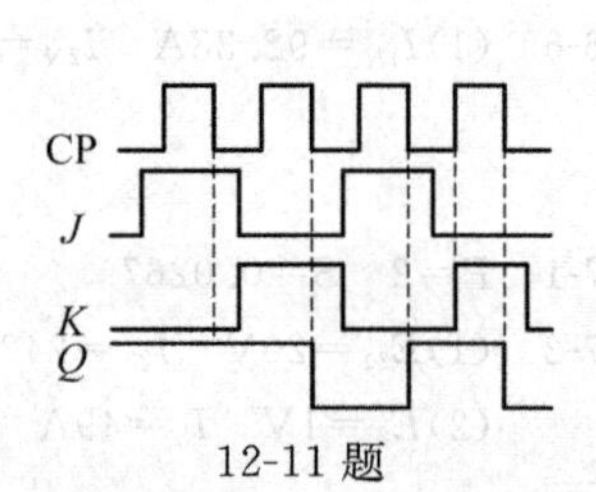

12-11题

# 参考文献


[1] 李力,王硕禾．电工与电子技术[M]．北京:中国电力出版社,2001.

[2] 秦曾煌．电工学．5版[M]．北京:高等教育出版社,1999.

[3] 湖南大学,武汉水利电力学院．电工学基本教程[M]．北京:高等教育出版社,1982.

[4] 李忠波,梁引．电工技术[M]．北京:机械工业出版社,1999.

[5] 王明昌．建筑电工学[M]．重庆:重庆大学出版社,1995.

[6] 朱建坤．电工技术[M]．西安:西北大学出版社,1999.

[7] 叶挺秀．电工电子学[M]．北京:高等教育出版社,2000.

[8] 丘关源．电路．4版[M]．北京:高等教育出版社,1999.

[9] 何利民,尹全英．电气制图与读图．2版[M]．北京:机械工业出版社,2003.

# 附录A　常用资料

## A1　土建施工用电项目的需要系数和 $\cos\varphi$

| 序　号 | 用电设备名称 | 需要系数 | $\cos\varphi$ |
| --- | --- | --- | --- |
| 1 | 大批生产及流水作业的热加工车间 | 0.3～0.4 | 0.65 |
| 2 | 大批生产及流水作业的冷加工车间 | 0.2～0.25 | 0.50 |
| 3 | 小批生产及单独生产的冷加工车间 | 0.16～0.2 | 0.50 |
| 4 | 生产用的通风机、水泵 | 0.75～0.85 | 0.80 |
| 5 | 卫生保健用的通风机 | 0.65～0.7 | 0.80 |
| 6 | 运输机的传送 | 0.52～0.6 | 0.75 |
| 7 | 混凝土及砂浆搅拌机 | 0.65～0.7 | 0.65 |
| 8 | 碎石机、筛泥泵、砾石洗涤机 | 0.7 | 0.7 |
| 9 | 起重机、掘土机、升降机 | 0.25 | 0.7 |
| 10 | 电焊变压器 | 0.45 | 0.45 |
| 11 | 球磨机 | 0.7 | 0.7 |
| 12 | 工业企业建筑室内照明 | 0.8 | 1 |
| 13 | 仓　　库 | 0.35 | 1 |
| 14 | 室外照明 | 1 | 1 |

## A2　变电所主结线的主要电气设备符号

| 电气设备名称 | 图形符号 | 电气设备名称 | 图形符号 |
| --- | --- | --- | --- |
| 电力变压器 | 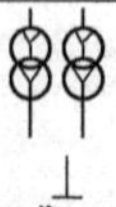 | 刀熔开关 |  |
| 跌落式熔断器 |  | 电抗器 |  |
| 断路器 | | 母线及母线引出线 |  |
| 熔断器 | 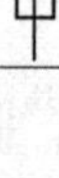 | 阀型避雷器 |  |

续上表

| 电气设备名称 | 图形符号 | 电气设备名称 | 图形符号 |
| --- | --- | --- | --- |
| 负荷开关 | | 电流互感器 | |
| 隔离开关 | | 电压互感器 | |
| 自动空气断路器 | | 电容器 | |
| 刀开关 | | 电缆及其终端头 | |

## A3 $SL_7kV$ 系列 6kV、10kV 三相油浸自冷式铝线低损耗变压器技术数据

| 型号 | 额定容量/kVA | 电压组合/kV | | 损耗/W | | 阻抗电压(%) | 空载电流(%) | 联结组 | 总重/kg |
| --- | --- | --- | --- | --- | --- | --- | --- | --- | --- |
| | | 高压 | 低压 | 空载 | 负载 | | | | |
| $SL_7$-30/6 | 30 | 6,6.3 | 0.4 | 150 | 800 | 4 | 7 | $Y/Y_0$—12 | 300 |
| $SL_7$-30/10 | | 10 | | | | | | | |
| $SL_7$-50/6 | 50 | 6,6.3 | 0.4 | 190 | 1 150 | 4 | 6 | $Y/Y_0$—12 | 460 |
| $SL_7$-50/10 | | 10 | | | | | | | |
| $SL_7$-63/6 | 63 | 6,6.3 | 0.4 | 220 | 1 400 | 4 | 5 | $Y/Y_0$—12 | 515 |
| $SL_7$-63/10 | | 10 | | | | | | | |
| $SL_7$-80/6 | 80 | 6,6.3 | 0.4 | 270 | 1 650 | 4 | 4.7 | $Y/Y_0$—12 | 570 |
| $SL_7$-80/10 | | 10 | | | | | | | |
| $SL_7$-100/6 | 100 | 6,6.3 | 0.4 | 320 | 2 000 | 4 | 4.2 | $Y/Y_0$—12 | 675 |
| $SL_7$-100/10 | | 10 | | | | | | | |
| $SL_7$-125/6 | 125 | 6,6.3 | 0.4 | 370 | 2 450 | 4 | 4 | $Y/Y_0$—12 | 780 |
| $SL_7$-125/10 | | 10 | | | | | | | |
| $SL_7$-160/6 | 160 | 6,6.3 | 0.4 | 460 | 2 850 | 4 | 3.5 | $Y/Y_0$—12 | 945 |
| $SL_7$-160/10 | | 10 | | | | | | | |
| $SL_7$-200/6 | 200 | 6,6.3 | 0.4 | 540 | 3 400 | 4 | 3.5 | $Y/Y_0$—12 | 1 070 |
| $SL_7$-200/10 | | 10 | | | | | | | |
| $SL_7$-250/6 | 250 | 6,6.3 | 0.4 | 640 | 4 000 | 4 | 3.2 | $Y/Y_0$—12 | 1 255 |
| $SL_7$-250/10 | | 10 | | | | | | | |

续上表

| 型号 | 额定容量/kVA | 电压组合/kV | | 损耗/W | | 阻抗电压(%) | 空载电流(%) | 联结组 | 总重/kg |
|---|---|---|---|---|---|---|---|---|---|
| | | 高压 | 低压 | 空载 | 负载 | | | | |
| $SL_7$-315/6 | 315 | 6,6.3 | 0.4 | 760 | 4 800 | 4 | 3.2 | $Y/Y_0$—12 | 1 525 |
| $SL_7$-315/10 | | 10 | | | | | | | |
| $SL_7$-400/6 | 400 | 6,6.3 | 0.4 | 920 | 5 800 | 4 | 3.2 | $Y/Y_0$—12 | 1 775 |
| $SL_7$-400/10 | | 10 | | | | | | | |
| $SL_7$-500/6 | 500 | 6,6.3 | 0.4 | 1 080 | 6 900 | 4 | 3.2 | $Y/Y_0$—12 | 2 055 |
| $SL_7$-500/10 | | 10 | | | | | | | |
| $SL_7$-630/6 | 630 | 6,6.3 | 0.4 | 1 300 | 8 100 | 4.5 | 3 | $Y/Y_0$—12 | 2 745 |
| $SL_7$-630/10 | | 10 | | | | | | | |
| $SL_7$-800/6 | 800 | 6,6.3 | 0.4 | 1 540 | 9 900 | 4.5 | 2.5 | $Y/Y_0$—12 | 3 305 |
| $SL_7$-800/10 | | 10 | | | | | | | |
| $SL_7$-1000/6 | 1 000 | 6,6.3 | 0.4 | 1 800 | 11 600 | 4.5 | 2.5 | $Y/Y_0$—12 | 4 135 |
| $SL_7$-1000/10 | | 10 | | | | | | | |
| $SL_7$-1250/6 | 1 250 | 6,6.3 | 0.4 | 2 200 | 13 800 | 4.5 | 2.5 | $Y/Y_0$—12 | 5 030 |
| $SL_7$-1250/10 | | 10 | | | | | | | |
| $SL_7$-1600/6 | 1 600 | 6,6.3 | 0.4 | 2 650 | 16 500 | 4.5 | 2.5 | $Y/Y_0$—12 | 6 000 |
| $SL_7$-1600/10 | | 10 | | | | | | | |
| $SL_7$-630/6 | 630 | 6,6.3 | 3.15,6.3 | 1 300 | 8 100 | 4.5 | 3 | Y/△—11 | |
| $SL_7$-630/10 | | 10 | 3.15,6.3 | | | | | | |
| $SL_7$-800/6 | 800 | 6,6.3 | 3.15,6.3 | 1 540 | 9 900 | 5.5 | 2.5 | Y/△—11 | |
| $SL_7$-800/10 | | 10 | 3.15,6.3 | | | | | | |
| $SL_7$-1000/6 | 1 000 | 6,6.3 | 3.15,6.3 | 1 800 | 11 600 | 5.5 | 2.5 | Y/△—11 | |
| $SL_7$-1000/10 | | 10 | 3.15,6.3 | | | | | | |

## A4 常用导线的型号及其主要用途

| 导线型号 | | 额定电压/V | 导线名称 | 最小面积/$mm^2$ | 主要用途 |
|---|---|---|---|---|---|
| 铝心 | 铜心 | | | | |
| LJ | TJ | — | 裸铝铰线、裸铜铰线 | 25 | 室外架空线 |
| BLV | BV | 500 | 聚氯乙烯绝缘线 | 2.5 | 室外架空线或穿管敷设 |
| BLX | BX | 500 | 橡皮绝缘线 | 2.5 | 室外架空或穿管敷设 |
| BLXF | BXF | 500 | 氯丁橡皮绝缘线 | | 室外敷设 |
| BLVV | BVV | 500 | 塑料护套线 | | 室外固定敷设 |

续上表

| 导线型号 | | 额定电压/V | 导线名称 | 最小面积/$mm^2$ | 主要用途 |
|---|---|---|---|---|---|
| 铝心 | 铜心 | | | | |
| | RV | 250 | 聚氯乙烯绝缘线软线 | 0.5 | 250V以下各种移动电器接线 |
| | RVS | 250 | 聚氯乙烯绝缘铰型软线 | 0.5 | |
| | RVV | 500 | 聚氯乙烯绝缘护套软线 | | 500V以下各种移动电器接线 |

## A5 YQ、YQW、YZW、YC、YQW型通用橡套软电缆

| 型号 | 名称 | 主要用途 | 截面范围/$mm^2$ |
|---|---|---|---|
| YQ | 轻型橡套电缆 | 连接交流电压250V及以下轻型移动电气系设备具有耐气候型和一定的耐油性能 | 0.3～0.75<br>1心、2心、3心 |
| YQW | | | |
| YZ | 中套橡套电缆 | 连接交流电压500V及以下各种移动电气设备 | 0.5～6.2，3心及(3+1)心 |
| YZW | | 连接交流电压500V及以下各种移动电气设备，具有耐气候和一定的耐油性能 | |
| YC | 重型橡套电缆 | 连接交流电压500V及以下各种移动电气设备，能承受较大的机械外力作用 | 2.5～120<br>1心、2心、3心及(3+1)心 |
| YCW | | 连接交流电压500V及以下各种移动电气设备，能承受较大的机械外力作用，具有耐气候和一定的耐油性能 | |

## A6 XV、XLV、XF、XLF型橡皮绝缘电力电缆

| 型号 | | 名称 | 主要用途 |
|---|---|---|---|
| XLV | XV | 橡皮绝缘聚氯乙烯护套电力电缆 | 敷设在室内隧道及管道中不能承受机械外力作用 |
| XLF | XF | 橡皮绝缘氯丁护套电力电缆 | |
| XLV$_{29}$ | XV$_{29}$ | 橡皮绝缘聚氯乙烯护套内钢带铠装电力电缆 | 敷设在地下，能承受一定的机械外力作用，但不能承受大的拉力 |

## A7 聚氯乙烯绝缘聚氯乙烯护套电力电缆的主要用途

| 型号 | 名称 | 主要用途 |
|---|---|---|
| VLV(VV) | 聚氯乙烯绝缘、聚氯乙烯护套电力电缆 | 敷设在室内、管沟内、不能承受机械外力作用 |
| VLV$_{29}$(VV$_{29}$) | 聚氯乙烯绝缘、聚氯乙烯护套内钢管铠装电力电缆 | 敷设在地下，能承受机械外力作用，但不能承受大的拉力 |
| VLV$_{30}$(VV$_{30}$) | 聚氯乙烯绝缘、聚氯乙烯护套裸细钢丝铠装电力电缆 | 敷设在室内、隧道及矿井中和能承受相当的拉力 |
| VLV$_{39}$(VV$_{39}$) | 聚氯乙烯绝缘、聚氯乙烯护套内细钢丝铠装电力电缆 | 敷设在水中或具有落差较大的土壤中，能承受相当的拉力 |
| VLV$_{50}$(VV$_{50}$) | 聚氯乙烯绝缘聚氯乙烯护套裸粗钢丝铠装电力电缆 | 敷设在室内、隧道及矿井中，能承受机械外作用并能承受较大的拉力 |

## A8 横担间最小垂直距离

| 排列方式 | 直线杆/m | 分支或转角杆/m |
|---|---|---|
| 高压与低压 | 1.2 | 1.0 |
| 低压与低压 | 0.6 | 0.3 |

## A9 低压接户线的最小截面

| 接户线架设方式 | 挡距/m | 最小截面/mm² | |
|---|---|---|---|
| | | 绝缘铜线 | 绝缘铝线 |
| 自电杆上引下 | 10以下 | 2.5 | 4.0 |
| | 10～25 | 4.0 | 6.0 |
| 沿墙敷设 | 6及以下 | 2.5 | 4.0 |

## A10 低压接户线的线间距离

| 架设方法 | 挡距/m | 线间距离/cm |
|---|---|---|
| 自电杆上引下 | 25及以下 | 15 |
| | 25以上 | 20 |
| 沿墙敷设 | 6及以下 | |
| | 6以上 | |

## A11 500V铝芯绝缘导线长期连续负荷允许载流量

| 导线截面/mm² | 成品外径/mm | 导线明敷设30℃/A | 塑料绝缘导线多根同穿一根管内时，允许负荷电流(BLV)/A | | | | | | | | | | | |
|---|---|---|---|---|---|---|---|---|---|---|---|---|---|---|
| | | | 25℃ | | | | | | 30℃ | | | | | |
| | | | 穿金属管 | | | 穿塑料管 | | | 穿金属管 | | | 穿塑料管 | | |
| | | | 2根 | 3根 | 4根 | 2根 | 3根 | 4根 | 2根 | 3根 | 4根 | 2根 | 3根 | 4根 |
| 2.5 | 5.0 | 23 | 20 | 18 | 15 | 18 | 16 | 14 | 19 | 17 | 14 | 17 | 15 | 13 |
| 4 | 5.5 | 30 | 27 | 24 | 22 | 24 | 22 | 19 | 25 | 22 | 21 | 22 | 21 | 18 |
| 6 | 6.2 | 39 | 35 | 32 | 28 | 31 | 27 | 25 | 33 | 30 | 26 | 29 | 25 | 23 |
| 10 | 7.8 | 55 | 49 | 44 | 38 | 42 | 38 | 33 | 46 | 41 | 36 | 39 | 36 | 31 |
| 16 | 8.8 | 80 | 63 | 56 | 50 | 55 | 49 | 44 | 59 | 52 | 47 | 51 | 46 | 41 |

续上表

| 导线截面 $mm^2$ | 成品外径 /mm | 导线明敷设 30℃ /A | 塑料绝缘导线多根同穿一根管内时，允许负荷电流(BLV)/A | | | | | | | | | | | |
|---|---|---|---|---|---|---|---|---|---|---|---|---|---|---|
| | | | 25℃ | | | | | | 30℃ | | | | | |
| | | | 穿金属管 | | | 穿塑料管 | | | 穿金属管 | | | 穿塑料管 | | |
| | | | 2根 | 3根 | 4根 | 2根 | 3根 | 4根 | 2根 | 3根 | 4根 | 2根 | 3根 | 4根 |
| 25 | 10.6 | 98 | 80 | 70 | 65 | 73 | 65 | 57 | 75 | 66 | 61 | 68 | 61 | 53 |
| 35 | 11.8 | 121 | 100 | 90 | 80 | 90 | 80 | 70 | 94 | 84 | 75 | 84 | 75 | 65 |
| 50 | 13.8 | 164 | 125 | 110 | 100 | 114 | 102 | 90 | 117 | 103 | 94 | 106 | 95 | 84 |
| 70 | 16.0 | 192 | 155 | 143 | 127 | 145 | 130 | 115 | 145 | 133 | 119 | 135 | 121 | 107 |
| 95 | 18.3 | 234 | 190 | 170 | 152 | 175 | 158 | 140 | 177 | 159 | 142 | 163 | 148 | 131 |
| 120 | 20.0 | 266 | 220 | 200 | 180 | 200 | 185 | 160 | 206 | 187 | 168 | 187 | 173 | 154 |
| 150 | 22.0 | 303 | 250 | 230 | 210 | 240 | 215 | 185 | 234 | 215 | 196 | 224 | 201 | 182 |
| 185 | | 355 | 285 | 255 | 230 | 265 | 235 | 212 | 266 | 238 | 215 | 247 | 219 | 198 |

## A12 电压损失计算系数 $C$ 值

| 线路额定电压，V | 线路接线及电流类别 | $C$ 的计算式 | $C$/(kW·m/$mm^2$) | |
|---|---|---|---|---|
| | | | 铝线 | 铜线 |
| 220/380V | 三相四线制 | $Y*U_N^2/100$ | 46.2 | 76.5 |
| 220 | 两相三线 | $Y*U_N^2/225$ | 20.5 | 34.0 |
| 220 | 单相及直流 | $Y*U_N^2/220$ | 7.74 | 12.8 |
| 110 | | | 1.94 | 3.21 |

## A13 按机械强度要求的导线最小允许截面

| 用途 | 线心最小截面/$mm^2$ | | |
|---|---|---|---|
| | 铜心软线 | 铜线 | 铝线 |
| 一、照明用灯头引下线 | | | |
| 户内:民用建筑 | 0.4 | 0.5 | 2.5 |
| 工业建筑 | 0.5 | 0.8 | 2.5 |
| 户外 | | 1.0 | 2.5 |
| 二、移动式用电设备引线 | | | |
| 生活用 | 0.2 | | |
| 生产用 | 0.1 | | |

续上表

| 用途 | 线心最小截面/mm² | | |
|---|---|---|---|
| | 铜心软线 | 铜线 | 铝线 |
| 三、固定敷设在绝缘支持件上的导线支持点间距离： | | | |
| 2m 以下户内 | | 1.0 | 2.5 |
| 2m 以下户外 | | 1.5 | 2.5 |
| 6m 及以下 | | 2.5 | 4.0 |
| 12m 及以下 | | 2.5 | 6.0 |
| 25 m 及以下 | | 4.0 | 10.0 |
| 四、穿管敷设的绝缘导线 | 1.0 | 1.0 | 2.5 |
| 五、塑料护套线沿墙明敷设 | | 1.0 | 2.5 |
| 六、架空线路 | 铜心铝线 | 铝及铝合金 | |
| 1.35kV | 25 | 35 | |
| 2.6～10kV | 25 | 35 | |
| 3.1kV 以下 | 16 | 16 | |
| | 绝缘铜线 | 绝缘铝线 | |
| | 10 | 16 | |

## A14　感性负载线路电压损失的校正系数 $B$ 值

| 导线截面，mm² | 铜或铝导线明设当负荷的功率因数为 | | | | | 电缆明设或埋地导线穿管负荷功率因数为 | | | | | 裸铜线架设当功率因数为 | | | 裸铝线架设当功率因数为 | | |
|---|---|---|---|---|---|---|---|---|---|---|---|---|---|---|---|---|
| | 0.9 | 0.85 | 0.8 | 0.75 | 0.7 | 0.9 | 0.85 | 0.8 | 0.75 | 0.7 | 0.9 | 0.8 | 0.7 | 0.9 | 0.8 | 0.7 |
| 6 | | | | | | | | | | | | 1.1 | 1.12 | | | |
| 10 | | | | | | | | | | | 1.10 | 1.14 | 1.20 | | | |
| 16 | 1.10 | 1.12 | 1.14 | 1.16 | 1.19 | | | | | | 1.13 | 1.21 | 1.28 | 1.10 | 1.14 | 1.19 |
| 25 | 1.13 | 1.17 | 1.20 | 1.25 | 1.28 | | | | | | 1.21 | 1.32 | 1.44 | 1.13 | 1.20 | 1.28 |
| 35 | 1.19 | 1.25 | 1.31 | 1.35 | 1.40 | | | | | | 1.27 | 1.43 | 1.58 | 1.18 | 1.28 | 1.38 |
| 50 | 1.27 | 1.35 | 1.42 | 1.50 | 1.58 | 1.10 | 1.11 | 1.13 | 1.15 | 1.17 | 1.37 | 1.57 | 1.78 | 1.25 | 1.31 | 1.53 |
| 70 | 1.35 | 1.45 | 1.54 | 1.64 | 1.74 | 1.11 | 1.15 | 1.17 | 1.20 | 1.24 | 1.48 | 1.76 | 2.10 | 1.34 | 1.52 | 1.70 |
| 95 | 1.50 | 1.65 | 1.80 | 1.95 | 2.00 | 1.15 | 1.20 | 1.24 | 1.28 | 1.32 | | | | 1.44 | 1.70 | 1.90 |
| 120 | 1.60 | 1.80 | 2.00 | 2.10 | 2.30 | 1.19 | 1.25 | 1.30 | 1.35 | 1.40 | | | | 1.73 | 1.82 | 2.10 |
| 150 | 1.75 | 2.00 | 2.20 | 2.40 | 2.60 | 1.24 | 1.30 | 1.37 | 1.44 | 1.50 | | | | | | |

## A15 RT0型低压熔断器的主要技术数据

| 型　号 | 熔管额定电压/V | 额定电流/A | | 最大分断电流/kA |
|---|---|---|---|---|
| | | 熔　管 | 熔　体 | |
| RT0-100 | 交流380<br>直流440 | 100 | 30,40,50,60,80,100 | 50 |
| RT0-200 | | 200 | (80,100),120,150,200 | |
| RT0-400 | | 400 | (150,200),250,300,350,400 | |
| RT0-600 | | 600 | (350,400),450,500,550,600 | |
| RT0-1000 | | 1000 | 700,800,900,1000 | |

注:表中括号内的熔体电流尽可能不采用。

## A16 低压配电线路中常用图例

| 名　称 | 图形符号 | 名　称 | 图形符号 |
|---|---|---|---|
| 变电所 配电所 | 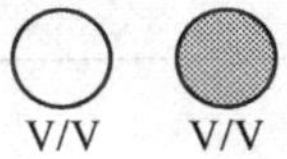 V/V　V/V | 展、台、箱、柜一般符号 |  |
| 杆上变电所 |  | 动力或动力—照明配电箱 |  |
| 移动变电所 | 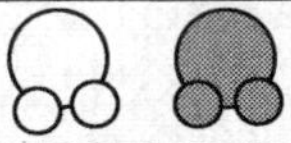 | 照明配电箱(屏) | |
| 地下线路 | 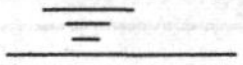 | 挂在钢索上的线路 |  |
| 架空线路 | 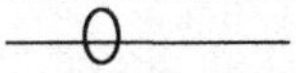 | 事故照明线 | 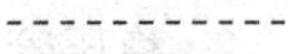 |
| 具有埋入地下接点的线路 |  | 50V以下照明线路 |  |
| 中性线 |  | 滑触线 | 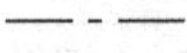 |
| 防护线 | 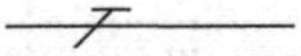 | 保护和中性共用线 | 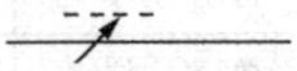 |
| 具有保护线和中性线的三相配线 |  | 电杆的一般符号<br>A:杆材 B:杆长 C:杆号 |  A-B<br>C |
| 单接腿杆(单接杆) |  | 双接腿杆 |  |
| 带照明灯的电杆<br>a:编号 b:杆型 c:杆高<br>A:型号 d:容量 | 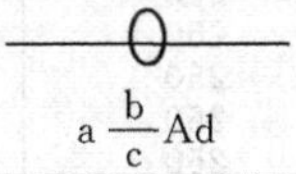 a $\frac{b}{c}$ Ad | 拉线一般符号(示出单方拉线) | 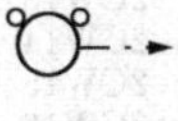 |
| 装设单担的电杆 |  | 装设双担的电杆 |  |
| 装设十字担的电杆 |  | 电缆铺砖保护 |  |
| 电缆中间接线盒 |  | 电缆穿管保护 |  |
| 事故照明配电箱 | 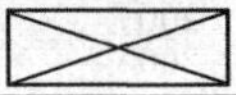 | 交流配电屏(盘) |  ~ |

# A17 部分半导体分立器件的参数

## 一、半导体二极管

### 1. 整流二极管

| 参数 | | 最大整流电流 | 最大整流电流时的正向压降 | 反向工作峰值电压 |
|---|---|---|---|---|
| 符号 | | $I_{OM}$ | $U_F$ | $U_{RM}$ |
| 单位 | | mA | V | V |
| 型号 | 2CP31 | 250 | ≤1 | 25 |
| | 2CP31A | | | 50 |
| | 2CP31B | | | 100 |
| | 2CP31C | | | 150 |
| | 2CP31D | | | 200 |
| | 2CP31E | | | 250 |
| | 2CP31F | | | 300 |
| | 2CP31G | | | 350 |
| | 2CP31H | | | 400 |
| | 2CP31I | | | 500 |
| | 2CZ11A | 1000 | ≤1 | 100 |
| | 2CZ11B | | | 200 |
| | 2CZ11C | | | 300 |
| | 2CZ11D | | | 400 |
| | 2CZ11E | | | 500 |
| | 2CZ11F | | | 600 |
| | 2CZ11G | | | 700 |
| | 2CZ11H | | | 800 |

### 2. 稳压管

| 参数 | | 稳定电压 | 稳定电流 | 耗散功率 | 最大稳定电流 | 动态电阻 |
|---|---|---|---|---|---|---|
| 符号 | | $U_Z$ | $I_Z$ | $P_Z$ | $I_{ZM}$ | $r_Z$ |
| 单位 | | V | mA | mW | mA | Ω |
| 测试条件 | | 工作电流等于稳定电流 | 工作电压等于稳定电压 | −60℃～+50℃ | −60℃～+50℃ | 工作电流等于稳定电流 |
| 型号 | 2CW11 | 3.2～4.5 | 10 | 250 | 55 | ≤70 |
| | 2CW12 | 4～5.5 | 10 | 250 | 45 | ≤50 |
| | 2CW13 | 5～6.5 | 10 | 250 | 38 | ≤30 |
| | 2CW14 | 6～7.5 | 10 | 250 | 33 | ≤15 |
| | 2CW15 | 7～8.5 | 5 | 250 | 29 | ≤15 |
| | 2CW16 | 8～9.5 | 5 | 250 | 26 | ≤20 |
| | 2CW17 | 9～10.5 | 5 | 250 | 23 | ≤25 |
| | 2CW18 | 10～12 | 5 | 250 | 20 | ≤30 |
| | 2CW19 | 11.5～14 | 5 | 250 | 18 | ≤40 |
| | 2CW20 | 13.5～17 | 5 | 250 | 15 | ≤50 |
| | 2DW7A | 5.8～6.8 | 10 | 200 | 30 | ≤25 |
| | 2DW7B | 5.8～6.6 | 10 | 200 | 30 | ≤15 |
| | 2DW7C | 6.1～6.5 | 10 | 200 | 30 | ≤10 |

## 二、半导体三极管

| 参数 | | 直流参数 | | | 交流参数 | | 极限参数 | | |
|---|---|---|---|---|---|---|---|---|---|
| 符号 | | $I_{CBO}$ | $I_{CEO}$ | $h_{FE}(\beta)$ | $f_T$ | $C_{ob}$ | $U_{(BR)CEO}$ | $I_{CM}$ | $P_{CM}$ |
| 单位 | | μA | μA | | MHz | pF | V | mA | W |
| 型号 | 3DG6A | ≤0.1 | ≤0.1 | 10～200 | ≥100 | ≤4 | 15 | 20 | 0.1 |
| | 3DG6B | ≤0.01 | ≤0.01 | 20～200 | ≥150 | ≤3 | 20 | 20 | 0.1 |
| | 3DG6C | ≤0.01 | ≤0.01 | 20～200 | ≥250 | ≤3 | 20 | 20 | 0.1 |
| | 3DG6D | ≤0.01 | ≤0.01 | 20～200 | ≥150 | ≤3 | 30 | 20 | 0.1 |
| | 3CG14C | ≤0.01 | ≤0.01 | 20～200 | ≥200 | | ≥25 | 15 | 0.1 |
| | 3DD4D | ≤100 | | ≥10 | | | 60 | 500 | 10 |
| | 3DD8C | ≤100 | | ≥20 | | | ≥100 | 7500 | 100 |

# A18 部分集成运算放大器的参数

| 类型 | | | 通用型 | | 高精度型 | 高阻型 | 高速型 | 低功耗型 |
|---|---|---|---|---|---|---|---|---|
| 型号 | | | CF741（F007） | F324（四运放） | CF7650 | CF3140 | CF715 | CF253 |
| 参数名称 | 符号 | 单位 | | | | | | |
| 电源电压 | $U$ | V | ≤\|±22\| | 3～30 或 ±1.5～±15 | ±5 | ≤\|±18\| | ±15 | ±3～±18 |
| 差摸开环电压放大倍数 | $A_{uo}$ | dB | ≥94 | ≥87 | 120 | ≥86 | 90 | ≥90 |
| 输入失调电压 | $U_{IO}$ | mV | ≤5 | ≤7 | $5\times10^{-3}$ | ≤15 | 2 | ≤5 |
| 输入失调电流 | $I_{IO}$ | nA | ≤200 | ≤50 | | ≤0.01 | 70 | ≤50 |
| 输入偏置电流 | $I_{iB}$ | nA | ≤500 | ≤250 | | ≤0.05 | 400 | ≤100 |
| 共摸输入电压范围 | $U_{icM}$ | V | ≤\|±15\| | | | +12.5 −14.5 | ±12 | ≤\|±15\| |
| 差摸输入电压范围 | $U_{idM}$ | V | ≤\|±30\| | | | ≤\|±8\| | ±15 | <\|±30\| |
| 共摸抑制比 | $K_{CMR}$ | dB | ≥70 | ≥65 | 120 | ≥70 | 92 | ≥80 |
| 差摸输入电阻 | $r_{id}$ | MΩ | 2 | | $10^6$ | $1.5\times10^6$ | 1 | 6 |
| 最大输出电压 | $U_{OPP}$ | V | ±13 | | ±4.8 | +13 −14.5 | ±13 | |
| 静态功耗 | $P_D$ | mW | 50 | | | 120 | 165 | |
| 失调电压温漂 | $\frac{dU_{io}}{dT}$ | μV/℃ | 20～30 | | 0.01 | 8 | | |

## A19 部分 TTL 数字集成电路国内外型号对照表

| 类型 | 国内型号 | 国外型号 | 名称 |
| --- | --- | --- | --- |
| 门电路 | CT4000 | 74LS00 | 四两输入与非门 |
| | CT4004 | 74LS04 | 六反相器 |
| | CT4008 | 74LS08 | 四两输入与门 |
| | CT4011 | 74LS11 | 三 3 输入与门 |
| | CT4020 | 74LS20 | 双 4 输入与非门 |
| | CT4027 | 74LS27 | 三 3 输入或非门 |
| | CT4032 | 74LS32 | 四两输入或门 |
| | CT4086 | 74LS86 | 四两输入异或门 |
| 触发器 | CT4074 | 74LS74 | 双 D 上升沿触发器(带预置和清除端) |
| | CT4112 | 74LS112 | 双 JK 下降沿触发器(带预置和清除端) |
| 计数器 | CT4161 | 74LS161 | 同步 4 位二进制计数器(直接清除) |
| | CT4162 | 74LS162 | 同步十进制计数器(同步清除) |
| | CT4290 | 74LS290 | 同步二一五一十进制计数器 |